录音艺术专业“十四五”规划教材

录音技术

第2版

朱 伟 贲小龙 杨 杰 / 著

CUCP 中国传媒大学出版社
·北 京·

图书在版编目（CIP）数据

录音技术 / 朱伟，贲小龙，杨杰著. -- 2 版. 北京：中国传媒大学出版社，2024. 9.

ISBN 978-7-5657-3753-4

Ⅰ. TN912.12

中国国家版本馆 CIP 数据核字第 2024XJ9395 号

录音技术（第 2 版）

LUYIN JISHU（DI-ER BAN）

著　　者	朱　伟　贲小龙　杨　杰		
策划编辑	曾婧娴		
责任编辑	曾婧娴		
责任印制	李志鹏		
封面设计	拓美设计		
出版发行	中国传媒大学出版社		
社　　址	北京市朝阳区定福庄东街 1 号	**邮　　编**	100024
电　　话	86-10-65450528　65450532	**传　　真**	65779405
网　　址	http://cucp.cuc.edu.cn		
经　　销	全国新华书店		
印　　刷	三河市东方印刷有限公司		
开　　本	787mm × 1092mm　1/16		
印　　张	19.5		
字　　数	426 千字		
版　　次	2024 年 9 月第 2 版		
印　　次	2024 年 9 月第 1 次印刷		
书　　号	ISBN 978-7-5657-3753-4/TN · 3753	**定　　价**	69.80 元

本社法律顾问：北京嘉润律师事务所　郭建平

第二版序

本教材是在笔者2003年编写的《录音技术》(中国广播电视出版社出版)基础上再版的，该书一直是我校录音艺术专业的专业课指定教材。2004年该教材被国家新闻出版广电总局(原国家广播电影电视总局)评为优秀科技类(著作类)成果二等奖，并多次重印，受到广大读者的好评。

由于声频技术的发展势头十分迅猛，从拾音、控制及处理、重放到信源和信道编码及传输方面都发生了非常大的变化。原教材的内容已落后于行业的发展步伐，亟须进行修订。适逢中国传媒大学出版社计划推出“十二五”规划教材，笔者很高兴本教材能被纳入其中，故对原教材进行了修订。该教材已出版近七年，其间多次收到全国读者和教材使用高校的反馈意见，中国传媒大学录音专业的教师也将该教材的相关教学课件提供给出版社，在一定程度上弥补了教材内容与现实录音技术发展上的时间差。

这次教材修订，本着保持原有教材结构体系的原则，主要对原教材在使用过程中发现的问题进行了订正，同时增补了近几年广泛应用于专业音频领域的“网络音频”(第十章)内容。第十章由我院在该领域有丰富实践和教学经验的贲小龙老师编写。

在新媒体技术迅速发展的今天，各种新技术的加持给录音技术的发展提供了新的驱动力和增长点，它们一定会渗透到专业录音的各个环节中。但笔者并未将这些内容纳入本教材，是因为教材通常是将应用于现实的成熟技术涵盖其中。我们应关注国内外的相关技术动态，保证我们能始终处于行业发展的前沿。

笔者将三十余年的教学实践经验和行业从业感悟融入本次教材修订，如今能完成此次修订也算是对笔者从教三十余年的总结。希望未来有更多年轻有为的人士能加入后续的教材建设工作，为我国的专业音频人才培养做出贡献。

朱　伟

2024年5月于北京

目　录

Chapter 1

第一章　概述

本章要点

声音记录的基本方式

基本的录音方式

录音演播室电声系统的基本构成及作用

基本的拾音方法

第一节　声音记录的基本方式

录音是将声学意义的声音信号，通过一定的换能方式，记录在一定记录介质上的处理过程。

通常，我们根据实际工作中声音记录介质的不同，将声音记录方式分成机械记录、磁记录和光学记录。模拟唱片录音就属于机械记录，它是将声音的振动参量的变化转变成记录介质上机械参量（唱片纹迹的宽度和深度等）的变化，如图 1–1 所示。磁记录则是将经过声电换能器转换来的电声信号记录到磁性材料上，并以磁性材料上的剩磁等参量的变化来表征电声信号的变化，如图 1–2 所示。光学记录是以光学参量的变化来反映模拟或数字形式的电声信号参量变化，比如电影胶片上的声迹，如图 1–3 所示；还有人们所熟知的 CD，如图 1–4 所示。硬盘记录则是将数字音频信号以文件的形式，用非线性的方式记录到硬盘文件系统中，不过它仍属于磁记录方式，如图 1–5 所示。

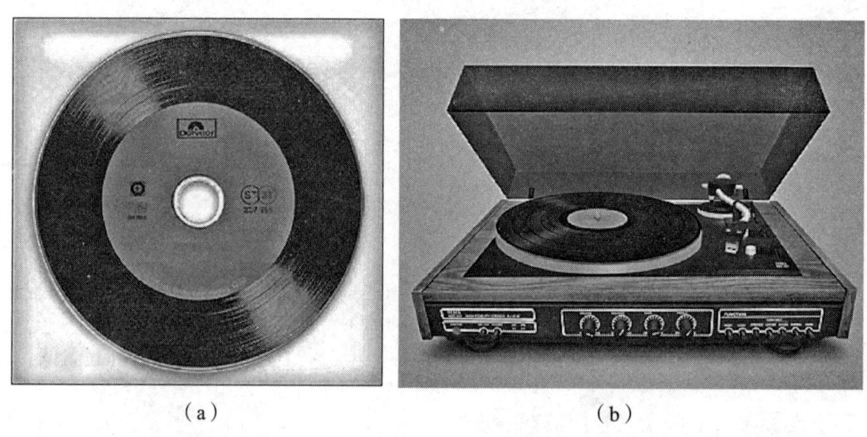

（a）　　　　　　　　　　（b）

图 1–1　机械录音的实例：（a）密纹（LP）唱片；（b）LP 重放设备：电唱机

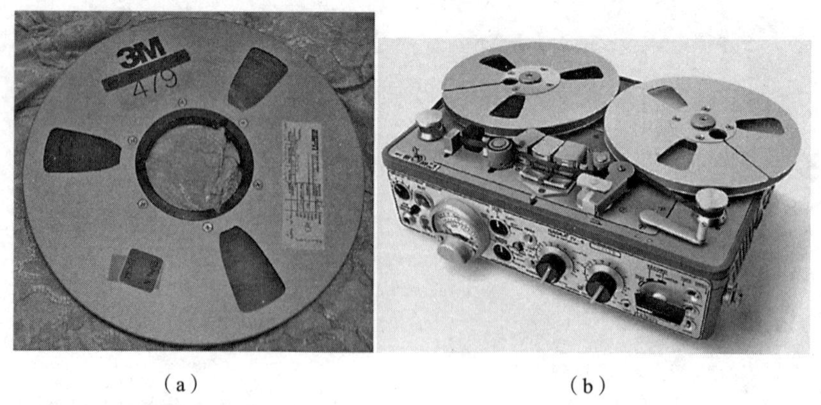

（a）　　　　　　　　　　（b）

图 1–2　磁性录音的实例：（a）开盘录音磁带；（b）模拟磁带录音机

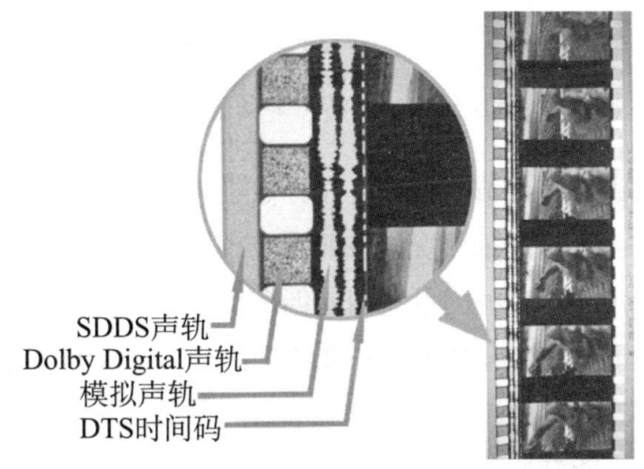

图 1-3　光学录音实例：电影胶片上记录的声迹

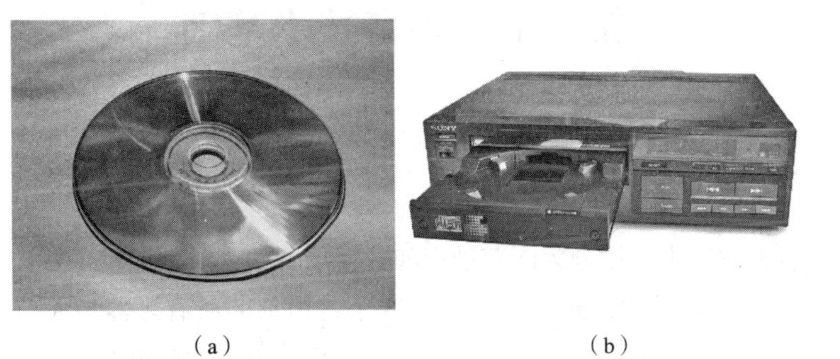

（a）　　（b）

图 1-4　光学录音实例：（a）激光唱片；（b）CD 播放机

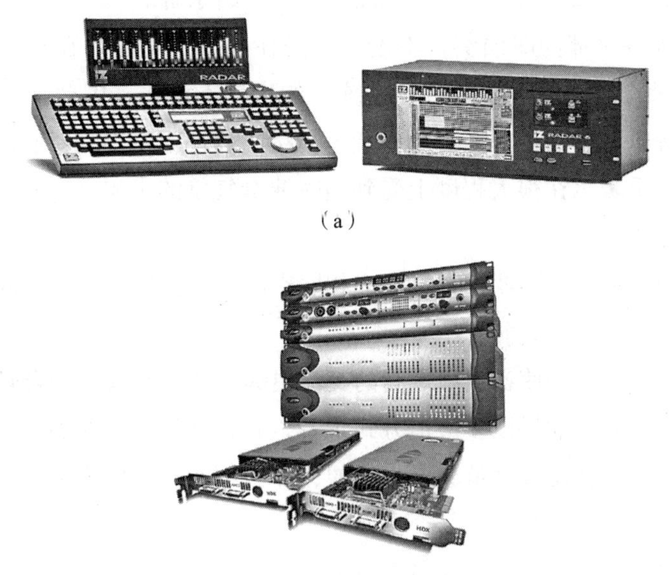

（a）

（b）

图 1-5　硬盘录音（属于磁记录方式）实例：（a）硬盘录音机；（b）音频工作站系统

第二节　声频节目的制作

从工作的全过程来说，声频节目制作是在一定创作意图的支配下，利用各种设备、设施，将一处或多处的声音及声场的状况，按照特定声音重放系统的要求，混合成规定的信号，以保证重放声音及声场状态能满足我们的创作意图。

声频节目制作基本上分 4 个步骤进行：准备工作、拾音与调音、加工与合成、记录。

录音前的准备工作主要包括了解所要录制节目的题材，熟悉录音场所的声学特点，制订出相应的录音方案，准备好所需要的器材。

第三节　拾音技术基础

一、基本录音方法

目前的录音方法基本上可分为同期录音和分期录音两大类。同期录音和分期录音的区别主要在于演奏的形式。同期录音要求组成音乐各声部的所有乐器与人声同时演奏或演唱；分期录音则是将各声部分别进行录音，然后再将各声部按要求合成在一起。若从录音的记录形式上说，录音又可分成直接合成（双声道录音）和多声道录音两种。同期录音可以采用以上两种记录形式，而分期录音只能采用多声道录音。

同期录音要求各声部同时演奏，不论它们是在同一空间还是在相隔的几个不同空间内。在进行同期录音时，整个乐队可以在统一的指挥下演奏，因此，在音乐进行的过程中，容易做到对音乐整体的把握，有利于音乐情绪的表现。特别是对旋律性表现较强的抒情段落，音乐的轻重缓急在很大程度上受到当时演奏气氛的影响，这种情况下就适合采用同期录音的录音方法。

根据录音现场的情况，同期录音又分成相同空间内的同期录音和不同空间内的同期录音两种。

相同空间内的同期录音使各声源之间的交流更为自然，声音的融合较好，空间形象及分布也显得较自然。但是如果以多声道方式录音，则各路信号间的隔离就不太好，因而对某一声源信号进行单独补偿处理就会不太方便，而且不能轻易更改声像的安排，不能做大幅度的电平或频率补偿的改变。

不同空间的同期录音，可以提高多声道录音时各信号的隔离度，便于单独对各路信号进行加工处理，有利于节目的制作。但是，由于声部间处于不同空间内演奏，各声部的声音会具有各自演奏空间的特点，这样在合成时，就容易出现多重空间感，导致各声部间的融合性变差。

对于分期录音而言，因为各声部在不同时刻演奏，所以各声部之间没有串音的问题，可以灵活地对各声源信号进行单独加工处理。然而，由于各声部乐器之间没有相互协调的演奏条件，所以整体的融合性不太好，不适合进行大型管弦乐作品的录制。通常流行音乐大都要用分期录音来制作。

二、基本拾音方法

不论是同期录音，还是分期录音，采用的基本拾音方法主要有三种：单点拾音法、主传声器拾音法和多传声器拾音法。

1. 单点拾音法

单点拾音法是指用一只传声器同时拾取各声部的混合声音及反映演奏空间特性的混响声信号。若是立体声录音，则这只传声器应是一只立体声传声器或传声器对。

利用单点拾音法录制立体声节目时，所选择的立体声传声器要与节目形式相对应。这时要考虑传声器间的夹角，以控制声音舞台的宽度；选择指向性的类型，解决声源取向的问题等。一般地，单点拾音法要服从以下几个条件。

（1）传声器应设置在具有自然声音平衡的位置上。为了取得这样一个平衡点，在布置乐队各乐器的位置时，就应考虑到是否能够形成平衡的声音。这种平衡一般包括左右声像的声音平衡，前后纵深方向上的声音平衡，以及高、低音的声音平衡等。通过调整传声器在水平方向上的位置，可以调整左右声像的声音平衡关系；通过调节传声器的高低与指向角度，可以改变纵深的平衡。

（2）传声器应放在声场中直达声与混响声比例合适的位置上。这一点对于利用自然混响的录音来说特别重要，它决定了录音节目中各声部融合的程度和对演奏空间印象的表现程度。另外它还决定了声源声像及音色特征的清晰度。一般这个比例是通过改变传声器与乐队的距离来调节的。这个距离要根据所要求的直达声与混响声比例的大小、演奏空间的混响半径和传声器的指向性类型来决定。单点传声器拾音只能用于同期、相同空间的录音方式中。因为它能获得较自然的深度感和层次感，所以演奏形式相对固定，有较好平衡的管弦乐队录音常采用此种拾音方法。通常单点拾音的传声器设在指挥背后的上方。

2. 主传声器拾音法

这种方法是单点拾音法的改进形式，主要是针对单点拾音法在拾取大中型乐队演奏时，可能会出现某些乐器声音不够清晰的情况，或有些乐队演奏时自然平衡不好的情况。这种拾音法是在保留单点拾音法的整体拾音条件下，再对需要加强的声源增设辅助传声器，以便增强整体拾音的主传声器拾取信号中某一部分的分量。但应注意，主传声器所拾取的信号（与单点拾音法拾得的信号相似），在整个录音节目的信号中始终占据主导地位，增设的辅助传声器，只是对某种信号分量起增强作用，它不应超过主传声器中相应信号的分量，而且要注意尽量少用辅助传声器，能通过主传声器达到改变拾音效果的，就应尽可能避免增设辅助传声器。通常设置主传声器应注意以下几点。

（1）主传声器电平要大于辅助传声器的电平，以确保主传声器信号的主导地位，这样可以使录音节目仍保留单点拾音法的特点。同时由于增设了辅助传声器，因而我们可以得到更清晰和稳定的声源声像和音色特征。

（2）在传声器选择上，主传声器的灵敏度和频响、动态等都要求较高。辅助传声器的灵敏度可以不那么高，它主要是用来拾取直达声与混响声比例较大的信号。

（3）主传声器的设置与单点拾音法相同。辅助传声器的设置，要避免辅助传声器之间过多的重叠（指拾音范围的重叠）；同时在声像控制上，辅助传声器信号的声像应服从主传声器所建立起的声像，与它重合。否则不仅达不到增强的目的，还会使声音变得浑浊。

主传声器拾音法具有自然的空间深度与层次感，以及和谐的整体性，同时又具有清晰的声像和音色特征。它也适用于相同空间同期录音方法的拾音。

3. *多传声器拾音法*

多传声器拾音法，就是利用多只传声器（同时或分时）分别拾取各不相同的某一部分声音，通过人为加工处理后，合成为一个统一的节目信号。由于提高了可制作性，对于一些配器不甚理想、自然平衡差的音乐，用这种方式来拾音效果较好。

在多传声器拾音方法中，按演奏空间设置的不同，又可分成全封闭多传声器拾音法、半封闭多传声拾音法和不封闭多传声器拾音法三种。

（1）全封闭多传声器拾音法是将声源的各部分用封闭的隔音房间完全隔离开，使各部分间的串音最小，信号可完全独立地进行加工处理。

（2）半封闭多传声器拾音法只对各声源做部分隔离，允许存在一定量的串音，故信号间的独立性不如全封闭形式，处理起来灵活性稍差。但它对录音场所的要求下降了。在传声器选择上，应主要选用指向性相对较强的传声器，并且以近距离拾音为主。

（3）不封闭多传声器拾音法对各声源之间不加任何的隔离，仅通过传声器的选择（灵敏度与指向性）和设置（拾音距离及拾音方向角）来取得声源之间的相对隔离。所以这种方式的拾音对节目质量的影响很大。在采用这种方法拾音时，应注意以下两点：一是提升或衰减本路信号，不会影响其他路信号在整个节目中的作用；二是改变本路信号的声像位置，不会引起其他信号的声像变化。

因此，在安排各声源的演奏位置时，应将声源各部分拉开一定的距离，以提高隔离效果；在位置安排上，要考虑到声像设计的要求，尽量做到声像设计与现场位置安排的一致性；提高直达声信号的相对比例，故应采用心形或超心形的传声器进行近距离拾音；各路信号的强弱程度应大体相当，不可相差太悬殊。

总之，多传声器拾音方法的目的就是要提高各声部信号间的隔离度，增加它的可制作性。

在实际拾音中，并不一定局限于这三种方法，也可采用这三种方法的混合形式，充分发挥各自的特点，为制作出好的节目奠定良好的基础。

第四节　录音演播室电声系统的基本构成及作用

所要记录的声源，其所处的声学环境多种多样，有些环境是声学条件良好的空间，比如录音演播室、音乐厅等；有些则是声学条件一般，甚至是很差的环境，比如机场、车站，乃至嘈杂的室外。根据所要录制的声源特点及其所处的声学环境，我们会制订出录音的方案，组建一个录音系统。本节以分期多轨音乐录音为例，阐述针对此类应用的录音演播室电声系统的构成。

一、录音棚系统的基本构成部分

一是拾音和音源设备。这其中包括传声器（动圈传声器、电容传声器和其他特殊类型的传声器，比如立体声传声器等），线路输入的重放设备（用来重放已录的声音素材、音效素材等，比如 CD 播放机等）以及电声或电子乐器（MIDI 合成器、合成音源等，通过 DI–BOX 连接的电声乐器等）。

二是电声信号的分配、控制和处理设备。这部分设备主要有调音台和各种声音处理设备（压缩器、限制器、延时器、混响器、激励器，以及其他的效果处理设备）。其中调音台起到信号的分配、电平调整、声像调节和为周边设备提供激励信号等目的。

三是记录和重放设备。记录设备主要是多轨记录设备（多轨磁带录音机、多轨音频工作站或其他类型的多轨记录设备），它主要是完成分期多轨录音的前期录音的素材记录；母带记录设备，指双通道或 5.1 声道的记录设备，主要用来完成缩混节目的记录。重放设备主要指监听音箱和监听耳机。监听音箱根据制作节目的类型，可以配置成 2.0（双声道立体声监听）或 5.1（5.1 多声道环绕声）形式，甚至是全景声形式。

四是其他设备，主要包括电源系统（为电声系统工作提供稳定的电能）、通话系统（节目录制过程中的通信联络或网络化演播室之间的联络）、网络化设备（主要用来传输节目素材和控制信息传输）、视频监视设备（在制作视频节目音频时使用），以及空调设备等。

下页图 1–6 所示的是分期多轨录音演播室的电声系统组成框图（图中略去了上文提到的“其他设备”部分）。

二、分期多轨节目的录制流程

第一，根据所要录制的节目形式确定录音的方案、次序等。确定所要使用的传声器的基本情况，检查传声器与调音台的连接是否正常，保证信号传输正常。

第二，根据节目音源的情况，确定传声器的基本位置（高度、与乐器的相对角度、传声器之间的相对位置等，根据乐队或拾音的范围等因素确定立体声主传声器的位置）。

第三，在调音台上分别对每只传声器拾取的声音进行初步的调整和确认（包括调音台输入电平的调整，串音的简单处理等）。

第四，根据事先确定好的录音方案和次序，依次将不同的乐器声源分别记录到多轨记录设备的不同声轨上。一般是先录制节奏乐器或乐器组，然后是旋律乐器，之后是主唱、伴唱等，最后录制色彩乐器，但可根据具体情况调整录制顺序。

以上完成的是分期录音的前期素材录制工作，其中的录制原则是在信号不失真的前提下尽可能地将每个信号录得“大且平”（即将信号录得响，不加任何的音色加工处理，为减小串音和噪声而采用的其他处理除外）。

第五，将多轨记录设备记录的多轨素材信号返回到调音台，根据创作和录制人员对作品的理解来对多轨信号进行缩混合成，根据需要利用各种效果设备对不同的声轨进行音色加工处理，调整声像，建立起立体声或环绕声声场。

第六，利用监听设备仔细调整，进行母带处理，将最终的合成节目记录到立体声或环绕声记录设备上。

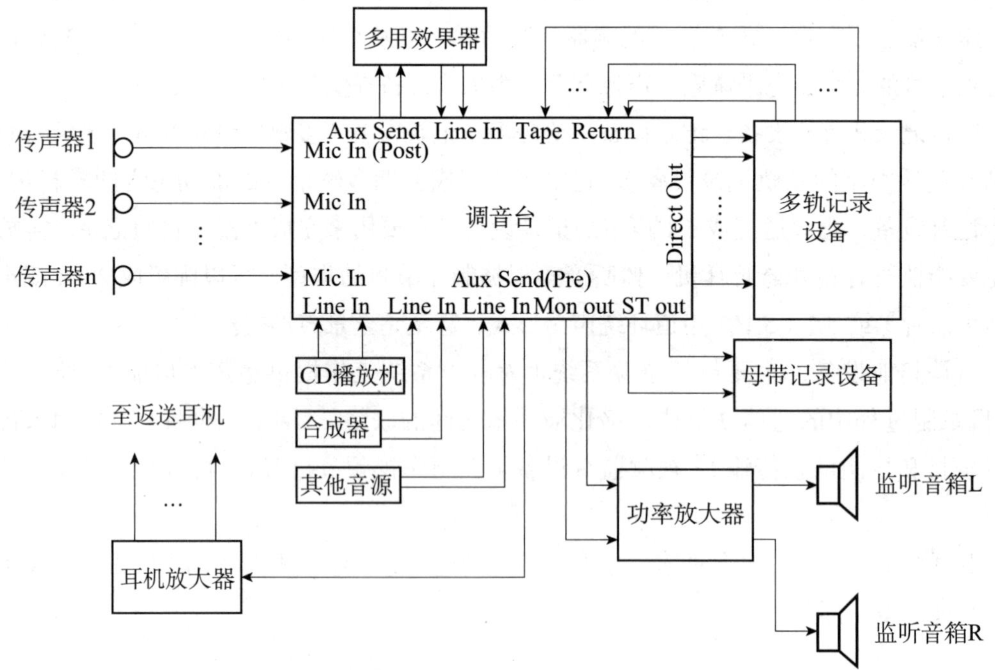

图 1–6　分期多轨录音演播室的电声系统组成框图（针对立体声节目制作）

思考题

1. 简述分期分轨录音演播室的电声系统组成，并结合电声系统组成框图进行说明。
2. 声音记录的方式有哪些？试举例说明。
3. 简述同期录音与分期录音的特点。
4. 常用的传声器拾音方式有哪些？它们各自有何特点？

Chapter 2

第二章　传声器的设计和应用

本章要点

不同类型传声器的工作原理及其应用
常用的立体声传声器组件及其应用特点
常用的多声道环绕声拾音组件及其应用特点
DI-BOX的原理及其应用

第一节　传声器拾音概述

传声器（microphone）俗称话筒，或称麦克风，是声频系统链路中的第一个环节，其质量优劣和使用是否得当会直接影响到最终声音节目的质量。为了保证拾音环节的质量，录音技术人员应对传声器的性能有充分的了解。因为传声器的拾音质量既取决于其内部因素（如传声器的设计），又取决于外部因素（如声学环境和传声器的拾音位置等），所以在进行拾音时，一方面要对传声器的特性和使用规律有充分的了解，另一方面还要结合具体使用环境和拾音对象进行选择和调整，以便从声源拾取到最好音质的信号。

传声器其实是一种声电换能器，它将介质中以振动形式传播的声音信号转换成相应的电信号。其转换过程是以声波形式表现的声信号被传声器接收后，使其换能装置产生机械振动，该振动再由换能装置转变成电信号输出。传声器的图示符号如图 2–1，左边直线代表接收声波的装置，即传声器的振膜，右边圆圈代表换能装置。

图 2–1 传声器的图示符号

第二节　传声器的设计原理

根据换能方式的差异，常用的传声器可分为电动式（振速式）和电容式（位移式）两大类。

一、电动式传声器

电动式传声器应用电磁感应原理来完成声电转换。当一个闭合的导电金属做切割磁感线运动时，此金属中会产生有特定大小和方向的电流。因为电动式传声器的输出电压与其膜片振动速度成比例，所以电动式传声器又叫振速式传声器。电动式传声器有两种类型：动圈式和带式。

1. *动圈传声器*（dynamic microphone）

动圈传声器如图 2–2 所示，它通常由一个约 0.35 密耳（mil）厚的聚酯薄膜来充当传声器的振膜。薄膜上精细地附着一个绕有导线的芯，即音圈，它精确地悬吊在高强度磁场中。当声波撞击薄膜的表面（A）时，附着的音圈（B）随声波频率和振幅变化成比例地移动，使音圈切割由永久磁铁（C）产生的磁感线。这样，音圈导线中就产生了有着特定大小和方向的模拟电信号。

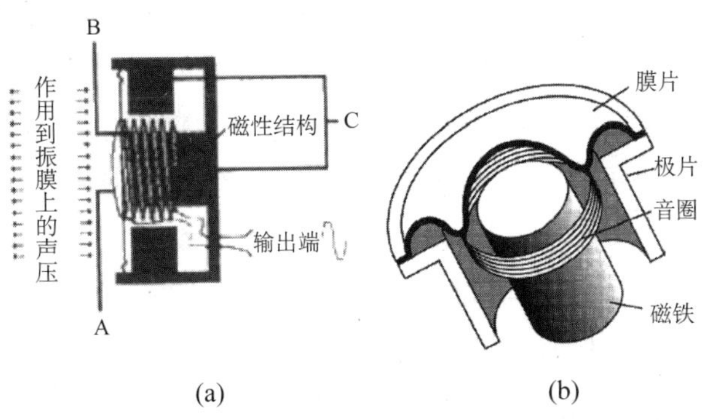

图 2-2 （a）动圈传声器工作原理；（b）结构示意图

动圈传声器的音圈阻抗较低，一般在 30~50Ω 之间，这就是说，我们可以使用很长的传声器线缆而不会因线缆间分布电容的存在而产生高频分流效应。另外，传声器内还装有一个变压器，它可以使音圈与放大器输入电路的阻抗相匹配，同时也起到升高信号电压的作用。

为了抵御传声器受强冲击产生的噪声，有的传声器内设置了另一个相同的磁系统。该磁系统内安置了一个与音圈大小、圈数完全相同的抗冲击声线圈。这个线圈不连接振膜，因而不受声波推动。当传声器受到机械冲击时，音圈和抗冲击声线圈同时产生感应电动势。将两个线圈反相串联，两个感应电动势互相抵消掉，从而没有噪声输出。

动圈传声器的构造特点使其具有较强的抗机械冲击能力，非常耐用。

2. 铝带传声器（ribbon microphone 或 band microphone）

铝带传声器如图 2-3 所示，它使用极薄（2μm）的铝带做振膜。该振膜沿其长度方向做成均匀波纹状，挂在强磁场中。当声波作用于铝带前后两表面时，形成声压差，铝带随声波振动，切割磁感线，在铝带上下两端产生感应电动势，从而产生与声波的振幅和频率成比例的电流。铝带既是声波接收器又是换能器。

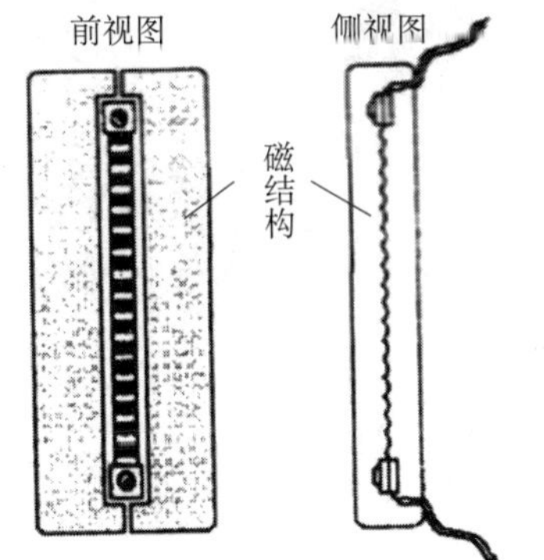

图 2-3 铝带传声器工作原理示意图

铝带的阻抗很低，其电阻只有约 0.2Ω。由于该阻抗太小，不能直接驱动传声器的输入级，因此必须用一个升压变压器以使输出阻抗达到可接受的 150~600Ω。

铝带传声器瞬态还原真实，音色自然，但抗机械冲击能力较弱，在气流强劲的地方，必须对铝带严加保护，否则强气流会将铝带吹弯，脱离原位而不能复原，因而铝带传声器大多应用于室内录音。铝带传声器的另一缺点是难以小型化。

过去三十年中，某些传声器厂家在铝带传声器小型化方面取得了长足进步。比如，Beyerdynamic 公司设计了 Beyerdynamic M260 和 M160 系统。在 M260 系统中，使用稀土元素磁铁来产生一个磁结构，小得足以将其放进一个 5cm 的栅网球中，它远比 RCA44 或 RCA77 等传统的带式传声器小得多。另外，在铝带上还装配有两个附加的爆破音过滤器，它与栅网球一起大大减小了铝带潜在的爆破音和风吹损害，使得铝带传声器能适应户外和手持使用。

近期带式技术的另一个突破是印制型带式传声器的发展。印制型带式传声器的工作原理与传统带式传声器相同，但其振膜由聚酯薄膜制成，上面印着螺旋状铝带。磁场由振膜前面的两个环状磁铁和后面的两个环状磁铁来产生，产生的磁通可保证当薄膜移位时铝带能切割磁力线。

二、电容式传声器

电容式传声器通过静电原理工作，而不是像电动式传声器以电磁感应原理工作，图 2–4 所示为德国 Neumann 公司生产的 U89 电容传声器的外观及内部细节。图 2–5 所示的是 Neumann 公司生产的 U87 采用的电路图（其中带有指向性切换开关）。电容式传声器的头部由两块金属板组成，一块是可移动的，另一块是固定的。两块金属板构成一个电容，其电容量取决于金属板的构成和表面积（固定值）、两极板间的绝缘体或介质（固定值）及两极板间的距离（可随声压变化）。声压变化引起的电容量变化使输出电压发生改变，从而得到特定大小和方向的电流。

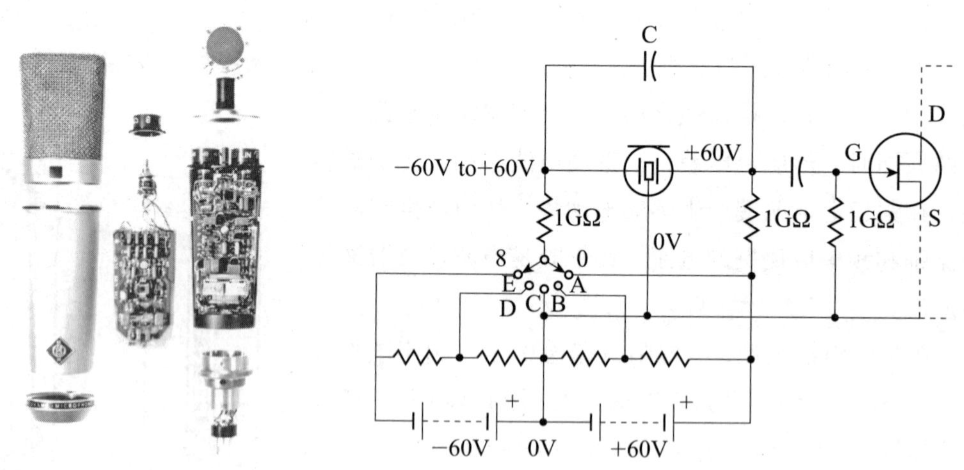

图 2–4　Neumann U89 电容传声器外观及内部细节

图 2–5　Neumann U87 电路图

由于电容式传声器的输出电压与振动幅度成比例，因而又叫位移式传声器。根据给电容传声器的极板所加极化电压的方式不同，可分为直流方式电容传声器和驻极体电容传声器。

1. 电容传声器（直流方式）（condenser microphone）

如图 2–6 所示，电容传声器是将接收声波的薄金属膜片（厚度从几微米到几十微米）作为电容器的一个极板，将对着膜片的一个有圆沟的固定厚金属板作为电容器的另一个极板，两极板相距 20~50μm，电容量约为 50~200pF。当声波作用到金属膜片上时，膜片产生相应振动，改变了其与固定极板之间的距离，使电容量发生变化。两极板间的距离减小时，电容量增加；距离增大时，电容量减小。

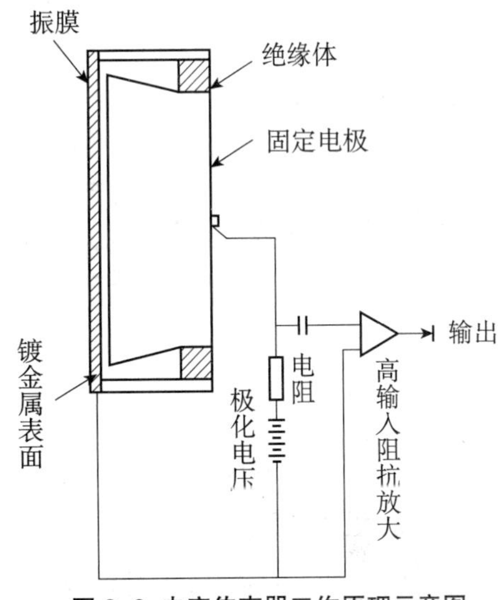

图 2–6　电容传声器工作原理示意图

在大多数厂家的设计中，电容传声器的两个极板间，通过一个高值电阻（30~1000MΩ），加有直流极化电压（约为 40~200V）。一个高值电阻与金属板电容结合使用，产生的电路时间常数即电容器充放电一周所需的时间比声频信号的周期要长。当电容量发生变化时，电阻阻碍了电容器电荷随之变化，可以认为电容器两端的电荷基本不变。根据公式 Q=CV，两极板间的电压会随着电容量的改变发生相应变化，电阻与电容器串联在电路中，电阻两端电压也随之作相应变化，从而得到输出的电信号。

由于电容传声器振膜输出的信号有着极高的阻抗，所以需要通过一个阻抗转换放大器来将输出阻抗降低。该放大器放置在距振膜很近（通常只有 6cm 或更近）的电路中，用来防止哼鸣声等噪声的串入，同时减少信号电平的损失。大多数电容传声器都使用 FET（场效应晶体管）来降低输出阻抗，但也有人使用电子管放大器的设计方式，以获得一种特殊的电子管音色，如 AKG 公司的C12VR便是采用电子管放大器的电容传声器，如图2–7所示。

图 2–7　带电子管放大器的电容传声器 C12VR

电容传声器所需的极化电压通常是 40~200V 的直流电压，现在使用 FET 放大器的电容传声器，大多使用 48V 直流电压，该电压可以由传声器内部电池供给，也可以从外部电源如幻象供电得到。电源除了供给极化电压，也为前置放大器工作提供必要的电压。由电池驱动的电容传声器，通常使用1.5~9V的低压电池电源。为了减小电容传声器在高声压输入时所产生的失真，必须使用高的极化电压，因此，在传声器内部有一个 DC/DC 变换器将电池的低电压转换成高的极化电压，也有使用 40V 左右的高电压电池的传声器。

2. 驻极体传声器（electret microphone）

如图 2–8 所示，驻极体传声器将高分子绝缘物如聚四氟乙烯做成薄膜后夹在两个电极之间，在高温条件下，对其施加很高的极化电压进行电晕放电或用电子轰击，于是薄膜的分子在正电极一端出现负电荷，在负电极一端出现正电荷。这种电荷在薄膜内部均匀分布，称为极化层。高分子材料被极化后，即使外加电压降为 0，薄膜中的电场仍会继续保持不变，这种材料称为驻极体。

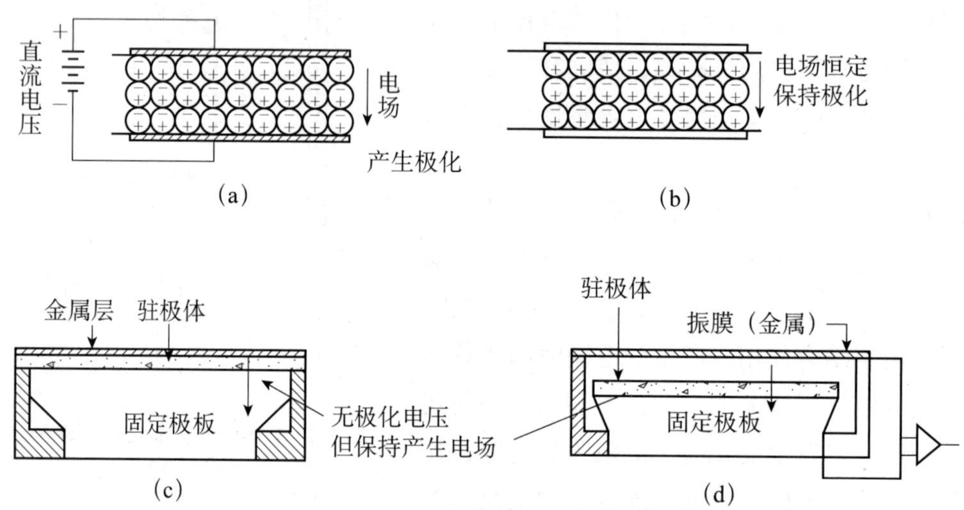

图 2–8 驻极体传声器工作原理示意图

将该物质用于电容传声器的振膜或固定极板时，因其表面电位的存在而不需再加极化电压，因而可以简化电路，使传声器小型化，并降低了造价，这样制成的传声器称为驻极体电容传声器。驻极体传声器工作原理与一般电容传声器相同，也需在极头后紧接阻抗变换放大器。因此，仍需通过电池或外接电源给放大器供电。

第三节 传声器的特性

这部分主要介绍传声器的指向性、近讲效应、幻象供电等特性。

一、指向性

传声器的指向性是由于声波接收方式不同而形成的。所谓指向性，是指传声器的灵敏度与声波入射角的关系，入射角是声波入射方向与传声器主轴（前方）的夹角。传声器方向轴如图 2–9 所示，应注意的是，传声器的方向轴与膜片方向有关，其主轴方向指的是膜片振动方向，因而判断主轴方向首先要弄清楚传声器的膜片安装方向。按照方向轴可在

0° ~360° 内画出传声器的极坐标图形，给出了传声器在 0° ~360° 内由方向和频率决定的灵敏度，图 2-10 为一种典型的传声器极坐标图形。指向性特性决定着传声器接收声波的多少，在实际应用中有重要的指导意义。

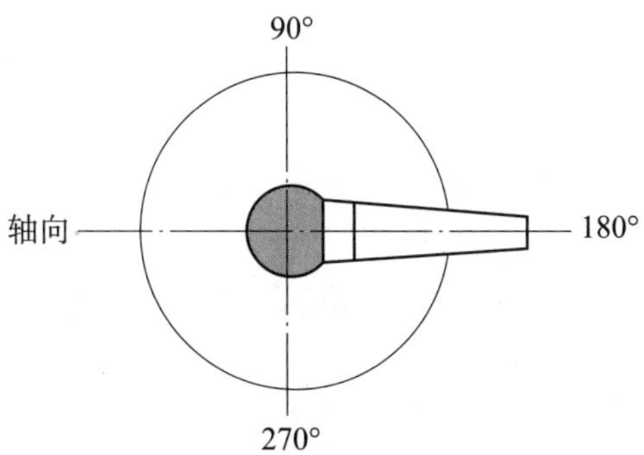

图 2-9　传声器的方向轴

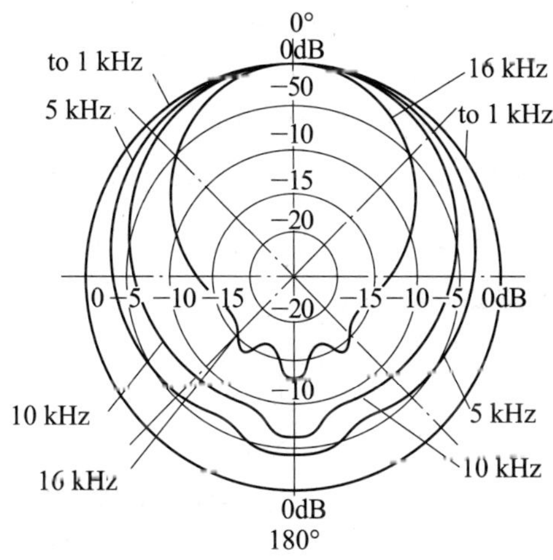

图 2-10　传声器极坐标图形

传声器接收声波的方式通常可分为压力式、压差式和复合式三种，由此得到的指向性分别是全指向性、双指向性和单指向性。

1. 全指向性传声器（omni-directional 或 non-directional）

全指向性又称无指向性，是由压力式声波接收方式获得的。如图 2-11 所示，在薄的振膜上有一外壳，外壳上有一使外部和内部气压相平衡的连通孔。对声音带来的快速的气压变化，连通孔呈现出相当高的阻力，而对于大气压力的缓慢变化，连通孔不呈现阻力，因而可以认为外壳内部与外部的大气压强总是相等的。当振膜受到声波作用时，声压只作用到振膜的外表面，而振膜对其表面上的所有声压变动都同等地响应，于是振膜得到与声压成正比、与声波频率和入射方向无关

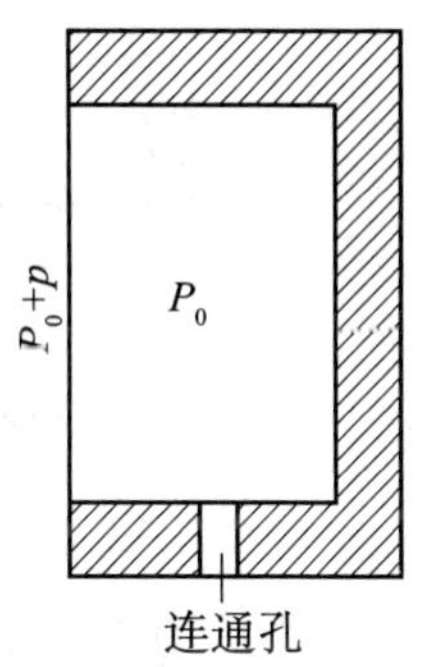

图 2-11　压力式声波接收方式

的作用力，其指向性图形为圆，极坐标图形如图 2-12 所示。全指向性传声器在声波频率较高或振膜尺寸较大时，会呈现出一定的指向性，如图 2-10 所示。

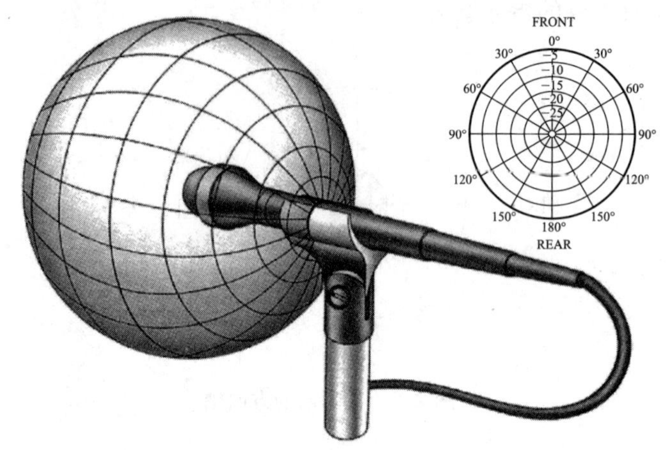

图 2-12　全指向性极坐标图形

图 2-13、图 2-14 分别为全指向性动圈传声器、全指向性铝带传声器的结构示意图，其中铝带传声器是将铝带后面封闭，使铝带只有一面接收声波，振动系统受力阻控制，阻尼由后面所连接的充满吸声材料的声管形成，声管约长 1m，盘成十几折。全指向性电容传声器的工作原理示意图如图 2-6 所示。

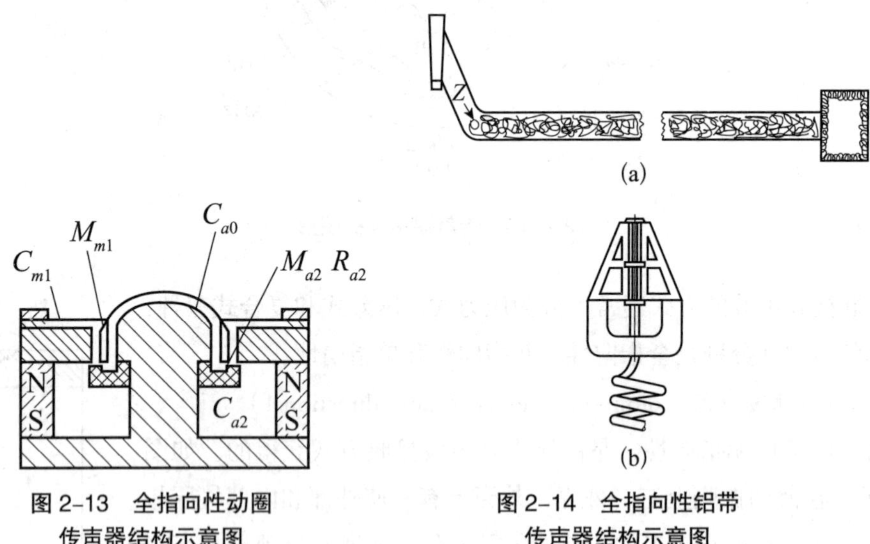

图 2-13　全指向性动圈传声器结构示意图

图 2-14　全指向性铝带传声器结构示意图
（a）声管；（b）实际构造图

当传声器外形直径增加到所考虑的声波频率对应的波长时，无指向传声器会逐渐产生指向性，如图 2-15 所示。因此，如果要想让传声器在高频时还具有无指向的特性，则传声器应尽可能具有较小的外形直径。当声波的波长与前进方向上的障碍物尺寸相比时，声波会在物体周围产生弯曲，这种特性称为声波的衍射。当波长接近物体的尺寸时，声波不能产生明显的弯曲并从物体旁掠过。当传声器振膜的直径 D 接近到达振膜的声波波长 λ 的十分之一时，对应的频率便开始分化出各种形式的响应，这一条件用公式来表达的话，即：

$$D=\lambda/10 \tag{2-1}$$

开始产生相应变化的频率为：

$$f=v/10D \tag{2-2}$$

其中，

v 为声速，单位为 m/s，

D 为振膜的直径，单位为 m。

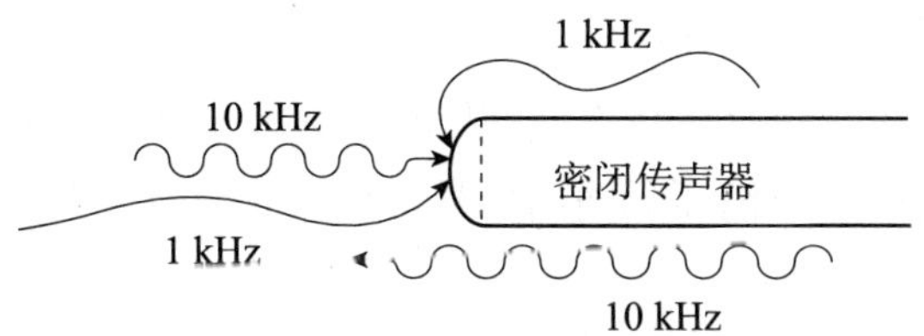

图 2–15　无指向传声器的高频指向性

比如，一只直径为1.27cm（0.5inch）的传声器开始从无指向向有指向变化的频率大约为：

$$f=1130/(10\times 0.5/12)$$
$$=2712\text{Hz}$$

其在 10000Hz 时响应大约下降了 3dB。

由于无指向传声器的振膜只有正面暴露于声源的声场中，不存在单指向传声器中的相位抵消问题，所以它可以在整个可闻声频谱范围上具有非常平直的频率响应。

就频率响应的平坦度而言，传声器越小，其响应的平滑程度越好。但由此又会出现新的问题，即最小的振膜直径所对应的信噪比也最差；换言之，振膜越小，传声器的灵敏度就越低，故信噪比也就越差。

无指向传声器所表现出来的近讲效应非常小，具体参见下文中讨论的有关近讲效应问题。

由于其拾音的方向性图形为球形，所以它在扩散场中的能量效率为 100%，传声器正反两面的响应比值为 1∶1，因此，传声器对从侧向或后方到来的信号会以与正面相同的灵敏度来拾取，所给出的方向性指数为 0dB。这有助于传声器拾取到所需要的房间特性或者四周的谈话声，就如同拾取一个交响乐队一样。但如果在嘈杂的环境下拾音，这可能就是有害的了。

由于无指向传声器在所有的频率上都具有高的输出，所以相对而言它对机械振动

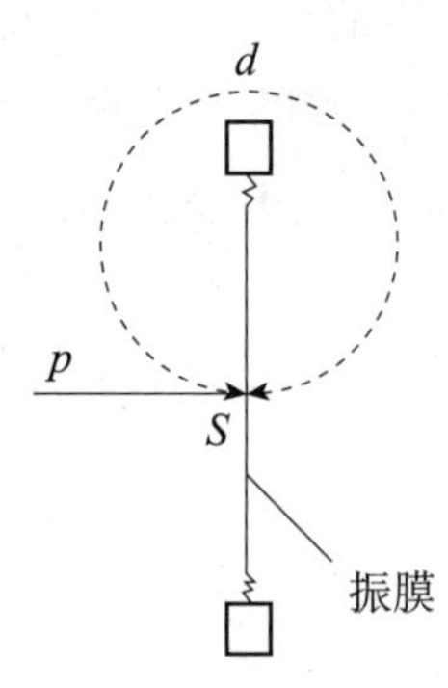

图 2-16 压差式声波接收方式

具有一定的免疫力。因此，传声器的振膜可以认为是刚性的，这样便允许振膜能跟随上磁体或稳态系统，而不会与机械运动逆向工作。

2. 双指向性传声器（bi-directional 或 figure-8 directional）

双指向性又称“8”字形指向性，由压差式声波接收方式获得。压差式声波接收方式也称为压力梯度式声波接收方式，这种接收方式以铝带传声器为代表，如图 2-16 所示，振膜前后两个表面都接收声波，由于声波到达振膜两表面的路径不同，即存在声程差，所以到达两表面的时间也不同，因而有相位差。在大多数情况下，传声器振膜都是处在平面波声场中，这时可认为到达振膜两表面的声波振幅相同。从正后方来的声音产生的电压与从正前方来的声音产生的电压幅度相同，相位相差 180°。偏开轴线方向 90° 的声波在振膜前面和后面产生出幅度相等但方向相反的声压，在振膜处抵消而无输出信号。压差式声波接收方式的指向性呈“8”字形，极坐标图形如图 2-17 所示。

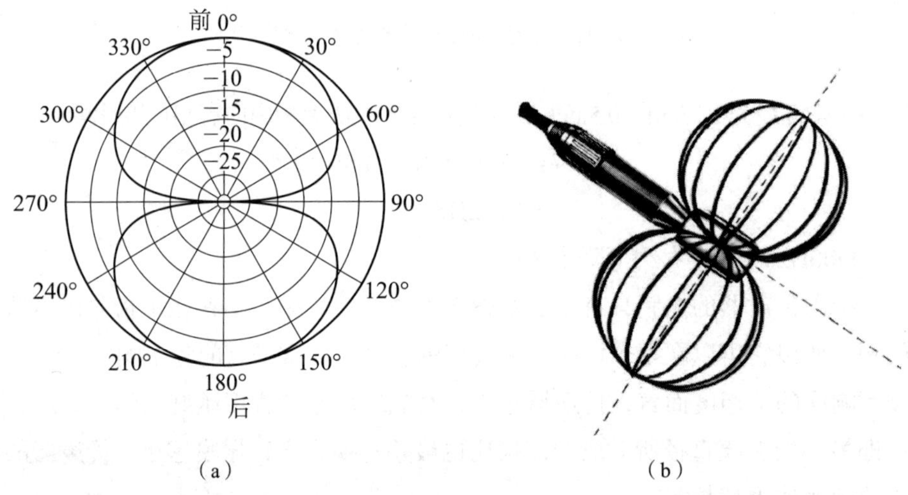

图 2-17 （a）双指向性极坐标图形；（b）三维示意图

压差式声波接收方式中，到达振膜两表面声波的相位差以及由此造成的压力差与声波频率有关，由图 2-18 可知，当振膜前后两点 A 和 B 之间的距离小于声波波长的一半时，压力差随着声波频率的上升而基本上呈线性增加。在频率 f_t 上，A、B 之间的距离正好等于该频率波长的一半，这时相位差为 180°，压力差达到最大值，频率 f_t 称为传声器的最高工作频率，也称为转折频率，高于该频率的信号会使压力差减小。压力差与频率的关系如图 2-19 所示。

使用双指向性传声器应注意尽量使声源处在传声器灵敏度较高的范围内，偏离轴线

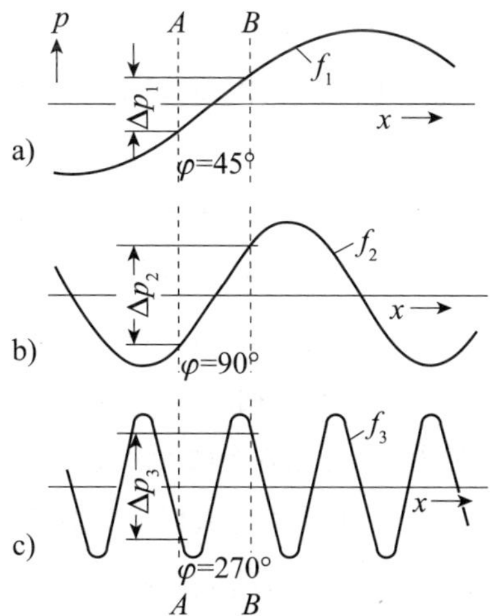

图 2–18　按正弦变化的声压在振膜前后两点 ***A*** 和 ***B*** 处的声压差随声波频率的变化

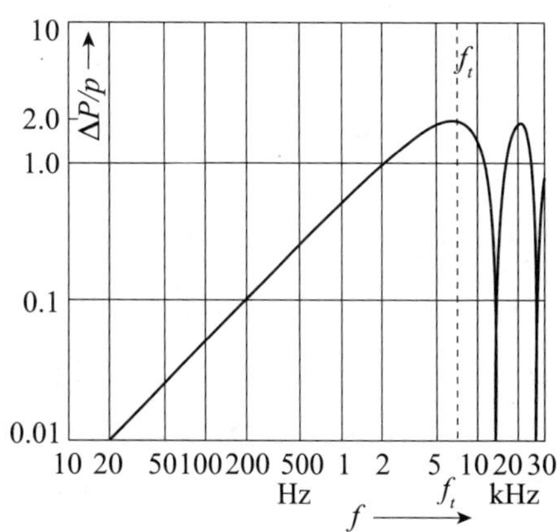

图 2–19　压力差与频率的关系（f_t 为转折频率）

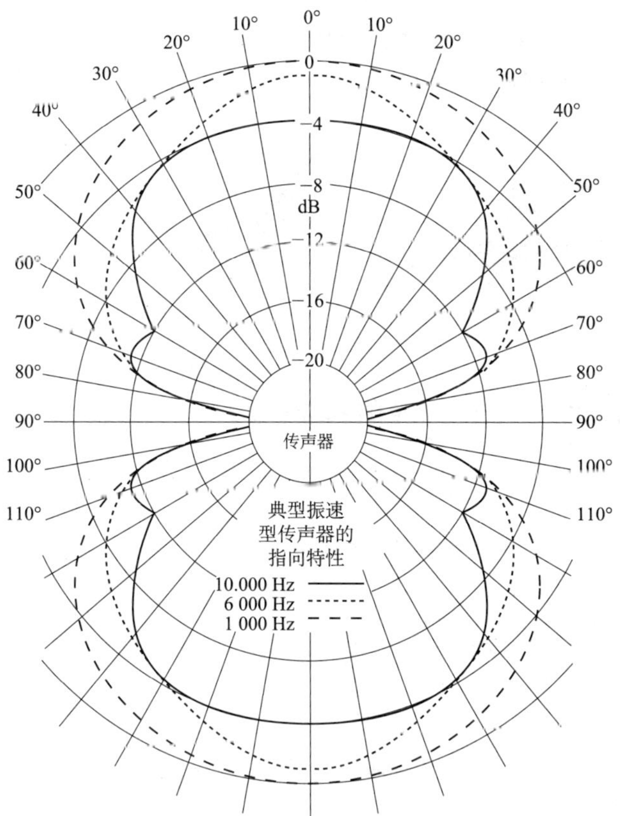

图 2–20　典型双指向带式振速式传声器所表现出来的极坐标响应图形，图中表明在高频时角度变窄了

90° 的方位为其反相点，传声器输出为 0，靠近该区域拾音会造成所拾声音发虚。

由于该种传声器对来自前方、后方和侧方的声音区别对待，所以其扩散场的能量效率为 33%。换句话说，如果所处的是混响声场，那么拾取到的背景噪声要比无指向传声器拾取到的低 67%；其前后响应之比始终维持为 1，而前侧响应之比将接近无穷大，所具有的方向性指数为 4.8。这种特性对于桌子两边相向而坐的交谈声音的拾取是极其有用的。因为传声器的指向性能力提高了，所以它的拾音距离是无指向传声器在直达声声场中拾音距离的 1.7 倍。图 2–20 所示的是理想的双指向传声器在相对正前方的响应衰减了 6dB 时所涵盖的拾音锥角，它在传声器的前方和后方都是 120°。由于衍射，所以这一角度值会随频率发生变化，频率越高，角度越窄。

3. 单指（心形）向性传声器（unidirectional 或 cardioid directional）

单指向性又称心形指向性，由复合式（即压力式）和压差式相结合的声波接收方式获得，根据指向性角度的变化还可分为超心形（supercardioid）、锐心形（hypercardioid）指向性，如图 2–21 所示。复合式声波接收方式有三种组合方法：第一种是将一只全指向性和一只双指向性的振膜紧密地结合在一起，将两者的输出叠加；第二种是仅将其中一只振膜的前面一部分暴露在声场中，将另一只振膜完全暴露在声场中；第三种又叫相移式声波接收方式，这种方式振膜的前后两个表面都接收声压，但作用到振膜内表面的声压要经过传声器后面的声入口后，再经传声器内部的一段路径，它的结构截面示意图如图 2–22。其传声器后声部入口被设计成一个声学低通滤波器，声音从后部声入口到达振膜内表面要延时 t_1 秒，且限制频率 f_t 阻止了高于 f_t 的高频段信号的通过，目前大多数单指向性传声器都采用这种方式，下面我们来做一下具体分析。

图 2–23 中，D 代表传声器振膜，M 是固定装置，L 是所设计的声学延时部分，可带来 t_1 秒的延时。如果时间 t_1 正好与声音经过路程 s 所需的时间 t_s 相等，则当声音从 180° 方向传来时，到达振膜前后两表面的声波同相，相互抵消而无输出信号，振膜保持静止。声音从 0° 方向传来时，作用于后表面的声波比作用于前表面的声波晚 t_1+t_s 秒，从 90° 方向传来时则时间差为 t_1 秒，如此得到的指向性为单指向性。

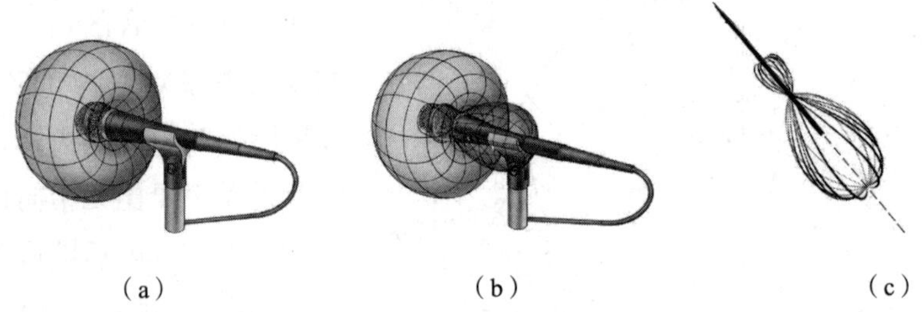

（a）　　（b）　　（c）

图 2–21　心形、超心形和锐心形指向性的拾音图案示意图

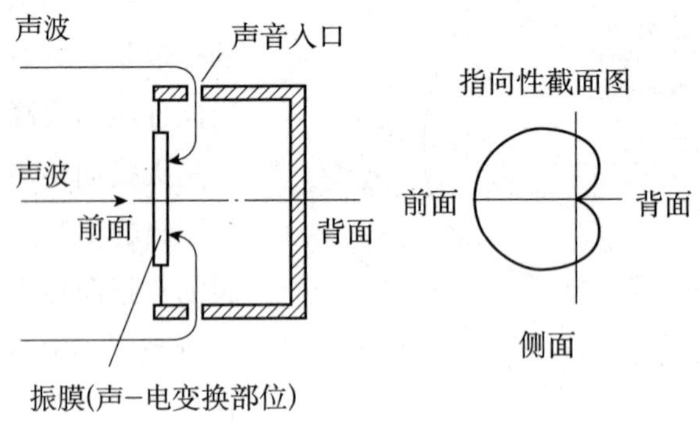

图 2–22　复合式声波接收方式

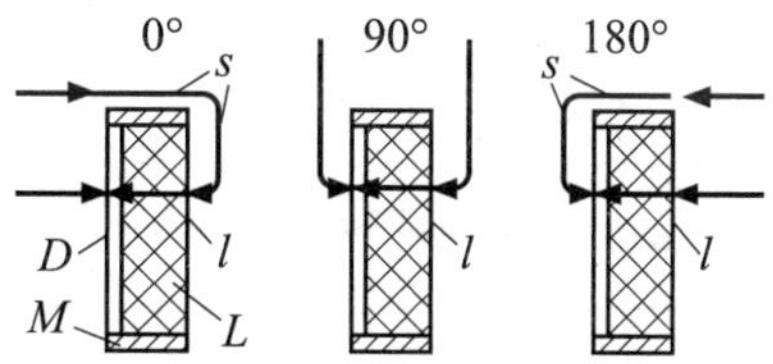

图 2-23　心形传声器的声学延时

（1）心形传声器的类型

心形传声器是按照声音进入其后腔的方式来分类的。通常，声音是通过传声器本体上的单独一个或多个小孔进入其腔体后部的，如图 2-24 所示。

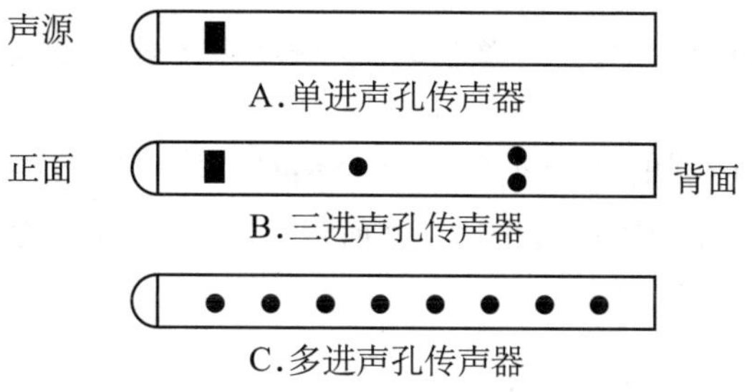

图 2-24　心形传声器的三种类型

（2）单进声孔心形传声器

所有单进声孔的心形传声器都在其振膜的后方一定距离处有一个后进声孔。后进声孔通常位于振膜后方 3.8cm 处，这可能导致很强的近讲效应出现。Electro-Voice DS-35 就是单进声孔心形传声器的一个实例，如图 2-25 所示。

图 2-25　Electro-Voice DS-35 单进声孔传声器

Electro-Voice DS-35 的低频响应会随着声源与传声器的距离的减小而发生变化，如图 2-26 所示。最大低频响应出现在传声器距离声源 3.8cm 的近距离拾音时，最小的低频响应则出现在距离声源 61cm 之外拾音时。可以想象，这种可变的低频响应该能够产生有用的效果。

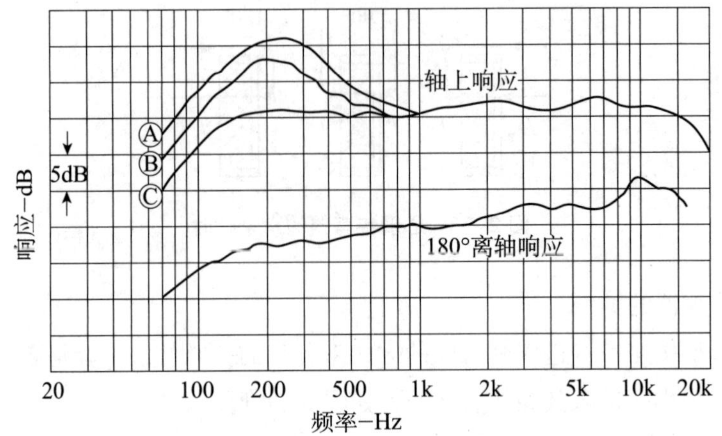

图 2-26　Electro-Voice DS-35 单进声孔心形传声器的频率响应与拾音距离的关系

另一个单进声孔传声器的例子就是 Shure SM81。传声器的声学系统工作时可以视为有两个声开孔的 1 阶梯度传声器，如图 2-27 所示。图 2-28 所示的是电容换能器的类比模拟电子电路图。

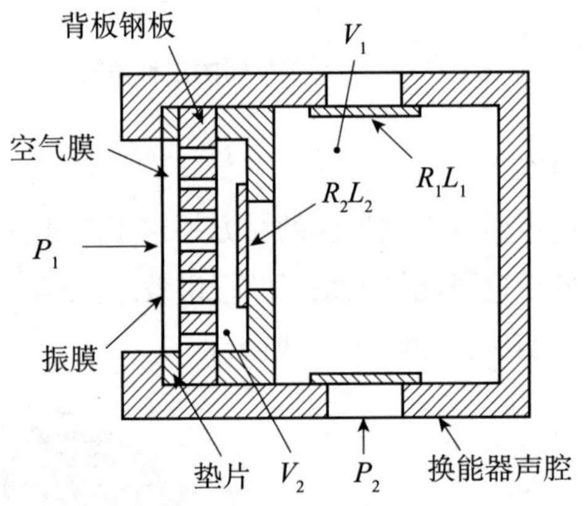

图 2-27　Shure SM81 电容换能器的简化剖面图

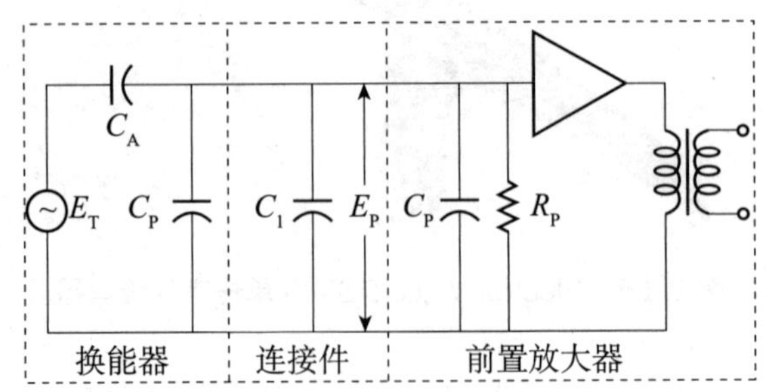

图 2-28　Shure SM81 电容换能器的等效电子电路和前置放大器

其中一个开孔是暴露于振膜的前表面的声压 P_1 之下的。另一个开孔或后进声孔是由换能器腔室侧面的大量窗孔构成的，此处所获得的声压为 P_2。振膜的声阻抗为 Z_0，它包含了振膜与背极之间的薄空气膜的阻抗。声压 P_2 是透过安装在具有声阻 R_1 和声质量 L_1 的换能器腔室侧面的栅网，经过声顺为 C_1 的声腔后作用到振膜的后表面上。第二个栅网具有声阻 R_2 和声质量 L_2，第二个声腔 V_2 的声顺为 C_2，并最终通过背极上的穿孔。

电路元件 L_1、R_1、C_1、L_2、R_2 和 C_2 构成了有耗声质量的梯形网络，该网络被称为有耗梯形网络。网络的转移特性致使压力 P_2 产生一个时间延时，使得传声器在低频和中频频段具有指向性（心形）的特质。网络在高频段产生的衰减比较大，使得最终到达振膜背极的声压 P_2 变小，之后传声器的工作更像是一个由 P_1 主导的无指向系统。在这些频率上的指向性特质，是通过在合适外形的换能器本体周围形成的声衍射获得的。

可转动的低频响应整形开关可以让使用者在 100Hz 处开始的 –6dB/oct 滚降衰减，以及 80Hz 处开始的 –18dB/oct 滚降衰减间进行切换选择。100Hz 处开始的滚降衰减是为了补偿传声器在距声源 15cm 处使用时产生的近讲效应，而 80Hz 处开始的滚降则是为了最大限度地衰减大部分低频干扰，使其对歌唱声音的影响最小。处在平坦位置时，传声器在 10Hz 处有一个针对次声成分的 6dB/oct 电子滚降衰减，其在 10Hz 处衰减 3dB，以减小不可闻的低频干扰对传声器前置放大器输入的影响。传声器的衰减开关是针对高声压级拾音而设的（声压级达到 145dB），它是通过一个旋转电容开关来实现的。

还有一个关于单进声孔心形传声器的例子——Shure SM57，一款超心形动圈传声器，如图 2–29 所示。Shure SM57 和 Shure SM58 都采用了钕磁体材料，以使输出信号更强，同时还都采用了改良的防震支架，这两款传声器常被用来拾取军鼓的声音。另外，Shure SM58 还常用于流行音乐舞台表演中歌唱声的拾音。

（a）　　　　（b）

图 2–29 （a）Shure SM57；（b）和 Shure SM58

（3）三进声孔心形传声器

Sennheiser MD441 是三进声孔心形传声器的一个例子，如图 2–30 所示。低频的后进声孔 d（从振膜的中央到进声孔的距离）大约 7cm，中频进声孔 d 大约为 5.6cm，而高频进声孔的 d 大约为 3.8cm，频率上的转换分别发生在 800Hz 和 1000Hz。每个进声孔都由传声器极头周围的多个孔构成，而不是一个孔。

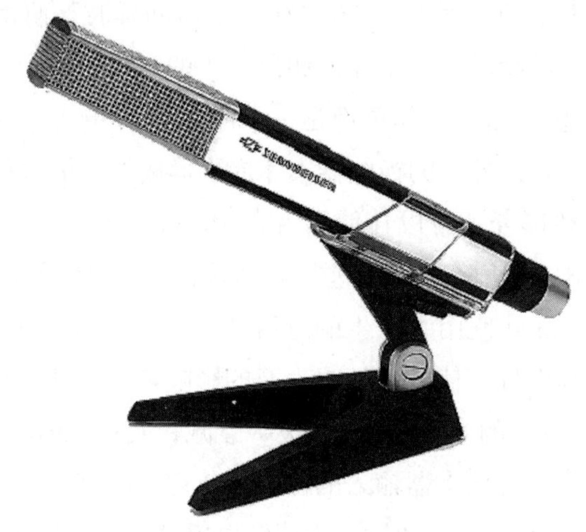

图 2–30 三进声孔的 Sennheiser MD441 心形传声器

采用这样的结构是出于三个原因。在传声器壳体周围安排多个进声孔给低频系统，这样便优化了正面的频率响应，并且在手持和放到支架上使用传声器时，尽管有可能会将大部分进声孔盖住，但还是可以维持极坐标响应不变。由于低频进声孔远离振膜（12cm），同时高频进声孔对低频近讲的影响几乎没有，所以传声器具有良好的近讲性能。双路进声的结构产生的心形极坐标响应图形具有较宽的正向工作角度，以及出色的噪声抑制和反馈控制性能，同时在频率响应方面也与电容传声器相当，这在动圈传声器中是很少见的。

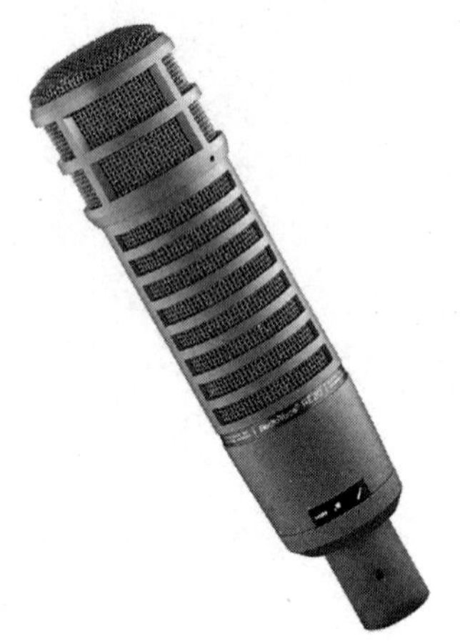

图 2–31 Electro–Voice RE20 多进声孔（Variable–D）心形传声器

这款传声器常被用于架子鼓中通通鼓的拾音。

（4）多进声孔心形传声器

Electro–Voice RE20 多进声孔（Variable–D）心形传声器是多进声孔传声器的一个例子，如图 2–31 所示。多进声孔传声器有许多的后部进声口，它们可以构成简单的端口，所有的端口距离振膜的距离不同，也可以视为一个连续的开放端口。每一端口被调谐到不同的频段上，最靠近振膜的端口是被调谐到高频段上，而距离振膜最远的端口则被调谐到低频段上。这样安排的最大优点在于它可以减小由于声源与低频的后进声孔之间距离长带来的近讲效应，并且机械分频过渡也不是很陡，可以更准确地定位于所需的频率上。

与许多心形传声器一样，RE20 也有一个用来减小近距离拾音时近讲效应的低频滚降开关。图 2–32 所示的是 RE20 的线路图。通过将红色的导线接到 250Ω 或 50Ω 的端子上，就可以改变传声器的输出阻抗。应注意的是，“Bass tilt”（低频响应整形）开关启用时，它会降低串联的电感，从而改变传声器的低频响应。这款传声器常被用于大鼓的拾音，电台的 DJ 也常使用这种传声器，目前用 RE27 替代之。

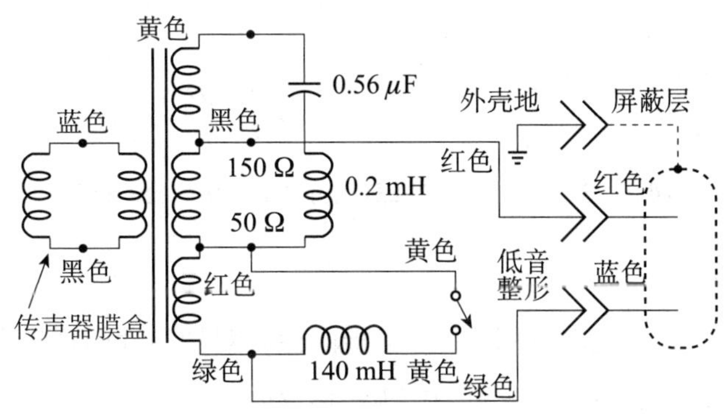

图 2–32　Electro–Voice RE20 心形传声器接线图

注：“Bass tilt”开关电路和输出阻抗端口

（5）两分频心形传声器

在两分频传声器系统中，总的响应范围由高频和低频换能器分别承担，优化调整到特定频率范围上的各换能器与两分频扬声器系统类似，这两个系统都是通过分频网络的方式连接在一起的。

图 2–33 所示的 AKG D–222EB 的原理框图标出了同轴安装的两个动圈换能器，其中的一个被设计成针对高频段的，它被置于最靠近前部栅网的位置，并朝向正前方；而另一个则是针对低频段的，它被置于第一个换能器的后面，并朝向后方。低频段的换能器采用了一个哼声补偿线圈，以抵消杂散磁场的影响。这两个换能器均耦合于 500Hz 的 LCR 分频网络，该网络具有校正的电声相位，以及为取得线性离轴响应而设的厂家预置等特性（在现代的两分频扬声器系统中基本上也是采用同样的设计技术）。

两分频传声器可以将指向性控制成与频率无关，对侧向传声器具有更为线性的频率响应，同时对传声器后方产生更大且一致的抑制响应。由于传声器防风罩与低频换能器之间的距离比较大，因此它可以将产生近讲效应的拾音距离降到 15cm。

D–222EB 采用了三档的低频响应整形开关，它可以在 50Hz 处产生 6dB 或 12dB 的衰减。这一特性对语言拾音应用尤为适用，并且对于在声学环境不理想、存在较大的低频环境噪声、混响长，或存在声反馈情况下的拾音应用较为理想。

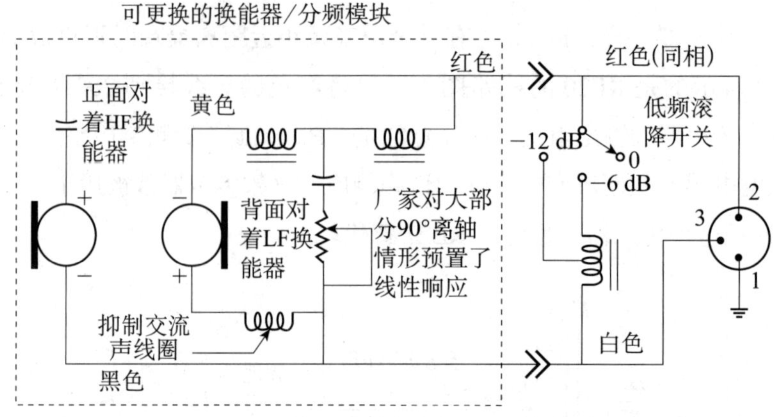

图 2-33　AKG D-222EB 两分频心形传声器的框图

4. 可变指向性传声器

复合式声波接收方式的指向性图形由全指向性和双指向性图形组合而成，如图 2-34 所示。从极坐标图可看出，这两个图形在 90° 轴线以上是同相的，因而它们的输出相加；而在 90° 轴线以下是反相的，因而它们的输出互相抵消。相加和抵消的程度与二者的灵敏度有关，如此形成心形指向性图形，其极坐标图形如图 2-35 所示。

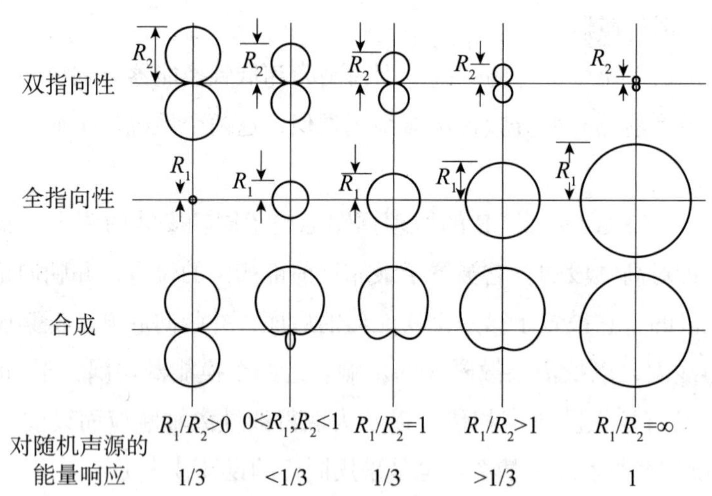

图 2-34　全指向性和双指向性合成的方向性图

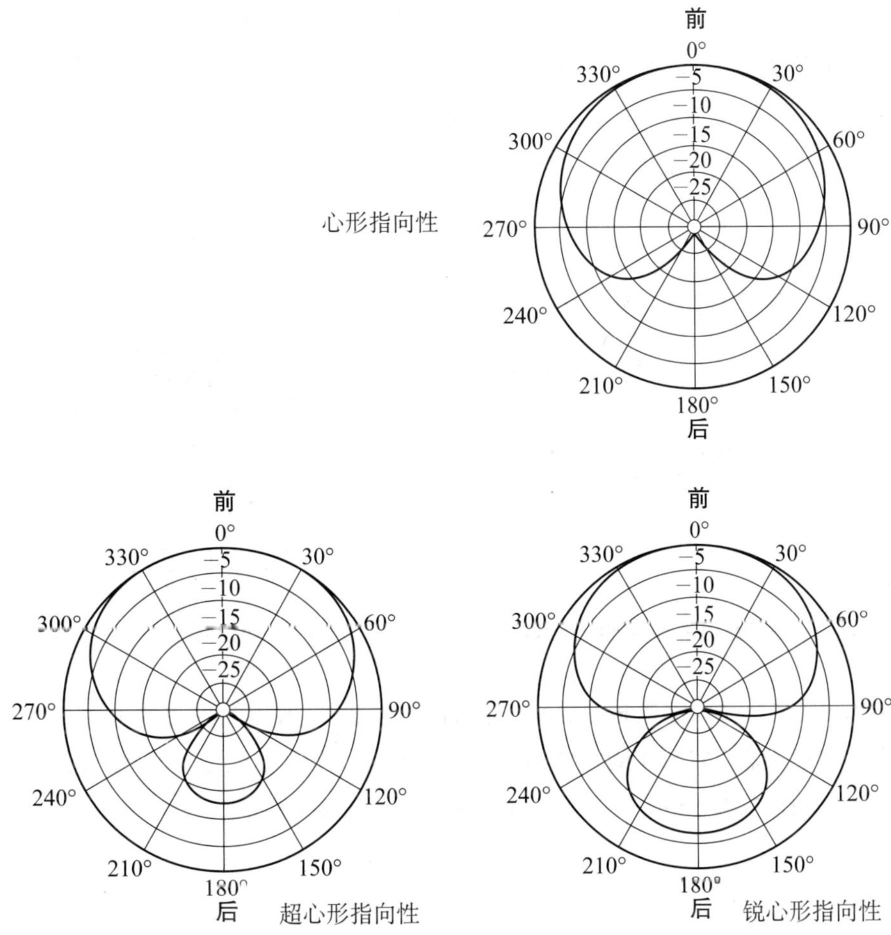

图 2–35　心形、超心形、锐心形指向性极坐标图形

单指向性动圈传声器的构造如图 2–36 所示，在传声器外壳的侧面开有声入口，声波进入传声器，经音圈和磁缝隙的间隙到达振膜的内表面，并经制动阻尼与后气室相通。它的相移是由缝隙的声质量和声阻与后气室的声顺和制动阻尼形成的。适当地控制它们的数值，可形成单指向性。

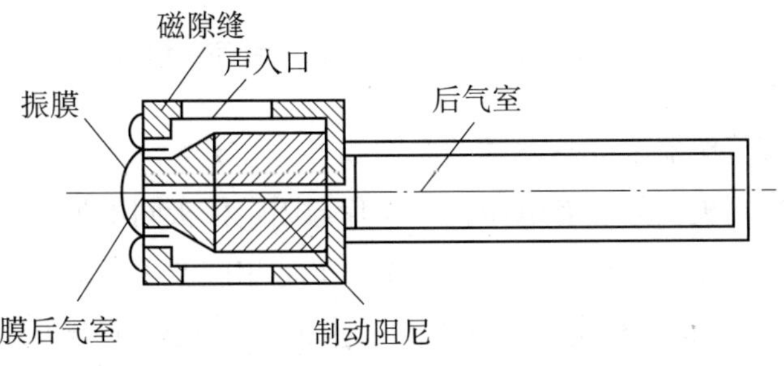

图 2–36　单指向性动圈传声器结构示意图

在铝带传声器中，如果只将铝带的一部分连接声管，其余部分仍保留压差式，则形成单指向性铝带传声器，如图 2–37 所示。如果在全指向性铝带传声器的声管上开有孔洞，也可形成单指向性铝带传声器。可变指向性铝带传声器是在声管部分开有进声闸，根据进声闸开启和闭合的程度，呈现全指向性、单指向性和双指向性，如图 2–38 所示。

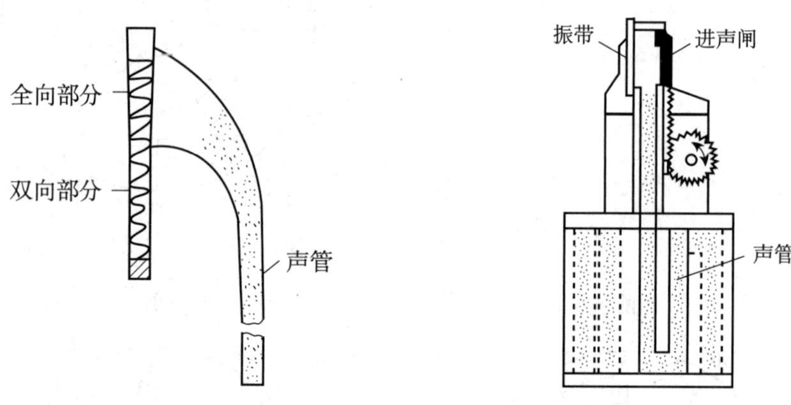

图 2–37　单指向性铝带传声器结构示意图　　图 2–38　可变指向性铝带传声器结构示意图

电容传声器中，在固定极板上开洞，使后声入口的声波也能到达振膜后表面，则形成单指向性电容传声器。如果在固定极板的另一侧再加一膜片，并在固定极板上开出两膜片相连通的孔，如图 2–39 所示，就形成了可变指向性电容传声器。

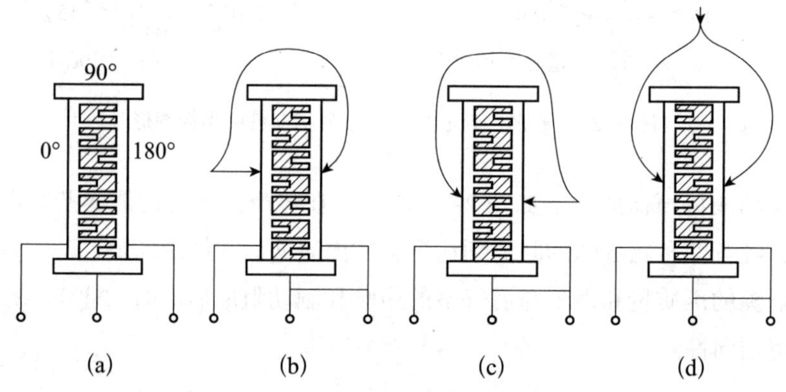

图 2–39　可变指向性电容传声器结构示意图

可变指向性电容传声器改变指向性的原理如下。

（1）左膜片与固定极板间加有电压，右膜片与固定极板间不加电压。

声波从左方（0°）传来，左膜片（加电膜片）将相应产生振动，振动通过固定极板孔道延时 t_1 传到右膜片（不加电膜片）的左边。声波还会从传声器外面延时 t_s 衍射到传声器右面，作用到右膜片的右侧。如果传声器设计得当，会使作用到右膜片两边的声波延时 $t_1= t_s$，右膜片两边所受的力将互相抵消，右膜片就不振动。这时，左膜片与固定极板间有电压输出。

声波从 180°方向传来，左膜片不振动，右膜片振动，但由于右膜片上没加电压，所以传声器无输出。

声波从 90° 或 270° 方向传来，左右两个膜片同时受到声波作用而振动，右膜片由于没加电压而无输出，作用于左膜片前后两表面的声波时间差为 t_1，左膜片与固定极板间有电压输出。

综合上述情况，双膜片单极化的电容传声器具有心形指向性。

（2）两膜片对固定极板加有大小相等、极性相同的电压。

这时，两膜片对固定极板都有电压输出，总输出为两者之和，呈全指向性。

（3）两膜片对固定极板加有大小相等、极性相反的电压。

这时，两膜片对固定极板都有电压输出，总输出为两者之差，呈双指向性。

后两种情形中，如两膜片所加电压大小不等，则可分别形成超心形、锐心形指向性。极化电压的改变，可通过按动传声器上的相应按钮来实现。图 2–40 展示了极化电压的不同组合方案得到的不同指向性图形。

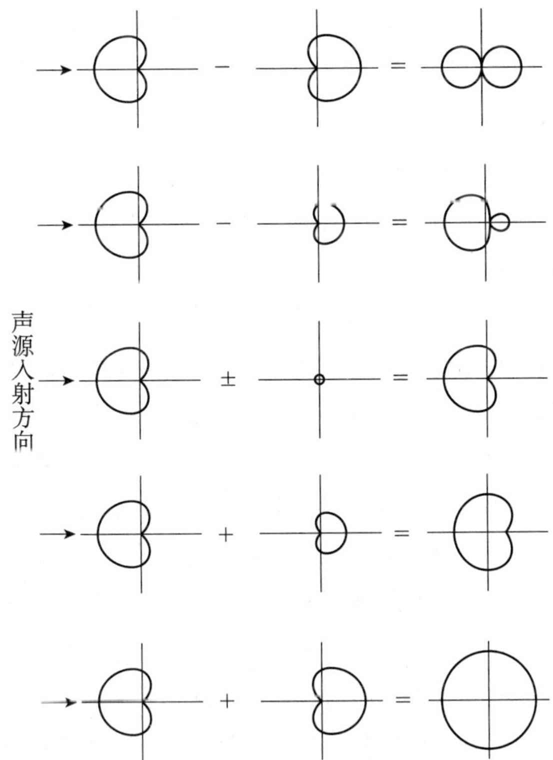

图 2–40　可变指向性电容传声器指向性合成示意图

最后，我们通过表 2–1 对不同传声器指向性的特性进行简单的概括总结。

表 2–1　不同传声器指向性的特性

传声器	无指向	双指向	单指向	超心形	锐心形
指向性响应特性					
电压输出	$E=E_0$	$E=E_0\cos\theta$	$E=E_0/2(1+\cos\theta)$	$E=E_0/2[(\sqrt{3}-1)+(3-\sqrt{3})\cos\theta]$	$E=E_0/4(1+3\cos\theta)$
扩散场的能量效率（%）	100	33	33	27	25
正面响应 / 背面响应	1	1	∞	3.8	2
正面扩散场响应 / 总扩散场响应	0.5	0.5	0.67	0.93	0.87
正面扩散场响应 / 背面扩散场响应	1	1	7	14	7
等效距离	1	1.7	1.7	1.9	2
3dB 衰减对应的拾音角度（2θ）	–	90°	130°	116°	100°
6dB 衰减对应的拾音角度（2θ）	–	120°	180°	156°	140°

5. 不同指向性传声器的应用比较

对传声器指向性的选择要根据所录节目的具体情况来决定。在相同拾音距离处拾音，无指向性（全指向性）传声器较指向性传声器能拾取到更多的空间环境声。那么，为了得到相同的混响感，指向性传声器需比无指向性传声器离开声源的距离更远。传声器指向性的距离系数给出了这种距离之间的比例关系，其定义为：要获得等同于无指向性传声器在单位距离上的直达声与混响声之比，指向性传声器与声源的距离要更远。传声器指向性越强，其距离系数就越大。在无指向性传声器的距离为单位 1 时，“8”字形、心形、超心形指向性传声器的距离系数分别为 1.73、1.73 和 2。对于抛物面集音器，这个系数大于 3。

根据以上特征可知，如果要获得更多的空间感，强调空间中某种乐器的直达声和反射声的融合效果，或者是不同乐器之间的融合效果，我们就可以选用无指向性传声器。如果要减少空间感，避免因空间造成的声音浑浊或因空间声学缺陷带来的声染色，强调获得清晰、干净的声音，或者在同一空间拾音时为了减少其他乐器的串音，我们就可以选用指向性传声器。这种选择还应与拾音距离相协调，远距离拾音有利于拾取到一件乐器或一个乐队的整体效果，在合适的位置上可以获得自然的平衡，还可以更好地反映出拾音现场的声学环境，让直达声与反射声充分混合。但同时这样也会更多地反映出拾音现场可能存在的声学缺陷，设置的位置不合适还可能使混响过多，声音浑浊而不清晰。近距离拾音可以有效地排除环境声，减少空间感，还能更好地体现出乐器的质感，获得清晰干净的声音，但距离过近有可能过分强调乐器的某种音色特点，或者是某个音区，从而失去了整体的平衡。

在实际运用中往往将全指向性传声器与指向性传声器、远距离拾音与近距离拾音结合起来。

二、近讲效应

声源在空间某点所产生的声压和该点与声源的距离成反比关系，因而距声源越近，声压的变化量就越大。当传声器距声源很近进行拾音时，振膜处在球面声场中，对压差式或复合式声波接收方式而言，到达振膜两表面的声波除了相位差还有振幅差。对于低频段信号，其相位差很小，振幅差起主要作用，因而受距离影响较大，表现为近距拾音时低频提升，且随着距离的减小提升越来越明显。在高频段，相位差的影响较大，因而近距拾音对高频没有影响。这种由于近距离拾音而造成的压差式或复合式声波接收方式的方向性传声器低频提升的现象，叫“近讲效应”，如图 2-41 如示。由图可知，低于 200Hz 的频率所受到的影响比较大。另外，压差式声波接收方式的“8”字形指向性传声器相比于复合式声波接收方式的心形指向性传声器而言，该效应对低频提升更为显著，如图 2-42 所示。

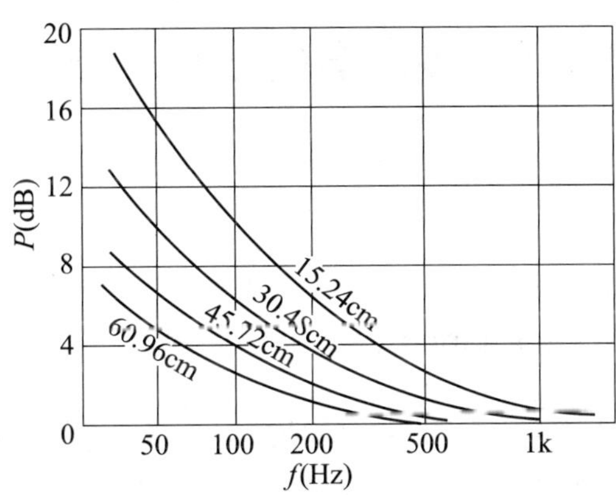

图 2-41　靠近压差式或复合式传声器拾音时产生的低频提升效应

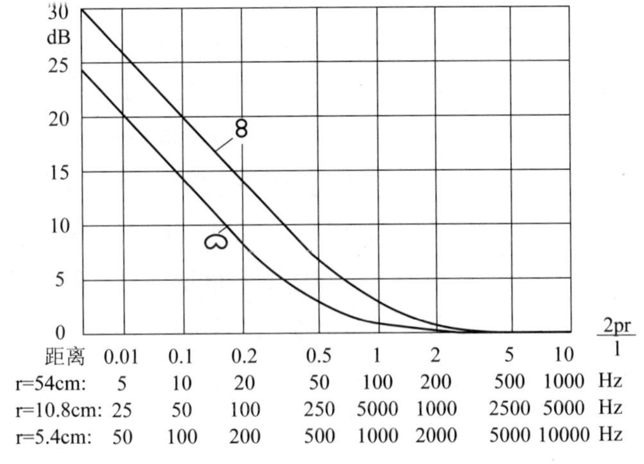

图 2-42　“8”字形与心形指向性传声器近讲效应比较

在实际录音中，近讲效应所引起的低频提升会使得声音的清晰度降低，尤其是在语言录音中，为了避免低音过重，有些传声器上有低频滚降滤波器开关，可衰减由近讲效应产生的低频成分，以恢复平坦、自然的声音平衡。另外，有些歌唱演员利用近讲效应提升低频声的比重，以求得歌声的温暖感，并使声音更为饱满，因而故意靠近传声器演唱。

三、幻象供电

电容传声器工作时，需要给极板加直流极化电压。幻象供电是指使用平衡传输的声频信号线缆来传输直流极化电压的供电方式。这种供电方式在同一根线缆里既包括有声频信号电压，又有直流电源电压。幻象供电的应用使录音师无须为每个电容传声器单独配备电源，并且该供电方式不会对同一条通路上的其他传声器，比如对电动式传声器产生影响。

具体内容参见第五章第二节有关幻象供电部分。

第四节　传声器的主要技术指标

传声器的主要技术指标包括传声器的输出阻抗、灵敏度、频率响应、瞬态响应、动态范围等。

一、输出阻抗（output impedance）

输出阻抗又叫源阻抗，用来表明一个信号源对下级负载（输入阻抗）的信号提供能力。传声器的输出阻抗通常以 1kHz 信号时测得的结果来表示，它是传声器对 1kHz 信号的交流内阻，以欧姆（Ω）为单位。源阻抗在 150~600Ω 之间的传声器是低阻抗型的；源阻抗在 1~5kΩ 之间的传声器是中阻抗型的；源阻抗在 25~150kΩ 之间的传声器是高阻抗型的。过去，高阻抗传声器用起来较便宜，因为电子管放大器的输入阻抗很高，在使用低阻抗传声器时，电子管放大器需要较贵的输入变压器。应注意的是，所有的电动式传声器都使用了低阻抗器件，那些有高阻抗输出的电动式传声器使用了一个内置阻抗升高变换器。高阻抗传声器的缺点是它们的高阻抗线缆线容易拾取到静电噪声，诸如发动机和荧光灯等引起的噪声，这就要求使用带屏蔽的线缆。另外，围绕屏蔽的导体会形成一个电容器，它实际上是跨接在传声器的输出上。当线缆的长度增加时，电容量就变大，线缆长度达到 6~8m 时，电容量开始短路掉由传声器拾取的许多高频成分。因此，使用高阻抗传声器应避免用长线缆来连接，这种限制有时会给录音带来不便。

极低阻抗（50Ω）传声器的优点是它的连接线对于拾取静电噪声不敏感，但是，它对于拾取交流电源线产生的电磁场所感应的噪声却又颇为敏感。这种交流声的拾取可通过使用双绞线对来消除，因为双绞线对与电磁感应产生的电流方向相反，在调音台的传声器平衡输入端上互相抵消。

150~250Ω 的传声器信号损失低，可使用长达数百米的线缆进行连接。与 50Ω 的线路不同，尽管它们更不易拾取到电磁感应噪声，但对静电噪声的拾取相对明显。因此，使用双绞线对线缆和平衡传输信号线可获得最低的噪声。在这样的线路内，两条导线运载信号电压，而屏蔽线接地。其工作原理是在两条导线中，声频信号的交变电流极性是相反的，而任何静电的或电磁的拾音会同时以同极性感应存在于相关的两条导线中。输入变压器或平衡放大器只对两条导线间的电压差产生响应，结果是感应的信号互相抵消，而声频信号不受影响。大多数录音棚中所用的传声器线缆是 200Ω 的可实现平衡传输的线缆，屏蔽线只在前置放大器端和传声器手柄上接地。由于采用电压匹配的连接方式，即要求负载的输入阻抗高于传声器输出阻抗的 5 倍以上，因而负载阻抗大多为 1kΩ。另外，高阻抗传声器使用的是不平衡电路，由一条信号线向负载提供正电势，而第二条线是屏蔽线，用来完成信号的回流电路。

二、灵敏度（sensitivity）

灵敏度表示传声器的声电转换效率。它是指在自由声场中，当向传声器施加一个声压为 0.1Pa 的声信号时，传声器的开路输出电压。从灵敏度可看出，将传声器拾取的信号电平提升到线路电平（–10dBV 或 +4dBm）所需的放大量，这个值也使录音师容易判断两个传声器输出电平的差异，在相同声压级的激励下，具有较高灵敏度的传声器比较低灵敏度的传声器产生的输出电压大。一般情况下，电容式传声器比电动式传声器的灵敏度高，高阻抗传声器比低阻抗传声器的灵敏度高。

在现实中，人们会采用下面三种方法中的一种来测量传声器的灵敏度。

开路电压　　0dB = 1V/μbar

最大功率输出　　0dB = 1mW/10μbar

= 1mW/Pa

电子工业协会（EIA, Electronic Industries Association）灵敏度：

0dB = EIA 标准 SE–105

用来测量传声器灵敏度的常用声压级为：

94dB SPL 10 dyn/cm^2 SPL	10μbar 或 1Pa
74dB SPL 1 dyn/cm^2 SPL	1μbar 或 0.1Pa
0dB SPL 0.0002 dyn/cm^2 SPL	0.0002Pa 或 20μPa（听阈）

由于 74dB SPL 过于接近典型的噪声声级，所以推荐使用 94dB SPL 的声级。

采用开路电压来测量灵敏度的好处如下。

（1）如果已知开路电压和传声器的阻抗，那么任意负载下的传声器性能均可以计算。

（2）它对应于一个有效的使用条件，即传声器应该与高阻抗相连，以产生最大的信噪比。

（3）150~250Ω 的传声器应该连接到 2kΩ 或更大的阻抗上。

（4）当传声器被连接到比自身高的高阻抗之上时，传声器阻抗的变化不会导致相应的变化。

开路电压灵敏度（S_v）可以通过将传声器置于已知声压级的声场中，同时测量出其开路电压，并利用如下的方法计算出来：

$$S_v = 20\log E_o - dB_{SPL} + 94$$

S_v 是以分贝为单位表示的开路电压灵敏度，其 0dB 的基准参考值为 10dyn/cm^2 SPL（94 dB SPL）的传声器产生的 1V 开路电压时的声学输入。

E_o 为传声器的输出，单位为 V。

dB_{SPL} 为实际声学输入的声级。

最大功率输出灵敏度的指标给出了指定声压和功率基准下传声器可以产生的最大功率输出（dB）。该指标可以通过传声器的内阻和开路电压计算出来，它也表示传声器将声能转换为电能的能力。其计算公式为：

$$S_p = 10\log V_o^2/R_o + 44 \text{ dB}$$

S_p 是以分贝为单位表示的功率级传声器灵敏度。

V_o 为 1μbar（0.1Pa）声压作用下的来路电压 。

R_o 为传声器的内阻。

S_p 还可以由开路电压灵敏度计算出来：

$$S_p = S_v - 10\log Z + 44 \text{ dB}$$

S_p 为 94 dB SPL（10dyn/cm^2）或 1Pa 的声学输入所对应的分贝标称值。

Z 为测量到的传声器阻抗（大部分厂家的技术指标都采用标称值）。

输出电平也可以直接用开路电压来确定：

$$S_p = 10\log E_o^2/0.001Z - 6\text{dB}$$

E_o 为开路电压。

Z 为传声器阻抗。

Electronic Industries Association（EIA）标准 SE-105 定义的系统标称值（G_M）为传声器的最大电输出与传声器所处平面波稳态声场声压平方之比（dB），其基准参考值为 1mW/0.0002 dyn/cm^2。其数学表示式为：

$$G_M = 20\log E_o/P - 10\log Z_o - 50\ \text{dB}$$

E_o 为传声器的开路电压。

P 为稳态声场声压，单位为 dyn/cm^2。

Z_o 为传声器的标称输出阻抗，单位为 Ω 。

表 2–2 给出了各种类型传声器的灵敏度的典型范围。

表 2–2　各种类型传声器的灵敏度的典型范围

传声器的类型	S_P	S_v
碳粒	−60 ~ −50dB	—
晶体	—	−50 ~ −40dB
陶瓷	—	−50 ~ −40dB
动圈	−60 ~ −52dB	−85 ~ −70dB
电容	−60 ~ −37dB	−85 ~ −45dB
带式（振速式）	−60 ~ −50dB	−85 ~ −70dB
晶体管	−60 ~ −40dB	—
声功率	−32 ~ −20dB	—
线路电平	−40 ~ 0dB	−20 ~ 0dB
无线	−60 ~ 0dB	−85 ~ 0dB

采用灵敏度高的传声器拾音，可以对较低声压级的声音获得较高的信噪比，有利于改善声音质量，但对于拾取大动态大声压级的声音就容易产生失真。灵敏度高的传声器有利于反映声源的种种细节，但同时也容易拾取到更多的噪声。在音色上两者的效果也不相同，灵敏度高的音色较明亮，色彩性强；灵敏度低的音色较暗，但有时也会使音色柔和，带来良好的温暖感。

灵敏度与声波入射角的关系反映出传声器的指向性。全指向性传声器对各个方向的声波灵敏度相同；“8”字形指向性传声器对主轴上的声音最敏感；心形、超心形、锐心形指向性传声器对主轴正前方声音最敏感，对主轴后方的声音有所抑制。传声器拾取信号的前后轴响应比称作传声器的前后比，用分贝（dB）来表示。

三、频率响应（frequency response）

频率响应指传声器灵敏度随频率变化的特性，即对于幅度恒定的不同频率输入信号传声器输出电压的变化。频率响应的范围是指传声器正常工作时的频带宽度，又叫带宽。一只传声器的频率响应可以设计成平直的，也可根据需要对高、中、低频适当提升或衰减。传声器的频率响应与测量的角度有关，即对不同角度输入信号频率响应不同。图 2–43 出示了某种全指向性、心形指向性和“8”字形指向性传声器在不同角度下测量到的频率响应曲线。

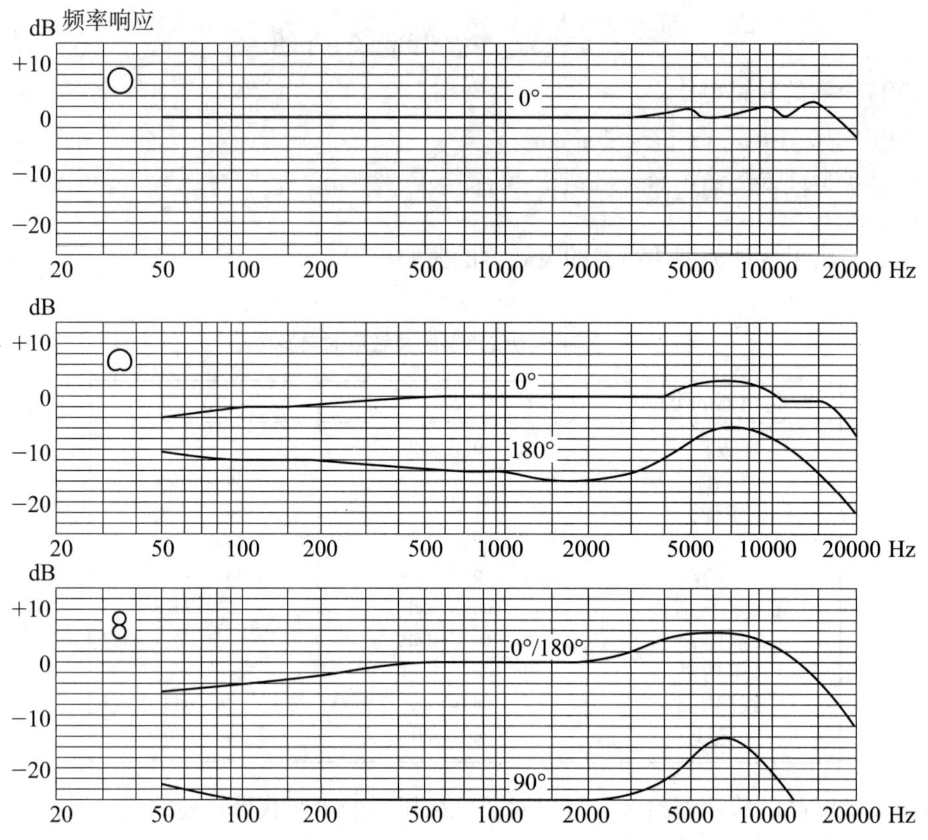

图 2–43 某种传声器不同指向性不同角度的频率响应曲线

传送声音信号的必要带宽随目的不同而不同，高保真信号的频率可高达 15kHz、18kHz，甚至 20kHz。因而对于音乐录音，频响范围最低限度也应达到 40Hz~15kHz，但如果仅仅传送语言信号，100Hz~8kHz 的带宽就已足够。如果带宽窄于所要拾取的声音信号，就会造成信号损失，超出带宽的声音频率无法有效拾取；如果带宽过宽，又会拾取到所需声音信号之外的噪声，在某些情况下反而会降低声音的信噪比。

频率响应平直的传声器，可以对声源本身的频率成分不改变相对大小地进行拾音，反映出声源本身的频率特性。实验证明，频率特性曲线上整体大于 2dB 的起伏要比 1dB 左右的微小凸凹更容易对听觉产生影响，所以如果拾音的带宽在 30Hz~16kHz 时，至少也应在 50Hz~10kHz 具有比较平直的频率特性。为了获得更为平直的频率响应，有的传声器厂家将 20Hz~30kHz 的频率由一只传声器中的两个振膜来分段拾取。但大部分传声器的频率响应都不是完全平直的，除了设计上难以做到完全平直，也有许多是有意为之。为了获得更好的声音效果，传声器的频率响应往往在高频段有所提升。高频是最容易损失的频段，在远距离拾音时，由于声音的反射以及空气的吸收，高频会有所衰减，在传输过程中也会损失掉一部分高频信号，因而可以通过频率响应上的高频提升来适当弥补。另外，由于传声器的固有噪声、放大器产生的噪声，以及风和振动等环境引起的外来噪声低频成分较多。为了降低噪声电平，频率响应可在低频段进行适当衰减。

频率响应是单指向传声器的重要技术指标，我们必须认真对其进行分析，掌握所用传声器关于频率响应的表达方式。如果我们单从轴向的频率响应来判断传声器的拾音音质的话，就可能忽略了传声器的近讲效应和离轴响应对此带来的影响。频率响应的比较结果是传声器与声源距离的函数，这一距离反映出所有单指向性传声器所能产生的一定量的近讲效应。为了对传声器进行评估，距离变量是相当重要的。

当使用手持传声器或将传声器置于支架上使用时，可以认为演员并不总是固定不动地处在传声器的主轴方向上，他们常常会处在偏离主轴 ±45° 范围的方位上。因此，在这样一个角度范围内保持频率响应的一致性是很重要的。图 2–44 所示的是这些响应变化的自然属性，在表现离轴性能上，这种形式的响应曲线比采用极坐标响应曲线的形式更好一些。极坐标响应曲线具有一定的局限性，它一般只能表现出几个频率的情况，很难让人们看到整个频谱上的性能表现。

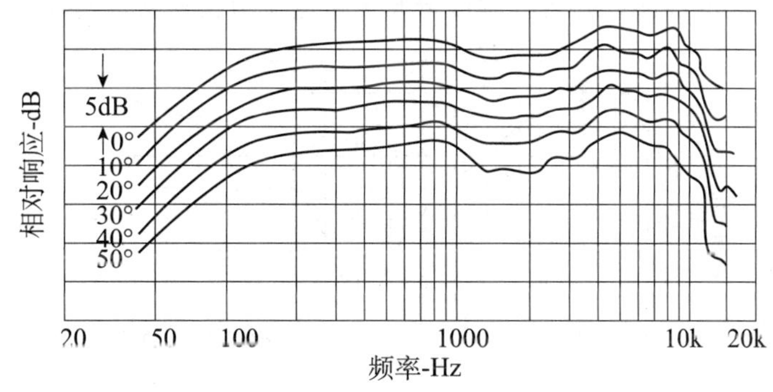

图 2–44　传声器正面响应变化与角度的关系

注：为了进行比较，曲线是按照 2.5dB 的间距来显示的

对于反馈控制和噪声抑制等方面的应用，极坐标响应或者特定的离轴响应曲线（比如在 135° 或者 180°）就很重要了。由于声学条件和所采用的激励信号，这些曲线常常会误导使用者。对这些数据的测量一般是在消声室中不同距离上进行的，所采用的激励信号为正弦波。单独地考察作为频率函数的背面响应曲线是被误导了，因为这样的曲线并不能揭示在某一特定频率下的极坐标响应特性，而仅仅是某一角度下的情况。这样的曲线还容易给人造成高频分辨力产生急剧波动的印象。这种性能表现的形式是我们所希望的，但实际上我们设计不出能够在恒定的角度范围上均具有最佳高频分辨率的实用传声器，如图 2–45 所示。影响传声器背面响应的这种变化的主要因素就是衍射，它是由声场中实际存在的传声器所导致的。这种衍射所带来的影响与频率有关，并且破坏了单指向相移单元的理想性能。

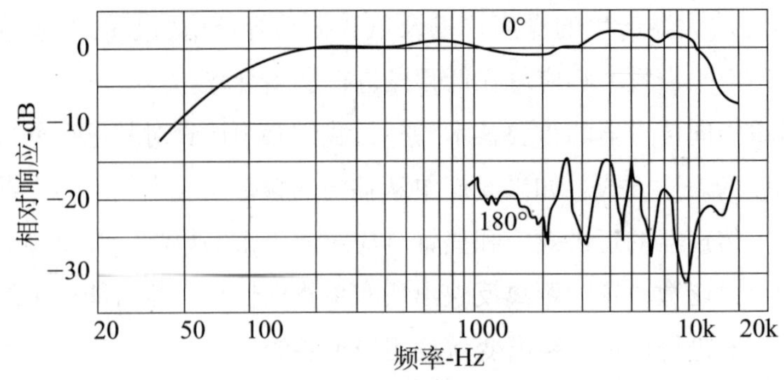

图 2–45　心形传声器背面响应在高频段出现的典型波动

要想准确地表现出这种高频的离轴响应特性，最好采用极坐标形式的响应曲线，但是在高频段也会被混淆。造成这种混淆的原因如图 2–46 所示，其中只表现出相隔 20Hz 的两条极坐标响应曲线。这便引发出一个问题：我们如何正确分析这样的性能呢？一种可行的方法就是用随机噪声，比如 1/3 oct 的粉红噪声激励得到一组极坐标响应曲线。由于随机噪声具有平均意义的性能，并且其幅度分布更接近于节目素材，所以它还是很有用的。

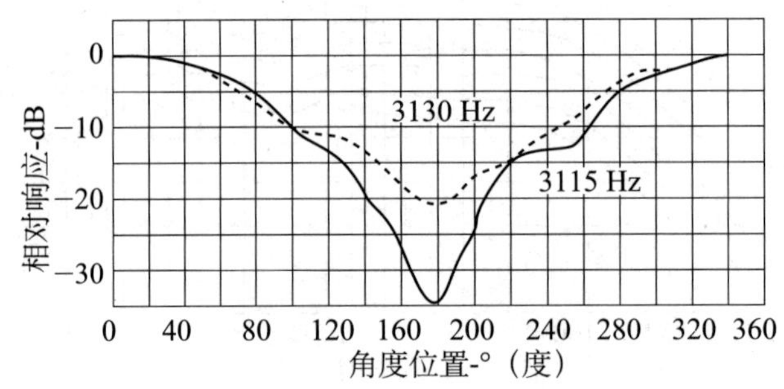

图 2–46　单频激励下的极坐标响应在高频段急剧变化的一个典型例子

只有没有大的物体靠近传声器时，消声室测量才有意义。当人的头部出现在传声器的正面时将会严重破坏传声器的高频分辨力。图 2–47 所示的便是这样一个例子，其中人的头部处在传声器的正面，距离 5cm 的地方（两条曲线均没有归一化）。它的这种性能表现源于头部的声反射，反射体靠近传声器是导致反射出现的最常见原因。这种性能表现不应视为传声器的一种缺点，而应看成声场中使用传声器时的一种无法回避的结果。例如，从传声器角度来看，在 180° 时，除了试图要抑制的声源，还有在其振膜正面 5cm 处产生的声源部分反射。这种现象在低频出现的概率大为降低，因为这时人头部对声场而言不再是一个障碍。因此，可以很清楚地看到，任何单指向性传声器的分辨力的有效性受其所处的声场的影响非常大。

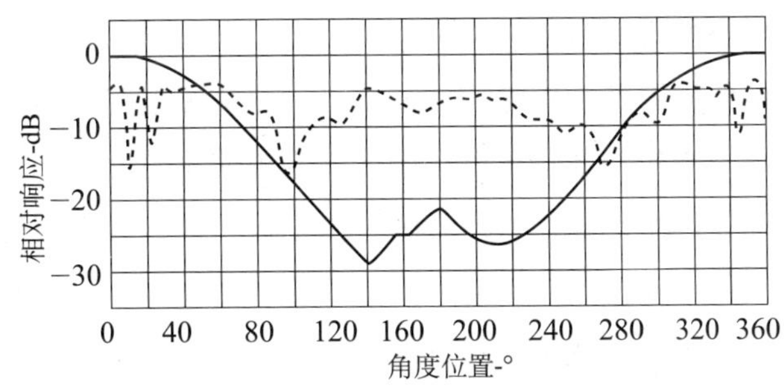

图 2–47　头部的阻碍对于极坐标响应的影响的一个实例

四、瞬态响应（transient response）

瞬态响应是指传声器的输出电压跟随输入声压级急剧变化的能力，是传声器振膜对声波波形反应快慢的量度，该响应能体现出不同的音色。电容式传声器的振动系统质量小，对声波的机械阻抗小，瞬态响应好，音色清晰明亮。电动式传声器的振膜可以做得很大，再加上线圈和芯体，质量往往较大，对声波的响应就慢，因而得到的声音较浑厚。相比之下，铝带传声器的振膜要轻得多，因而产生的声音也比动圈传声器清晰。图 2–48 为不同类型传声器的瞬态响应示意图。

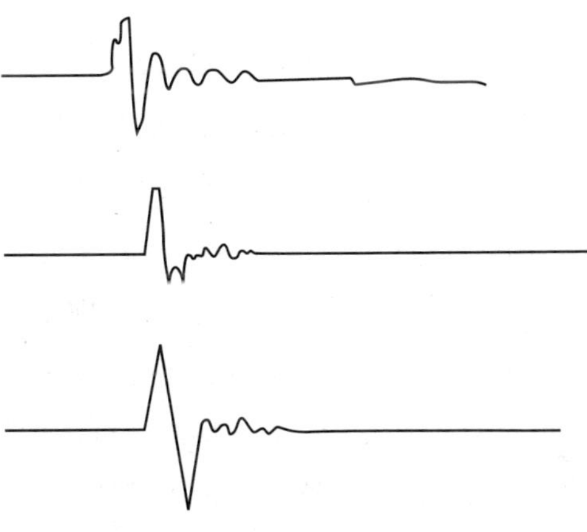

图 2–48　不同类型传声器的瞬态响应示意图

同一类型传声器振膜的大小也对瞬态响应有影响。大膜片传声器的瞬态响应劣于小膜片传声器，因而声音解析力不如小膜片传声器。

五、动态范围（dynamic range）

传声器动态范围上限由拾音系统（传声器与前置放大器）的失真容许值决定，下限由拾音系统的噪声电平决定。

对电动式（包括动圈式和铝带式）传声器来说，当激励声压很高时，动圈或铝带的振动已到达磁路的非线性区域，因而产生非线性畸变。对电容式传声器来说，由于电容极头后面紧跟着内装的前置放大器，因而非线性畸变往往是由于前置放大器的过载而引起的。传声器的失真通常以谐波失真系数 1% 为容许上限，也就是说，以传声器产生 1% 的谐波畸变时的输入声级，为最大容许声压级。就失真而言，动圈传声器是一种极结实的传声器，经常能达到 140dB 的总动态范围，对于高声压级和强振动的承受能力远大于电容传声器，因而常用于高声压级的现场演出。

传声器的噪声包括传声器的内部噪声，前置放大器前级电路与传声器电信号输出部分相接处产生的噪声，以及当传声器置于磁场中或气流中使用时因感应或振动所产生的外部噪声。气流和风使传声器产生的噪声可以认为是由于传声器接收声波部分所承受的气流导致的压力变动引起的。传声器的指向性与形状有其特殊性，和气流方向及速度不同，风噪声的各频率等效声压级也不同。减小这种风噪声的有效办法是用防风罩来减弱气流。防风罩的防风效果由所用材料的流阻决定，当使用外面包布的金属网时，布的声阻密度越大，防风罩的容积越大，防风效果就越好。

使用防风罩后会使指向性传声器的频响和指向性受到影响。比如单指向性传声器在低声频段的轴向频响有所降低，指向性有近于全指向性的趋向；高声频段的频响也会发生一些变化，在 90° 方向则频响几乎没有变化。防风罩对指向性传声器产生影响的原因是罩内声场受声波干涉，使声压梯度比自由声场有所降低。因此，防风罩尺寸越小，所用材料声阻密度越大，影响也会越大。可靠起见，应尽可能使用尺寸较大的防风罩。

当歌唱演员靠近传声器拾音时，发出的爆破音产生的强气流会引起“噗传声器”的现象，产生“噗噗”的噪声。为了减小这种“喷口效应”，可采用防风罩或泡沫塑料做成的滤除器来减小这种噪声，或者在歌唱演员嘴部和传声器之间放置尼龙丝网来减小气流对传声器振膜的冲击，将传声器偏离演员嘴部或采用全指向性传声器也能起到减小“喷口效应”的作用，以上方法还能减小歌唱演员的齿音和呼吸噪声。

振动噪声的产生是由于当传声器受到振动时，振膜也受到振动，但两者质量不同，惯性也不同。为了减小振动噪声，可增加防振机构来缓冲外部所加的振动。另外，前面提到的抗振动动圈传声器，则采用增加抗振动线圈的方法来减小振动带来的影响。

磁场感应噪声随漏磁场的性质不同而不同。通常，由于感应噪声的产生机构大多具有微分特性，容易突出漏磁场中的高次谐波。感应噪声的大小随传声器的磁场方向等因素的变化而变化，感应噪声的容许值为等效声压级（小于 5dB）。

第五节　特殊类型传声器及其应用

特殊类型传声器主要包括无线传声器、纽扣传声器、头戴式传声器、界面传声器、干涉管（枪式）传声器、特殊类型的动圈传声器，以及双声道立体声和多声道环绕声传声器组合等。

一、无线传声器（wireless microphone 或 radio microphone）

无线传声器系统（以下简称无线传声器），是将换能后的声频信号调制一个载波后，由天线辐射给附近接收机的传声器。由于摆脱了传声器线缆的限制，无线传声器的使用非常灵活，尤其对于移动声源的声音拾取可以保持声音的一致性，给舞台表演录音或电视外景录音带来了很大方便。

无线传声器使用米波和分米波波段，采用调频制，具有抗干扰能力强、频率特性宽、失真度和噪声小、发射机效率高等优点。无线传声器调频有两种方式：一种是由电容传声器直接调频；一种是利用电容传声器转换的电信号对一个载波调频。前一种方式是将电容传声器的电容量 C 与线圈自感量 L 做成谐振电路，使其中流有 8~10MHz 频率电流。电容传声器的可动膜片受声波作用振动后，电容量发生变化，进而使谐振频率发生相应改变，谐振电路的电流值也会随着改变，从而形成调频。其原理如图 2-49 所示，采用这种方式的电容传声器称为射频方式电容传声器，与直流方式电容传声器相比，它可将信噪比提高了 20dB。但当声源声压级很高时，会超出谐振曲线，产生失真，使工作不稳定。该方式电路简单，元器件少，有利于缩小体积，减轻重量。

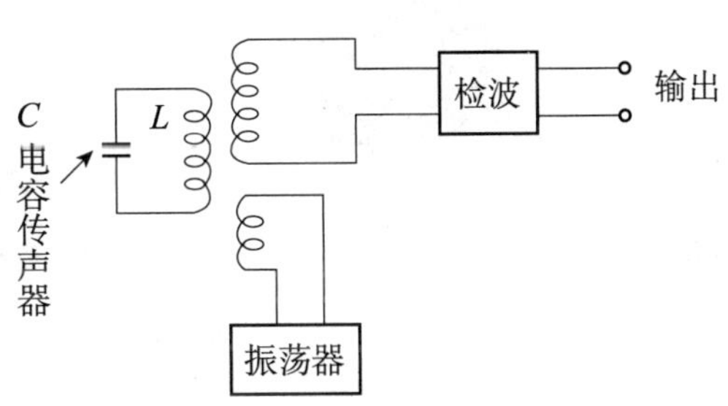

图 2-49　射频方式电容传声器原理图

无线传声器的工作频段低端容易受到民用通信和调频广播的干扰，工作于高工作频段的无线传声器的技术指标、可靠性和拾音精确度也高，但价格较贵。今天，大多数无线传声器工作在甚高频（VHF）的中间频段和超高频（UHF）的较低频段（比如 150~216MHz、400~470MHz、900~950MHz）上，如 SONY 公司的 800 系列无线传声器工作在 792~806MHz 的超高频范围，Sennheiser 公司的 SKM5000 手持式无线传声器工作在 450~960MHz 的超高频范围、SKM1032 手持式无线传声器工作在 170~216MHz 的较高频范围等。单只传声器的工作频点在这些频率范围内进行选择，比如 SKM5000 提供 16 个可选择频率，SKM1032 提供 6 个可选择频率。接收机的频率范围与传声器相对应，如 Sennheiser 公司的 EM2004 接收机工作于 450~960MHz 的超高频范围内，其对应于传声器也有 16 个可选择频率。在多通路接收系统中，工作频段内可选择的频率数目要多得多，如 Sennheiser 公司的 EM1046 多通路接收系统的每个模块在 450~960MHz 的工作频段内可选择多达 4800 个不同的频率点，因而可将大量模块共同使用。大多数无线传声器是通过旋钮来选择频点的，这些旋钮在选择之后应予以固定以防止误操作。

合成锁相环技术（PLL）的运用保证了信号的稳定性，并能够同时工作于多通道的不同频率点上而互不干扰。这种技术依赖于最基本的晶体设计，从而产生相应的射频频率，以提供高度的频率稳定性、低射频噪声、整个声频范围内的连续频率响应，以及大型多通路系统中的频率可选择性。目前，数字调制技术的采用，也使发射机电路的线性指标大大提升，避免了模拟系统由于电路非线性造成的互调干扰，如 Sennheiser 公司的 Digital 9000 系统，如图 2–50 所示。在无外界强干扰的情况下，24MHz 带宽内可兼容 40 个通道同场工作。

图 2–50　Sennheiser Digital 9000 系统

无线传声器依靠天线去发射和接收信号，声音信号要经过调制和解调的过程。无线传声器系统的构成包括传声器头、发射机和接收机三个部分，厂家在提供无线传声器系统时有其预先设计好的常规组合，也可根据用户要求自行组合。使用时，发射机和接收机之间应没有物体阻挡，以免信号失落。接收部分多采用分集接收方式，分集接收表现在几个方面，但都离不开多天线接收。多天线接收的目的是减少信号失落，最常用的就是双天线接收。

图 2–51 所示的是因反射而引发的无线电频率信号的抵消。从相位分集来说，当天线 A 的信号强度减弱时，天线 B 的相位会自动调整来加强天线 A 的信号，如图 2–52 所示。从空间分集来说，天线以一定的间距设置，然后联合接收，这样两根天线不会同时遇到信号失落，如图 2–53 所示。而实际上分集接收是指这样一种技术，即接收端会自动比较各天线所接收的信号强度并选择信号最强的一方作为输出信号，同时这个比较和选择的过程必须迅速而不带进任何噪声地进行。在单只无线传声器系统里，两根天线是安装在同一个接收机上的，天线的间距是固定的，但角度可以调整。而在多只无线传声器系统（即集群式多通路无线传声器系统）里，两根天线是分开设立的，它们处在不同的位置上，所能控制的接收范围大大增加。

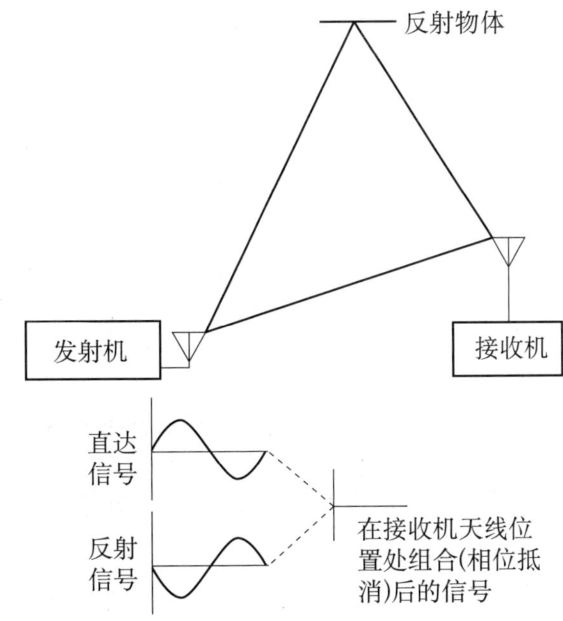

图 2-51　因反射而引发的无线电频率信号的抵消

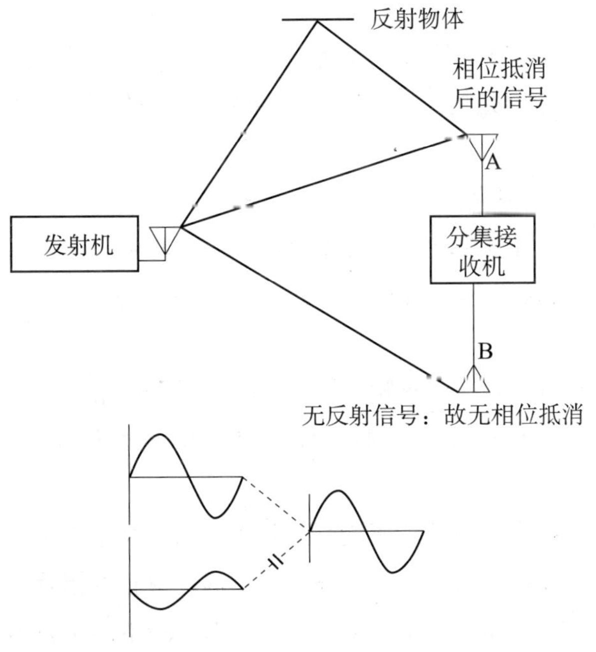

图 2-52　用以减小多路径无线电频率的相位抵消而采用的分集天线系统

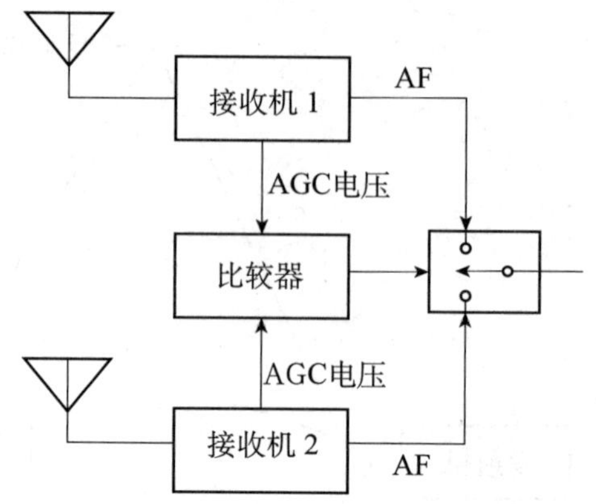

图 2-53　真正分集接收机的原理框图

在实际应用中，为了确保 RF 信号接收的可靠性，在架设天线时应注意以下几点。

（1）不要将天线置于角落或门口。

（2）让天线远离金属物体，比如钢筋混凝土墙壁，最短距离不能小于 1m。

（3）天线的位置要尽可能靠近发射机位置。

（4）天线的馈线尽可能短，以使 RF 损失最小。如果必须使用长馈线的话，则应选用低损耗型馈线。

接收机的性能之一就是捕捉比，该性能参量表示的是接收机对同频信号的分辨能力。对接收产生干扰的主要原因是到达接收机输入端的处于工作频率范围上伪信号。这些伪信号可能是由以下情形产生的。

（1）两台发射机工作在同一频率上（不允许的）。

（2）没有仔细选定工作频率的多通道系统产生的互调成分。

（3）其他无线电安装设施（出租车、警用车、民间电台等）所产生的过大伪信号辐射。

（4）对电子机械设备、汽车点火噪声等干扰的抑制不够充分。

（5）电子设备的伪信号辐射（如调光设备、数字显示设备、合成器、数字延时、计算机等）。

集群式多通路无线传声器系统的天线与接收机之间靠线缆连接，由接收机上的每一个接收模块来选择接收频率，并与每一只无线传声器的发射频率相对应。两根天线可同时为多个接收模块服务，这样便大大提高了使用效率。如 Sennheiser 公司的 EM1046 多通路接收系统可同时使用八个接收模块，每个模块都包含频率选择指示器，如图 2-54 所示。模块上的发光二极管指示灯可显示出信号强度、频偏，或者供电电压强度等。每个模块都有降噪电路，并可通过耳机插孔单独监听。多个 EM1046 还可以链接起来使用，利用共同的天线来形成更大的多通路系统。

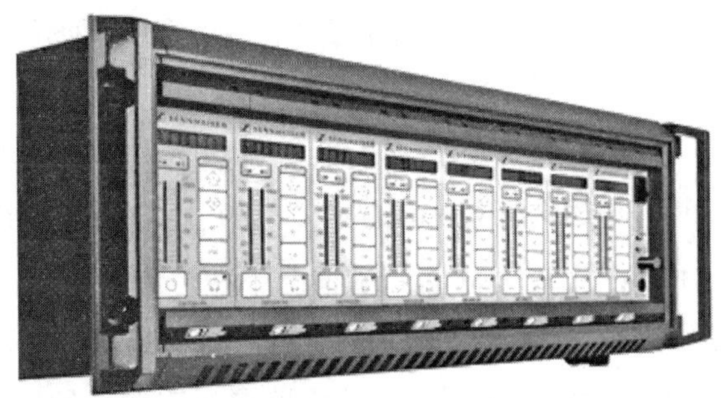

图 2-54 Sennheiser EM1046 多通路接收系统

在这样的多通路无线传声器系统中，为获得最佳接收效果，天线间应至少相距 1m。在演播室里录音时，6m 以上的间距比较理想。经验表明，将天线设置在高于摄像机并低于灯光架的位置上比较合适，因为灯和摄像机都会在其射频覆盖范围内造成电波传播盲区，还会造成电波反射而导致多径反射，从而阻碍信号的有效传播。

无线传声器的天线和接收机之间应做到阻抗匹配，因而天线电缆的长度会受到一定的限制，尤其是在一些固定安装中，天线电缆的长度可能已达极限，这时更应着重考虑阻抗匹配的问题。现在，大多数无线传声器系统都采用 50Ω 天线，并且使用 RG-58U 的电缆。在电缆长度较长时，则需使用 RG-214U 的低损电缆，但它价格昂贵，体积大且不易操作。

受到天线电缆长度的限制，接收机的放置位置也无法随意而行。接收机上的射频信号指示灯可以对信号接收状态提供一定的提示，当产生突然的声频损失时，通过这些指示灯可以及时有效地反映出来。因而在条件允许的情况下，应将接收机放在录音师的视线范围以内。

在天线和接收机的距离超过 60m 时，需要配置专门的射频预放器，如 Sennheiser 公司生产的 AB 系列预放器。有些无线传声器系统已将预放器装在天线里面，然后由接收机上的直流电源通过天线电缆馈电，原理类似于对传声器的幻象供电。这些预放器的作用仅仅是为了保持阻抗匹配，并不提供任何意义上的信号提升。

具备分集接收功能的无线传声器系统，其接收机都是通过一对天线来接收所传输的射频信号。在大型多通路系统中，如果为每一个接收机配备一组专门的天线会使操作变得复杂，因而人们采用天线分配系统来解决这个问题，如 Sennheiser 公司生产的 SAS 天线分配器。无源天线分配系统会使天线信号大量损失，而使用宽带射频放大器的简单有源天线分配系统又会提升包括噪声频率在内的所有频率，从而导致严重的互调问题。SAS 天线分配器兼有二者的特点，使用带有可选频率射频放大器的有源天线分配系统，所选频率与无线传声器系统的频率相对应。这种技术可对每一个接收机送出干净的、所需的射频信号，并减弱那些不相干的射频信号。前面提到的 AB 系列预放器可与 SAS 天线分配器配合使用，覆盖相同的频率范围并补偿线路损失。另外，使用天线分配器时，分配器上空置的输出端应正确端接，以确保整个系统的阻抗平衡，信号通路中任何位置上不匹配的阻抗都会使接收效果大打折扣。

专业级无线传声器一般装有压限器，当发射机与接收机之间的距离不断改变时，接收的声频信号音量能保持恒定。如今，Sennheiser 公司的 Digital 9000 系统的高音质模式已经取消了压缩扩展器的使用，在无线传输信号的情况下使声音品质可以与有线数字信号传输的质量媲美。当同时使用多只无线传声器时，它们之间的频率间隔要大于 1MHz。在可能的情况下，频率间隔越大，越能避免频率干扰，越有利于信号的接收。Sennheiser 公司的全数字无线传声器 Digital 9000 为全数字系统，无线传输环节实现了数字化，提升了抗干扰能力，接收端只需正确识别出 0/1 信号，就能保证 PCM 线性编码的音频质量。

二、纽扣传声器（lavalier microphone）

纽扣传声器是一种小型传声器，又称颈挂式、别针式或佩带式传声器。纽扣传声器分为动圈式和电容式，动圈式如图 2–55 所示，电容式如图 2–56 所示。这些传声器一般佩戴在胸前，或者别在某些物体上以便于拾音。它们通常都是全指向性压力式的，并且具有特殊设计的防振装置，以减小传声器和传声器线缆与佩戴者衣服摩擦产生的噪声。另外，为了进一步减小这种有害的噪声，在传声器的使用上有一些技巧，比如在佩带传声器时尽量避免传声器头与衣服的摩擦，利用传声器夹子使线缆相对固定，并且使线缆与传声器头的接头部分不要受到线缆拉伸的影响。

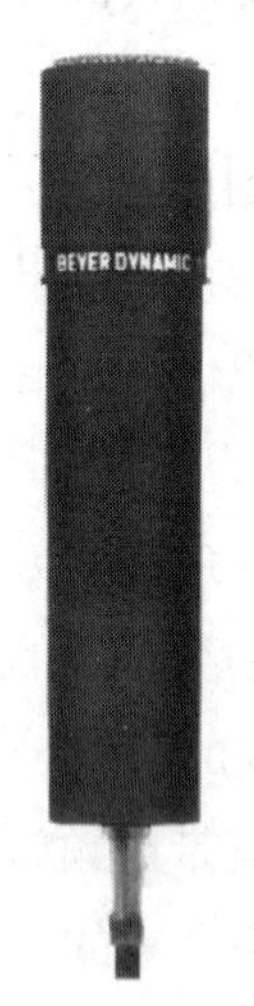

图 2–55　Beyerdynamic 公司的 M111N 型动圈式纽扣传声器

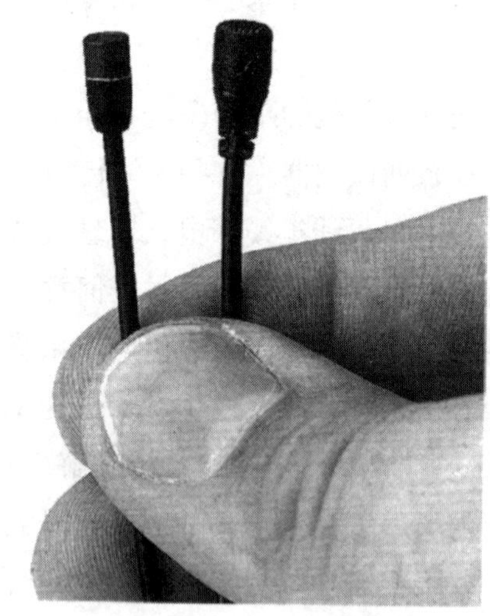

图 2–56　Sennheiser 公司的 MKE2 型电容式纽扣传声器

由于语音信号中的高频成分辐射方向朝向嘴的前方，在胸前拾音会有高频信号的损失，因此纽扣传声器的频率响应在 2~7kHz 通常有 8~10dB 的提升，提升峰点在 5kHz 处。

这种提升还能在一定程度上补偿衣服遮蔽所带来的高频损失。另外，由于胸腔的共振，男性在 700Hz、女性在 800Hz 处有频率提升现象，一些纽扣传声器采用声学或电学的方法对这种提升进行均衡。

电容式纽扣传声器的小型化得益于驻极体技术的发展，由于不需给电容极板供电而使电路大大简化。这种传声器也分为有线式和无线式，在无线式中由于集成电路的发展与应用，发射机也能做得很小，与纽扣式传声器头之间靠线缆连接，可以很方便地别在演员的腰间，很适合于舞台表演（歌剧、话剧、相声、小品等）和影视同期应用中移动声源的拾音。

在使用纽扣传声器进行舞台拾音时，由于目前大多数纽扣传声器是全指向的，所以要格外注意声反馈的问题，因为这种传声器的使用会加大声回授的概率。

三、界面传声器（boundary-layer microphone）

界面传声器也叫平板传声器、压力区域传声器（pressure zone microphone，PZM），如图 2–57 所示。它是将一小型压力式电容传声器的振膜朝下安装在一块声反射板上，使振膜处于“压力区域”内的传声器。“压力区域”是指反射板附近的直达声和经反射板反射的反射声相位几乎相同的区域。

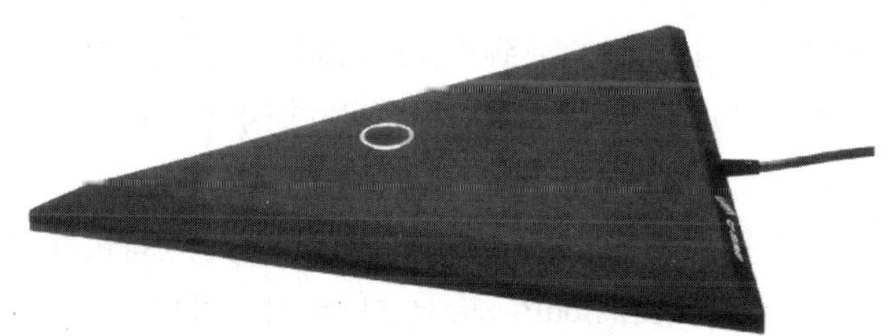

图 2–57　Neumann 公司的 GFM132 型界面传声器

当将传声器靠近反射面放置时，从附近声源传到传声器振膜的声波有直达声和经附近反射面反射的反射声，如图 2–58 所示。对于不同频率的声波，反射声滞后直达声的相位也不同。比如，在 1ms 的滞后时间里，1kHz 声波有 360° 相位差，直达声和反射声同相，两者叠加使声压加倍；500Hz 声波有 180° 相位差，直达声与反射声反相，两者互相抵消使输出为零，振膜的声压频率特性曲线因而出现峰谷相间的梳齿形状，即梳状滤波器效应，如图 2–59 所示。反射声滞后直达声的时间应尽可能短，使声压抵

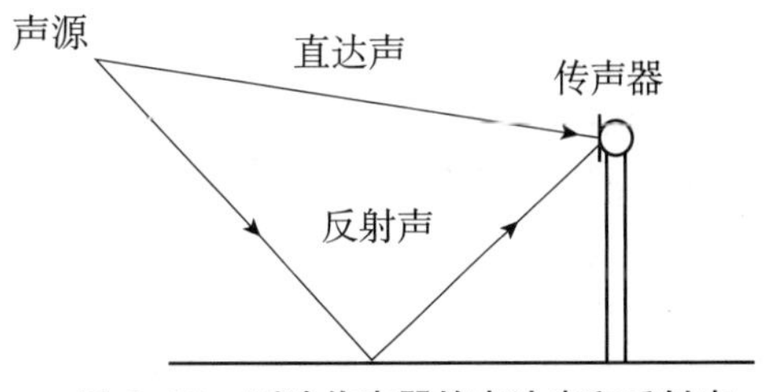

图 2–58　到达传声器的直达声和反射声

消的频率移到可听频段范围以外，才能消除梳状滤波器效应。

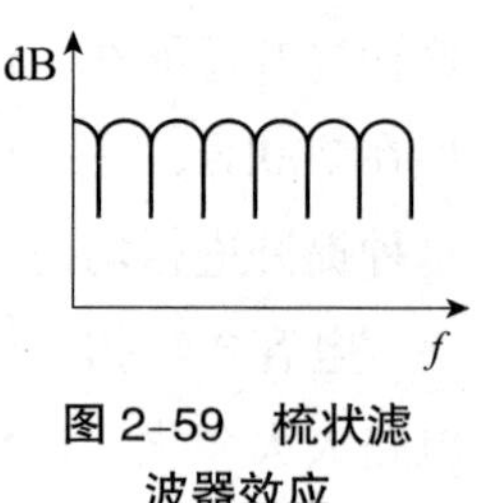

图 2-59 梳状滤波器效应

界面传声器的振膜与反射板平行放置，两者非常接近，使直达声和经反射板反射的反射声几乎同时到达振膜。反射声滞后直达声的时间越短，相位抵消的频率就越高，直至移到可闻声频段之外，从而在可闻声频段上得到平直频响。图 2-60 和图 2-61 分别显示了 PZM 的拾音情况和频响。

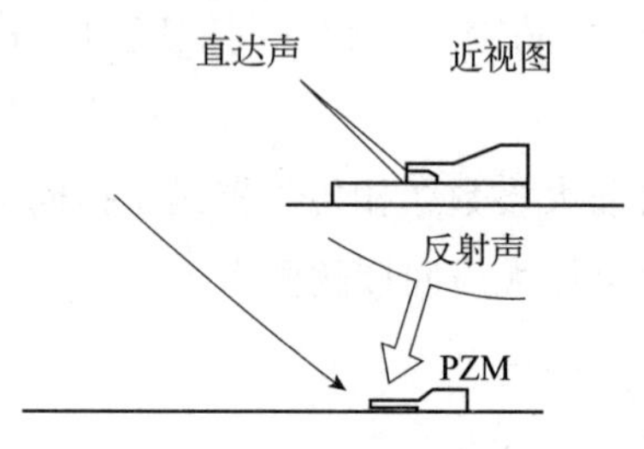

图 2-60 界面传声器拾音情况

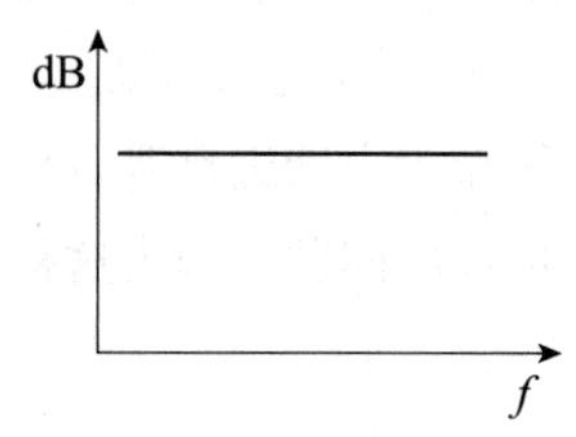

图 2-61 界面传声器频响

振膜距反射板越近，高频响应越能向高端延伸。比如，要求在 20kHz 时频响最大下降 6dB，则传声器振膜与反射板间的距离，也就是压力区域的厚度为 0.28cm，这一距离约等于 20kHz 声波波长的 1/6；如果要求在 20kHz 时，频响最大下降 3dB，则传声器的压力区域厚度为 0.21cm，等于 20kHz 声波波长的 1/8。另外，界面传声器的高频响应还与传声器振膜尺寸有关，由于振膜的不同部分接收到声波的时间不同，则会造成高频因干涉而有所衰减。要获得平直的频率响应，界面传声器的振膜尺寸应小于 5mm。

通常，界面传声器可以放置在地板、墙面、桌面或其他平面上，这时的地板、墙面、桌面或其他平面即成为传声器的一部分。由于直达声与反射声同相叠加使界面传声器的输出加倍，即提高 6dB。拾取立体声时，可将两个界面传声器分别置于 5cm × 5cm（或 10cm × 10cm）的木板两边，如图 2-62 所示。如果将两个界面传声器分别置于距两块木板一端 15cm 处，并使木板形成 70° 夹角，就可组成 ORTF 立体声拾音制式，如图 2-63 所示。

界面传声器的低频响应与被放置的木板尺寸有关。木板越大，低频

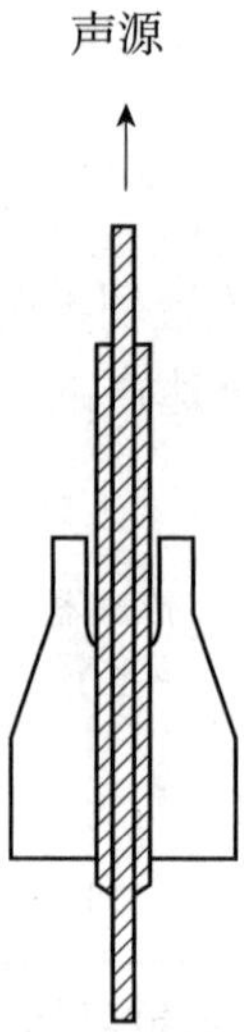

图 2-62 立体声拾音的界面传声器

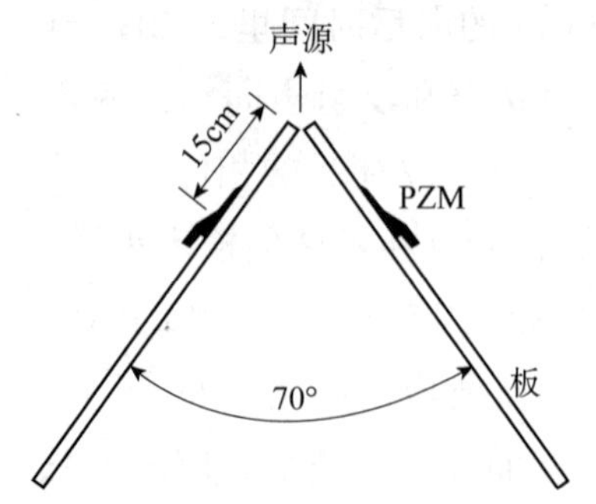

图 2-63 ORTF 拾音制式的界面传声器

响应越可向低端延伸。当一个界面传声器放置在一块木板上，低频响应电平下降到中频响应电平 6dB 时的波长约为边界长的 6 倍。比如，边界面为 60cm × 60cm 时，在 94Hz 处下降 6dB；边界面为 12.7cm × 15cm 时，在 367Hz 处下降 6dB。为使最低频率得到平直响应，界面传声器应置于地板、墙面或桌面上，或置于 1.2m × 1.2m 的木板上。

如果将界面传声器置于地毯上，则应放在一块尺寸至少为 30cm × 30cm 的木板上，才能保持平直的高频响应。

界面传声器与普通传声器相比，具有以下特点。

（1）频响宽而直，无梳状滤波器效应——它不存在直达声与反射声之间的相位干涉。

（2）灵敏度提高 6dB——直达声与反射声同相叠加。

（3）信噪比高——它具有高灵敏度和低本底噪声。

（4）声源移动时，音质不受影响——直达声与反射声声程相等，所以音质与声源的方向及高度无关。

（5）无轴外声染色。普通传声器的尺寸较大，当尺寸与轴向入射声波的波长可以相比拟时，作用在振膜上的声压将上升。但界面传声器的尺寸很小，所以不会产生声压上升现象。另外，由于从各方向进入传声器的声波都是经过一个小的径向对称细缝，所以没有轴外声染色。

（6）具有半球形指向性图形——界面传声器对从反射板上各方向来的声波具有相同的灵敏度。

（7）更好的临场感和空间感。界面传声器能高保真地拾取来自墙面、地面和天花板的反射声，清晰地反映出房间的尺寸和自然特性。它能保持瞬态声和延续声的自然特性，对自由声场和扩散声场的响应也完全相同，因而听众有身临其境的感觉。

界面传声器的以上特点，使它适用于舞台演出的拾音，放在地板上的传声器不仅可以对整个舞台空间的声音有效拾取，还可以避免因使用传声器支架而对电视画面造成破坏。在桌面会议中，界面传声器也为拾音带来许多方便。

最近出现的指向性界面传声器（directional boundary microphone），是由一个超小型、超心形指向性的驻极体传声器做成的。它与普通界面传声器的工作原理相同，也可消除梳状滤波器效应，但它的振膜不像普通界面传声器那样与界面平行，而是与界面相垂直。指向性界面传声器又称相位相干心形（phase coherent cardioid，PCC）传声器。由于它使用了超心形指向性传声器头，因而可以很好地抑制后方及侧方的声音，使拾取到的声音非常清晰。图 2–64 所示的是 Crown PCC®–160 相位相干型心形传声器。该传声器适合安装在舞台地面、演讲台和会议桌的表面，因为在这些情况下反馈前增益和清晰度是应考虑的关键因素。图 2–65 是该传声器的水平面极坐标响应曲线。

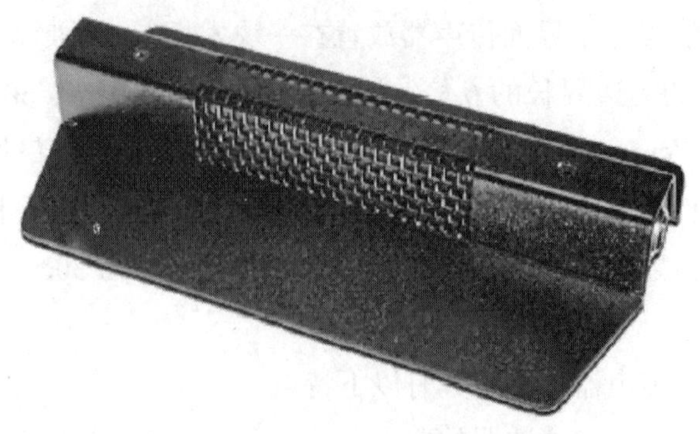

图 2-64　Crown PCC®-160 相位相干型心形传声器

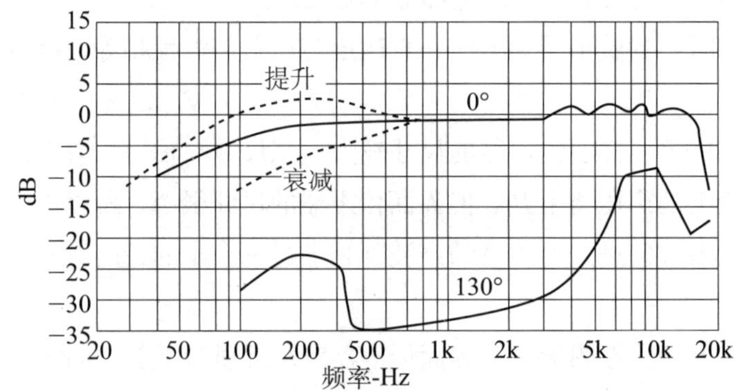

图 2-65　Crown PCC-160® 相位相干型心形传声器

对无限大边界之上 30° 的声源所呈现的水平面极坐标响应

在此补充一点关于梳状滤波器效应的问题。当传声器架于桌面上使用，且采用界面传声器之外的其他传声器拾音时，因不同频率的直达声和经桌面反射的反射声在某些频率上同相叠加或反相衰减会产生梳状滤波器效应。要减小这种效应带来的不良影响，可在桌面上铺上绒布以减少反射声，还可使桌面反射面与传声器振膜的拾音轴向偏开一定角度，比如让桌面与拾音轴向反向倾斜，以减少对直接反射声的拾取。另外，当使用两只传声器拾取点声源的声音时，应尽量将两传声器靠近，使其间距远小于传声器到声源的距离，或将两传声器置于与声源相等距离的位置。在多声源、多传声器的情况下，应使各传声器之间的距离至少等于各声源到最近传声器距离的 3 倍，以使各声源到达其他传声器的信号小于到达最近传声器的信号强度，减少互相干涉。如果使用心形指向性传声器，而又将传声器的主轴分别对准外侧声源，则该 3 倍关系可降至 1.5 倍。

四、干涉管传声器（interference tube microphone）

干涉管传声器是 1938 年由奥尔森（Olson）提出的，因为其形状和指向性特点，故常常也被称为枪式传声器（shotgun microphone）。

传声器的重要特性包括其灵敏度和指向性方面的质量。假定声源的声压为恒定的，如果加大传声器与声源的距离，则需要提高放大系统的增益来维持恒定的输出电平。这样便导致 SNR 的下降，以及包括混响和背景噪声在内的环境噪声的提高，因为这时传声器所处位置上的非直达声和直达声的能量密度可能是相等的，因而所需要的信号不能使用。通过提高传声器的灵敏度可以解决拾音距离这一限制性问题，而增强拾音传声器的指向性则可以减小拾取到的混响和噪声所带来的影响。干涉管传声器就是可以同时满足这两个要求的传声器。

干涉管传声器实际上是一种超指向性传声器，其设计方法是在全指向性或单指向性传声器的振膜前面置一根长管，长管的侧面均等间隔地开有与管前端开口面积相等的许多开缝，形成进声孔，这些进声孔被一层声阻材料所覆盖。这样可以使轴线上的声音不断地通过，而使靠近轴线外的声音按比例延时，从而导致声音的部分抵消，特别是高频段的抵消更为明显，以达到降低高频灵敏度的目的。其频率响应一般为 30Hz~10kHz，接收角度随频率而异。枪式传声器按照管子长度分为长枪式和短枪式两种，长枪式比短枪式具有更尖锐的指向角以及更高的灵敏度，常见的类型是 Sennheiser 公司的 MKH-816p 和 MKH-416p，Neumann 公司的 KMR 82i 和 KMR 81i 等，后两种传声器如图 2-66 和图 2-67 所示。

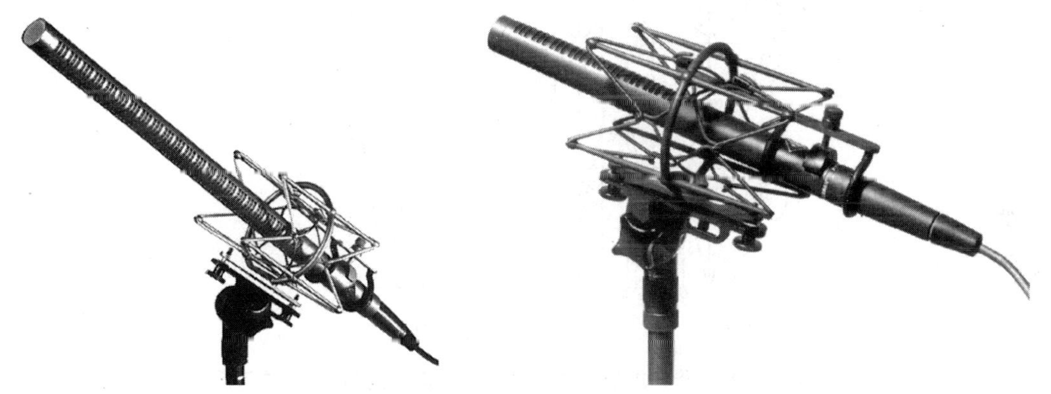

图 2-66　Neumann 公司的 KMR 82i 型长枪式传声器　　图 2-67　Neumann 公司的 KMR 81i 型短枪式传声器

枪式传声器的使用是为了在与声源相距较远时也能拾取到清晰的声音，去除周围的噪声以获得好的信噪比，常用于电影或电视节目的同期录音。为了不让传声器出现在画面里，在拍摄现场传声器往往很难靠近声源，使用吊杆支撑的枪式传声器拾音可解决这一问题。但对拾音角度的调整非常重要，应根据声源情况随时调整传声器指向，才能得到好的拾音效果。

下面来看看枪式传声器是怎样获得强指向性的。

为了便于说明，我们以四个开缝为例。设管长为 D，在每相距 $D/5=d$ 处开缝，如图

2–68 所示。当声波沿管轴方向入射时，与由缝 2、3、4、5 入射的声波同向到达振膜，使振膜受到各缝声压 5 倍的声压作用，如图 2–69 中（a）所示。

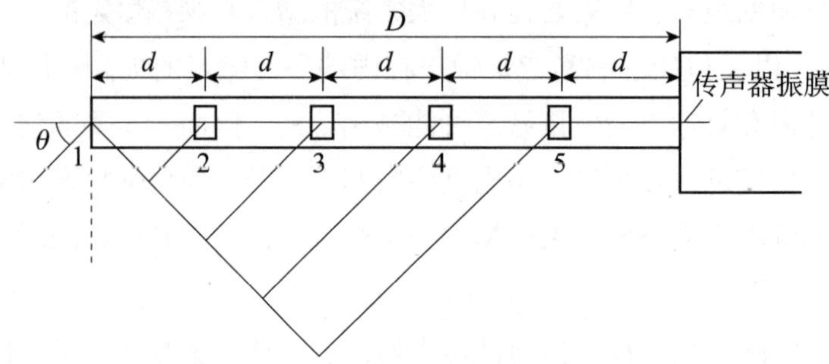

图 2–68　枪式传声器开缝示意图

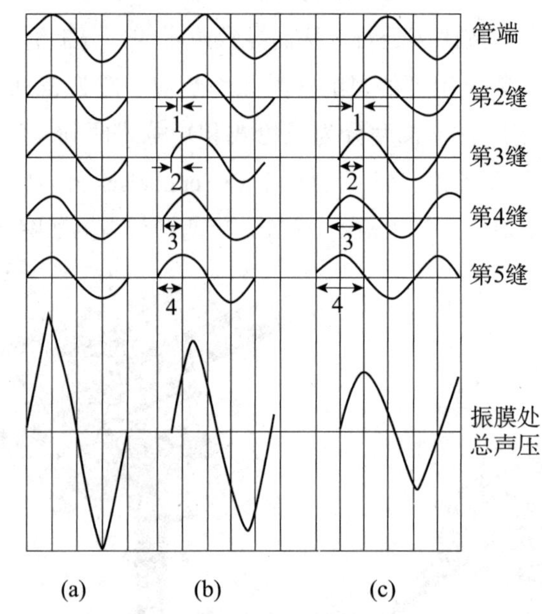

图 2–69　枪式传声器振膜处总声压与声波入射角 θ 的关系图

（a）正面入射；（b）入射角 θ 较小时；（c）入射角 θ 较大时。

[图中 1 为 d（1–cosθ）的相位差；2 为 2d（1–cosθ）的相位差；

3 为 3d（1–cosθ）的相位差；4 为 4d（1–cosθ）的相位差]

当声波与管轴成 θ 角方向入射时，声波由管前端开口入射到达振膜的距离要大于由各开缝入射的声波到达振膜的距离，越靠近振膜的开缝，入射声波到达振膜的距离越短，可表示如下：

管前端开口　　$5d=D$

第二开缝　　$d\cos\theta+4d=D-d(1-\cos\theta)$

第三开缝　　$2d\cos\theta+3d=D-2d(1-\cos\theta)$

第四开缝　　　　$3d\cos\theta+2d=D-3d(1-\cos\theta)$

第五开缝　　　　$4d\cos\theta+d=D-4d(1-\cos\theta)$

因此，与远离振膜的开缝入射的声波相比，靠近振膜的开缝入射的声波到达振膜时，相位要超前。将五处入射的声压相加，可得图 2–69（b）所示的总声压，它小于图（a）的总声压。这种现象随 θ 角的增大而越发显著，如图 2–69（c）所示，因而可以获得超指向性。

当声波频率变高，声波入射角不变时，各缝入射声波到达振膜的相位差会增大，振膜处总声压将减小得更多，指向性会更尖锐，图 2–70 出示了一种枪式传声器的极坐标分布图。

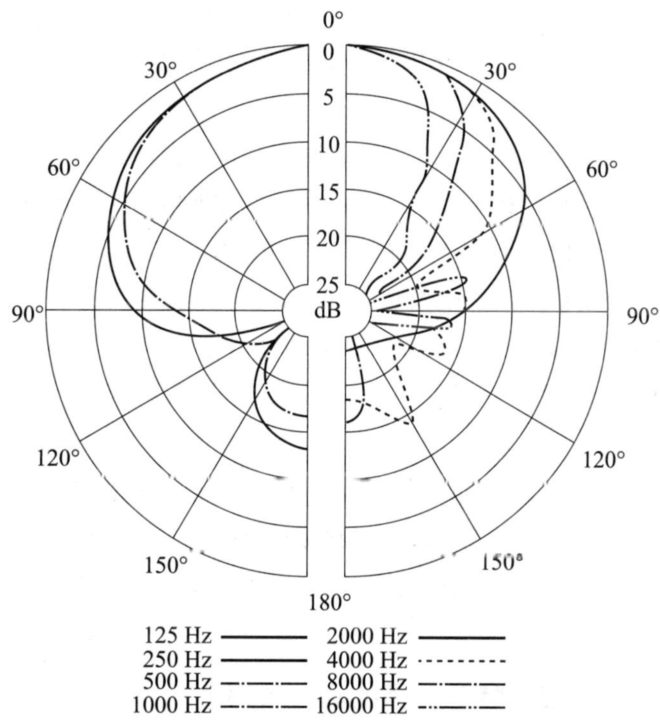

图 2–70　一种枪式传声器的指向性极坐标图形

在使用干涉管传声器时，我们要注意一些问题。由于这种传声器是通过抵消来获得指向性的，所以其频率响应和相位就不可能像全指向传声器那样平滑。另外，由于它在低频呈现出无指向的特点，所以其频率响应在 200Hz 以下会快速跌落，这样有助于控制其指向性。

传声器可能拾取到拾音角之外的声音。当传声器由主轴位置转动到 180° 离轴的位置时，其电平会有明显的变化。90° ~180°离轴方向传来的声音将会抵消掉 20dB 或更大，其抵消的量取决于声音的声级，以及传声器与声源的距离。比如，主轴方向传来声音的声源距离传声器 6m，倘若墙壁、天花板等边界没有将离轴的声音反射到传声器的正面，那么 90 ° ~180° 离轴方向上同一距离传来的声音将会被衰减 20dB 或更大。此外，如果由距离传声器 0.6m 的离轴方向传来的声音与距离传声器 6m 的主轴方向的声音具有相等的声压级，那么两者会产生相等的电平。这是因为虽然传声器将不需要的声音抵消了 20dB，但是两者到传声器的距离不同，在传声器处离轴声音要比主轴声音高 20dB。因此，它们所产生的电平是相同的。这对拾取处在随机噪声和混响声场区域中的声音造成了困难，为此，传声器应该将后端朝着不想要的声源，并尽可能远离干扰源。

如果是在卡车或封闭区域内使用传声器，并且朝向后门，那么拾取的音质会很差。这是因为所有的声音（想要和不想要的声音）都会沿传声器主轴传来，而唯一的入口是透过卡车车门，卡车的四壁抑制声音进入传声器的侧面，所以不会产生抵消。在这种情况下，传声器相当于工作在无指向情形下。由于存在来自墙壁的反射，所以在房间中传声器透过窗户使用，或者在狭长的甬道中间使用都会呈现同样的情形。为了取得良好的拾音效果，传声器应该在开放的和非密闭的空间内使用。

枪式干涉管传声器不能与变焦透镜相比，因为其并不会针对所拾取的声音产生变化的焦点。窄的指向性图案和高的抵消比例的目的是降低对随机声能的拾取，同时允许提高传声器之后的放大器增益，而又不会导致 SNR 的严重恶化。

在舞台上使用干涉管传声器，以及利用它来拾取观众当中的讲话者的声音时可能也会遇到麻烦，此时的人声距离舞台大约 23~30m，它会通过扩声系统被观众听到。在这种情况下，只有相距 9~15m 的距离才有可能不出现声学反馈，因此，系统必须进行认真的平衡。

如果在 ENG 系统中采用了干涉管传声器，则要避免记者的手或台标将进声孔部分阻塞，因为这样会导致传声器的抵消作用减弱，指向性变宽，从而拾取到更多不想要的声音。

图 2–71　Sennheiser 公司的 MD425 型噪声抑制型动圈传声器

五、特殊类型的动圈传声器

1. 噪声抑制型动圈传声器（noise–suppressing microphone）

噪声抑制型动圈传声器也称为消噪声传声器，它是将传声器振膜机械地绷紧，使它在平面波声场中拾音时，对 1kHz 以下的频率，灵敏度有 6dB/oct 的衰减，因而它可以减弱对低频段中非常突出的杂散噪声的拾取。当距这种传声器近距离（约 2~4cm）讲话时，传声器振膜处在球面波声场中，由于压差式传声器的近讲效应，其低频响应按 6dB/oct 提升，从而获得平直的低频响应，同时抑制了噪声的拾取。图 2–71 为 Sennheiser 公司的 MD425 型噪声抑制型动圈传声器。

在车内、机场等嘈杂环境中使用这种传声器录音时，可获得较清晰的讲话声。有的传声器频响还在 1~3kHz 的语言频段有所提升，以得到更高的清晰度。

2. 多声入口心形动圈传声器（multipath cardioid moving coil microphone）

多声入口心形动圈传声器的构造如图 2–72 所示，在传声器后部靠近外壳处有一长圆管，沿管的长度方向在靠近外壳处开有一条较宽的槽，槽上覆盖着阻尼材料，形成连续分布的声阻尼，管末端填充有丝绵状阻尼材料以抑制空气柱的共振。在传声器外壳上沿管槽均匀地开有许多与管槽长度方向相垂直的窄缝，作为一连串的声波入口。声波经管子进入磁系统中间孔洞到达振膜内表面。

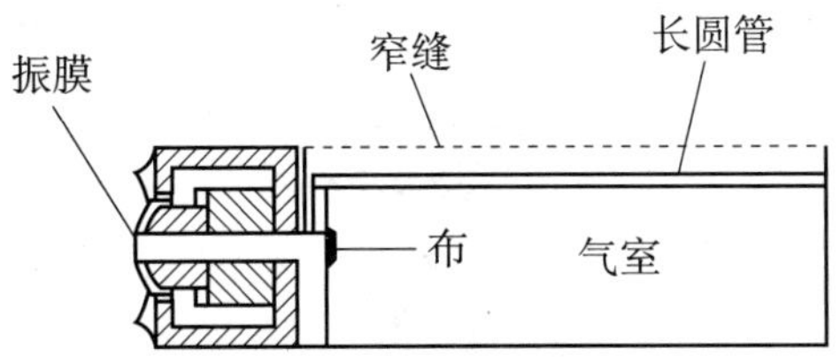

图 2–72　多声入口心形动圈传声器构造图

这种类型的传声器的声压向量图如图 2–73 所示。图（a）为低声频时的情况，这时，管中声质量所形成的声抗小，所以管中通过的声波衰减小。为了方便说明，设传声器外壳上有五个声入口，由后至前依次编号为 1、2、3、4、5。由声入口 1 入射的声波到达振膜内表面的声压向量 P_1 与由声入口 5 入射的声波到达振膜内表面的声压向量 P_5 幅度相差不多。由各声入口作用到振膜内表面的声压向量和 P_r 与作用到振膜外表面的声压向量 P_0 之差 P 就是作用于振膜的净声压。图（b）为高声频时的情况，由于高声频时管中声抗大，所以声压向量 P_1 会受到相当大的衰减，因此声入口 5 入射的声波到达振膜内表面的声压向量 P_5 的幅度要大于 P_1 的幅度，结果向量和 P_r 与作用到振膜外表面声压向量 P_0 之差 P 的大小与低声频时几乎相同。因此，这种传声器无近讲效应，频率响应较为平直。

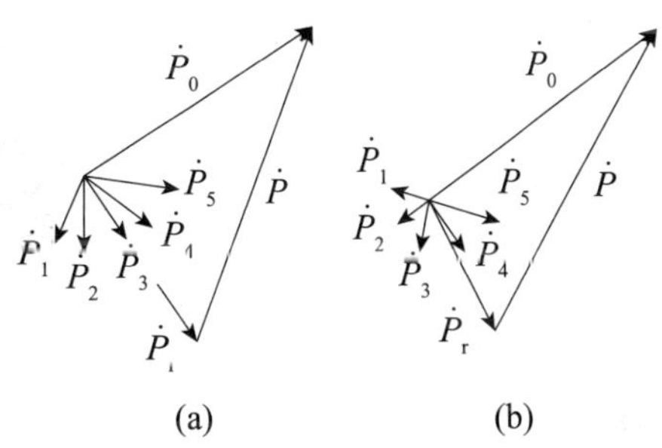

图 2–73　多声入口心形动圈传声器声压向量图

六、数字传声器

数字传声器已经面世十余年了。严格意义上讲，这些产品并不是真正的数字化产品，因为它们并不是由振膜直接产生数字化的输出信号。实际上，它们在振膜端先是采用了传统的 DC 偏置和模拟信号前置放大器，只是在该级之后才进行模数转换。

这种传声器的优点在于它们在初期就解决了数字处理的固有问题，而不是将其放到声频链路后面再解决。比如，设计优良的 25mm 电容振膜的有用信噪比几乎处于 125~135dB 的范围内。理想的 20 比特系统具有 120dB 的信噪比性能，而对于传统的录音系统这需要将传声器可利用的动态范围舍去约 10dB。这种反复的折算对其自身而言可能并不一定会成为问题，是否会成为问题取决于演播室环境下对其他电子和声学方面的考虑。

在 Beyerdynamic MCD100 系列中，当声学上的声级高（高于 124dB SPL）时，极头直接被视为一个 22 比特的转换系统。对于正常的演播室声级（大约低于 100dB SPL），在数字转换级之前可以插入 –10 或 –20 dB 的垫整，以优化比特深度。巧妙的电平控制方法避免了系统产生数字削波。图 2–74（a）和图 2-74（b）所示的是该传声器及其信号流图。

(a)

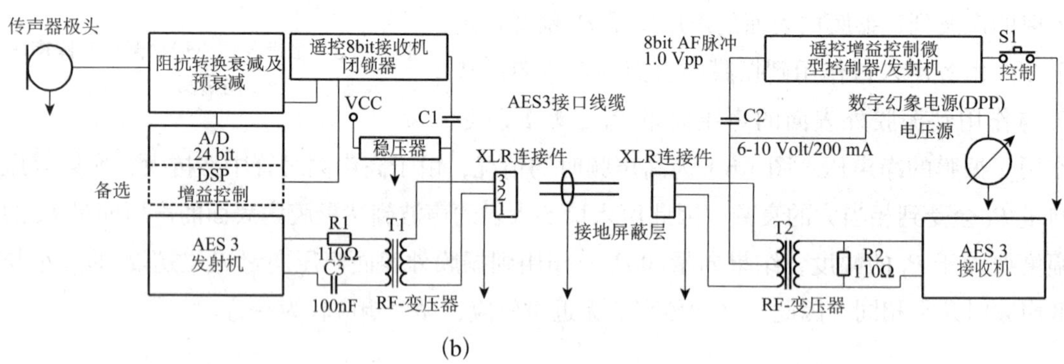

(b)

图 2–74　Beyerdynamic 数字传声器系统细节：传声器外观（图 a）；信号流图（图 b）

Neumann Solution–D 使用了两个并联工作的 24 比特 A/D 转换器，两者存在 24dB 的电平偏差。这两路数字信号在数字域无缝重新组合，产生一路净分辨率达到 28 比特的数字信号输出。图 2–75（a）是 Solution–D 传声器的图片，图 2-75（b）标出的是其信号流图。

这两种传声器都具有其他附加的数字性能，包括可变的采样率、各种接口格式、一定程度的内置数字信号处理功能，以及通过数字母线响应某些用户指令的能力。声频工程学会（Audio Engineering Society, AES）已将该类新产品追加为接口标准。

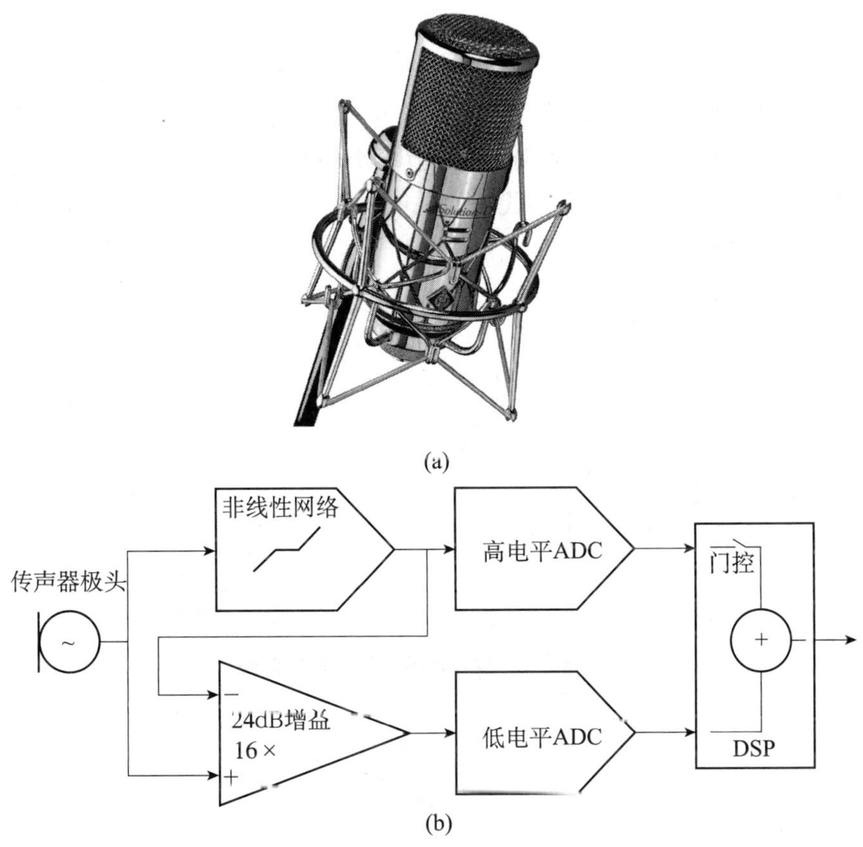

图 2–75　Neumann Solution–D 传声器系统细节：（a）传声器外观；（b）信号流图

七、立体声传声器

立体声传声器是组合使用的传声器组或传声器系统，比如 XY、M/S、ORTF、SASS、人头式（in–the–head）双耳拾音和入耳式双耳（ITE, in–the–ear）拾音。这些系统中的传声器彼此靠得很近（视为点声源或双耳的间距），产生强度差立体声、基于时间差的立体声或两者组合的立体声效果。

1. XY 拾音技术

XY 拾音技术使用了两只同样的指向性传声器。指向左的传声器直接产生 L 信号，指向右的传声器直接产生 R 信号，如图 2–76 所示。其立体声特性取决于传声器的指向特性和两者的主轴夹角。

传声器系统的一个重要属性就是录音角度，它是指中心轴（系统的对称轴）与获得正常的立体声重放时 L 和 R 的声级差所确定的声音入射角度间的夹角。在大多数情况下，除了针对前方声音拾取的录音角，其对后方声音也存在一个开放的接收角度。

传声器系统的另一个重要属性是声音的入射角与声音重放角的关系。由于 XY 和 M/S 拾音技术提供的是纯粹的强度信息，因此需要关注的是 L 和 R 的信号声级差所确立的重放角度。图 2–77 所示声像定位关系对于 330~7800Hz 间的频率，其有效性在 ±3° 之间。图中的水平轴代表的是声级差，纵轴代表的是重放角。其中的 0° 重放角指的是立体声声场中心位置，30° 指的是扬声器的位置。

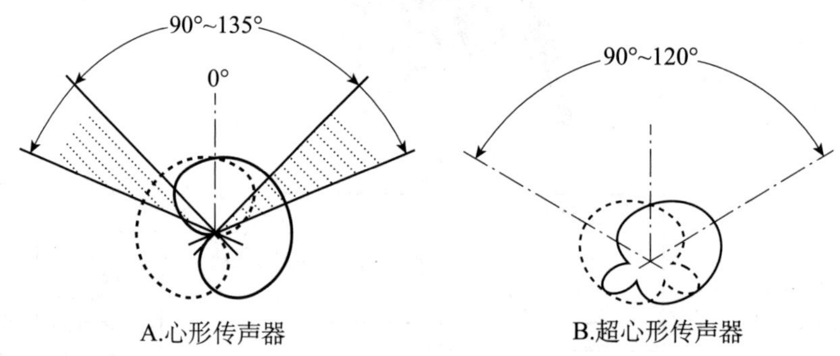

图 2–76 XY 立体声拾音的拾音指向图

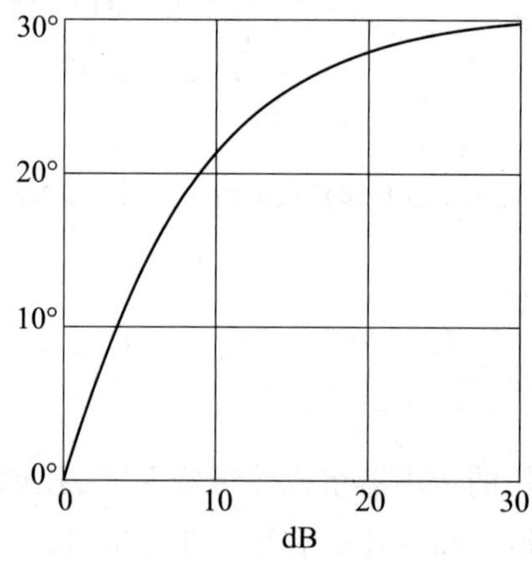

图 2–77 立体声声像定位

图 2–78 和图 2–79 所示的分别是宽心形和心形指向性的 XY 属性。图中下方所示的立体声声像虽然并未覆盖全部的基本宽度，但是最好还是将其限制在 20° 的范围内。其录音角度可以在 90° ~120° 变化。

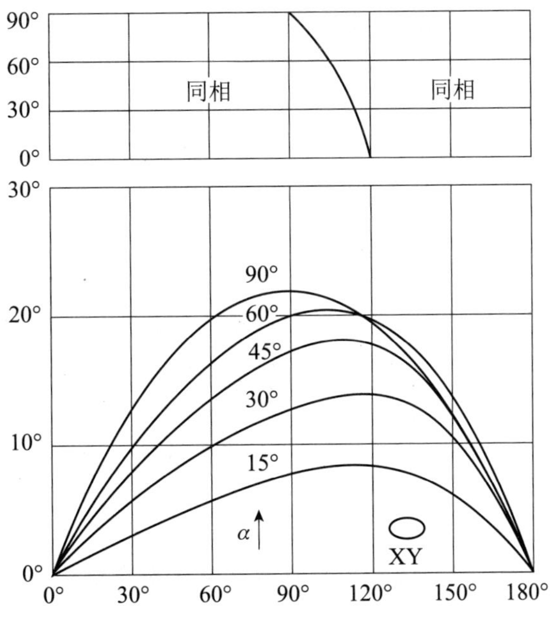

图 2-78　宽心形指向性的 XY 属性

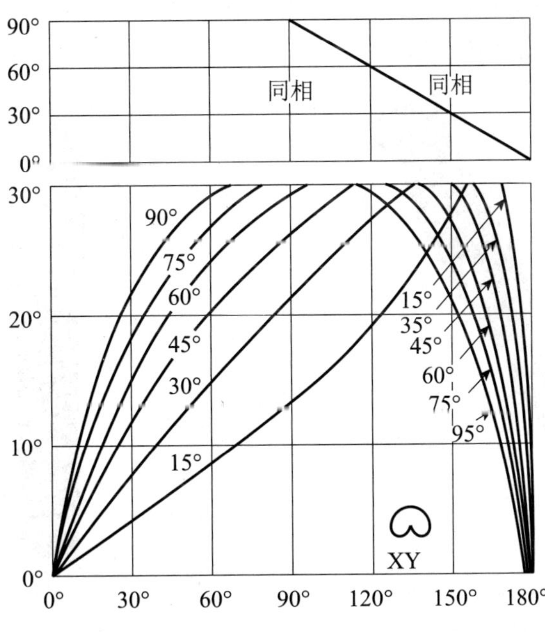

图 2-79　心形指向性的 XY 属性

2. ORTF 拾音技术

基本的 XY 拾音技术的一个变形就是 ORTF 技术。ORTF 是 Office de Radiodiffusion Television Francais（法国广播电视机构）的字头缩写，它是由法国政府广播网开发的一种拾音技术。ORTF 方法是将两支心形传声器间隔 17cm，彼此之间向外张开 110° 来实现的，如图 2-80 所示。因为两只传声器是间隔摆放的，所以 ORTF 方法并不具备 M/S 或 XY 拾音方法的时间一致性。

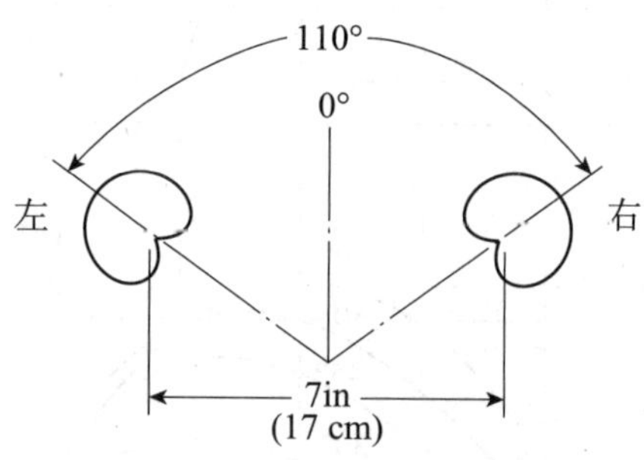

图 2-80 ORTF 拾音技术

3. M/S 立体声技术

M/S 技术使用了一个中间（M, mid）换能器单元来直接拾取单声道信号，用另外一个侧向（S, side）换能器单元来直接拾取立体声的差信号（相当于广播立体声副载波调制信号）。尽管使用了两个单独的换能器，但是采用单元式封装的 M/S 传声器会更方便，这种封装是将两个换能器紧紧靠在一起置于极头中。图 2-81 和图 2-82 所示的分别是 Shure VP88 和 AKG C422 的 M/S 传声器。

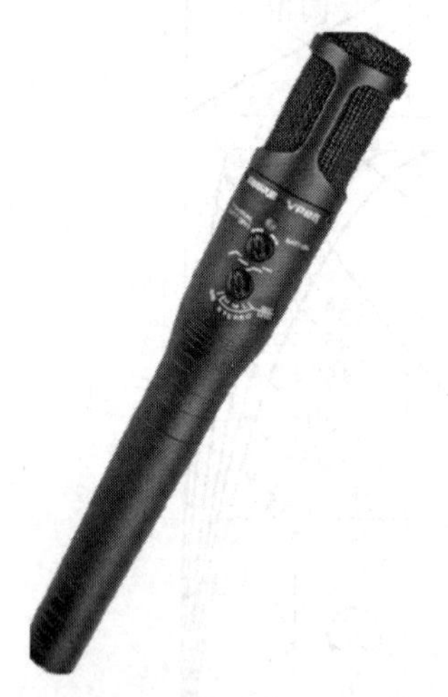

图 2-81 Shure VP88 立体声电容传声器

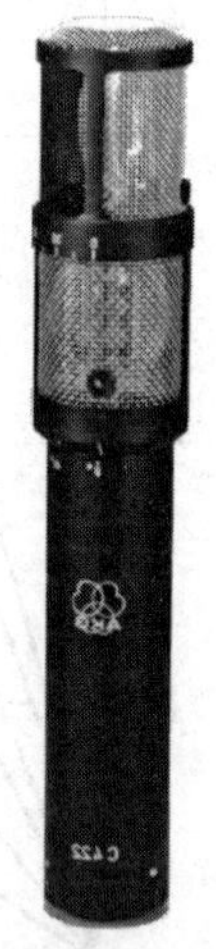

图 2-82 AKG C422 配对型立体声传声器

图 2-83 所示的是典型的 M/S 传声器的拾音指向性图案。M 换能器正面（最大灵敏度的位置）对着输入声信号的中心。虽然 M 传声器也可以选择其他的指向性图案，但图中所示的是一般使用时选择的心形（单指向性）图案。为了获得对称的立体声拾音效果，S 传声器必须是选用朝向两侧的“8”字形（双指向性）图案。通常与前方中间信号具有相同极性的指向 90° 的主瓣为左，而相反极性的主瓣为右。

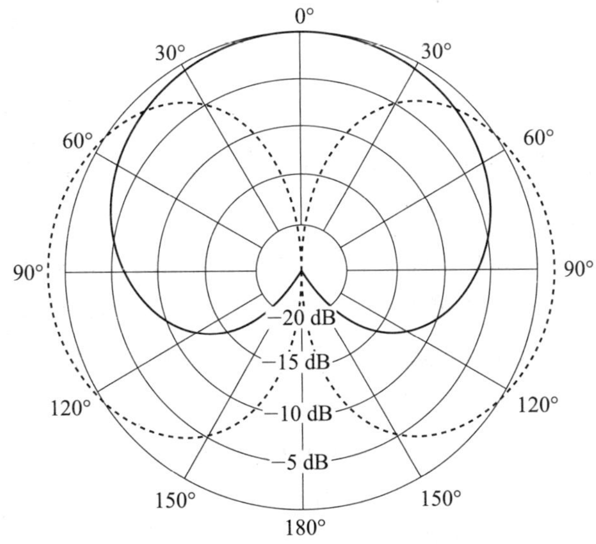

图 2–83　MS 传声器的拾音图案

另外，还有组合式的立体声拾音传声器，如图 2–84 所示的 Neumann 公司的 USM69i 型立体声传声器。由图可见，上下膜片的指向性都可在全指向性、心形指向性、“8”字形指向性、超心形指向性之间进行转换。当两膜片设定为相同指向性，且旋转成一定角度，以两膜片夹角的中间方位朝向声源进行拾音时，我们采用的是 XY 制的拾音制式，其输出接口标明了上膜片和下膜片的输出，但 X 信号和 Y 信号要根据旋转方式来确定。当将其中一个膜片调整为任意指向性，另一个膜片调整为“8”字形指向性，且将任意指向性朝向声源，“8”字形指向性朝向声源的侧面时，是采用 MS 制的拾音制式，其输出分别为 M 信号和 S 信号，然后再采用反相手段得到 –S 信号，并与 M 信号和 S 信号混合，以获得立体声的左右声道信号。

图 2–84　Neumann 公司的 USM69i 型立体声传声器

立体声传声器是专为立体声拾音而设计的传声器。原则上，扬声器重放的立体声节目对拾音用传声器没有特殊要求，但如果双声道录音要想在单声道重放时得到令人满意的效果，即获得良好的单声兼容性的话，就最好使用“强度立体声”方式来拾音：两声道之间没有时间差，靠强度差来体现声源的方位。时间差方式会造成信号间干涉，不利于单声道重放，只有在两声道各信号成分电平相差 6dB 以上时才能得到较好的效果。

组合式立体声传声器大部分是强度差型，即将两只单指向性传声器尽量靠近，一般是安装在垂直轴线的同一点上，使声波几乎同时作用于两只传声器的振膜。将这两只传声器的组件装配好置于同一壳体内，组合式立体声传声器就形成了。两只传声器之间的夹角可根据拾音情况进行调整，以得到所需的强度差。一般是将置于下方的膜片固定，上方的膜片可旋转。

有些立体声传声器设计成可变指向性，上下两个膜片的指向性都可通过旋钮进行选择，且上膜片可相对于下膜片朝不同的方向旋转，这样的传声器能组合出不同的拾音制式。在立体声 FM 或电视接收机中，单声道基带和信号，以及立体声副载波差信号就是通过和 / 差矩阵来解调和解码成左和右立体声信号的。类似的，M/S 传声器的中间（单声道）信号和侧向（立体声差）信号也可以解码成有用的左和右立体声信号。

与单声道和信号相关联的中间换能器所拾信号，以及与立体声差信号相关联的侧向换能器所拾信号可以简单地表示成如下形式：

$$M = 1/2\,(L+R)$$

$$S = 1/2\,(L-R)$$

由上述公式可以解出左和右信号：

$$L=M+S$$

$$R=M-S$$

因此，左和右立体声信号分别是由中间和侧向信号的和与差导出的。我们可以通过和 / 差矩阵处理中间和侧向信号来获得这些立体声信号。

图 2–85 所示的是采用变压器实现的和 / 差矩阵，这种矩阵也可以通过有源电路来实现。这种矩阵可以内置于 M/S 传声器当中，也可以是分立式的。

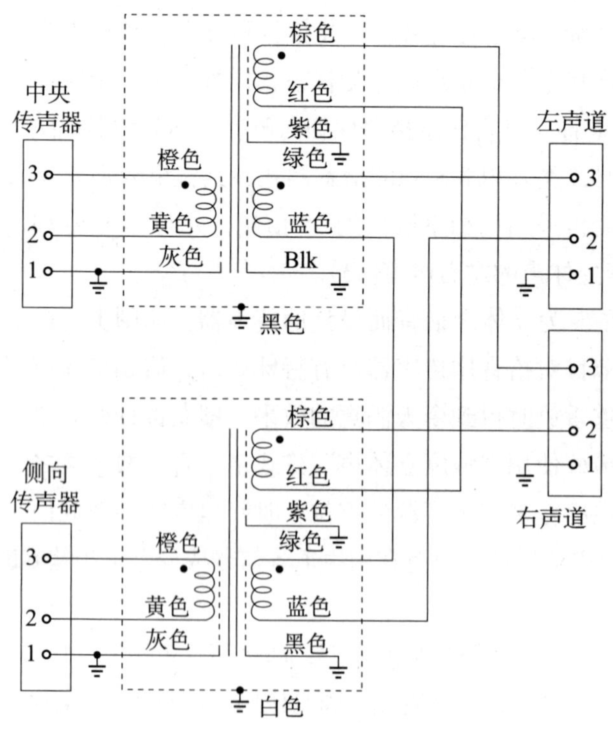

图 2–85　MS 传声器使用的变压器型和差矩阵

4. 杆式立体声技术

用于广播电视立体声的传声器有其自身的问题。距离电视屏幕的最佳距离被认为是屏幕对角线长度的 5 倍，在此距离下观看电视屏幕时，人眼不能分辨出电视图像的线结构。最终确定的最短观看距离为 3.3m，两只扬声器箱彼此相距 3.8m，这对于看电视来说肯定是不现实的。

声频工程师一定要考虑通过电视屏幕两侧的扬声器重放，以及通过 Hi–Fi 设备重放的情况。比如，如果在录制电视节目的声音时采用声场的整个基础宽度的话，当演员出现在画面的右侧边缘时，观众将会在 Hi–Fi 系统右扬声器中听到声音，声音好像是来自远离电视的右侧，这样就会使人产生无法接受的声音定位感。

电视观众所听到的声音，必须是通过电视看到的讲话者的近似位置传来的声音。要想达到这样的目标，德国的电视频道管理机构提出将拾取演员声音的单指向传声器信号与表现整个立体声场基本宽度的“8”字形传声器信号相混合的解决方案。

这种录音技术利用了一支吊装在传声器吊杆上的“8”字形传声器来保持吊杆转动时的方向性，同时利用安装在上部的第二个单指向传声器来跟随演员或记者的运动，如图 2–86 所示。为了保证运动传声器的指向特性不会产生太大的影响，并且少量的角度误差不会导致方向感的突然变化，该传声器的主瓣应该比普通枪式传声器的更宽一点。

我们可以通过 M/S 组合方式来定位传声器，用以制作最终的立体声声轨。“8”字形传声器的电平可以稍低一些，并且只用于拾取画面之外的人声、环境声和音乐。该传声器应该始终保持在固定的位置，并且方向也不应改变。以这种方式产生的 S 信号必须进行适当的衰减，以保证 M 传声器拾取的信号始终占主要地位，出现在画面中的演员声音始终能被该传声器所拾取。

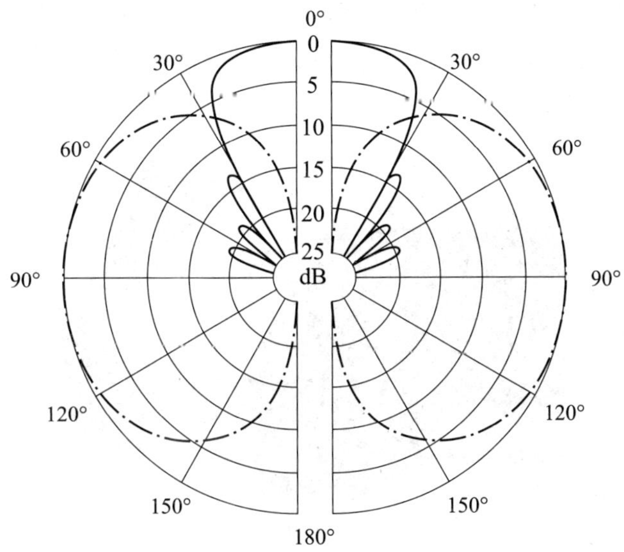

图 2–86　使用 Sennheiser MKH30 和 MKH70 传声器构成的杆式立体声传声器

5. SASS 传声器

图 2–87 所示的 Crown® SASS–P MK II 或 Stereo Ambient Sampling System™ 是一种专利化拾音系统，它是采用了 PZM 技术的立体声电容传声器系统，是一种兼容单声道的准一致性传声器阵列。

SASS 使用了两只分别安装在边界上的 PZM 传声器（彼此用泡沫障碍物隔开），从而使每只传声器具有指向性。另一种 Crown 的型号，即 SASS–B，它具有类似的立体声边界形状，安装的是 B&K 4006 传声器，需要在极低的噪声环境下使用。

可控的极坐标指向性图案和两个传声器极头间头部尺寸的间距产生定位准确、自然的立体声声像，并且在扬声器重放时不存在中空效应，如果需要还可以得到不错的混合单声道信号。

每个极头较宽的声音接收角度（125°）可拾取到房间侧墙和天花板的反射，得到良好的厅堂和周围环境的自然声学再现。这种方向型在垂直方向上几乎覆盖了 ±90° 的角度。

极头之间的泡沫障碍（障板）使得每个极头的拾音角度指向前方，限制了高频时两个侧向的重叠。尽管传声器的极头间隔了几厘米，但是将两个声道混合为单声道时产生的相位抵消非常小，因为障板存在一定的遮蔽效应。当两个声道间存在相位差时，障板所产生的两个声道间极端的幅度差将 20kHz 之内因混合成单声道而产生的相位抵消减小。

虽然 SASS 具有相对小的边界，但由于标准 PZM 传声器不存在 6dB 的搁架，所以其平坦的响应一直可以延伸至低频。之所以能获得平坦的响应，是因为极头在 500Hz 以下呈无指向的特性，并且其在低频的输出电平相等，在立体声听音相加时导致感知声级提高了 3dB，这就使通常在小边界情况下才能体验到的低频搁架被有效地抵消了一半。

另外，当将传声器应用于混响声场时，由于方向性在低频上无指向性，而在高频上属于单指向性，这就导致低频的有效声级又被提升了 3dB。因此，整个低频搁架被完全抵消了，有效的频率响应在 20Hz~20kHz 表现一致。图 2–88 所示的是左声道的极坐标响应（右声道与左声道正好相反）。

图 2–87　Crown® SASS–P MK II 立体声传声器

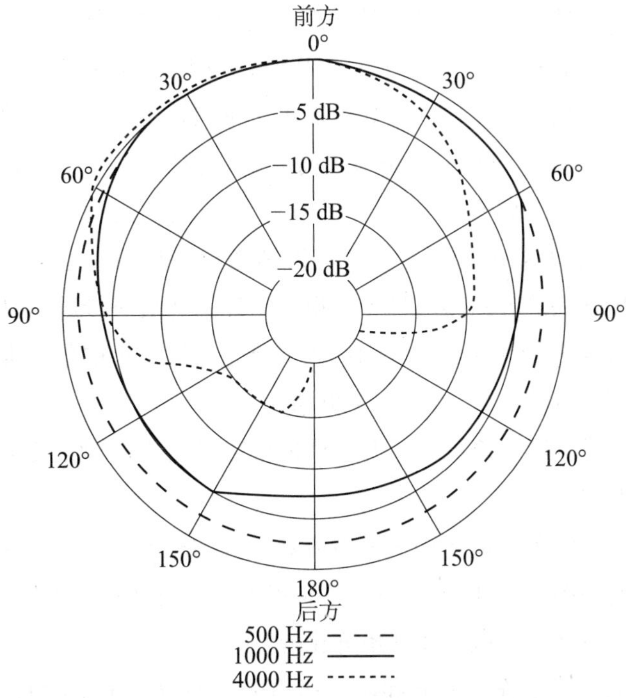

图 2–88 SASS–P MK II 左声道的极坐标响应图
（0° 入射的声音垂直于边界表面；右声道是左声道的镜像）

八、多声道环绕声传声器系统

1. Schoeps 5.1 环绕声拾音系统

Schoeps 5.1 环绕声拾音系统是由 KFM360 传声器球和两只悬吊的“8”字形传声器，以及 DSP–4 KFM 360 处理器构成，如图 2–89 所示。

图 2–89 Schoeps KFM360 球形传声器

该系统的核心单元是 KFM360 球形传声器。它使用了两只压力式换能器，即便没有其他系统部件辅佐，也可以用于立体声录音。其录音角度大约为 120°，允许采用比标准立体声传声器以更近的距离进行拾音，在处理器单元中内置了必要的高频提升。

通过使用带卡口连接件的两个可调节夹持系统，我们可以将两只“8”字形传声器安装在压力式换能器下面，之后便可以获得环绕声拾音功能。这两只传声器应朝向前方。

DSP–4 KFM 360 处理器由传声器信号获得馈送至四角的通道信号。中间通道信号可以利用特殊类型的矩阵从前方两路信号中获得，附加的通道只传送 70Hz 以下的低频成分。为了避免感知到后方扬声器的存在，我们可以降低这些通道上的信号电平，延时这些通道的信号或设定其频率响应的上限，如图 2–90 所示。

前方的立体声声像宽度可以调整，并且朝向前方和后方的虚拟传声器对的指向性也可以彼此独立地进行调整。

处理器单元可以为传声器信号提供模拟或数字式的输入。除了提供增益，它还内置了针对压力式换能器的高频加重和针对“8”字形换能器的低频提升处理。与 M/S 录音一样，我们可以在后期制作时在数字域内实现矩阵化处理。

系统通过这样的形式工作：前方和后方通道分别通过位于每侧的无指向和“8”字形传声器相加（前方通道）或相减（后方）得来，如图 2–91 所示。这一处理所得到的四个最终虚拟传声器的指向与“8”字形传声器一样是朝向前后的。在较高的频率上，这些传声器则更倾向于指向侧向（也就是说两边）。它们的指向性图案可以改变，可以从无指向

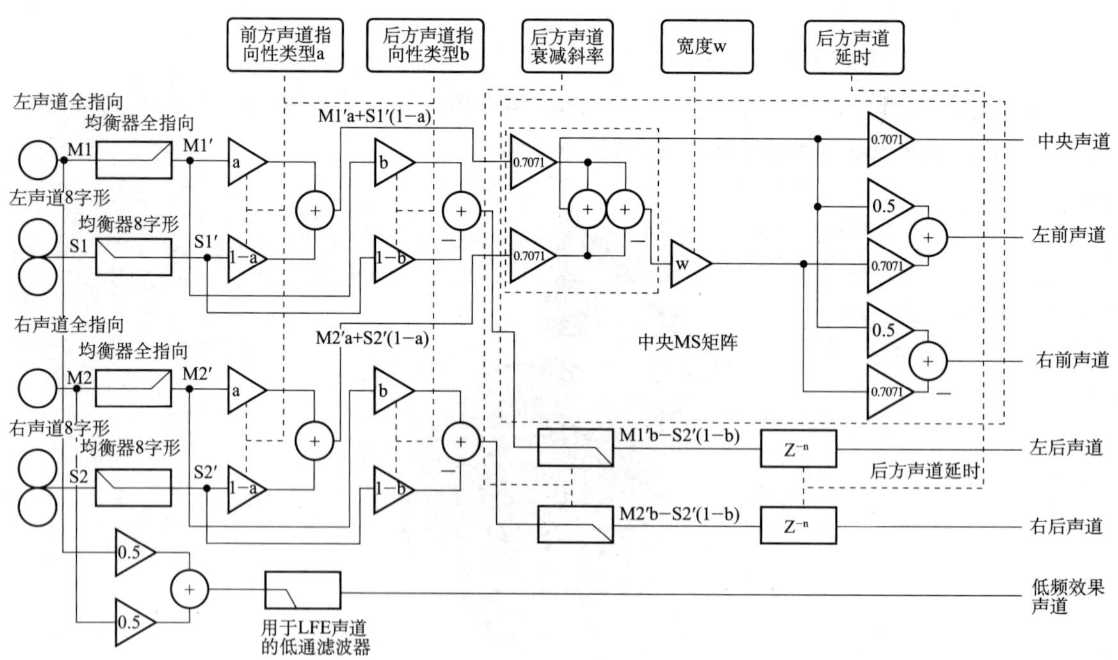

图 2–90　Schoeps DSP–4 KFM 360 处理器

变化为心形，再到“8”字形。两个朝向后方的虚拟传声器的指向性图案可以与朝向前方的虚拟传声器不同。改变指向性图案，也就可以改变声音，这对于普通的均衡器来说是不可能实现的。这样就可以用一个固定的方法来应对不同的录音空间（录音空间的声学环境），如果记录了未处理的传声器信号，则可以在后期制作时再进行调整。

这种四通道的解决方案产生了不带中置声道的格式或环绕声重放，有时中置声道并不是每个人都需要的。

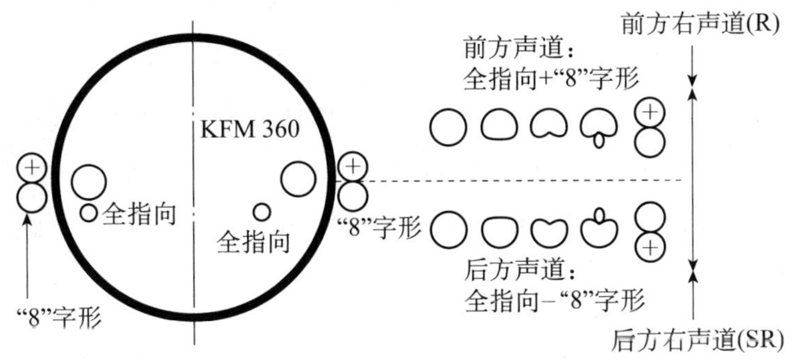

图 2-91　Scpoeps 5.1 环绕声拾音系统的右信号（R）和右环绕信号（SR）的产生

2. Holophone H2-PRO 环绕声拾音系统

Holophone H2-PRO 的椭圆形状模拟的是人头部的特性，如图 2-92 所示。与声波在头部周围产生的情况一样，声波在 H2-PRO 的周围会产生弯曲，从而得到准确的空间感和声像，以及自然的方向感。它将捕捉的声波方向性信息转变成现实的环绕声体验。八个不同单元的总表面积与 H2-PRO 的球形外表相结合以捕捉用以进行环绕声重放的声学细节，如图 2-93 所示。其外表的作用相当于捕捉低频和清晰高频的声学透镜。

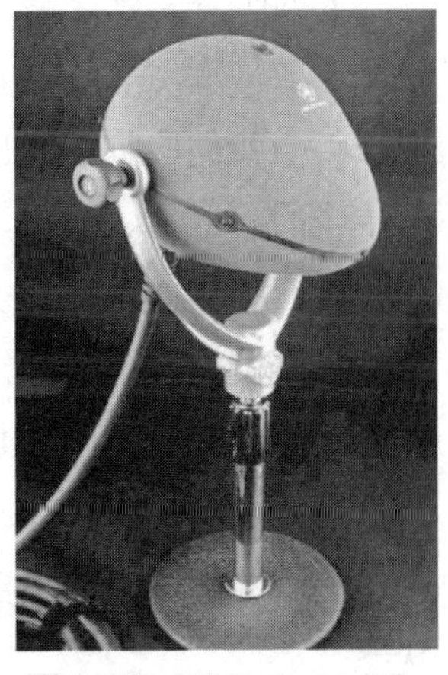

图 2-92　Holophone H2-PRO 环绕声拾音系统

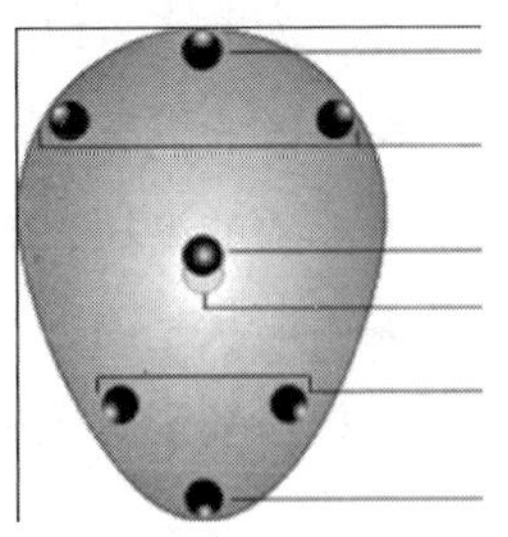

图 2-93　H2-PRO 头部的传声器位置

不用附加任何传声器整个声场就能准确地再现。Holophone H2-PRO 可以拾取多达 7.1 个分立的环绕声声道，它接有 8 个 XLR 传声器线缆端口（左、右、中置、重低音、左环绕、右环绕、上和后中置），包含了标准 5.1 声道，同时还为诸如 IMAX 这样的格式增加了上方声道，以及为诸如 Dolby EX、DTS、ES 和 Circle Surround 这类环绕声格式增加了后中置声道。由于每个传声器都有自己的输出，所以工程师可以根据环绕声制作项目的需要来选择声道，因为声道的分配从拾音到缩混，以及最后的发行始终是保持独立的。它非常适合电视广播（STV、DTV 和 HDTV）工作者、电台广播工作者、音乐制作人与工程师、电影同期录音人员和独立的项目演播室使用。

3. Holophone H4 SuperMINI 环绕声拾音系统

图 2–94 所示的 H4 Super MINI 极头含有六个传声器单元，它们分别传输到标准环绕声配置的扬声器箱上：L、R、C、LEF、LS、RS。LEF 将整合的低频信号送至重低音扬声器箱。六个分立的声道被馈送至 Dolby® Pro–Logic II 编码器，编码器输出的是类似于立体声信号的声频信号，输出从立体声 mini 接口转成双 XLR，双 RCA 或双 mini 接口。之后，左和右立体声信号被连接到摄像机或立体声录音机进行立体声输入。编码的信号被记录在摄像机或录音机的记录载体上，并且捕捉的声频信号可以通过任何配有 Dolby® Pro–Logic II 解码器的家庭影院系统来进行完整的 5.1 环绕声重放。素材可以再编辑，并且声频可以通过 Dolby® Pro–Logic II 解码器解码。

图 2–94　Holophone H4 Super MINI 环绕声拾音系统

九、用于双耳录音的传声器

1. 人工头系统

人的听觉系统能够从混合的声音中选择某一声音，同时抑制不想听的声音元素（即鸡尾酒会效应），这一点也就是所谓的双耳听音信号处理。用一个简单的实验就能证明这一说法：当我们聆听用单只传声器拾取的几个同时发生的声音事件的录音时，我们就不能区分单个的声源了。

两只空间上相距一定距离的传声器或者是更为出色的对空间多个要素敏感的传声器，比如立体声传声器对，都可以用来捕捉声音的空间特征，但是通常它们与身处同样环境下的听众所感知到的真实声音相比还是存在不足。这种真实感的缺失是因为它们所拾取的声音中缺少人头部、肩部和外耳对传播过程中的声音频谱所产生的固有改变（即人的声学转移函数）；并且直到人对声音分析环节的后期阶段，信号一直保持分离状态。

人外耳的声学转移函数只与人身体的几何形状有关，它由可以进行数学建模的四个部分构成，如图 2–95 所示，或者通过人工头系统来重建。

在身体的上肢、肩部、头部和外耳（耳郭）处所发生的声音反射和衍射，以及外耳和耳道所导致的谐振，对转移特性的影响最为主要。外耳的耳腔是接收声音的，外耳转移函数的频谱形状是因人而异的，因为每个人及其解剖学特征都是唯一的。因此，人工头及其数学模型是基于对大量人群的响应和头部大小得出的统计分析的结果建立的。

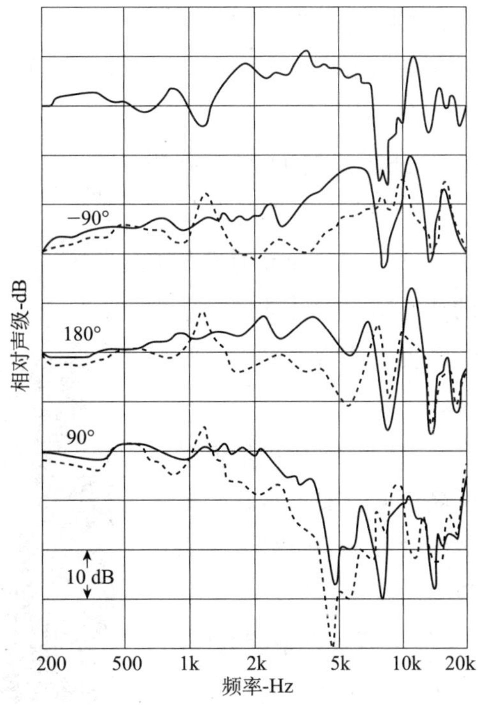

图 2–95　对于四种角度入射情况下在距耳道入口 4mm 处测得的左耳的转移函数

对于外耳转移函数，所有影响因素都对方向非常敏感。这就是说，每个方向上来的声音都有其各自的频率响应。另外，双耳是由头部隔开的，因此它会影响声音到达两耳的相对时间。为此，整个外耳的转移函数是非常复杂的，如图 2–96 所示，并且它在修正单只或传声器对响应时只是部分适用。在图 2–95 中，每个箭头记号的基准所指示的是基准参考声压级，实线表示的是自由场情况下的外耳转移函数，而虚线表示的是相对于正面入射的自由场声音而言，其在各个方向上的差异。

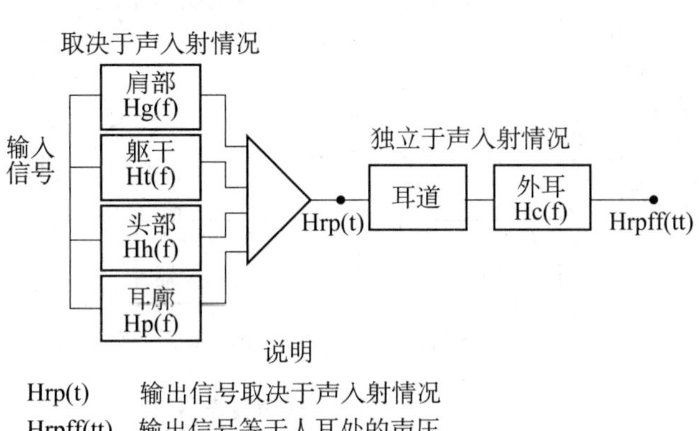

图 2–96　人外耳的转移函数

虽然人工头已经用于录音实践有一段时间了，但是最新的人工头和相应的信号处理电子器件又将拾音质量带到了更高的水平，它们更接近于入耳（ITE, in the ear）拾音，即将传声器置于人耳内拾音。

由德国 Georg Neumann GmbH 开发的 KU100 测量和拾音系统就是高质量人工头的一个例子，如图 2–97 所示。最初的人工头是由 Klaus Genuit 博士和他的助手开发的，一并开发的还有精心设计的信号处理设备，由此提供的双耳录音系统可非常准确地将复杂声场中的空间声像表现出来。

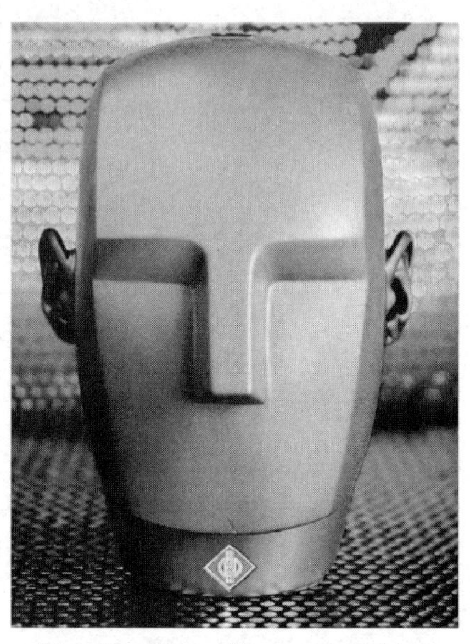

图 2–97 Georg Neumann KU 100 人工头的原理框图

人工头是对人头部的真实复制，并且可根据录音和重放的理论进行建模。顾名思义，要为听音人重建的声音应经过两个传输函数的处理：一个是人工头耳朵的，另一个是听音人耳朵的。

图 2–98 所示的是人工头传声器录音系统的框图。高质量的传声器被安装在人工头两侧耳朵的耳道入口位置。来自每只传声器的信号通过处理器中的扩散场均衡器之后，便可以用于记录或重放了。扩散场均衡器针对人工头进行了专门的调谐，即将正面扩散场的头部转移函数反转，这样的信号被用于记录和扬声器重放。处在重放单元中的耳机扩散场均衡器产生一个耳机的线性扩散场转移函数，因而在听音人的耳道入口处所呈现的声压级将是人工头耳道入口处声压级的复制。

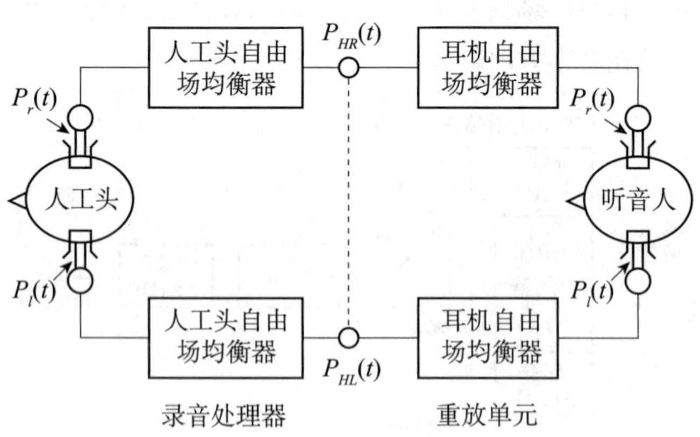

图 2–98 人工头双耳立体声传声器系统

扩散场均衡适用于声源距人工头一定距离的情形。对于靠近声源的拾音或者受限空间内的拾音，比如汽车座舱内的拾音，则最好采用另一种所谓的与方向无关（ independent of direction，ID）的均衡，此均衡包含在图 2–98 所示的人工头内部。

来自人工头的信号 $P_{HR}(t)$ 和 $P_{HL}(t)$ 可以记录并直接通过扬声器来重放、分析，或通过耳机重放。作为一种拾音工具，这种方法胜过许多其他以扬声器重放为目标的拾音技术。空间声像的完美表现不但可以通过入耳式耳机重放，同样也可以利用高质量的扬声器箱再现。

人工头采用的是粗糙的玻璃纤维微结构材料。通过将可拆卸的人工头外耳取下并放入耳塞，我们可以对传声器进行调校。传声器的前置放大器提供极化电压和平衡式的无变压器线路驱动，录音处理器和模块式的单元结构为人工头提供直流电能，并在人工头与记录媒介或分析设备间起接口作用。低噪声电子器件以及出色的过载范围的组合让使用者可以充分利用人工头传声器 135dB 的动态范围，当开启 10dB 的衰减器开关后，这一动态范围可达 145dB。

对于耳机重放来说，重放单元提供均衡过的信号给耳机，在耳道入口产生对应于人工头相应位置的声信号。

在任何人工头传声器拾音系统中都应考虑的一个重要参数就是在人工头输出信号端可以使用的动态范围，例如，耳道谐振可能产生超过一些安装在耳道内的传声器的最大可承受声压级。

2. 入耳式录音传声器

入耳式（in–the–ear, ITE）录音和耳郭声学响应（Pinna Acoustic Response，PAR）重放体现的是对原有的具有高保真双通道重放空间声像的双声道录音解决方案的革新，如图 2–99 所示。这里需要注意的是扬声器重放信号要同步，并将扬声器呈一定角度摆放，以便听音人处在无早期反射的区域。

采用软硅胶探头的低噪声、宽频响和动态范围的探针式传声器被置于现场听音人耳膜的压力区上，该传声器系统可以用均衡或不用均衡的方式进行录音，以补偿耳道的谐振，同时保留高频梳状滤波器的空间提示信息不变。重放系统是由距离听音人近似等距的间隔摆放的同步扬声器系统构成的，其摆放方式如图 2–99 所示。虽然左侧的两只扬声器箱是并联的，右侧的两只扬声器箱也是并联的，但是前后的扬声器箱有各自的音量控制。这样便允许进行两侧声音的平衡，并针对每个单独的听音人进行前后的相对电平调整，前面的两只扬声器箱被用来提供听音人前方的听音信号。

图 2–100 中，（a）图所示是在某一听音房间（$L_D - L_R = 0.24$）中得到的 ETC；（b）图所示的是利用 ITE 技术（$L_D - L_R = 5.54$）在同一测量位置测得的结果。应特别注意的是两个技术在 $L_D - L_R$ 所表现出的差异。通过扬声器重放时，系统针对一个人的完美几何形状进行平衡，这时的前后平衡可能需要多达 10dB 的差异，只有这样才能让另一个人在重放期间听到完美的几何声音表现。

由于 ITE 录音与普通的立体声重放系统完全兼容，并且能够在多种情况下提供出色的声音保真度，ITE 传声器拾音的实际应用呈现出无限的发展前景。

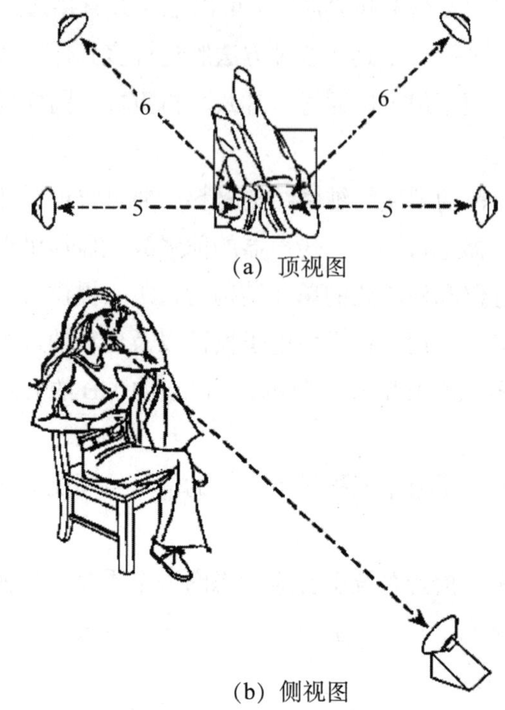

（a）顶视图

（b）侧视图

图 2-99　用于 ITE 录音的 PAR 重放的扬声器位置安排

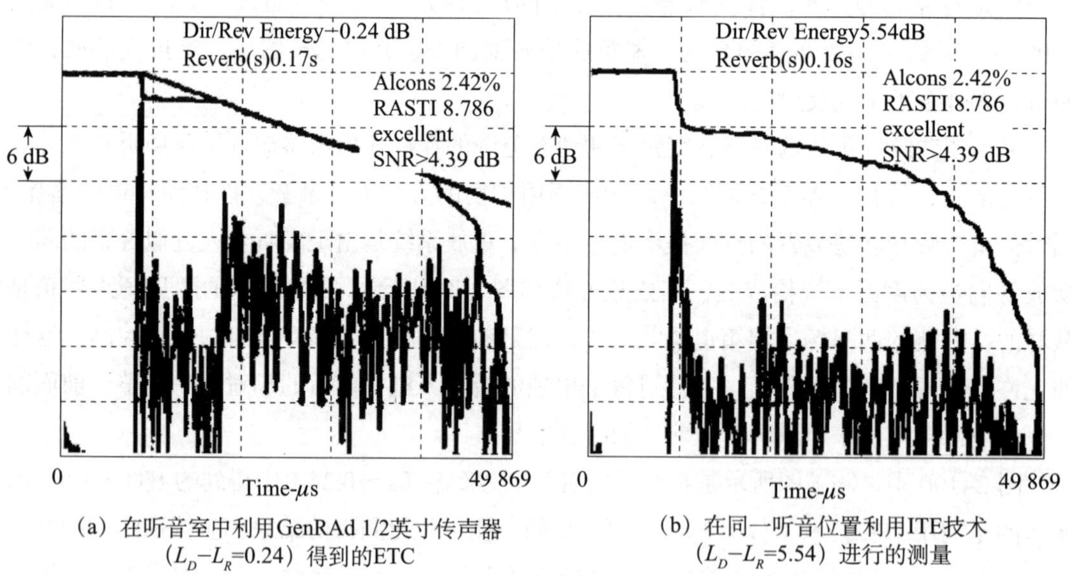

（a）在听音室中利用GenRAd 1/2英寸传声器（L_D−L_R=0.24）得到的ETC

（b）在同一听音位置利用ITE技术（L_D−L_R=5.54）进行的测量

图 2-100　测量传声器与在房间同一位置利用 ITE 技术得到的 ETC 之比较

十、USB 传声器

如今，计算机已经成为音响系统的重要组成部分。许多调音台都是数字式的，传声器可以直接连接到调音台上，传声器也可通过 USB 接口连接到计算机上。

图 2–101 所示的 Audio–technica AT2020 USB 心形电容传声器是基于计算机的录音而设计的，它包含一个兼容 Windows 和 Mac 系统的 USB（Universal Serial Bus）数字输出。其采样率为 44.1kHz，比特深度为 16 比特，通过 5V 直流 USB 输出直接实现供电。

MXL006 USB 是带 USB 输出的心形电容传声器，它不用外接传声器前置放大器，直接通过 USB1.1 和 2.0 连接到计算机上，如图 2–102 所示。

图 2–101　Audio–technica AT2020 USB 传声器

图 2–102　MXL006 USB 传声器

MXL 006 传声器的模拟部分包括 20Hz~20kHz 的频率响应、金振膜、压力梯度电容极头和 3 档开关切换衰减垫整，可分别设定为 Hi（0dB）、Medium（–5dB）和 Lo（–10dB）。数字部分有一个 16 比特的 Δ–Σ A/D 转换器，采样率可选取 44.1kHz 和 48kHz。

十一、接触型传声器

接触型传声器直接安装在乐器上，以便拾取乐器振动的声音，比如贴在吉他或小提琴面板上用来拾取弦振动的电磁型接触传声器。

十二、抛物面传声器系统

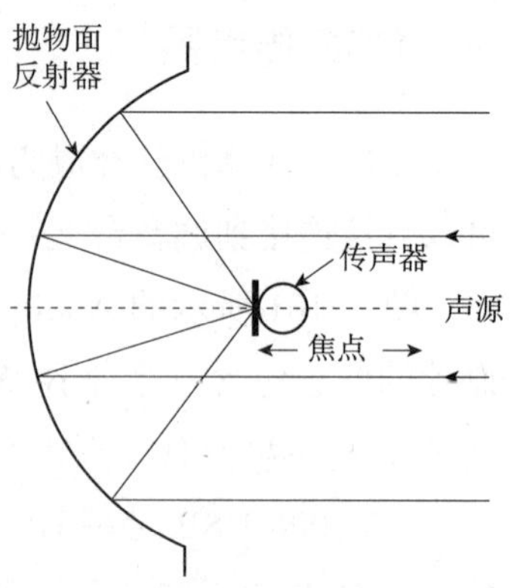

图 2-103　抛物面传声器系统的原理和特性

抛物面传声器系统也称集音器。如图 2-103 所示、它是将全指向性传声器置于抛物面的焦点处形成的。抛物面的聚焦作用，使远处的声波经过聚焦被传声器拾取。图 2-104 所示的是抛物面传声器系统的极坐标指向性图案。这种传声器系统只对高声频的短波和长声波效果明显，在低声频时会失去作用，所以大多用于体育比赛或鸟声等环境声的远距离拾音，如图 2-105 所示。

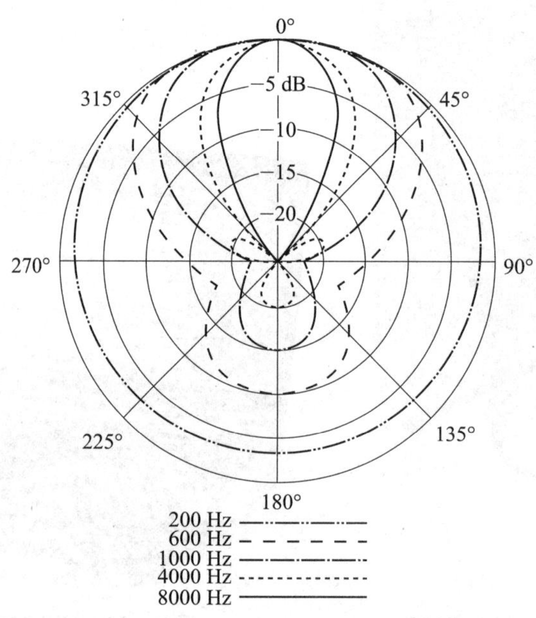

图 2-104　抛物面传声器系统的极坐标指向性图案

图 2-105　抛物面传声器系统在体育转播拾音中的应用

十三、水中传声器

用来拾取水中传播的声音，即拾取水压微振动中属于声音频带振动的部分，其外形如图 2–106 所示。图 2–107 所示的是水下拾音的应用实例。

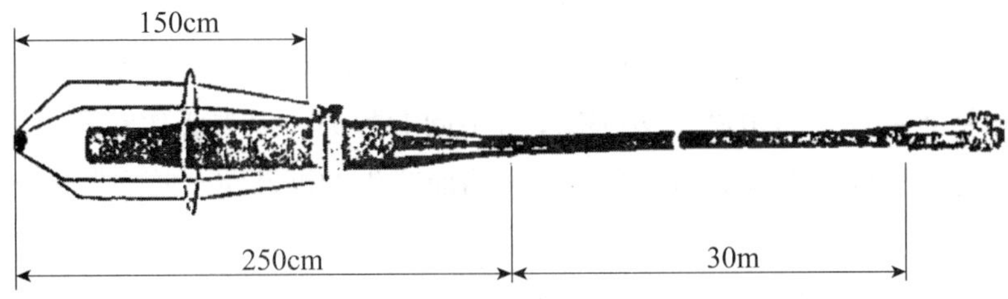

图 2–106　水中传声器的外形

图 2–107　水中传声器拾音的一个应用实例

在电视节目中的科学类专题片中，对水中环境声和水中生物发出的声音进行拾音时所使用的传声器就是水中传声器。由于水深不同，水压存在几十个大气压的上下变化，所以水中传声器不能使用普通传声器振膜，另外还有防水措施等限制。因此，水中传声器采用能直接由振动产生电信号的压电型传声器，使用与水的声学特性相似的橡胶、有机塑料或以油为媒介的振膜来驱动，如图 2–108 所示。

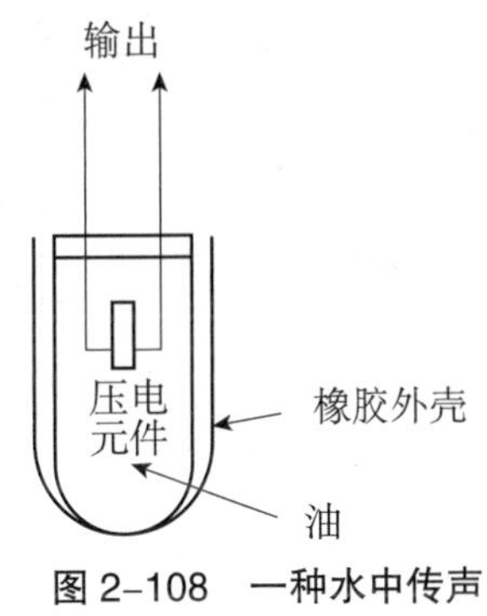

图 2–108　一种水中传声器的构造

在水中传播的不是只有可听频带的声音，还有超声波频带的声音。比如，鲸鱼等动物就是通过超声波通信的。

第六节　DI-BOX 及其应用

DI–BOX（转接盒）是一种十分平常的拾音附件，但是在录音棚录音和现场实况演出录音中都扮演着非常重要的角色。DI–BOX 有不同的种类，但主要功能有两个：一是阻抗匹配；二是通过浮地设置来解决因多个入地通路而产生的地环路“哼声”问题。

一、简单的无源 DI–BOX

最简单的 DI–BOX 至少要有用来进行阻抗匹配的变压器，并且具有平衡输出的能力。这种简单类型的器件被称为无源 DI–BOX，它通常被用来处理线路电平的信号，但有些人也用其处理电吉他或电贝斯等乐器的信号，甚至用它处理来自功率放大器的扬声器电平信号。其中，输入与输出之间的电气隔离是通过变压器来实现的，同时将输入地和输出地连接在一起的开关可以提供如图 2–109 所示的浮地性能。对于无源 DI–BOX 的声音性能而言，设计良好的变压器至关重要。正因如此，我们常常会见到不同型号的 DI–BOX 之间的价格差异非常大。DI–BOX 的平衡输出一般是传声器电平，而非线路电平，所以它可以直接连接到调音台的传声器输入上。应注意的是其输出也被直接连接到环通接口。这使得 DI–BOX 可以被插接到乐器与其放大器之间，而无须中断正常的信号流通，同时允许工程师从录音的角度出发来关闭平衡的 DI 信号馈送。

采用无源拾音系统的电吉他和电贝斯必须在相当高的输入阻抗条件下工作，以避免加重拾音的负载或产生音质的折中，典型的处理方法是使用 1MΩ 或更高的阻抗。要想取得更高的阻抗，则必须使用有源的 DI–BOX，因为其中包含电气阻抗匹配电路。

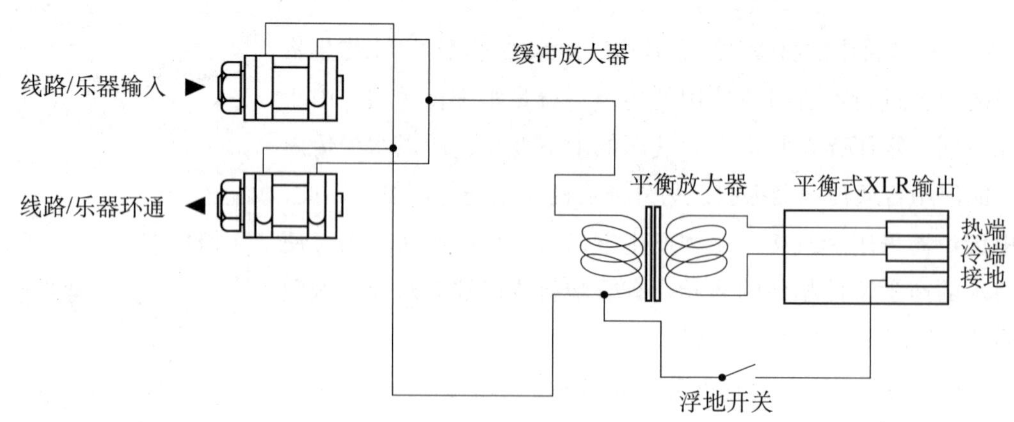

图 2–109　简单的无源 DI–BOX

二、有源 DI–BOX

有源 DI–BOX 也可以在其输出上使用平衡式的变压器，这是因为变压器具有比电子平衡解决方案更好的电气隔离性能。但因优质变压器的成本相对较高，故大多数价位适中的有源 DI–BOX 都是无变压器的。由于有源电路需要供电才能工作，所以通常的解决方案有两种：要么是让 DI–BOX 工作在标准的 48V 幻象电源之下；要么是采用双重供电的方法，即当幻象电源无法使用时可使用备选的内部电池来供电。通常，虽然电路设计上会使电池成为输入接上设备时的有源器件，但是在输出 XLR 上检测到幻象电源时，电池电路是被自动关闭掉的，这也是 DI–BOX 通常被设计成连接到调音台传声器输入的另一个原因。

由于有源 DI–BOX 可以适应不同类型的输入信号，所以我们有时会见到一些 DI–BOX 能够接受线路电平高阻和扬声器电平的信号，其中大部分 DI–BOX 是通过配备不同的接口来实现的，图 2–110 所示的就是这种设计。实际上，虽然有源和无源的 DI–BOX 都可以设计成可接收扬声器电平的信号，但是由于功率放大器输出上呈现的是高电压，所以必须采用阻性网络将信号衰减至安全的电平。正因如此，绝不要将扬声器电平的信号馈送给 DI–BOX 或者使用不是专门设计用来处理这类电平的设备，否则一定会导致设备产生严重的损坏。进一步来看，功率放大器是被设计用于在扬声器负载下工作，所以当其工作于扬声器电平时，必须将扬声器系统或等效的假负载连接到扬声器 Thru 端口上。由于固态放大器可以承受空载运行，如果电子管放大器工作在没有扬声器或假负载连接的条件下，则一定会导致输出变压器烧坏。

三、用于电吉他的 DI–BOX

在实况录音中，DI–BOX 的普通用法就是将来自乐器、线路或扬声器信号源的信号创建为传声器电平的信号，以便在不影响原始信号的条件下进行录音，或者避免产生地环路“哼声”。在大部分情况下，这只需使用浮地设置将输入和输出之间的地连接断开就行了。应注意的是，如果是进行电吉他（有时为电贝斯）录音的话，那么对由处在放大器后面的线路输出创建的 DI–BOX 声音，需要进一步利用扬声器模拟器处理，这样听上去才合适。如果这样的话，信号将含有大量令人感觉不舒服的高频谐波成分，而通常这些高频成分是被带宽有限的吉他扬声器的频率响应去掉了的，这在使用过驱动效果时会表现得尤为重要。

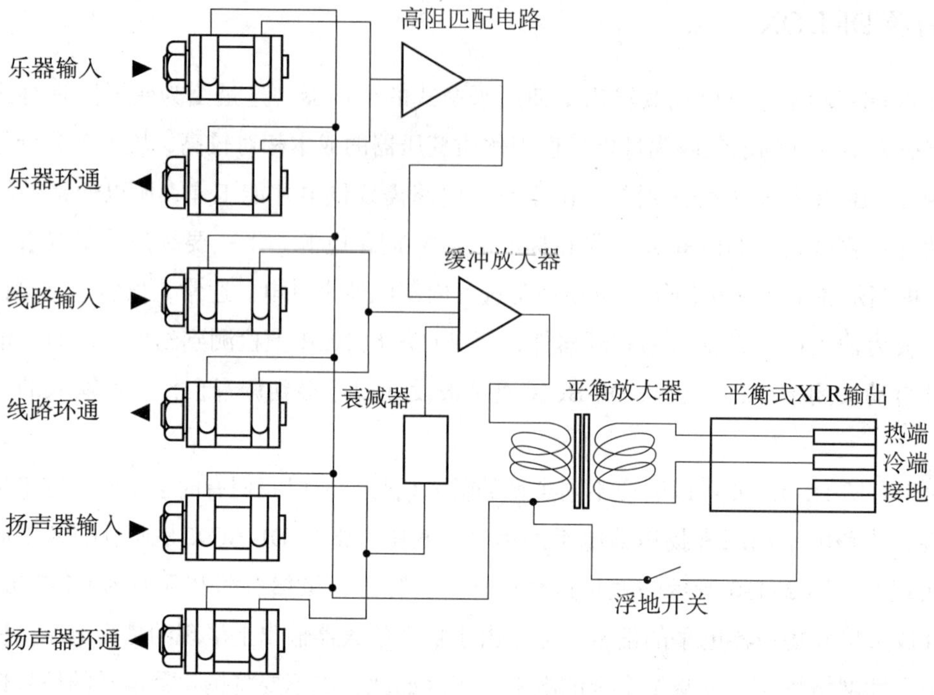

高阻匹配电路
乐器输入
乐器环通
缓冲放大器
线路输入
线路环通
衰减器
平衡放大器
平衡式XLR输出
热端
冷端
接地
扬声器输入
扬声器环通
浮地开关

图 2-110　功能全面的有源 DI-BOX

解决上述问题的一种方案就是采用特殊的吉他 DI-BOX，这种吉他 DI-BOX 除了具有常见的功能，还包括一个用来模拟典型吉他扬声器箱频率响应特性的滤波器网络，图 2-111 所示就是一款具有这样性能的 DI-BOX 产品。这类吉他 DI-BOX 分为有源和无源两种类型，它们既可以接受来自前置放大器的输出作为线路输入，也可以插接到放大器输出和扬声器之间使用。通常后一种情形可以得到最准确的结果，因为功率放大器所产生的任何声音音色修饰结果都可以被设备捕捉到。

同样的应用在录音棚中也有。尽管有足够的证据可以证明最好的方法是采用传声器拾取声音，但有时采用传声器拾音并不现实。在对电贝斯拾音时，采用 DI-BOX 拾音得到的声音会更加干净，因为扬声器箱的咔嗒声和其他与扬声器相关的问题都可以避免。我们也可以利用 DI-BOX 的高阻抗输入来得到干净的电吉他和电贝斯声部录音。应注意的是，对安装有压电式电子拾音器的声学吉他进行拾音时，DI-BOX 必须在比电吉他所要求的阻抗更高的阻抗下工作。因此，这种情况下应采用具有非常高阻抗的 FET 输入级的专门前置放大器，而避免使用普通的 DI-BOX。

图 2-111　一款内置有扬声器模拟器的 DI-BOX

有时 DI-BOX 独有的浮地设置可以解决这一问题。如果使用的合成器与其他的设备在一起产生了讨厌的哼鸣声，那么使用 DI-BOX 上的浮地设置就可以解决这一问题。

思考题

1. 基于换能原理和指向性，传声器的种类有哪些？
2. 简述动圈式传声器的原理及特点。
3. 简述电容式传声器的原理及特点。
4. 简述传声器的指向性与拾音的关系。
5. 简述大振膜电容传声器与小振膜电容传声器特性上的差异。
6. 简述传声器的近讲效应以及录音中如何避免和利用近讲效应。
7. 简述传声器上低频切除开关的作用。
8. 简述幻象供电的概念及作用。
9. 简述无线式传声器的分类、特点及应用。
10. 简述干涉管传声器的原理及其应用。
11. 简述界面式传声器的原理及其应用。
12. MS 立体声传声器拾音的原理是什么？如何将 MS 信号转变为 LR 信号？
13. 简述人工头拾音的特点。
14. 简述 DI-BOX 的作用。

Chapter 3

第三章　传声器拾音技术

本章要点

声级差定位的拾音技术
时间差定位的拾音技术
声级差与时间差混合定位的拾音技术
常用的多声道环绕声拾音方式

第一节　声级差定位的拾音技术

声级差定位的拾音技术是由两只传声器组成的。两只传声器分别面向声源，一只传声器置于另一只传声器上，使两只传声器的膜片在垂直的轴线上尽量重合，传声的轴向夹角彼此张开一定的角度θ。声源到达两只传声器没有时间差，只有两只传声器主轴指向和传声器指向性产生的声级差立体声信息，这种方式称为声级差定位的拾音技术。声级差定位的拾音技术主要有 XY 和 MS 两种拾音制式。

在时间差定位的拾音技术中，假设所选择的传声器为心形指向性，当声源置于两只传声器的垂直平分线上时，两只传声器将拾取同样的声级，左右声道之间的声级差为零，重放听音时，声像将恰好位于两只扬声器连线的中点。如果将声源沿着圆弧向右移动，则两只传声器之间的声级差将逐渐增加，声像也将相应地逐渐向右边扬声器移动。当两只传声器拾取到的声级差达到 15dB 左右时，如图 3–1 所示，声源到达 S_1 处，则声像 S' 将感觉来自右边扬声器，因此，S_1 的位置便确定为最外部的拾音点，即传声器对的有效拾音角。当声源超过 S_1，沿着圆弧继续向右移动时，声像仍将固定在右扬声器处。

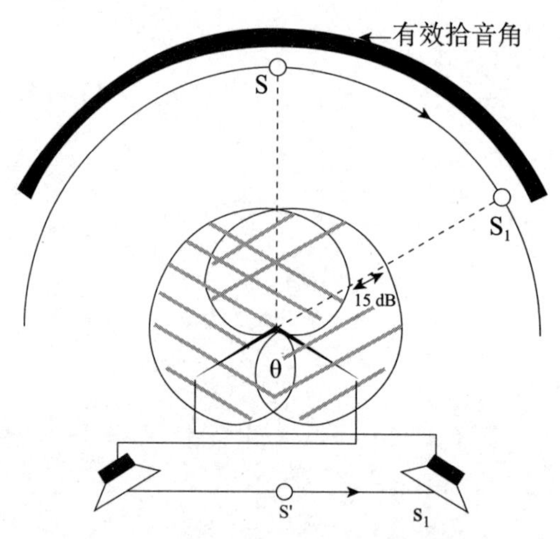

图 3–1　声级差定位的拾音技术

如果声源在 S_1 处保持不变，减小两只传声器彼此间的轴向夹角，如图 3–2 所示，则两只传声器拾取的声级差将随之减小，声源的声像将向立体声声像的中心移动。为了使两只传声器之间再次获得 15dB 的声级差，声像感觉来自右扬声器，声源必须超过 S_1（到达 S_2）。因此，传声器对的有效拾音角将随着两只传声器间轴向夹角的减小而增大。

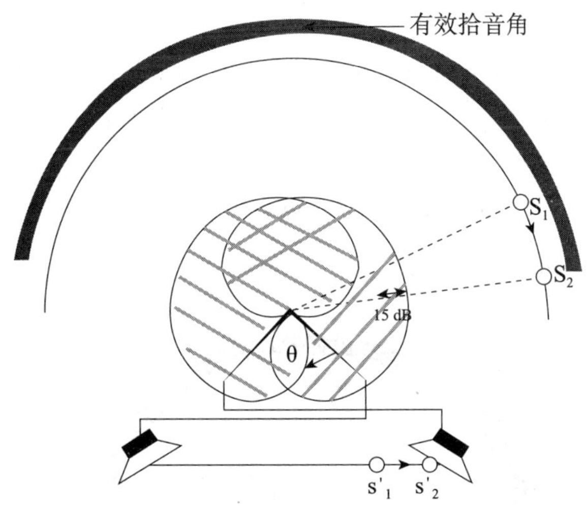

图 3-2　减小两只传声器间轴向夹角 θ，提高传声器对的有效拾音角

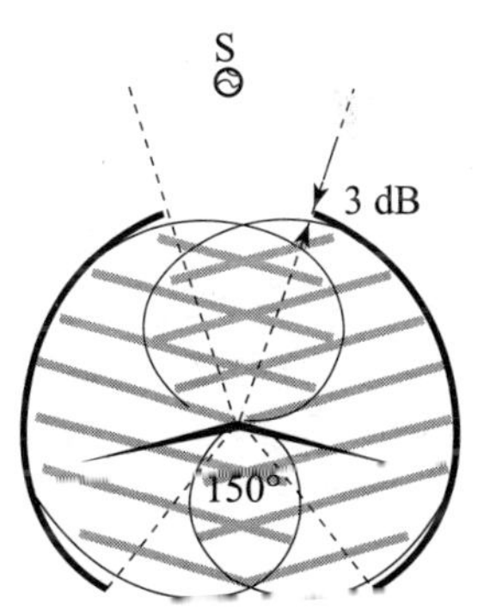

图 3-3　传声器对的轴向夹角大于 130°，θ=150°

传声器对轴向夹角的选择是有一定限度的，否则将影响到声源再现时立体声声像的平衡。对于心形指向性传声器，传声器的轴向夹角的范围应为 80° ~130°。如果传声器的轴向夹角大于 130°，如图 3-3 所示，位于中间的声源将处在每个心形指向性传声器的拾音角度之外，造成声源在声场中直达声 / 混响声比率下降，听音时能够明显感觉到这 3dB 左右的衰减，声像将缺乏现场感，感觉处在较远的地方。

如果传声器对的轴向指向夹角小于 80°，则传声器对的有效拾音夹角将大于 180°，则两侧位于心形指向性传声器拾音角以外的声源将被衰减，如图 3-4 所示。

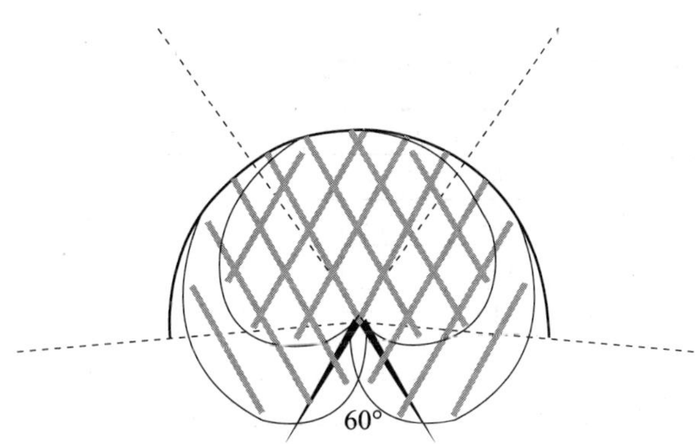

图 3-4　传声器对的轴向夹角小于 80°，θ=60°

1. XY 拾音制式

XY 拾音制式是将两只传声器彼此重叠设置，使两只传声器的膜片在垂直的轴线上尽量靠近，彼此张开一定的角度，所采用的两只传声器必须严格匹配。主轴指向左边的传声器称为 X 传声器，所拾取的信号作为立体声的左声道；主轴指向右边的传声器称为 Y 传声器，所拾取的信号作为立体声的右声道。重放时，X 传声器和 Y 传声器拾取的信号分别送入左、右扬声器，如图 3–5 所示。

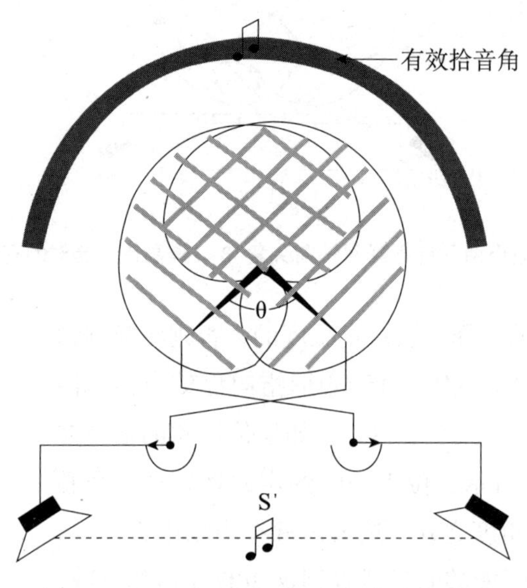

图 3–5　XY 拾音制式　θ =90°，α =170°

XY 拾音制式通常采用心形指向性的传声器，两只传声器轴向夹角 θ 可选择的范围为 80° ~130°，相应的有效拾音角为 180° ~130°。在实际的应用中，传声器的轴向夹角常选用 90° 和 120°，各自的有效拾音角为 170° 和 140°，如表 3–1 所示。

表 3–1　XY 拾音方式中，两只心形指向性传声器轴向夹角与有效拾音角的关系

轴向夹角 θ	有效拾音角 α
80°	180°
90°	170°
100°	160°
110°	150°
120°	140°
130°	130°

XY 拾音制式中，由于两只传声器的膜片是重合在一起的，所以缺少了时间差的立体声信息，声音信号的成分同实际的双耳听音相比，除在不同方向传声器频率响应不同以外，相对单调、缺乏变化。从重放听音的效果来看，声音缺乏层次感、空间感和深度感。

但是从另一方面讲，其立体声的声像定位是比较清晰和稳定的，具有相当宽的有效拾音角，可以使传声器在较近的距离拾取声源，而不会出现声像漂移，过于集中于两边扬声器上的现象。同时由于左右声道间基本上不存在时间差，所以其单声道重放的兼容性是非常好的。

在 XY 拾音制式中，有一种特殊的形式，它是由两只“8”字形传声器组成，传声器之间的轴向夹角为 90°，该方式也被称为 Blumlein 拾音方式。采用这种方式拾音时，如果一个声源沿着圆弧移动，两只传声器拾取的能量之和是完全相等的，如图 3–6 所示。因此，当对拾取的声源重放听音时，能够获得具有稳定电平的声像。

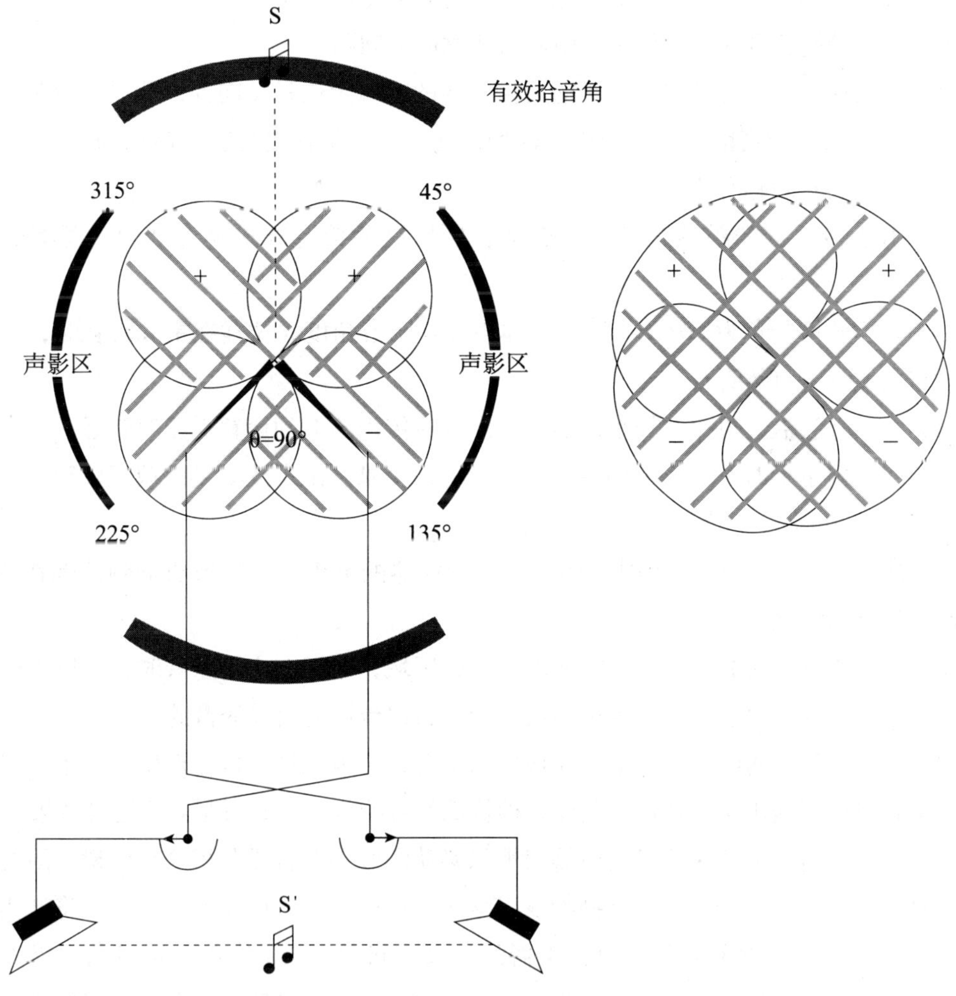

图 3–6　采用“8”字形传声器的 XY 拾音制式

由于“8”字形传声器正、负波瓣的极性是相反的，所以在传声器周围存在反相问题，从图中可以看出：

（1）当声源从 315°向 45°移动时，声源被两只传声器的正瓣拾取，极性相同，重放听音时，声像由左向右移动。

（2）当声源从 45° 向 135° 移动时，声源被两只传声器反相拾取（正、负波瓣），声像无法定位（声影区）。

（3）当声源从 135° 向 225° 移动时，声源被两只传声器的负瓣拾取，极性相同，重放听音时，声像由左向右移动（同声源的移动方向相反）。

（4）当声源从 225° 向 315° 移动时，声源被两只传声器反相拾取（负、正波瓣），声像无法定位（声影区）。

由上可见，在这种拾音方式中，传声器前后各自 90° 的范围内为拾音区，两只传声器拾取的信号极性相同，但是后方的声像定位与前方的定位是相反的。

另外，这种拾音方式在使用过程中还需注意以下问题。

（1）采用这种方式拾音时，由于前后拾音区的声像定位是反向的，所以重放时，后区的声像需要反向叠加到前区的声像中。这种情况下，如果在混响较为活跃的厅堂里拾音，这种反向将使其空间感有所下降。

（2）由于传声器的膜片是基本重合的，所以这种拾音方式具有准确、清晰的声像定位。

（3）其有效拾音角为 70°，接近于立体声最佳听音角度，这样在重放听音时，声像的角度分布更接近于自然听音。

（4）由于有效拾音角相对较小，因而在录音时传声器对的设置需相对较远。在混响时间较长的厅堂内录音时，如仅使用主传声器拾音，要录制出乐队演奏的现场感和演奏细节是较为困难的。

（5）使用“8”字形传声器时，如果减小传声器的灵敏度，将造成低频范围在 200Hz 以下出现失真的情况。

（6）因为传声器对的前后两个方向均为拾音区域，所以在实际录音时，可以充分利用其前后两个拾音区，以达到减少传声器数量和提高舞台视觉效果的目的。

（7）传声器对的两侧为反相区，在该区域拾音，声像无法定位，产生一种不自然的音响。但是有时可以利用这种特性，制作某种特殊的音响效果（有时是需要这种效果的）。

（8）可以录制出声像在两只扬声器间平稳移动的效果。若要获得这种效果，演员需在传声器对的有效拾音角内，沿着某抛物线以缓慢的速度移动，如果速度太快，将产生一种声像从一只扬声器突然跳到另一只扬声器的效果。同样，如果在有效拾音角内沿直线移动，并且移动速度比较快，则在重放听音时，声像也将产生前后移动和从一只扬声器突然跳到另一只扬声器的效果。在实际录音中，要想获得满意的效果，则需要在移动的路线上做好标记，反复实验，如图 3–7 所示。

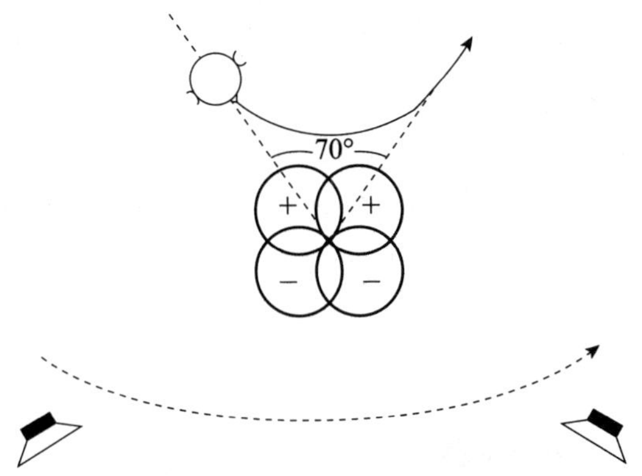

图 3–7　声源在传声器对前移动，以获得平稳的声像移动效果

XY 拾音制式还可以由全指向性的传声器对组成，轴向夹角一般为 90° 左右。这种方式看起来有些奇怪，好像是单声道录音，如图 3–8 所示。实际上，它仍然是立体声录音，因为全指向性传声器在高频处是具有一定的指向性的，这样在拾音时便带来左右声道之间的声级差，从而获得重放时的立体声效果。这种方式的最大优点在于近距离拾音时具有线性的低频响应，没有心形传声器的近讲效应所带来的不利影响。

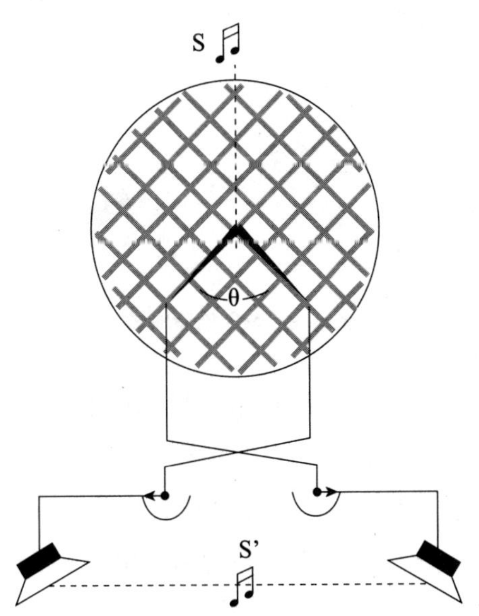

图 3–8　采用全指向性传声器的 XY 拾音制式

目前市场上有专门的立体声传声器，在传声器的膜盒内装有两个传声器膜片，上下排列，一个膜片（下膜片）为固定的，另一个膜片（上膜片）可以旋转 180°。这样同用两只传声器上下组成传声器对相比较，传声器的设置和调整就方便得多。

2. MS 立体声拾音制式

MS 立体声拾音制式和 XY 拾音制式一样，为声级差式拾音方式，两只传声器的膜片同样需要尽可能地上下重合，利用两只传声器之间拾取的声级差来定位。组成 MS 拾音制式的一只传声器 M（Middle 或 Mono 的缩写）可以采用任何一种指向性，传声器的轴向指向声源，拾取前方声源总的声音信号，即声源左右方向的和信号；另一只传声器 S（Side 或 Stereo 的缩写）则必须采用“8”字形指向性，传声器的轴向指向左边，与 M 传声器的轴向垂直，主要拾取的是两边混响成分比例较高的声音信号，即声源左右方向的差信号，如图 3-9 所示。

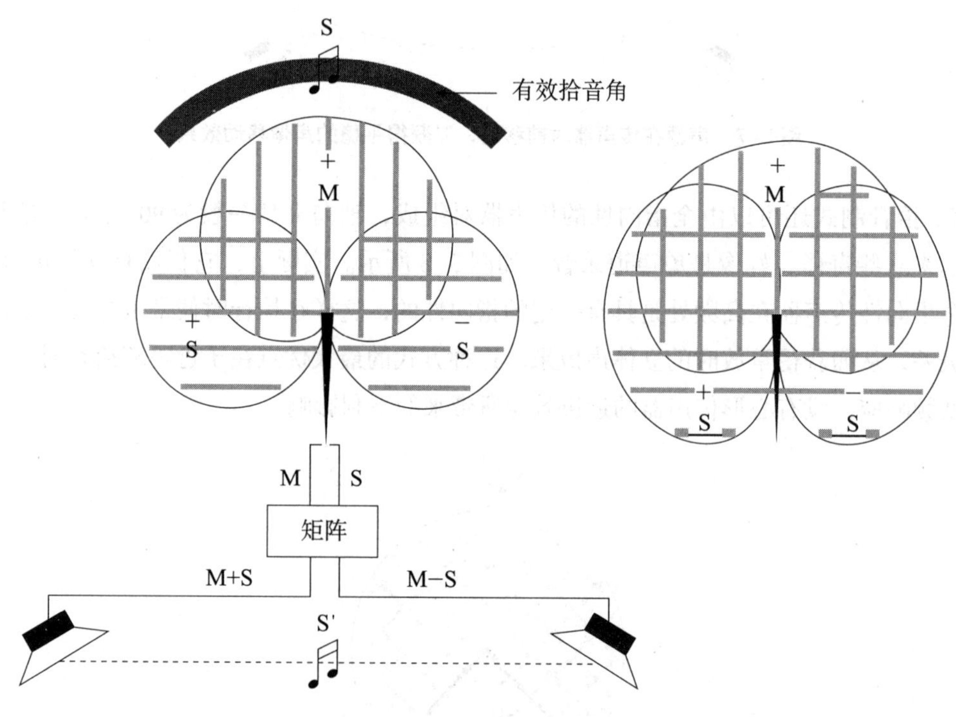

图 3-9 MS 拾音制式

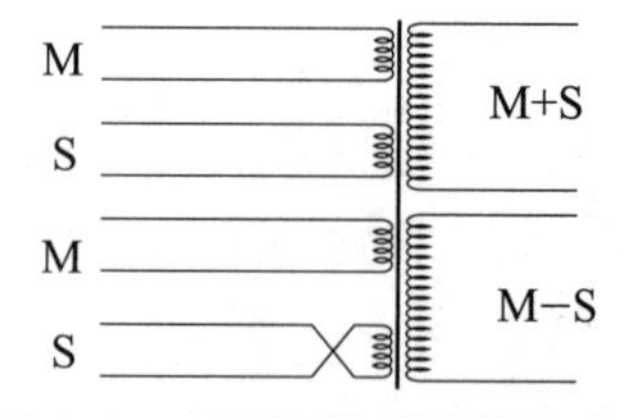

图 3-10 变压器矩阵变换电路

需要注意的是，M 和 S 传声器拾取的和、差信号并不能直接成为双声道立体声的左右声道信号，需要经过一个和差变换电路处理后才能形成双声道立体声的左右声道信号。假设 M 传声器采用心形指向性，则和差变换为：

左声道 =M+S，即在传声器的极坐标指向性图中，心形传声器的波瓣加上“8”字形传声器的正瓣。

右声道 =M−S，即在传声器的极坐标指向性图中，心形传声器的波瓣加上“8”字形传声器的负瓣。

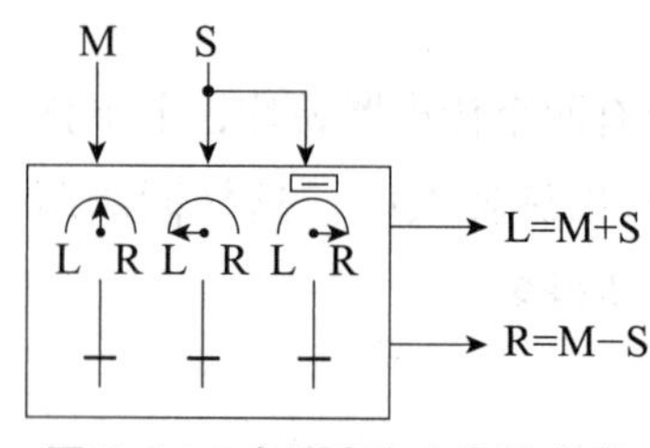

图 3-11 在调音台上变换电路

MS 信号的矩阵变换电路可以用特殊的变压器完成，如图 3-10 所示，或直接在调音台上进行，如图 3-11 所示。

在图 3-11 中，M 传声器拾取的信号被直接送入调音台，并将声像电位器放在中间位置上，使和信号平均分配到左右声道；S 传声器拾取的信号被分别送到两个声道，其中一路信号被声像电位器完全送到左声道，而另一路信号经过反相后被送到右声道，这样，左声道的信号为 M+S，右声道的信号为 M–S，即分别为双声道立体声的左、右声道信号。在实际的应用中，S 信号可以在调音台上进行简单的分配，也可以用一条一进两出的“Y”形线将 S 信号分为两路。如果调音台上没有倒相开关，可以在“Y”形线的一个输出端利用接线将 S 信号倒相。

立体声节目作单声道重放时，是将左右声道的信号相加。因此，当重放用 MS 拾音制式录制的立体声节目时，单声道的信号为（M+S）+（M–S）=2M，只剩下 M 传声器拾取的和信号，所以 MS 制式的单声道兼容性是最好的。

MS 拾音制式的最大优点是可以在不改变传声器设置的情况下，通过改变 M 传声器和 S 传声器的相对灵敏度，来改变其有效拾音角。最初是用一个分压器来改变 S 传声器相对于 M 传声器的灵敏度，改变其有效拾音角度；用另外一个分压器相对于 M 传声器在 0° ~180° 之间来改变 S 传声器的相位，改变立体声声像的分布。这两个分压器有时是作为一个单独的装置，有时则作为调音台的一个组成部分。

目前，只有少数的调音台上装有矩阵变换电路和分压器来控制传声器对的有效拾音角，录音师经常直接在调音台或传声器的供电器上调整 S 传声器的输出电平。但是需要注意的是，“8”字形传声器输出电平的改变，也将改变整个节目的直达声和混响声的比例，并且随着S信号输出电平的提升，MS拾音制式的有效拾音角将逐渐减小，如图 3–12 所示。表 3–2 给出了 M 传声器采用心形指向性时，S、M 传声器相对电平与有效拾音角之间的关系。

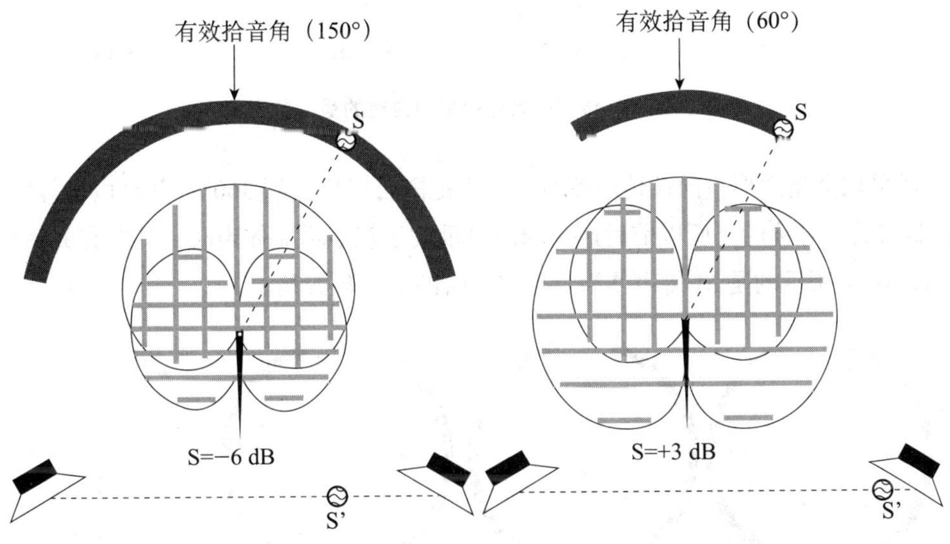

图 3–12　提高 S 传声器的输出电平，减小传声器对的有效拾音角

表 3-2　M 传声器采用心形指向性时，S、M 传声器相对电平与有效拾音角之间的关系

S、M 传声器的相对电平	有效拾音角 α
–6dB	150°
–3dB	120°
0dB	90°
+3dB	60°

如果 S、M 传声器的相对电平超过 3dB，进一步提升 S 传声器的输出电平，有效拾音夹角将进一步减小。但是，此时差信号相对于和信号将占主导地位，将过分地强调相位的不同，特别是混响声信号。

如果 S 传声器的相对电平超过 –6dB，进一步减小 S 传声器的输出电平，有效拾音角将超过 150 °，则两侧的声源将超出心形指向性传声器的有效拾音角 130°，造成声源信号的明显衰减。

无论 S 信号的电平为多少，声源都不能超过有效拾音角，设置在一定的角度（最大包容角，即在指向性极坐标图中，从原点到 M 传声器与 S 传声器两交点所对应的夹角）以外，如图 3–13，否则将产生反相问题，使音质变坏，并且将出现声像失真现象。在这种情况下 S 信号将占主导地位，因而除了制作特殊的效果，声源不能设置在有效拾音角以外。

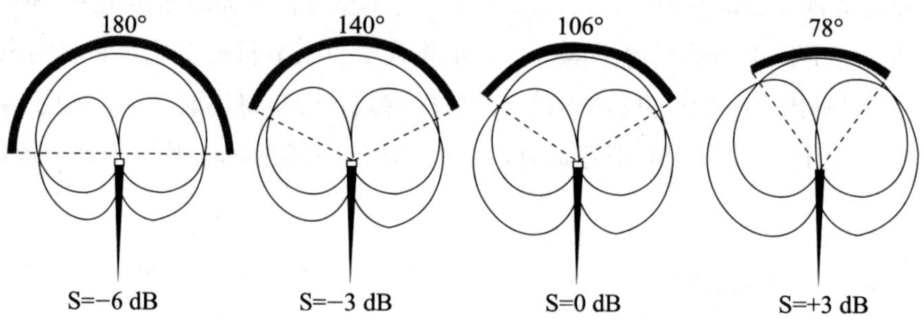

图 3–13　S 传声器为心形指向性时的最大包容角

当 M 采用全指向形指向性传声器时，拾音范围可以扩展到 360°，并且由于等效的 X、Y 传声器前后是对称的，所以前后声源的声像重放于双声道立体声时，其左右关系也是一致的。图 3–14 所示的是 M 传声器为全指向性时的最大包容角。

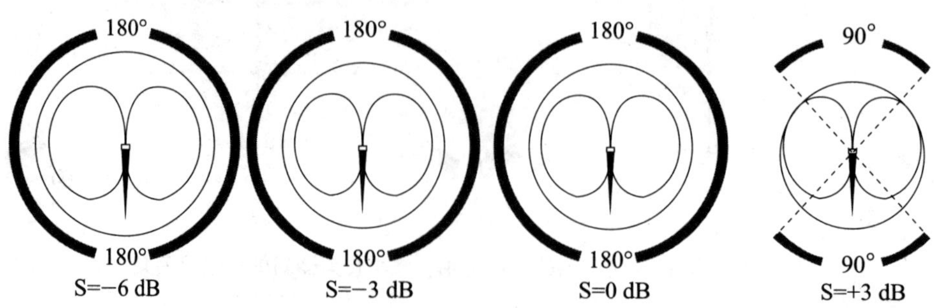

图 3–14　当 M 传声器为全指向性时的最大包容角

另外，阔心形或超心形指向性的传声器，通常也可以和“8”字形传声器组合，作为MS拾音制式的M传声器。对于双膜片传声器，可以通过对极化电压的遥控，来改变传声器的指向性，当传声器被悬挂或固定在较长的吊杆上时，调整就比较方便。

MS拾音制式由于立体声/单声道的兼容性最好，因而在立体声影视录音中经常被采用。而且，在录像过程中，和信号和差信号可以分别录制到录像机的两个声道上，用M、S解调矩阵来监听。这样在后期制作时，可以根据不同的景别来调整立体声声像的宽度（通过改变S信号相对于M信号的灵敏度的比率）。

第二节　时间差定位的拾音技术

时间差定位的拾音技术是以时间差为主的拾音方式。通常采用两只全指向性传声器，彼此间隔几十厘米，平行设置于声源的前方，声源到传声器的距离要远远大于传声器间的距离。这样可使由于两只传声器间的距离而造成的声级差忽略不计，如图3–15所示。这种方式即通常所讲的小AB拾音制式的一种。

当声源到达两只传声器的距离相等时，两只传声器拾取的信号没有延时，即时间差为零，则声像定位于两扬声器的中间，即图3–15所示的S'。当声源沿着弧线向右移动时，两只传声器间的时间差Δt逐渐增加，相应的声像也逐渐向右扬声器移动。当两只传声器之间的延时到达1.1ms时，如图S_1处，则声像将定位到右扬声器处，因此，S_1处即为要确定的有效拾音角。当声源超过该点时，则声像继续保持在右扬声器处。

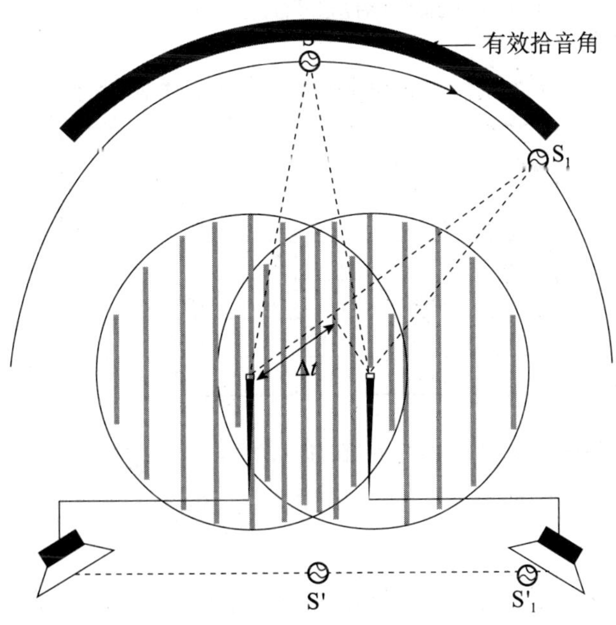

图3–15　时间差定位的拾音技术

如果保持 S_1 的位置不变，减小两只传声器的间距，则到达两只传声器的时间差将减小，声像感觉向中间移动，声源必须超过 S_1（到达 S_2），才能再次获得 1.1ms 的延时，声像再次感觉定位于右扬声器。因此，减小两只传声器之间的间距将增大有效拾音角，如图 3–16 所示。

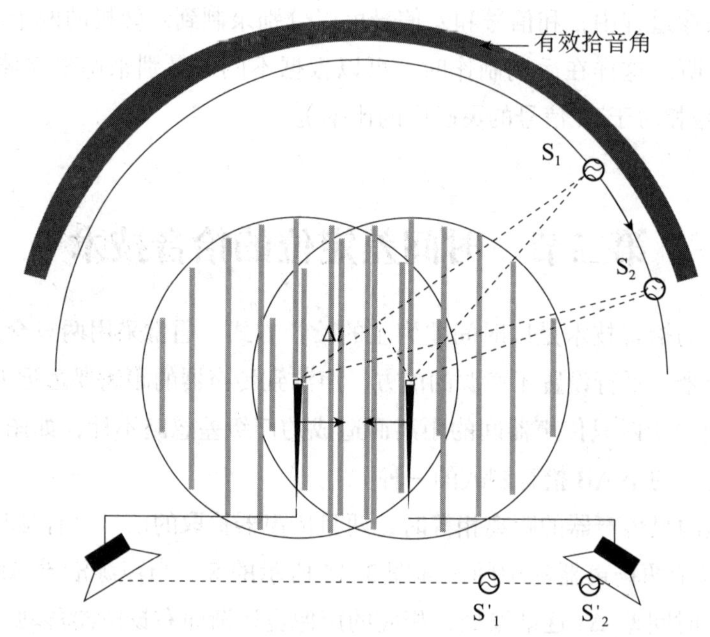

图 3–16　减小两只传声器之间的间距，增大有效拾音角

表 3–3 给出了不同的传声器间距所对应的有效拾音角。

表 3–3　不同的传声器间距所对应的有效拾音角

传声器间距	有效拾音角 α
50cm	130°
45cm	140°
40cm	150°
35cm	160°
30cm	170°
25cm	180°

采用这种方式拾音，两只传声器的间距不能超过一定的限度，否则将破坏重放时立体声声像的平衡。一般情况下，其间距应为 25~50cm，其相应的有效拾音角大致为 180° ~130°。

如果传声器间距小于 25cm，有效拾音角将超过 180°，容易造成立体声声像太窄，没有充分的两侧定位，缺乏宽度。图 3–17 所示的是两只传声器间距为 25cm 时，有效拾音夹角为 180°的情况。如果两只传声器的间距大于 50cm，则容易出现中间空洞现象，声像过分集中于两侧的扬声器。

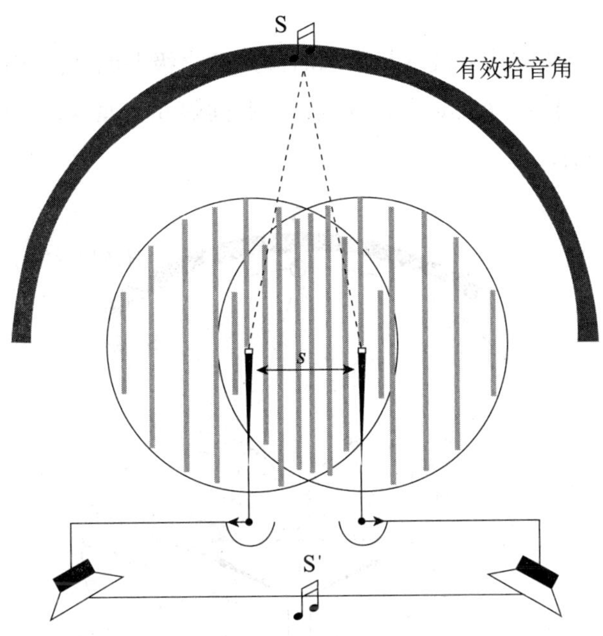

图 3–17　采用全指向传声器的 AB 拾音制式 若两只传声器间距为 25cm，有效拾音角为 180°

这种方式采用的是两只完全匹配的全指向传声器，在混响适中的环境采用这种方法拾音，可以获得良好的空间感和丰满的音响效果。这种方式拾音的缺点是声像定位差，只有在声源的瞬态上才有可能获得比较精确的声像定位。因此，近处的声源往往定位清晰，对于持续的长音或距离较远的声源，则容易感觉到随着声源频谱的变化，声像的位置有漂移的现象。

由于有效拾音角相对较大，所以拾音距离相对要小一些。如果传声器被设置的距离声源较近（几十厘米），则重放的立体声声像比较突出，有较强的透视感（zoom effect）。

另外，由于传声器的膜片间有一定的间隔，所以信号到达两只传声器存在一定的时间差，特别是对于中高频的信号，在一定的角度上将产生相位抵消。这样，当左右声道的信号叠加为单声道重放时，信号电平将部分衰减，即产生梳状滤波器效应，如图 3–18 所示。

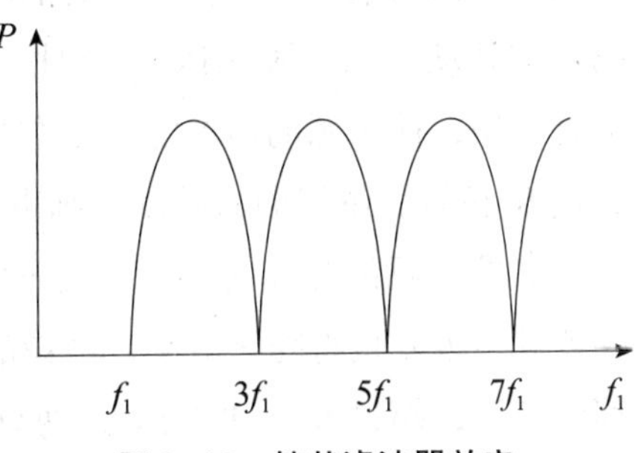

图 3–18　梳状滤波器效应

第三节　时间差和声级差定位的拾音技术

时间差和声级差定位的拾音技术是指以时间差和声级差的共同作用对声源进行定位的拾音技术。比如，两只传声器面对声源设置，彼此间隔几十厘米，传声器的轴向成一定的夹角 θ，如图 3–19 所示。

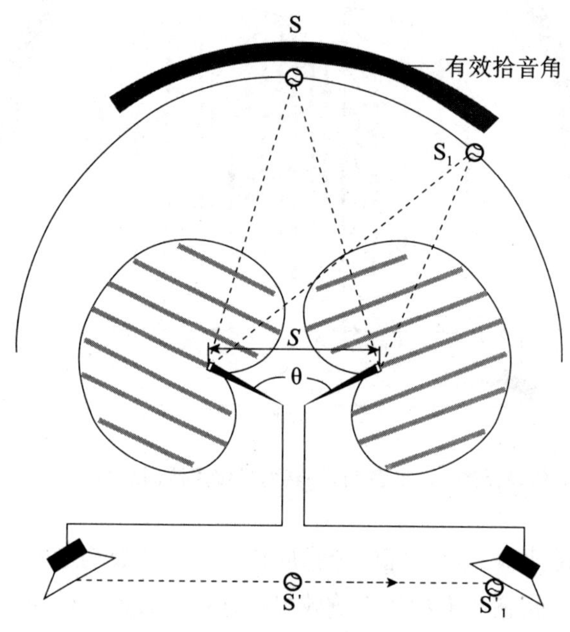

图 3–19　时间差和声级差定位的拾音技术

此时，当一个声源位于两只传声器的对称轴上时，两只传声器拾取的声音信号之间既无时间差，也无声级差，所以声像 S' 定位于两只扬声器连线的中点。当声源向右移动时，两只传声器拾取的声音信号之间的时间差和声级差将逐渐增加，相应的声像也将逐渐向右扬声器移动。当声源到达 S_1 处时，两只传声器拾取的声音信号之间的时间差和声级差将综合作用，使声源的声像定位于右扬声器处，所对应的角度，即为有效拾音角。如果声源超过 S_1 位置，继续向右移动，则声像将固定于右扬声器不变。

如果声源位置 S_1 不变，减小两传声器之间的距离和轴向夹角，则两只传声器间的时间差和声级差也将随之减小，声像的位置会感觉向两只扬声器连线的中点移动，只有继续移动声源，超过 S_1（到达 S_2），两只传声器间才能获得足够的时间差和声级差，其声像 S_2' 定位于右扬声器上，因此，减小两只传声器之间的距离和轴向夹角，将增大其有效拾音角，如图 3–20 所示。

同样，采用这种方式拾音时，两只传声器间的距离和轴向夹角的变化不能超过一定的限度，否则将影响到立体声声像的平衡效果。

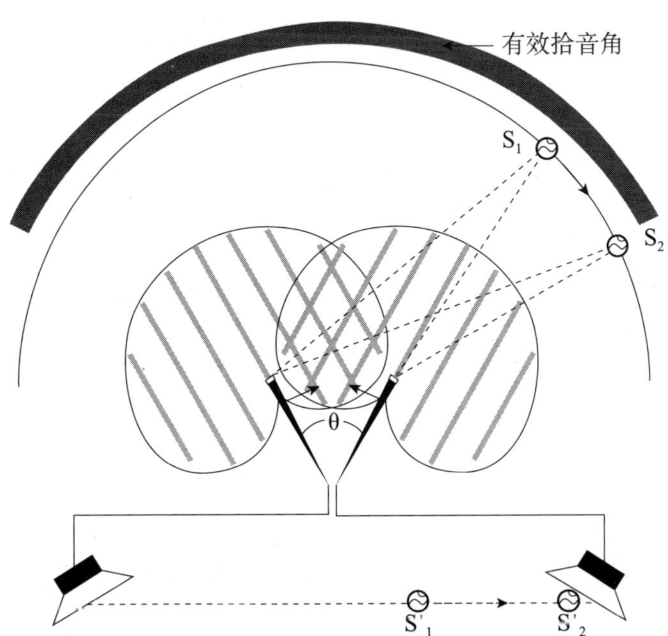

图 3-20　减小两只传声器间距和轴向夹角，增大有效拾音角

一、小 AB 拾音制式

这里的小 AB 拾音制式采用两只严格匹配的，具有方向性的心形、阔心形或超心形传声器，传声器对一般对称设置于声源前方，传声器之间的距离在十几厘米到几十厘米之间，并且可以根据实际的需要，两只传声器之间成一定的夹角，如图 3-21 所示。由于传声器间距比较小，所以这种拾音方式在低频段的特性和 XY 制式基本一致。极限情况下，如果两只传声器的间距为零时，则传声器膜片基本重合，转换为 XY 制式，因此，XY 制式也可以称为特殊的 AB 制式。

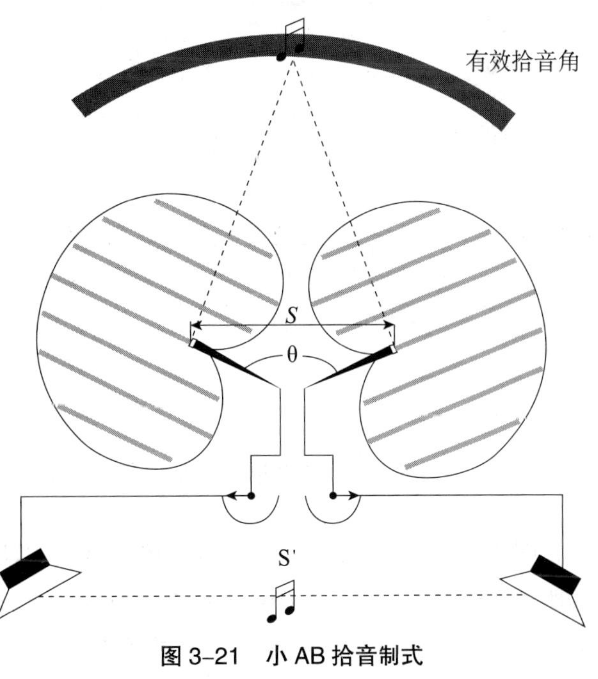

图 3-21　小 AB 拾音制式

同样，采用前面的方法可以得到其有效拾音角与传声器轴向夹角和间距之间的规律，具体如下。

增大轴向夹角或减小两只传声器

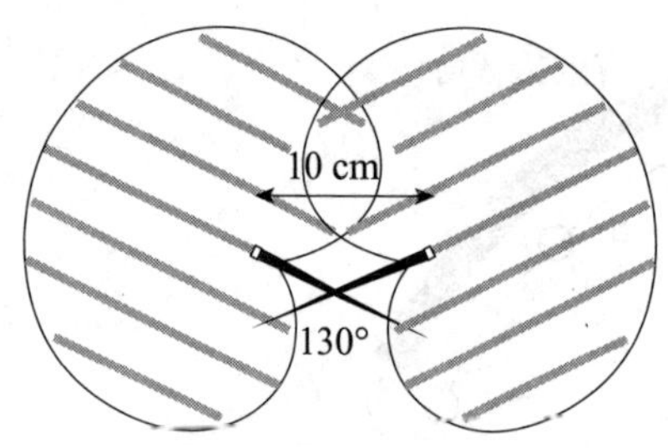

图 3-22　小 AB 拾音制式举例 1（有效拾音角约为 100°）

间的距离可以增加两只传声器间的强度差，如图 3-22 所示。

增大两只传声器间的距离，减小其轴向夹角，可以增加两只传声器间的时间差，如图 3-23 所示。

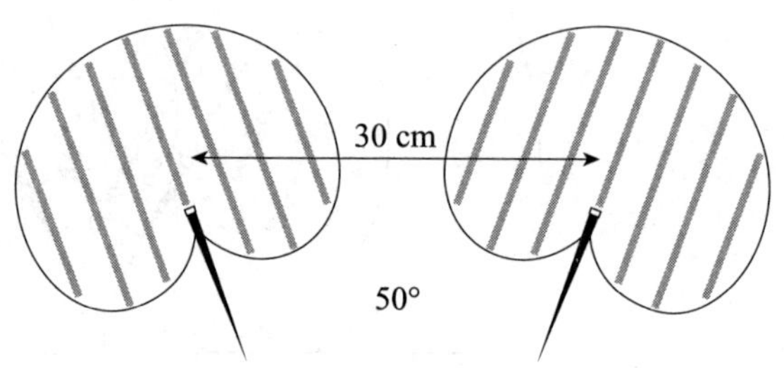

图 3-23　小 AB 拾音制式举例 2（有效拾音角约为 100°）

从上面的结果可以看出，对于相同的有效拾音角，可以由不同的时间差和声级差组合而成，其关系可以用图表示，如图 3-24 所示。

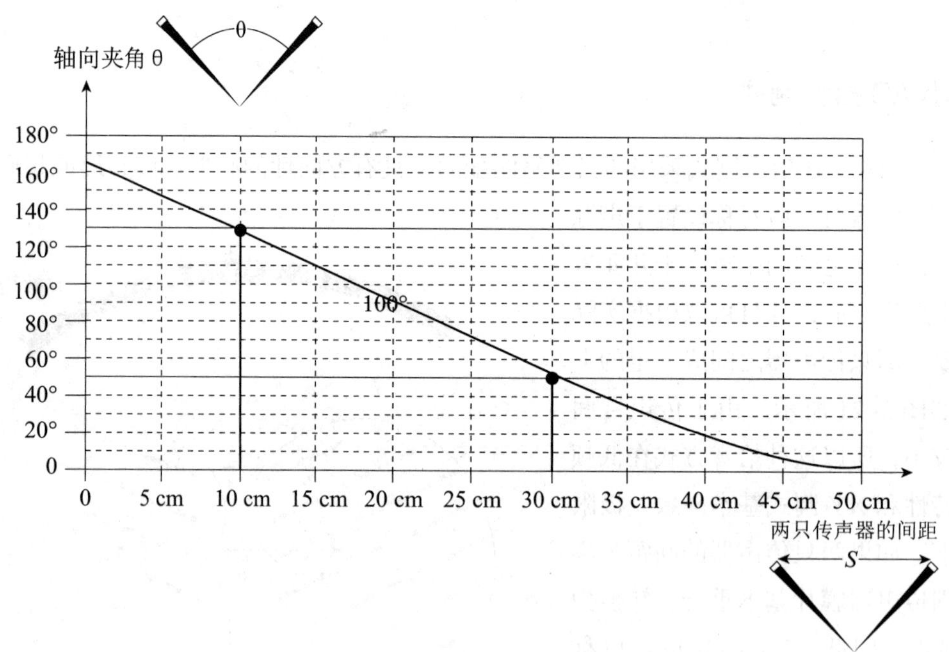

图 3-24　有效拾音角为 100° 时，传声器间距与其轴向夹角之间的关系

图 3-24 中纵坐标表示的是两只传声器间的轴向夹角，横坐标表示的是两只传声器间的距离。图中两点（130°/10cm 和 50°/30cm）具有相同的有效拾音角 100°。而且通过两点的曲线上的各点，均具有相同的有效拾音夹角 100°。因此，如果需要改变传声器对的有

效拾音夹角，可以调整两只传声器间的轴向夹角 θ，两只传声器间的距离 S 或传声器的指向性（阔心形、心形或超心形传声器）。

1. 采用心形传声器

当采用心形传声器时，其轴向夹角的选择范围为 50°~130°，两只传声器的间距需在 35cm 以内。当两只传声器的间距趋于零时，则 AB 制式将逐渐趋向于 XY 制式。

两只传声器的轴向夹角上限为 130°，和 XY 制式相同，是为了避免中间的声源处在心形传声器的拾音角度以外，而造成声音信号的明显衰减。图 3–25 所示的是轴向夹角大于 130° 时的情况。如果两只传声器的轴向夹角小于 50°，则两侧的声源将处于心形传声器的拾音角以外，有明显的电平衰减，而且声像位置后退，如果轴向夹角太小，在立体声声像分布上将有明显的波前失真（frontal distortion）。图 3–26 所示的是轴向夹角小于 50° 时的情况。

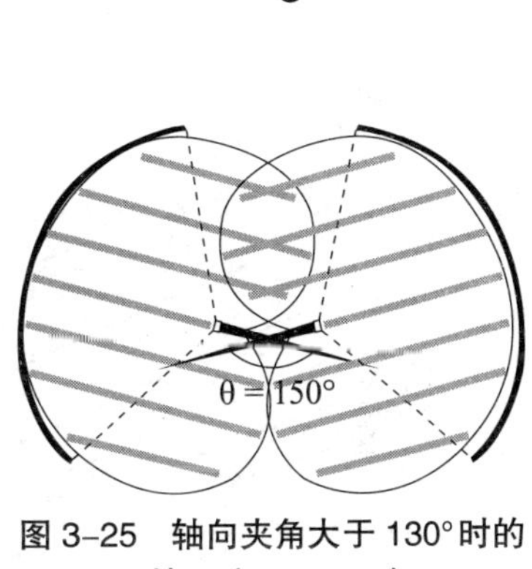

图 3–25　轴向夹角大于 130° 时的情况（θ =150°）

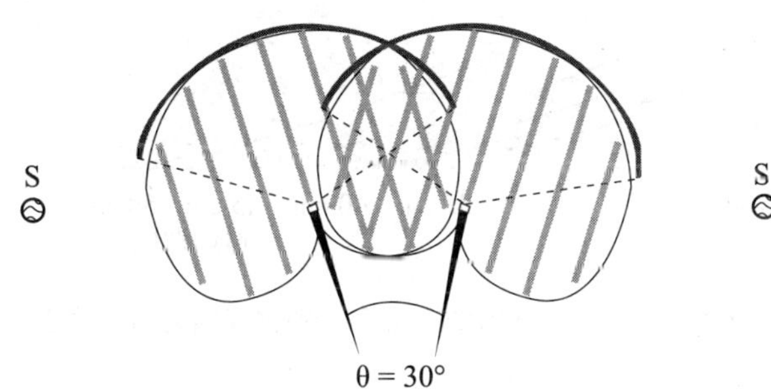

图 3–26　轴向夹角小于 50° 时的情况（θ =30°）

当两只传声器间距达到上限 35cm 时，可以避免声像过分集中于两边扬声器，出现中间空洞现象。另外，在仅以时间差定位的情况下，时间差小于 0.7ms 时，时间差与声像角之间为线性关系。当两只传声器间距为 35cm，轴向夹角为 90°，声源方位角为 45° 时，两只传声器间的时间差恰好为 0.7ms，如图 3–27 所示。如果继续增大传声器间距，时间差与声像角将呈非线性关系，所以两只传声器间距的上限为 35cm。

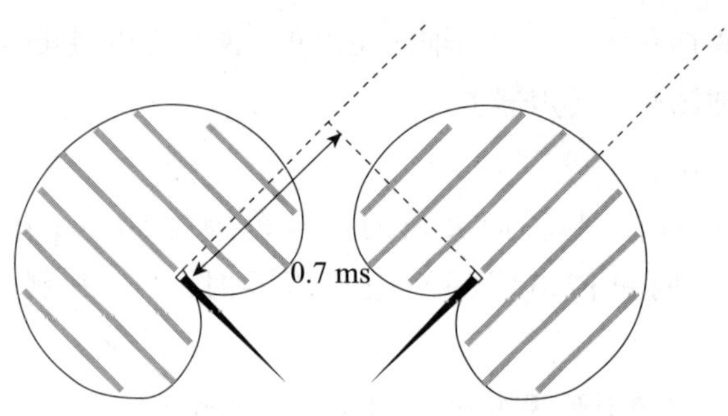

图 3–27　两只传声器为最大间距，声源方位角为 45° 时，时间差为 0.7 ms

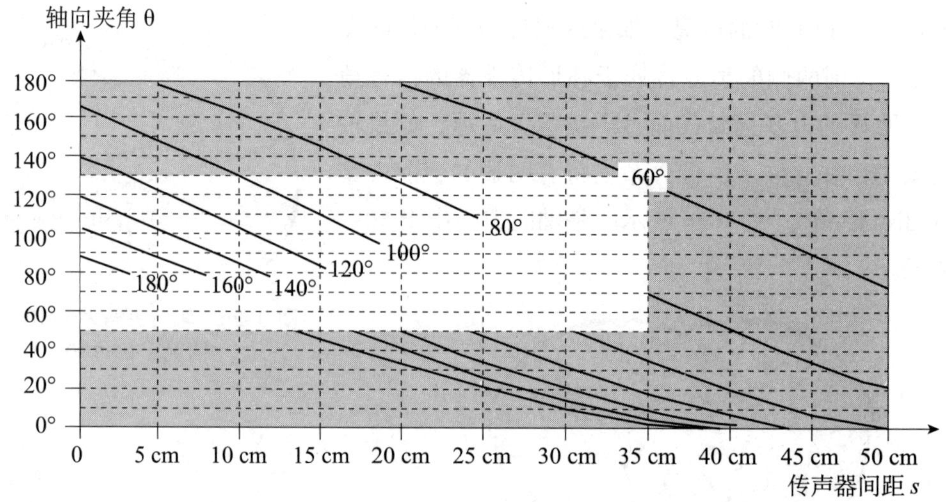

图 3–28　采用心形传声器时，对于不同的有效拾音角，其轴向夹角和传声器间距之间的关系

从图 3–28 中可以看出，各个不同的有效拾音角分别为两传声器轴向夹角 θ 和间距 s 两个变量的函数，其中有效拾音角的范围为 60° ~180°（考虑到 θ 和 s 的极限）。如果要增大有效拾音角，可以通过减小轴向夹角或两只传声器间距来实现。图中的阴影区则表示有纵深感失真和对中间声源有衰减（θ >130°），以及对两侧声源有衰减（θ <50°）的区域。从表 3–4 中可以看出当 S=17cm 时 θ 和 α 之间的关系。

表 3–4　当 S=17cm 时轴向夹角和有效拾音角之间的关系

传声器间轴向夹角 θ	有效拾音角 α
130°	80°
110°	90°
90°	110°
70°	130°
50°	160°

由于这种拾音方式形式多样，变化比较多，所以在 20 世纪 50 年代，为了满足广大录音师的需要，工程师们通过大量的实验，总结了许多以时间差和声级差定位的拾音方式，如图 3–29 所示。

NOS方式：荷兰广播基金会　　有效拾音夹角80°

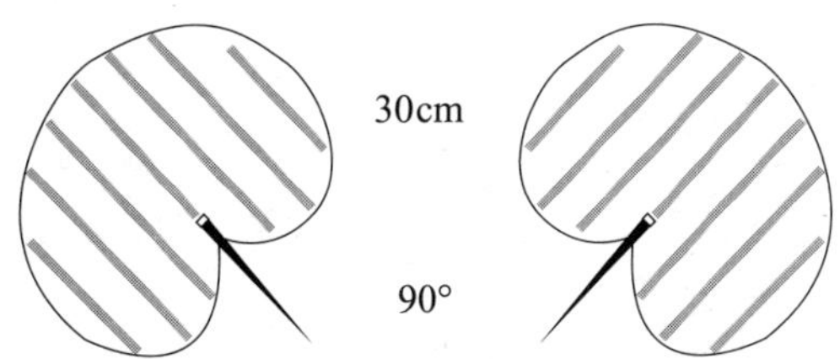

OLSON方式：加拿大奥尔森　　有效拾音夹角80°

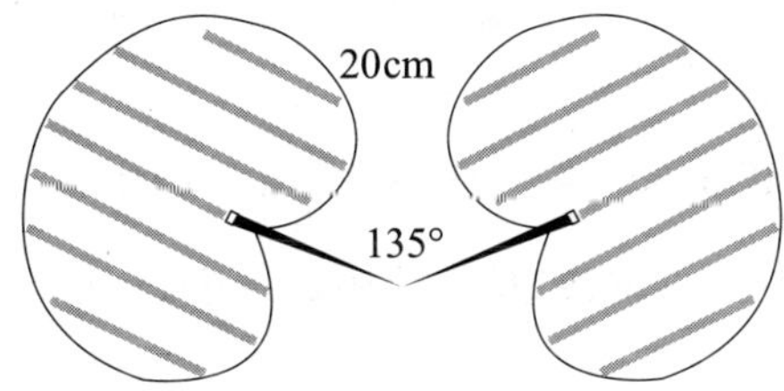

ORTF方式：法国无线电广播电视协会　　有效拾音夹角90°

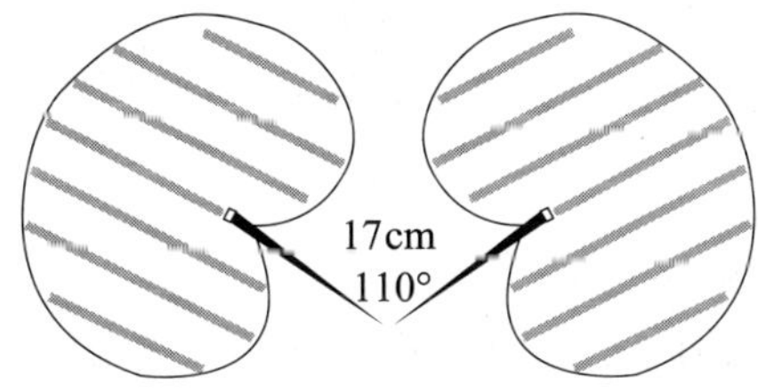

DIN方式：德国工业标准　　有效拾音夹角100°

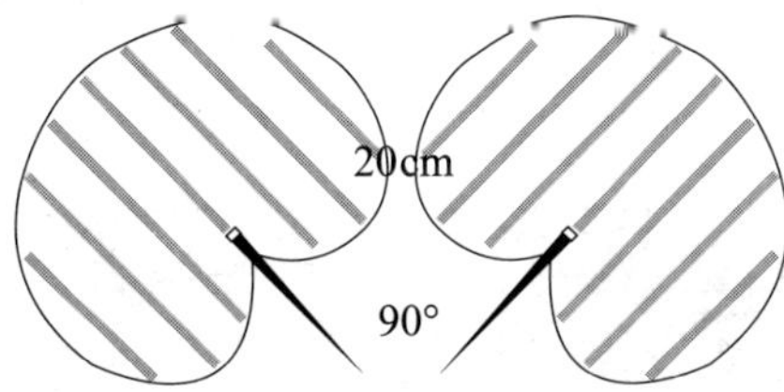

RAI方式：意大利广播公司　　有效拾音夹角90°

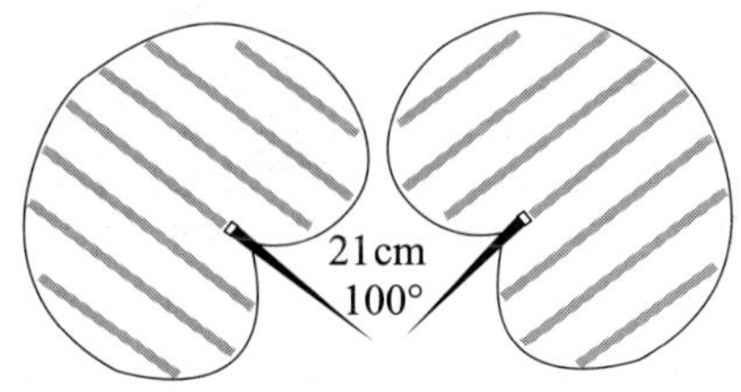

图 3–29　以时间差和声级差定位的拾音方式

在图 3–30 中标出了以上各种方式在图 3–29 中的位置，它们的有效拾音角的范围为 80° ~100°，在图中的位置恰好处于前面所讨论的两只传声器的轴向夹角和间距的极限以内或边界上。在实际应用中，ORTF 方式使用比较多，这是因为使用 ORTF 拾音的立体声声像平衡感好（左右定位和前后定位），其 90° 的有效拾音角适用于许多场合，单声道兼容性也比较好。另外，因为两只传声器膜片是被集成固定在一个支架上的，所以使用起来也十分方便，如图 3–31 所示。

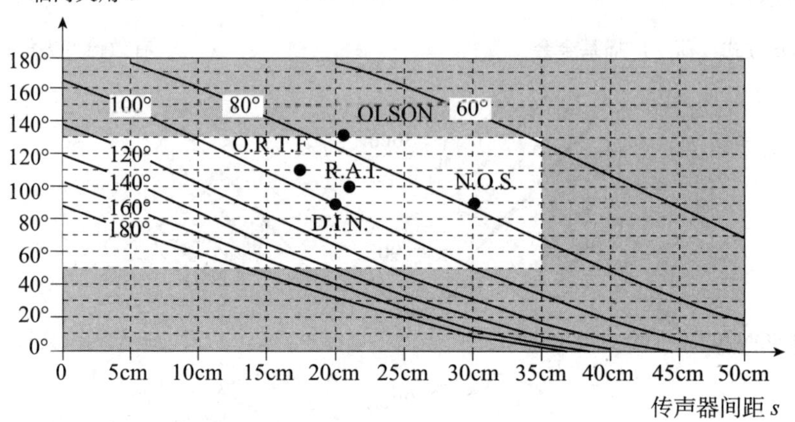

图 3–30　各种 AB 制式在图 3–29 中的位置

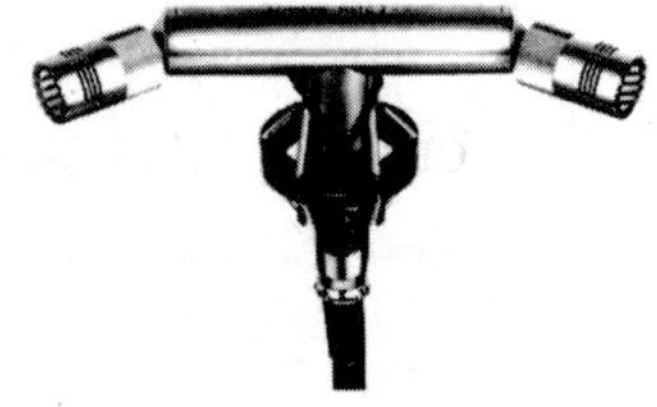

图 3–31　Schoeps 公司生产的 ORTF 传声器

2. 采用超指向性传声器

同心形传声器的情况相同，采用超指向传声器拾音也要考虑到其有效拾音角，如图 3–32 所示。因为超指向传声器衰减 –3dB 时的拾音角为 105°，所以常选择的轴向夹角 θ 为 40° ~105°，两只传声器间距小于 35cm。

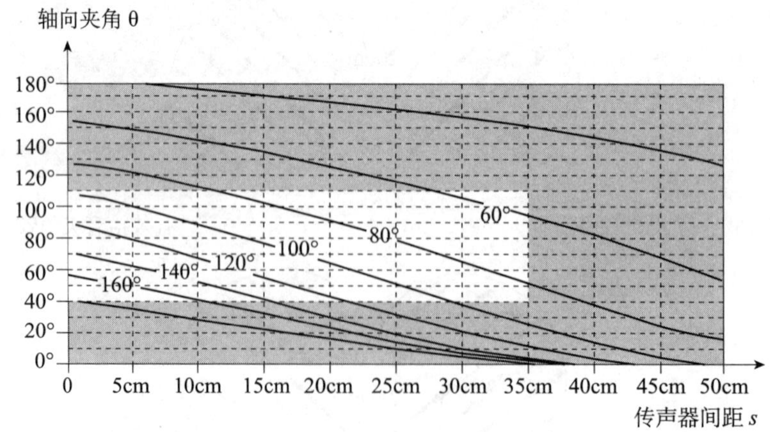

图 3–32　采用超指向性传声器时，对于不同的有效拾音角，其轴向夹角和传声器间距之间的关系

3. 采用阔心形传声器

因为阔心形传声器衰减 -3dB 时所对应的有效拾音角为 160°，如图 3-33 所示，所以实际应用中常选择的轴向夹角为 40° ~160°，两只传声器的间距小于 40cm。

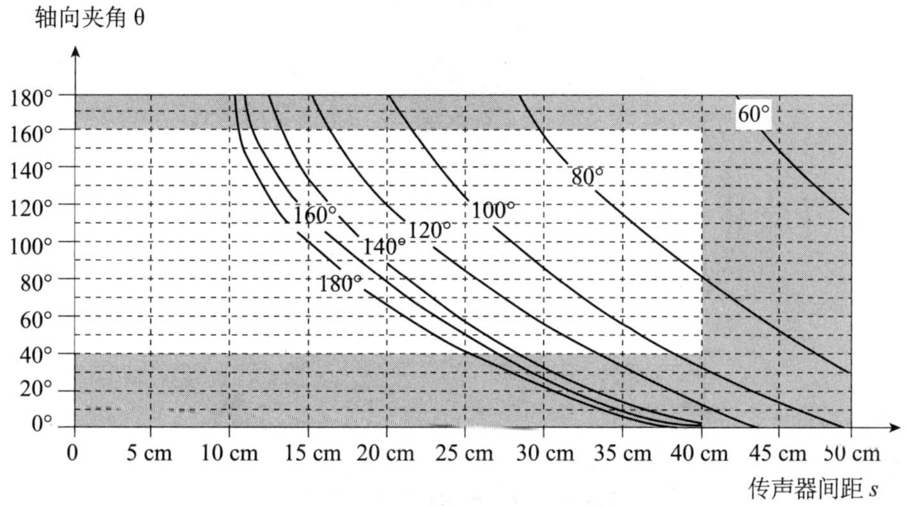

图 3-33　采用阔心形传声器时，对于不同的有效拾音角，其轴向夹角和传声器间距之间的关系

时间差和声级差定位的 AB 拾音制式在单纯用时间差和声级差定位之间有很好的折中，空间感和声像定位都比较好，适用于很多场合，特别是在有混响的声学条件下，能够获得宽阔、丰满的音响效果。需要注意的是，采用这种方式拾音时，人声或独奏乐器的横向移动容易产生声像从一只扬声器突然跳到另一只扬声器的现象（由声级差产生的 Ping-Pong 或 Zoom 效果）。另外，由于两只传声器的间距比较小，所以在低频范围内这种相位差人耳是听不出来的，但是在 2kHz 以上，就能明显听出来。当立体声节目进行单声道重放时，不同的传声器间距，将有不同程度的高频损失，失去明亮感，音质发生变化。

二、大 AB 拾音制式

大 AB 拾音制式是从传声器间距上相对于小 AB 而言的。因为传声器的间距大，所以两声道间有很大的时间差和声级差。从实际的应用情况来看，大 AB 制式的两只传声器的间距往往可以和声源的宽度相比较，因而在这种情况下讨论有效拾音角是不恰当的，应称之为有效拾音区域。将声源设置在这个区域以内进行拾音，将得到小于或等于 1.1ms 的时间差。在图 3-34 中，两只传声器的间距为 1m，其有效拾音区域非常狭窄，所以这种拾音方式适合于拾取距离较远的声源和具有较大纵深的声源，比如有的舞台前后纵深较大。但是这种方式对声源重放的现场感和声像定位有一定的损失，单声道兼容性也比较差。

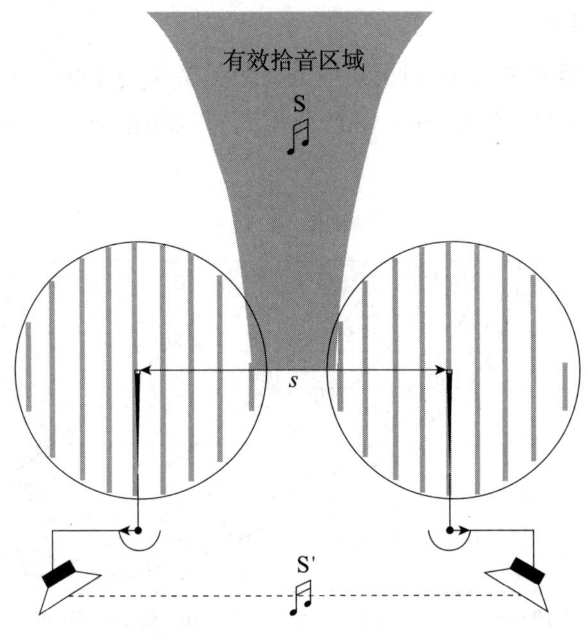

图 3-34　大 AB 拾音制式，S=1m

有时为了将声像充分定位到两只扬声器间，传声器的间距经常达到几米。这样往往容易造成中间声源的衰落，使声像集中于两边的扬声器（中间空洞现象）。为了避免出现这种情况，可以在两只传声器中间增加一只加强传声器，并将该传声器拾取到的信号平均分配到左右声道中，以弥补中间声源的衰落。

另外一种方式仍然是采用两只全指向传声器面对声源拾音，而两只传声器的间距与重放扬声器的间距相等，如图 3-35 所示。这种拾音方式的目的在于再现原始声场，这相当于用两只扬声器重放拾音现场两只传声器所在位置的声场。

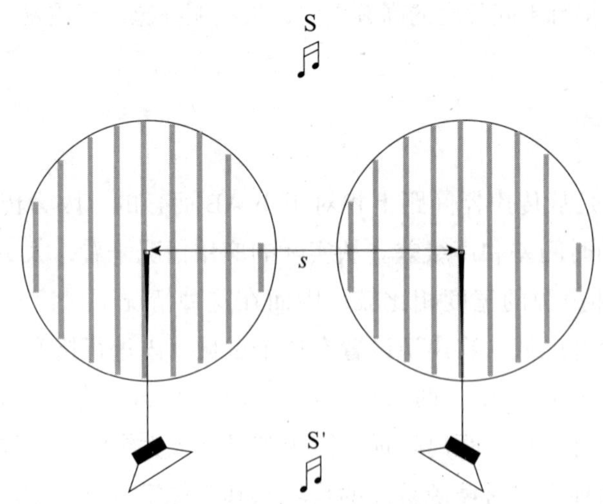

图 3-35　重放扬声器间距与拾音传声器间距相等再现原始声场

三、传声器间加障板的 AB 制式

这种拾音方式主要是为了尽可能模拟听音人双耳听音时的情况，它用两只全指向传声器，以较小的间距组成 AB 拾音制式，然后在两只传声器中间加一个声屏或障板（经常采用木质或塑料材质，并开有许多小孔）。这种加障板的 AB 制式是为用扬声器重放监听双声道立体声而设计的。

两只传声器间较小的间距是为了拾取一定的时间差，获得较好的空间感和深度感。采用全指向传声器能够获得很好的低频响应。两只传声器间加入障板，则可以使两声道间获得一定的声级差。这种声级差就好比听音人双耳听音的情况：当频率升高时，声波的波长减小，人头的遮蔽效应变得显著，从而在左右声道间形成声级差，并且它主要依赖于声源的频谱成分，这是该方式与 AB、MS 或 XY 制式的最大不同之处。

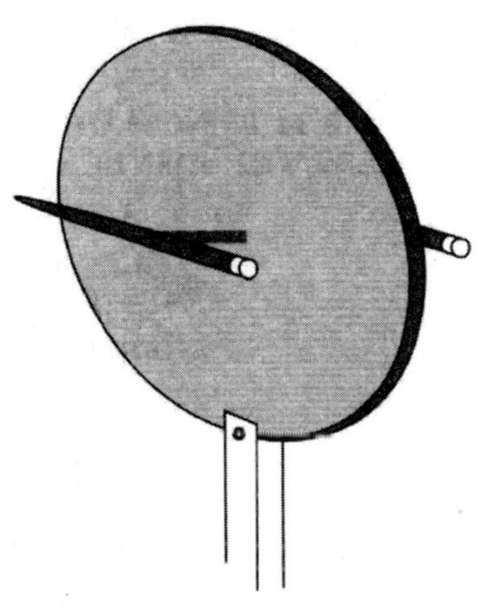

图 3-36 OSS（Jecklin 圆盘）拾音制式

该制式因为具有额外的声级差和时间差，所以同仅用两只全指向传声器组成的 AB 方式相比较，具有更好的声像定位，其有效拾音夹角较小，也较为实用。运用这一原理的拾音方式中，最著名的是 OSS 拾音制式。

OSS（Optional Stereo Signal）拾音制式是在两只间距 16.5cm 的全指向传声器间设置一个直径为 28cm，具有一定吸声能力的圆盘（称之为 Jecklin 圆盘）来增加两个声道间的隔离度，在 1000Hz 处大约为 5dB，在 5000Hz 处大约为 10dB，如图 3-36 所示。

Schoeps 公司还生产了一种用圆球来代替两只传声器间障板的传声器。该球体是中空的，用塑料制成，直径为 20cm，球体的表面具有反射的特性，内部附有吸声材料，如图 3-37 所示。

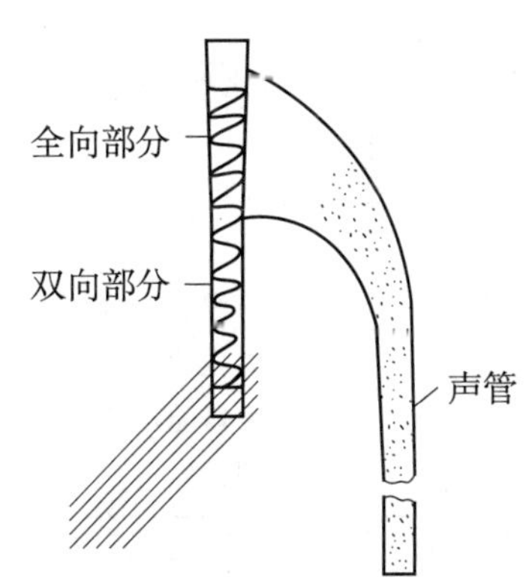

图 3-37 Schoeps 公司制造的由两只全指向传声器组成的立体声拾音球

两只压强式传声器拾取的信号由一个特殊设计的匹配均衡放大器进行放大，传声器的膜片尽量接近球体的表面（避免出现梳状滤波器效应），两只传声器连线的中心通过球心，轴向夹角为 180°。这种传声器的有效拾音夹角一般在 90°左右，拾音时，传声器到声源的距离相对要远一些，拾音现场的混响时间也不能太长。另外，在球面上还安装了一个发光二极管作为标记，以便于录音时传声器的设置。

与其他采用障板的拾音方式一样，球状的阻尼物同样给左右声道带来由声源频谱所决定的声级差。如果传声器的位置设置合理，采用这种方式录制出的节目，无论是在音色上，还是在强度上都能获得很好的平衡。总体拾音效果类似于采用全指向传声器的 AB 拾音制式。但是，由于两只传声器间阻尼材料的作用，其声像定位要更好一些。

表 3–5 列出了常用双声道立体声拾音制式的技术规格及其主观听音感觉属性。

表 3–5　常用双声道立体声拾音制式的技术规格及其主观听音感觉属性

立体声拾音原理	传声器对的位置		声级差＋弱时间差	利用声学障板产生传声器间的隔离	强时差
名称	X/Y	MS			
几何示意图	β	90° M S d=0	β d	β d	β d
传声器的间距 d	0cm 通常在垂直方向对齐		5~30cm 距离与角度相关联	取决于传声器间的障碍物情况	40~80cm 或更大（间距可达几米）
传声器主轴夹角	70°~180°	90°	0°~180°	典型值 20°	0°~90°
传声器的声学工作原理	压差式换能器			一般为压力式换能器*	
听感引象	取决于所用的传声器** 声音干净　清晰　通常较明亮			空间感好：尤其是采用了全指向传声器时其低频重放尤为出色	
空间感	通常受到一定的限制		满意	良好	非常出色
定位感	非常好，只不过立体声声像的中间有可能被过分强调（与“8”字形传声器配合使用这并不是问题）		良好	充分	不够清楚（基本还可使用）
	* 这些拾音方法也可使用压差式传声器，但并不常用			** 传声器间合适的角度取决于传声器的指向性和拾音角（声源应该处在传声器可以“看到”的范围内）	

四、人工头

图 3–38 为一种拾音方式，它将两只微型传声器设置于听音人的耳道内进行拾音，然后再通过耳机监听节目的重放。因此，有人也将其称为真人头拾音方式。经过大量的实验已经证明，采用这种方式拾音，并通过耳机监听重放，可以比较真实地再现立体声声像，

空间定位接近于自然听音。

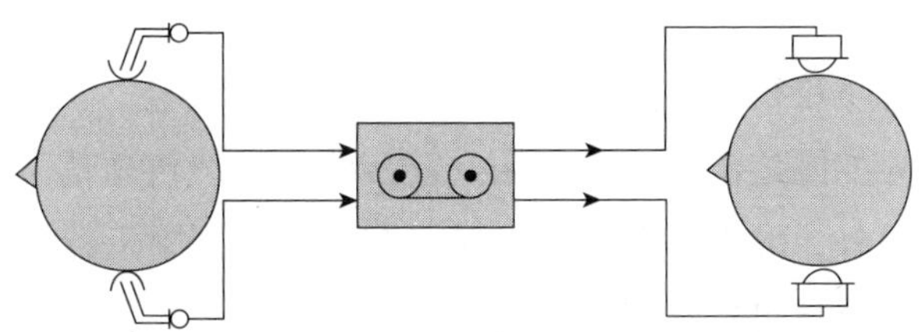

图 3–38　以同样的听音人进行录音重放

在实际的录音工作中，以真人进行录音往往有许多不便之处。比如，录音人的头部不能转动，否则重放的声像就会偏移；录音人不能发出噪声，以免干扰正常的录音。所以后来就设计出用人工头来代替真人进行拾音的方式，如图 3–39 所示。

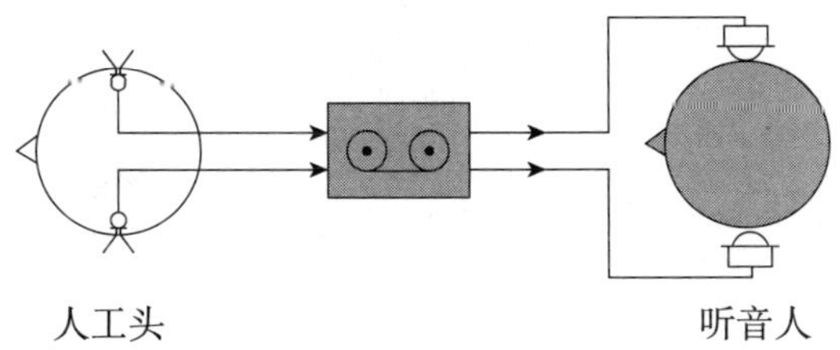

图 3–39　用人工头录音和耳机监听

这种拾音方式实际上采用了仿真学的原理，用木材或塑料制成与人头大小、形状完全一致的人头模型，使人工头的质地接近真实的人头，并将两只压强式全指向传声器置于耳道的入口处。早期使用的人工头大多数外形是圆的，并在上面安装两只指向性或全指向性静电传声器，效果不是特别理想。1969 年以后，人工头技术在德国得到了进一步的发展，德国的许多厂家沿着仿真的思路，设计、制造了许多人工头模型，人工头的头型和耳壳等较以前有许多改进，在材料质地上也更加接近真人头，再加上耳机质量的提高，使人工头录制的节目更加自然。图 3–40 所示的是 Neumann 公司制造的人工头。

目前人工头仍然没能够达到人们所期望的效果。用人工头录制的节目只能用耳机监听，而不能用扬声器监听，如果用扬声器监听，录音和放音过程中的双重滤波效应会导致音质的恶化。一般的立体声节目录音用耳机监听可以得到较为自然的音响效果，细节清晰、逼真，有良好的空间感和深度感。但是，其声像不能定位于听音人的前方，而是在头内，即通常讲的头中效应。用耳机监听人工头录音时，除了具有耳机监听的优点，还可以产生头外定位，得到比较自然的立体声效果。但是，人工头技术对声源前后的定位、方位感不明确，前后方来的声音都会被定位到从两耳左右到头顶的位置上，自然效果不

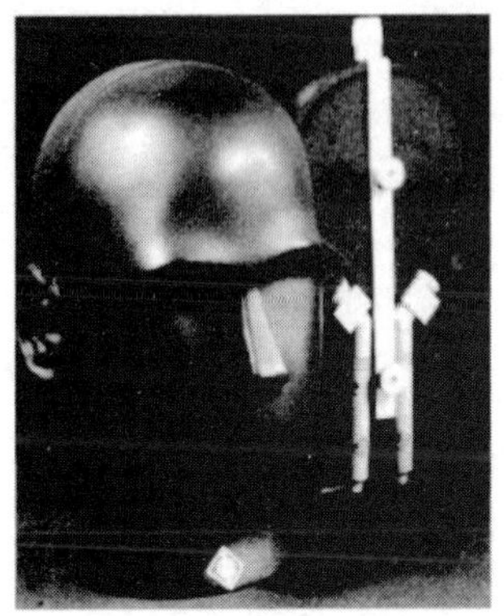

图 3–40　Neumann 公司制造的人工头

是特别理想。尽管如此，一些新的研究发现表明，在不远的将来，人工头技术一定能够得到进一步的发展。

原因之一是，耳机质量得到了显著的提高，重量大大减轻，频响十分平直；开放式耳机使佩戴者没有与外界的隔绝感，比较舒服；能接收红外线传送信号的红外耳机，给使用者带来很大的方便。另外，采用扬声器听音时，在听音人耳附近抵消相对声道的信号，在听音位置上能够有接近双耳自然听音的感觉。

图 3–41 显示了 TRADIS（true reproduction of all directional information by stereohony）系统的工作原理。左声道的信号经过补偿滤波器、延时、反相处理后被送到右声道，经右扬声器重放出来，在听音人右耳附近与左声道传播到右耳的信号相抵消。这个重放系统可以使听音人用扬声器重放人工头录制的节目，并且可以得到横向的声像定位。然而，这种方式需要一个强吸声的听音环境和准确的听音位置。

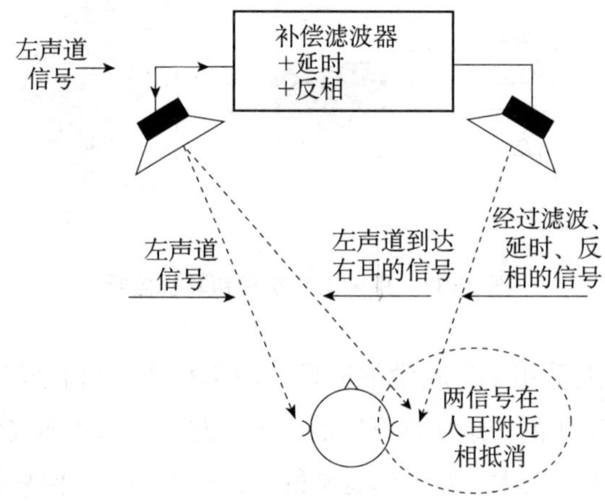

图 3–41　在人耳附近抵消相对声道的信号（TRADIS 系统），图中表示的为左声道的情况

IRT 的研究表明，可以用扬声器重放人工头录音而没有明显的声染色，如图 3–42 所示。图中左右声道中的滤波器称为扩散场滤波器，它抵消了由人工头造成的滤波器效应。

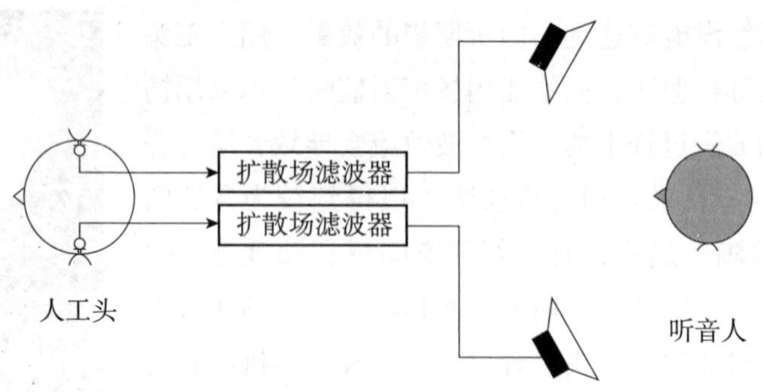

图 3–42　用扬声器重放人工头立体声录音

第四节　常用的多声道环绕声拾音方式

当今环绕声音乐节目的制作理念继承了双声道立体声所采用的主要制作理念，即分为两种形式：一种是通过前期的分轨录音来组织节目的声音素材，之后在后期制作中利用具有环绕声制作功能的电声学设备（主要是指多声道环绕声制作调音台和处理设备）来完成音乐节目的最终环绕声母带合成；另一种指通过构建多声道拾音系统，同期拾取多声道信号来完成节目的制作，亦可称之为多声道信号的传声器拾取技术。本节将会对后者进行简单介绍。

许多多声道环绕声拾音方法都是在双声道立体声拾音制式的基础上建立起来的，其前方声道声音信息的拾取与双声道立体声拾音有十分密切的关系。为此，我们基于双声道立体声拾音制式的分类原则对环绕声拾音方法进行了大致的分类。

一、空间一致型

这种拾音方法的典型代表就是所谓的双 MS 拾音方法，所采用的立体声拾音方法的原理就是声级差。

双 MS 方式是由柯特·维廷（Curt Witting）等人提出，它由两个相互重叠的 MS 立体声系统组成，一个为前方三声道提供重放信号，另一个为后方环绕声道提供重放信号，两个 MS 系统共用一个 S 信号。图 3–43 所示的是双 MS 拾音方式（a）和一种实际的解决方案（b）。左右声道的信号由 MS 系统矩阵变换得到，而中央声道信号则由 M 传声器来拾取，即：

$$L = M+S$$

$$C = M$$

$$R = M-S$$

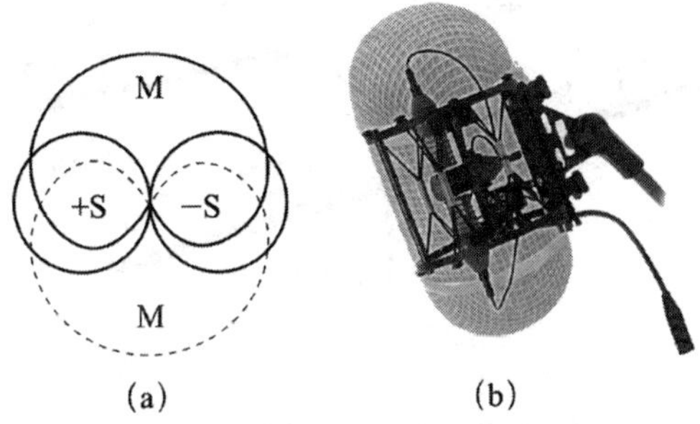

图 3–43 （a）双 MS 拾音系统的组合指向性图；（b）一种实际的解决方案

通过矩阵变换的左右声道信号使得中央声道的 M 信号自然地独立于主拾音系统的立体声信号，两者自然形成信号隔离。MS 立体声传声器系统的这一特点，使得我们可以通过一个普通的双声道立体声拾音系统，得到一个较为理想的三声道重放信号，并具有较为良好的声像定位特性，传声器的设置也比较简便。同时，还可以有效利用 MS 传声器系统的优点，对系统的有效拾音角进行适时调节。

二、准空间一致型

这种拾音方式的常见形式有 OCT–Surround、INA–5 和 IRT。

1. OCT–Surround

该拾音方式是建立在 OCT（Optimized Cardioid Triangle Surround, 优化的心形传声器三角形布局）基础之上的，它在原有的 OCT 拾音方式（如图 3–44）基础之上增加了两只用于环绕声道信息拾取的心形传声器，如图 3–45 所示。图 3–46 所示为 OCT–Surround 拾音系统的一种实现方式。

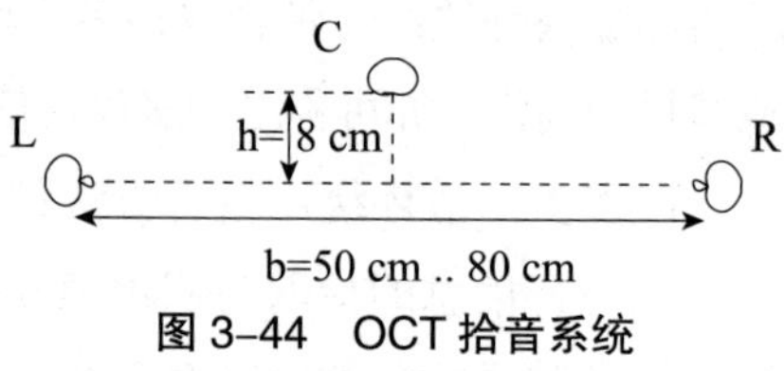

图 3–44　OCT 拾音系统

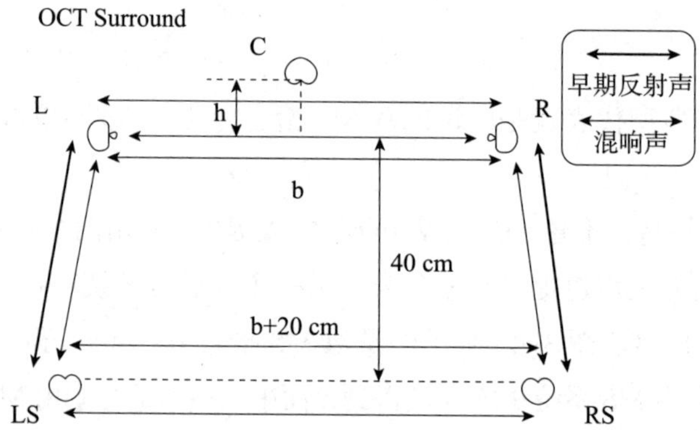

图 3–45　OCT–Surround 拾音系统的传声器组合指向性图

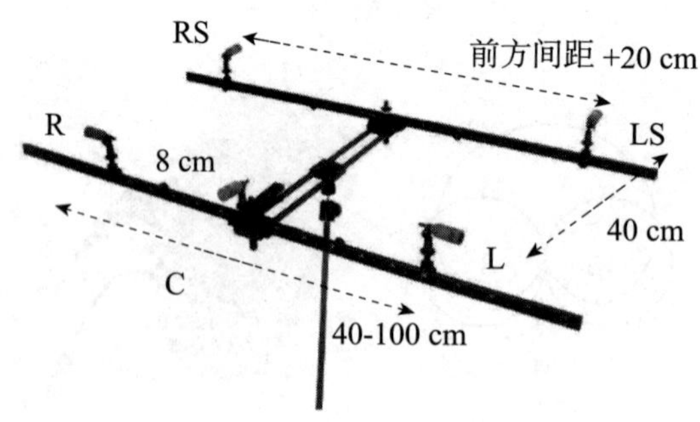

图 3–46　OCT–Surround 拾音系统的一种实现方式

2. INA–5

INA 系统全称为 Ideal Cardioid Array（理想的心形传声器布局），是由赫曼（Hermann）和亨克尔（Henkel）于 1998 年提出的。INA–5 是在 INA–3 的基础上建立起来的，INA–3 如

图 3–47 所示。INA–3 利用三只心形传声器组成的三声道拾音系统，其中央传声器被靠前放置，并与左右传声器的膜片形成一定的夹角。INA–3 系统对各传声器之间的间距以及主轴膜片夹角没有具体规定，可以根据不同情况进行调节，但传声器的间距调整范围并不大，一般在 1m 以内；而 INA–5 环绕声拾音系统中的前方 INA–3 系统则有明确的规定，该系统中左右传声器间距为 35cm，膜片主轴夹角为 180°，中央传声器提前的距离为 17.5cm，如图 3–48 所示。

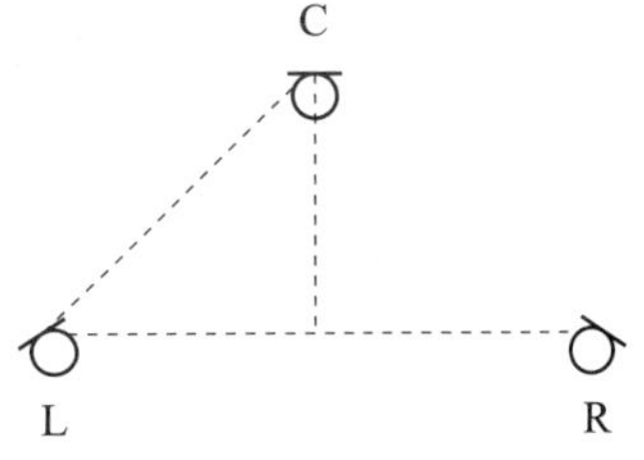

图 3–47　INA–3 拾音方式

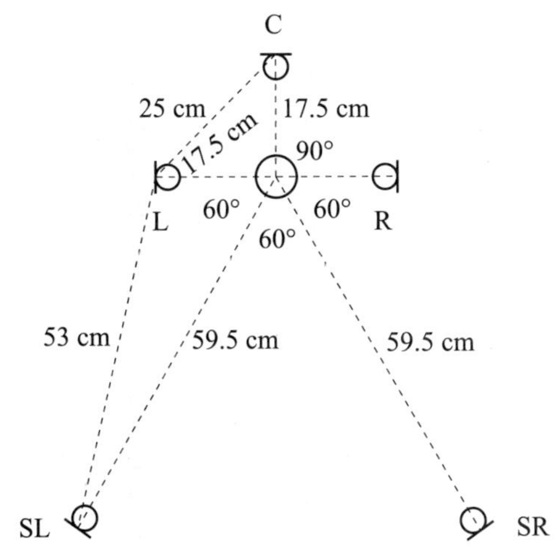

图 3–48　INA–5 拾音系统

图 3–49　一种实用的 INA–5 拾音系统

3.IRT

IRT 制式是由德国广播技术研究所（Institut für Rundfunktechnik）发明的。四个心形传声器间距 20~25cm 形成一个正方形，四只传声器的主轴正好为正方形的对角线，夹角为 90°。如果传声器是全指向的，则间距为 40~150cm。其摆放示意图和实物图如图 3–50 所示。

这种制式最初是为了拾取环境声而设计的，因为它可以用来捕捉房间的特性。同时，由于它也可以看成是两对立体声传声器，一对朝前而另一对朝后，有时也把它当成主传声器使用。当然最多的还是将其作为环境传声器使用。前方的传声器拾取信号分配给前方 L、R 音箱，后方两个话筒输出给后方 LS、RS 音箱。它很适合录掌声，但需注意与主传声器的距离要适当近一些，否则直混比可能不够。

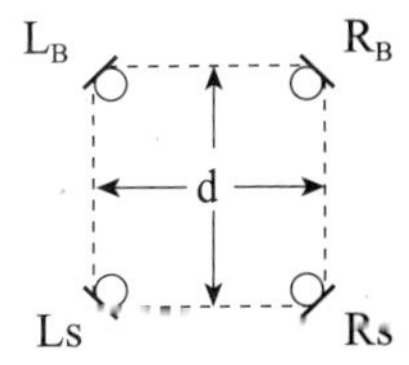

图 3–50　IRT 拾音方式中传声器摆放示意图及实物图

三、声学障板形成的传声器隔离型

声学障板形成的传声器隔离型的常见实现方式就是 Schopes KFM360，相关的详细内容参见本书第二章第五节的相关内容。

四、空间隔离型

空间隔离型的拾音方法是基于时间差的原理而实现的，是一种将止面声像和空间感分别对待的环绕声拾音方式。其中，比较常见的是以空间感拾取的 Hamasaka Square 命名的拾音方式，如图 3–51 所示。

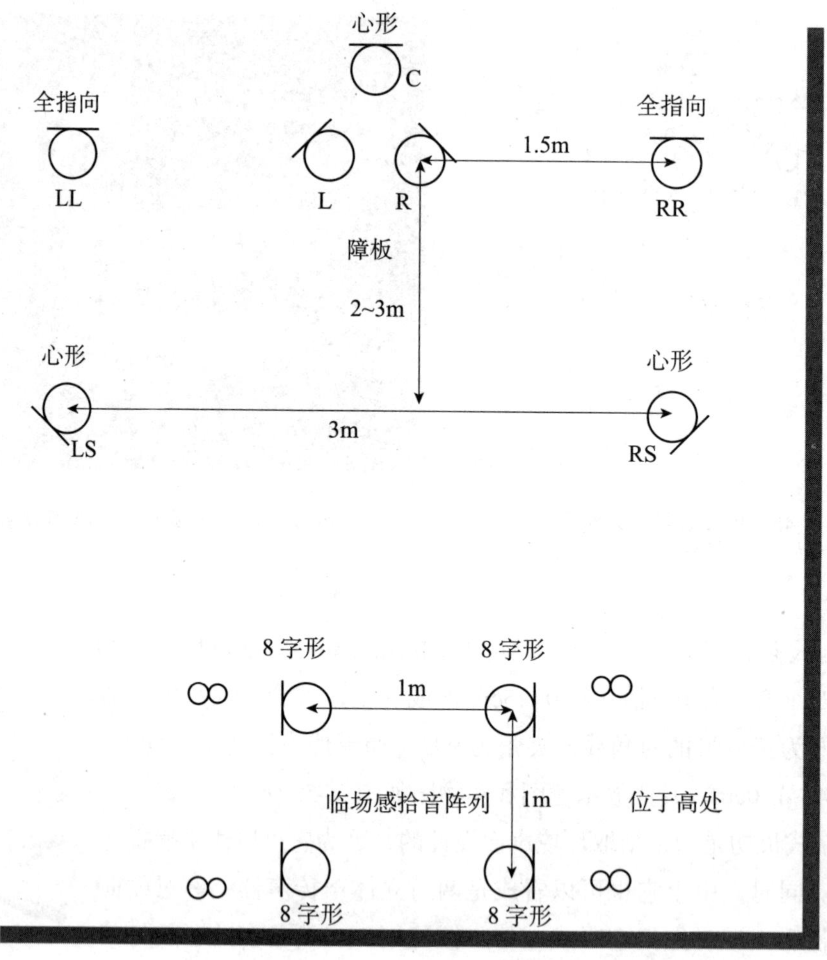

图 3–51 Hamasaka Square 拾音方式

多声道环绕声拾音方法非常多，每种方法又有许多变形。与双声道立体声拾音方法一样，每种拾音方法都有各自的特点，也有相应的优缺点。根据所要拾取的声源特点，声源所处的声场条件，以及具体的应用要求等因素来选择特定的方法进行环绕声拾音，是广大录音专业人员所面临的问题，对此要认真进行思考和决定。

表 3–6 对常用多声道环绕声拾音方法的一些特点进行了总结。

表 3-6 常见的具有代表性的多声道环绕声拾音方法

<table>
<tr><th colspan="5">环绕声拾音方法总结</th></tr>
<tr><td>传声器配置的类型</td><td>空间一致型</td><td>准空间一致型</td><td>声学障板形成的传声器隔离型</td><td>空间隔离型</td></tr>
<tr><td>所采用的立体声拾音方法原理</td><td>声级差</td><td>声级差加少量时间差</td><td>与频率有关的声级差和时间差</td><td>时间差为主</td></tr>
<tr><td>典型的设置</td><td>双 M/S, 一阶 Ambisonics</td><td>OCT 环绕声，MMAD INA-5，IRT 十字</td><td>KFM 360 系统</td><td>Decca 树，Omni Curtain，Polyhymnia 阵列，Hamasaki 方块</td></tr>
<tr><td>几何示意图</td><td></td><td></td><td></td><td></td></tr>
<tr><td>传声器间距</td><td>0cm</td><td>15~100cm</td><td>15~20cm</td><td>100~500cm</td></tr>
<tr><td>所用的传声器类型</td><td colspan="2">压差式换能器</td><td>SCHOEPS KFM 360/DSP-4 KFM 360</td><td>主要为压力式换能器，也可以采用心形或阔心形传声器</td></tr>
<tr><td rowspan="2">听感印象（取决于所用的传声器）</td><td rowspan="2">干净、清晰，通常较明亮</td><td rowspan="2">自然、干净、清晰</td><td>自然</td><td>开阔</td></tr>
<tr><td colspan="2">当使用全指向传声器时，低频重放丰满</td></tr>
<tr><td>空间感 *</td><td>通常受限制：取决于 M/S 解码参数</td><td>自然、透明、有深度感</td><td>自然</td><td>良好，改善程度可能被夸张</td></tr>
<tr><td>定位感 *</td><td>良好，取决于解码参数</td><td>非常好</td><td>通常相当好</td><td>非常好，通常相当好，有一定发散的感觉</td></tr>
<tr><td>听音区的大小 *</td><td>小，但加入了附设延时后会改善</td><td>大</td><td>相当大</td><td>取决于传声器间距</td></tr>
<tr><td>改进性 *</td><td>受限制，但增设 A/B 对会有所改进</td><td colspan="3">良好的改进可能性</td></tr>
<tr><td>向下兼容性</td><td>双声道和 / 或单声道</td><td>如果在阵列设计上加以考虑，可以获得良好的双声道兼容性</td><td>完美</td><td>理论上不错，但是这一要求还是要考虑，并且还要对此进行针对性的检测</td></tr>
</table>

* 这里表述的内容是总体的必要性描述。拾音的属性通常取决于此表格中不能一一列出的其他各个参数，这些属性可以通过各种不同设置的组合而得到进一步的改善。本表格可以视为对当前所使用的环绕声拾音方法的概述，今后还会有进一步的发展。因此，我们不应将其视为最好的环绕声拾音戒律。录音工程师和制作人对环绕声拾音还应多听、多思考和再调整，从而得到想要的结果。

思考题

1. 什么是有效拾音角？阐述有效拾音角与拾音区域的关系。
2. 阐述声级差定位的拾音技术中常用的拾音制式的特点。
3. 阐述时间差定位的拾音技术中常用的拾音制式的特点。
4. 阐述 MS、XY、AB 拾音制式的特点。
5. 简述常用的多声道环绕声拾音方式的特点。

Chapter 4

第四章　声音的记录及记录设备

本章要点

声音的磁记录基础

磁带录音机的机械结构和伺服

时间码在录音中的作用

CD-R、SACD和DVD-Audio的记录原理

声音的记录主要有三种方式：机械式记录、磁记录和光学记录。目前，广播、电视和音像制作部门对声音信号的记录基本都采用磁记录方式，这主要是因为磁记录设备使用起来非常方便，信号记录之后可以立即重放，对记录信号的编辑来说比较容易，磁带在消磁后可以反复使用，磁记录的重放质量也很高。随着数字声频技术的发展，相应的声频信号记录媒体也被开发出来，比如 CD、CD-R、CD-RW、DVD 和数字硬盘记录等。由于篇幅所限，本章仅就声音的磁记录中的磁带记录，声音节目制作阶段使用的光盘记录格式（CD-R、CD-RW、SACD 和 DVD-Audio），以及数字硬盘录音与数字音频工作站系统等内容进行介绍。

第一节　磁记录基础

一、铁磁性物质的磁化特性

作为磁记录的磁性材料是铁磁性物质，而铁磁性材料的磁化特性通常用初始磁化曲线和磁滞回线来表征。

所谓初始磁化曲线，指未被磁化的磁性材料在磁场强度 H 的磁场中，与磁性物质中的磁感应强度 B 的对应变化曲线。图 4–1 所示的是磁性材料的初始磁化曲线。

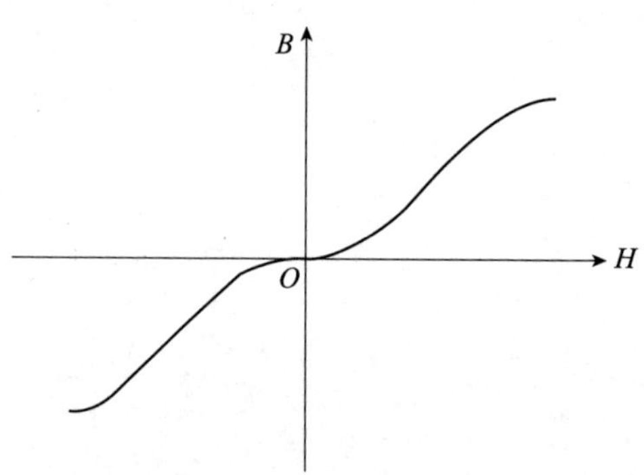

图 4–1　初始磁化曲线

对于通电线圈所产生的磁场强度 H 为：

$$H=\frac{NI}{l}$$

其中 N 为线圈匝数，I 为电流强度，l 为磁路长度。磁场强度的单位在 MKS 单位中为 A/m，录音技术中大多采用单位奥斯特（Oe），1Oe=1000/4π（A/m）。

磁感应强度指单位面积磁路中的磁通量，即 B=Φ/S，其中 Φ 为磁通量，单位为韦伯（Wb），磁路的截面积为 S，磁感应强度的单位在 MKS 单位制中为 Wb/m^2，即 T（特斯拉)，在录音技术中有时也使用单位高斯（G）。$1G=10^{-4}Wb/m^2$，从初始磁化曲线中可以看出，初始磁化曲线在原点附近和曲线上、下部呈弯曲形状，而中间的部分近似呈线性。曲线上、下部呈现的弯曲是由磁性材料的磁饱和造成的。

磁性材料的磁滞回线指在对称的交变磁场的作用下，磁场强度 H 与磁感应强度 B 所形成的闭合曲线。图 4–2 所示的是磁性材料的磁滞回线。

由图 4–2 可知，当 $H=0$ 时，$B=\pm|Br|$，其中 Br 指剩磁感应强度或剩磁；当 $H=\pm|Hc|$ 时，$B=0$，其中 Hc 指矫顽力。剩磁 Br 的大小表征的是磁性材料被磁化后，当外加磁场消除时保持磁能的能力；矫顽力 Hc 是使被磁化的磁性材料完全消磁所需外加磁场强度的大小，Hc 越大，说明消磁越困难。另外，磁滞回线的形状可用矩形比来表示，矩形比 $K=Br/Bs$, K 值越大，磁滞回线越接近矩形。一般将 $Hc\geqslant 10^4$ Oe 的磁性材料称为硬磁性材料，它适合做磁带等存储媒质的磁性材料；而将 $Hc\leqslant 1$Oe 的磁性材料称为软磁性材料，它适合做磁头的磁性材料。

硬磁性材料受到某一强度的磁场作用时，能产生一定大小的磁感应强度，当磁场移去时，会留下对应的剩磁感应强度。磁场强度与剩磁的关系曲线称为剩磁特性曲线。图 4–3 所示的是由初始磁化曲线得到的剩磁特性曲线。

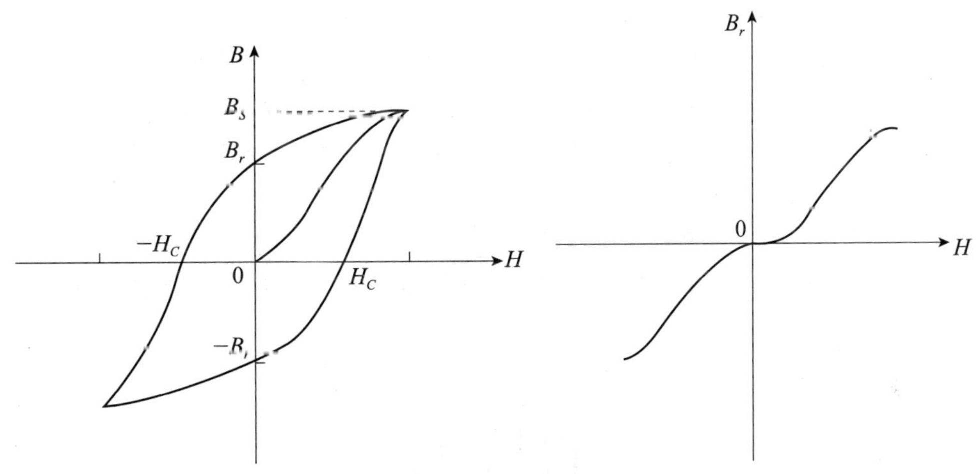

图 4–2　磁滞回线　　图 4–3　由初始磁化曲线得到的剩磁特性曲线

二、超声频消磁与超声频偏磁录音

在磁记录的初期，人们曾采用无偏磁的直接记录方法。由于信号是工作在剩磁特性曲线的非线性区域，所以严重失真。后来，由于采用了直流偏磁，所以信号的记录质量有了很大改进，但是录音的动态范围很窄，磁带的本底噪声很大。现在的模拟磁带录音机几乎都采用交流超声频偏磁的记录方式进行录音。在进行模拟录音前，通常首先要对磁带进行消磁处理。

现在，模拟录音机大都采用超声频交流信号对磁带进行消磁，该超声频交流信号的频率至少应为录音信号最高频率的 5 倍。当超声频交流消磁信号加入消磁磁头的线圈上时，在消磁磁头的磁缝处产生交变磁场。该磁场的水平分量（沿磁带运动方向）是关于磁缝的中线对称的，在中线处最强，并向两侧逐渐减弱；垂直分量在磁头隙缝的几何宽度处最大，在隙缝中心和隙缝有效宽度的边缘处强度减为零，并且磁头隙缝两边的垂直磁场强度的方向是相反的。图 4–4 所示是超声频消磁信号在消磁磁头隙缝处产生的外溢磁场和其水平分量及垂直分量的分布情况，图（a）为外溢磁场，图（b）为外溢磁场的水平分量（实线）和垂直分量（虚线）。只有外溢磁场的水平分量才对沿磁带长度方向的磁化起作用。

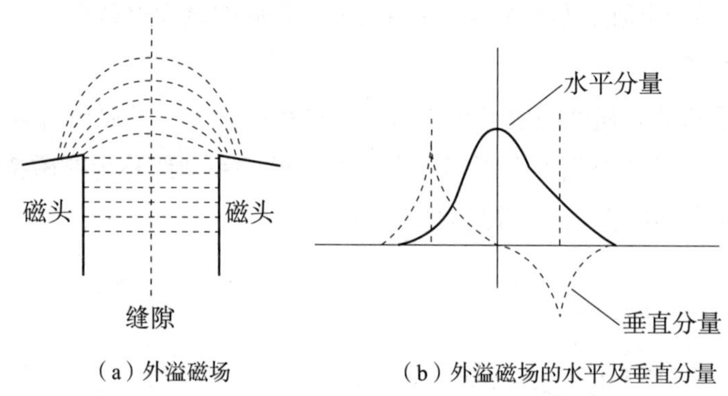

（a）外溢磁场　　（b）外溢磁场的水平及垂直分量

图 4–4　消磁磁头缝隙处产生的外溢磁场的水平及垂直分量

由于消磁磁头隙缝的缝宽较宽，所以超声频消磁信号产生的交变磁场的水平分量在磁带通过消磁磁头隙缝期间要多次变化，磁带便受到如图 4–5 所示的空间分布的水平分量磁场的作用。

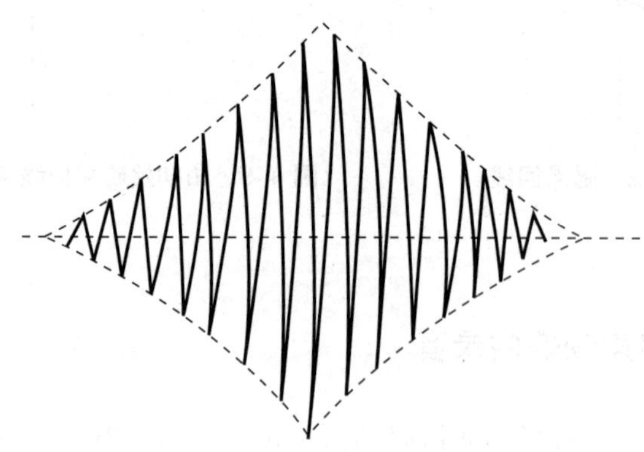

图 4–5　磁头缝隙处超声频水平磁场的水平分布

当磁带微段到达隙缝中线前，磁场的水平分量是沿走带方向逐渐增强的。由于超声频电流的幅度足够大，所以不论磁带原来有多大的剩磁，都会在水平分量的作用下，被磁化到磁饱和状态。当磁带微段通过消磁磁头隙缝中线以后，磁场的水平分量逐渐减少，磁带微段便会在这一交变磁场的作用下，由饱和状态变成剩磁为零的状态，完成超声频消磁的全过程。

为了达到良好的消磁效果，对超声频消磁电流有四个要求：首先，消磁电流的幅度要足够大，使任何带有剩磁的磁带均能被磁化到饱和状态；其次，该信号的频率应足够高，使磁带微段在经过消磁磁头隙缝时，超声频信号产生的消磁磁场变化次数足够多；再次，超声频电流的波形要严格对称，使磁滞回线关于原点近似对称；最后，回到原点，使剩磁变为零。

匀速运动的磁带在经过消磁后，便进入录音磁头磁缝隙产生的外溢磁场中，由于录音磁头线圈通过的录音电流为超声频信号电流与记录的声频信号电流之和，所以录音信号是非对称信号，其不对称程度是由声频信号大小决定的。另外，录音磁头的超声频信号的幅度并不是很大，应该使录音最大磁场强度小于磁带的饱和磁场强度。这样，当磁带微段通过录音磁头时，便受到由录音电流所产生的不对称外溢磁场的作用；当磁带离开录音磁头时，便在磁带上留下了对应声频信号的剩磁。录音后的磁带离开录音磁头后，便匀速地通过放音磁头，磁带上剩磁场产生的大部分磁力线经放音磁头而闭合，并在放音磁头的线圈上感应出对于剩磁磁通变化量的声频信号。由于放音的微分效应，理想放音输出特性曲线是随频率的增加，以 6dB/oct 斜率上升的直线。图 4–6 所示的是典型模拟磁带录音机的简单框图，其中的超声频偏磁信号陷波器的作用是避免超声频偏磁信号回馈到前级。图 4–7 所示的是模拟磁带录音机的理想放音曲线。

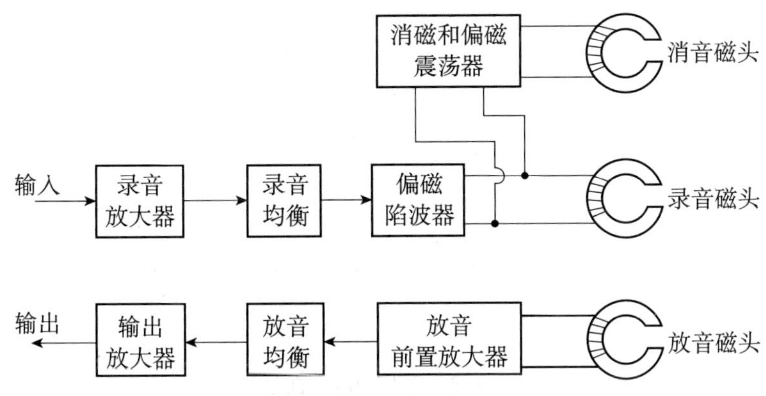

图 4–6　典型模拟磁带录音机的简单框图

三、录音 / 放音损耗与录音 / 放音均衡

由于模拟磁带录音机在录音和放音过程中存在各种损耗，而且主要产生在高频，所以

放音曲线不再是如图 4–7 所示的那种 6dB/oct 上升的直线，而是随频率的提高而逐渐下降的。

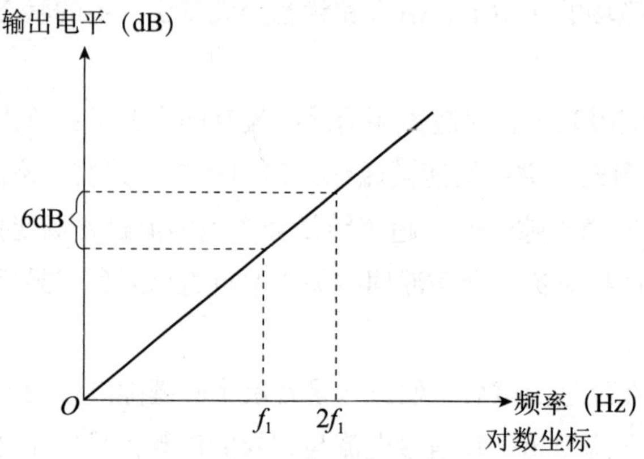

图 4–7　模拟磁带录音机的理想放音曲线

造成放音曲线高频下降的损耗是多方面的。录音过程中的损耗包括录音去磁损失、带厚损失、磁带自去磁损失、磁头的磁滞损失和涡流损失。放音过程中的损耗包括放音磁头的隙缝损失、间隔损失、磁头的磁芯损失和磁头方位角损失。另外，在放音过程中，对于低频信号来说，其记录波长（声频信号变化一周在磁带上留下的剩磁变化所对应的磁带长度）与磁带和放音磁头的接触长度相当，这样便导致了放音曲线的低频段出现起伏，一般称之为低频轮廓效应。因此，实际的放音曲线如图 4–8 所示。

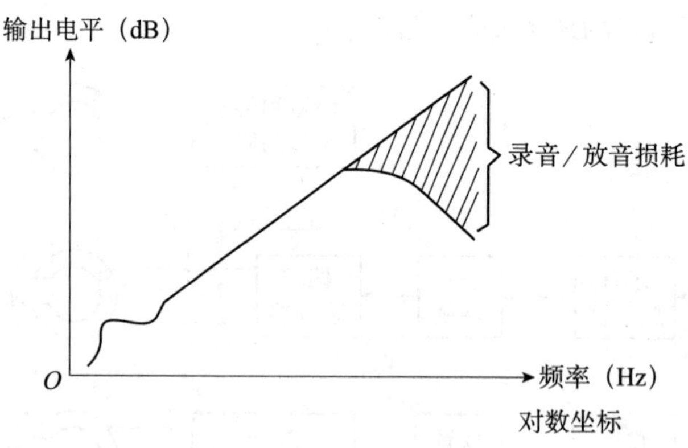

图 4–8　实际的放音曲线

为了保证各个频率的声频记录信号能够以相同的灵敏度重放出来，就必须采用与实际的放音曲线呈镜像对称的反曲线进行信号处理，即均衡。在实际的应用中，均衡是分成两个阶段进行的，即录音均衡和放音均衡。图 4–9 所示为记录带磁通的几种标准曲线。（注：这种均衡不等同于在录音中所需要的电气均衡，但是它反映的是由实际的磁头测得的磁带的磁平。）

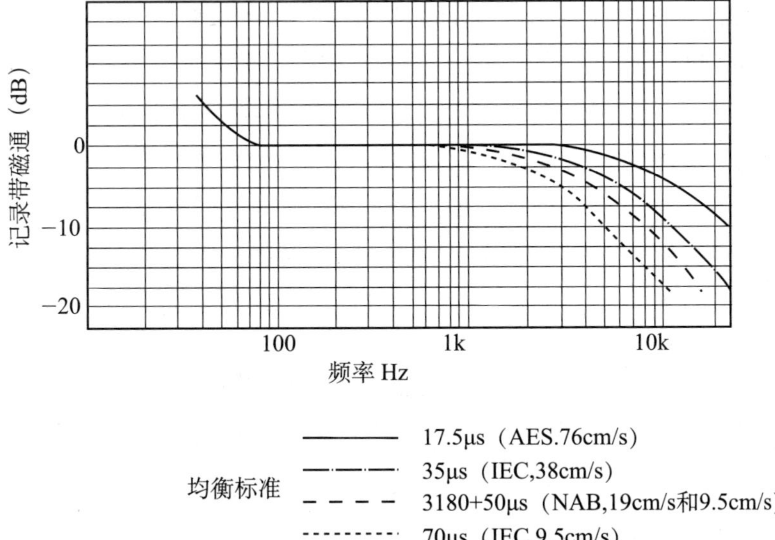

图 4–9　记录带磁通的几种均衡标准曲线

录音均衡是在信号记录之前进行的信号处理。该均衡是由标准磁头重放的记录带磁通来规定的。虽然重放的记录带磁通必须与图 4–9 一致，但是达到电气的录音均衡可能非常困难，因为它会随着磁头和磁带的变化而变化。

放音均衡的曲线如图 4–10 所示，通过放音均衡可以保证磁带录音机的输出频响是平直的。

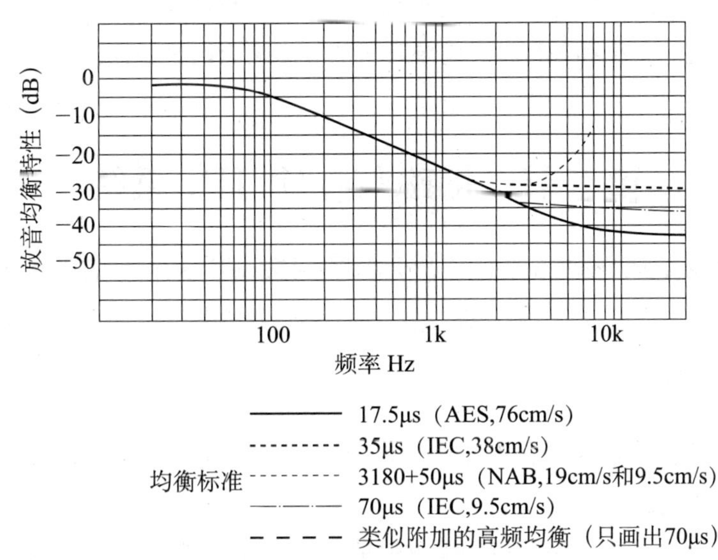

图 4–10　放音均衡特性曲线

在不同的均衡标准中，通常用等效的阻容网络的时间常数来表示其均衡曲线的形状。

时间常数 τ=RC，它与曲线转折频率的关系为：$f=1/(2\pi RC)=1/(2\pi\tau)$。表 4–1 所示是放音均衡的时间常数。

在美国 NAB 标准中，3180μs 时间常数是为了减小早期磁带录音机的哼鸣声而设定的，现在一直保留着。高频时间常数导致的低转折频率会加大重放噪声，这是 I 型盒式磁带（120μs 均衡）比 II 型盒式磁带（70μs 均衡）的噪声大的主要原因。大多数专业磁带录音机均带有均衡选择开关，以便可以重放 NAB 或 IEC/CCIR 的磁带。在大多数机器上均衡可以通过带速自动选择。

表 4–1 放音均衡的时间常数

带 速 in/s cm/s	标 准	时间常数（μs）	
		高 频	低 频
30（76）	AES/IEC	17.5	—
15（38）	IEC/CCIR	35	—
15（38）	NAB	50	3180
7.5（19）	IEC/CCIR	70	—
7.5（19）	NAB	50	3180
3.75（9.5）	所有	90	3180
1.875（4.75）	DIN（I 型）	120	3180
1.875（4.75）	DIN（II 或 IV 型）	70	3180

另外，许多磁带录音机都可以对高频和低频补偿进行调整，这样便能够针对不同的工作条件、偏磁电流的大小和磁带种类将录音机的频率响应调至最佳。

第二节 偏磁与杜比-HX 系统

在交流偏磁录音中，交流偏磁电流的大小将直接影响记录信号的质量。

一、固定偏磁系统

生产时间较早的专业磁带录音机中，偏磁电流一旦调整后就固定不变了，除非更换不同牌号或不同批次的磁带。

偏磁电流的大小对磁带录音机的电磁性能影响很大。图 4–11 所示为偏磁电流与录音灵敏度（Φ_r/Is 磁带上的剩磁通量 Φ_r 与信号电流 Is 之比）、谐波失真系数（γ）与互调失真系数（D_{IM}）、本底噪声（Φ_{NO}）与调制噪声（Φ_{NM}）之间的关系。

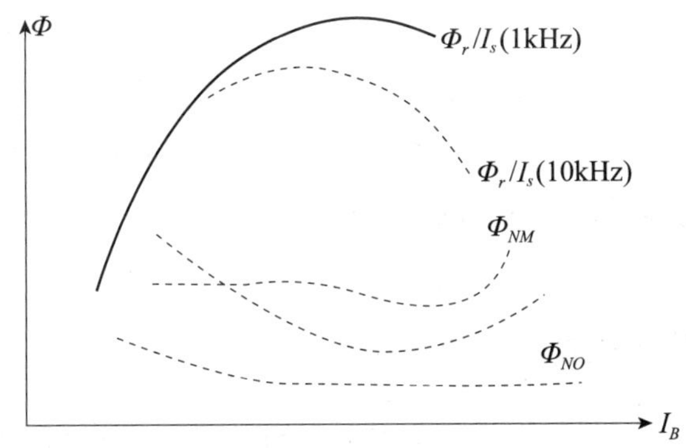

图 4–11　偏磁电流强度对录音质量影响的示意图

由图 4–11 可以得出结论：录音灵敏度随偏磁电流强度的变化而变化，并且对不同频率的录音信号有不同的最大值。这个最大值所对应的偏磁电流强度，称为该频率信号的最佳偏磁，而不同频率的最佳偏磁并不一样。信号频率越高，那么其最佳偏磁就越小。换言之，录音信号频率越高，所要求的偏磁电流强度就越小。谐波失真系数亦随偏磁电流强度的变化而变化，并且存在一个最小点，这个最小点与 1kHz 的信号的最大灵敏度所对应的偏磁电流比较接近。本底噪声在偏磁电流较小时比较大，然后随偏磁电流的增大而减小，但减小的速度很慢，最后基本上保持不变。

模拟磁带录音机的偏磁电流强度的确定，一般要将上文提到的各个因素进行综合考虑。这个偏磁电流值是对各个因素综合考虑的折中结果，所以这一数值不可能使每个频率的信号均能达到最大录音灵敏。通常将这一偏磁电流强度称为工作偏磁或最佳偏磁。

工作偏磁的取法，各国家乃至各公司的标准都不相同。我国与国际电工委员会（IEC）的标准一致，即用磁带录放参考频率（1kHz）和参考磁平（320nWb/m）的信号，调整偏磁电流值，将三次谐波失真最小点所对应的偏磁作为工作偏磁。日本工业标准（JIS）C5542 规定以 400Hz 信号录音时，峰值偏磁向两边下降 0.5dB 的两个偏磁值的平均值为工作偏磁。荷兰飞利浦公司规定了 333Hz 的最大输出电平（MOL）与 8kHz 的最大输出电平的差为 10dB 时的偏磁为工作偏磁。德国 DIN 标准 45–512 规定以 6.3kHz 信号录音，普通磁带过偏磁 –2.5dB，二氧化铬磁带过偏磁 –5dB 时的偏磁为工作偏磁。

按照 IEC 的标准来确定工作偏磁，需要测出三次谐波失真的最小点，一般需要特定的测试设备。在实际工作中，常常采用快速、简便的方法来确定工作偏磁。一般使用 10kHz 的信号进行录放，信号强度一般比参考电平低 10dB，以该信号过偏磁时，信号录音灵敏度或最大输出电平下降的 dB 数来确定工作偏磁。工作偏磁的确定与磁带带速有关，对于 38cm/s 的带速，工作偏磁取过偏磁下降 3dB 时的偏磁电流值；对于 19cm/s 的带速，工作偏磁取过偏磁下降 6dB 时的偏磁电流值；对于 76cm/s 的带速，工作偏磁取过偏磁下降 1.5dB 时的偏磁电流值。以这种方法确定的工作偏磁点基本上与三次谐波失真的最小点相吻合。

从以上所述中可以得知，偏磁电流的确定采取折中的办法，一经确定后，所用的磁带就基本保持不变了。目前，在一些微机控制的专业磁带录音机中，偏磁的调整是可以自动进行的，但是这种固定偏磁存在着一定的局限性。

二、动态偏磁系统及专业杜比–HX Pro

固定偏磁方式只能对某一频率或很窄频段上的声频信号达到最佳偏磁，而不能对所有的声频信号实现最佳偏磁，这是它的局限性之一。

在 20 世纪 70 年代末，杜比提出了一种新的信号处理电路，称为杜比–HX（headroom expansion），即动态余量扩展或峰值储备扩展。

杜比–HX 的基本设计思想是录音机的偏磁电流随着输入信号的频谱成分的变化而变化。当输入信号中高频成分为录音信号的主要部分时，偏磁电流减小，使高电平的高频信号取得最佳偏磁；当输入信号的中、低频成分为录音信号的主要部分时，偏磁电流基本保持原来设定的偏磁电流值不变，而这样折中设定的偏磁电流值主要对低、中频记录比较有利。图 4–12 所示是杜比–HX 的原理框图。

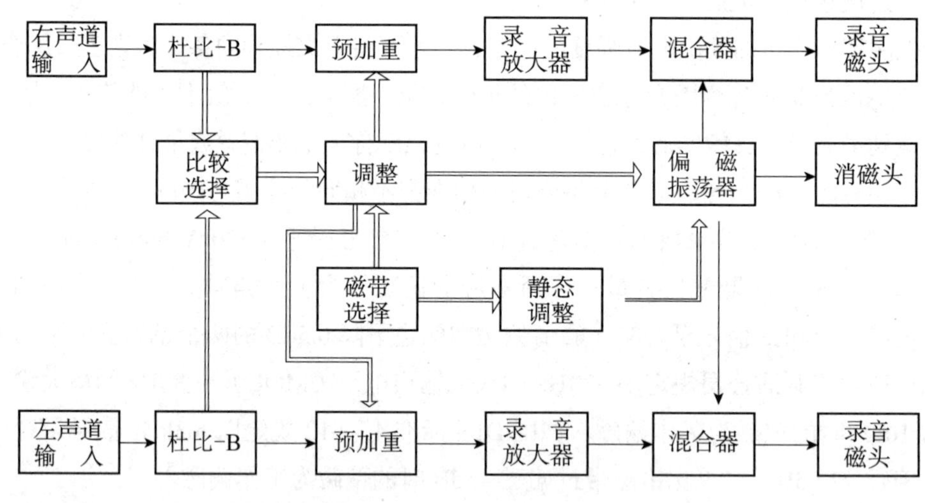

图 4–12　杜比–HX 原理框图

图中杜比–B 电路，是利用杜比–B 型降噪器中的现成电路来产生反映输入信号中频谱特性和振幅的控制电压信号，通过比较电路选出随两个声道中较强信号一路的控制电压，使该控制电压与磁带选择所确定的静态控制电压一起控制压控偏磁振荡器，从而产生随输入信号频谱成分和振幅而变化的偏磁电流。

杜比–HX 系统在实际应用中存在一些问题，目前在模拟磁带录音机中采用的可变偏磁系统是在杜比–HX 基础上开发的专业杜比–HX Pro 系统（Dolby–HX professional）。

在研究杜比–HX 的过程中应注意两个现象：自偏磁（self biasing）和互偏磁（mutual biasing）。实验表明，反馈给录音头的信号对录音信号来说均起到偏磁作用，而且高频比低频信号的作用更加明显。自偏磁是指信号自身的偏磁作用，而互偏磁是指录音信号中不同频率信号之间的相互偏磁作用。以上两种偏磁效应与超声频偏磁一起，对信号的磁记录起偏磁作用，一般被称为有效偏磁（active bias）。有效偏磁是一种综合偏磁效果，由超声频振荡器产生的偏磁信号部分和声频信号自身起偏磁作用的部分综合而成。

虽然杜比–HX 与专业杜比–HX Pro 的基本原理相似，但二者的目的不同。杜比 –HX 的主要目的是使高频信号以较大的录音灵敏度记录在磁带上；专业杜比–HX Pro 的主要目的是保持有效偏磁不变，使受偏磁变化影响的录音参数保持稳定。图 4–13 所示是专业杜比–HX Pro 的原理框图。

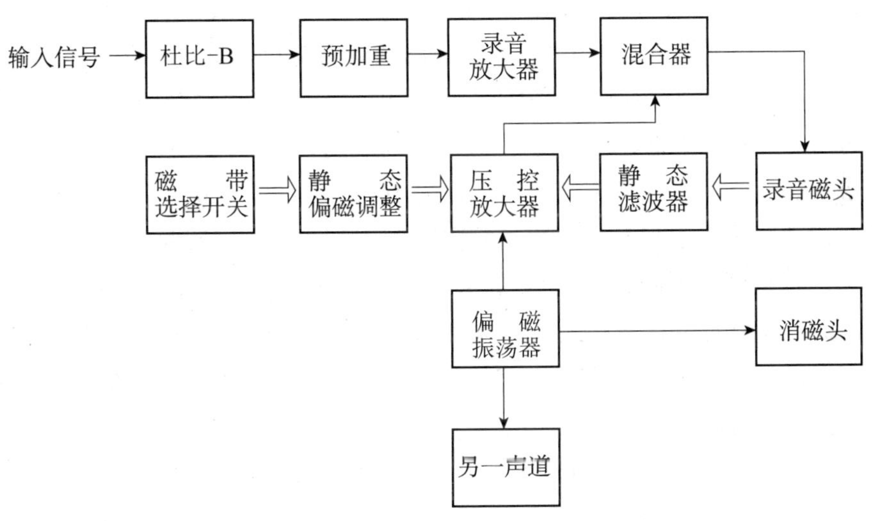

图 4–13　专业杜比–HX Pro 的原理框图

由图 4–13 可以看出，专业杜比–HX Pro 检测的是录音信号，包括经过处理的声频信号和超声频偏磁信号的总和，所以在杜比–HX Pro 中使用的杜比–B 在此可以省略不用，这就使该系统适合专业应用。从录音磁头上取得的检测信号反馈给静态滤波器，经过滤波和整流处理之后可以得到一个控制电压，可以反映信号的有效偏磁。该控制电压与磁带所需的固定偏磁决定的参考电压相比较，产生了一个用来控制压控放大器的纠正信号，从而控制馈给录音磁头的偏磁幅度，维持有效偏磁不变。如果要记录的声频信号只由低频组成，偏磁将保持不变，因为这时静态滤波器的输出为零；如果信号中存在高频成分，电路就降低从压控放大器输出的偏磁信号幅度，降低的幅度由固定无源滤波器决定，它恰好等于信号中高频成分引起的互偏磁效果。因此，对低频信号而言，偏磁状态不变；对高频信号来说，偏磁却降低了，因为低频对高频的互偏磁作用可以忽略。这样高、低频声频信号均能达到最佳偏磁，从而解决了固定偏磁系统的局限性，使模拟磁带录音机的高频性能大大改善。

第三节　双声道和多声道模拟磁带录音机

一、双声道录音机

专业开盘磁带录音机可分成两类，即演播室安装型录音机和便携式磁带录音机。对于演播室中采用的录音机，一般具备线路电平的平衡输入和输出（无传声器输入）、走带控制装置、编辑功能、耳机监听插孔、磁带计数器（通常是以实时时间来指示）、带速选择和带盘尺寸选择和电平指示仪表（通常为 VU 表）等功能。这种录音机可以处理高电平的输入信号（至少 +20dB 或大约 8V 的电平信号），以减小输入信号过载的可能性。输入阻抗至少为 10kΩ，输出阻抗低于 100Ω，接入的负载阻抗可以低至 600Ω。通常这种录音机可接入遥控单元，以便能在调音台上控制录音机的走带。除此之外，还有输入与输出电平、偏磁与均衡控制等功能。

双声道录音机所使用的磁带宽度一般都为 1/4 英寸（6.35mm），它在 1/4 英寸宽度内记录下两条磁迹。为了取得最大的声道间隔离度，要在两条磁迹间留下一定宽度的保护带。根据保护带宽度的不同，有 NAB 和 DIN 两种磁迹分布格式。保护带较宽的为 NAB 格式，而保护带较窄的为 DIN 格式。这样以 NAB 格式录制的磁带在 DIN 格式的磁头上重放时，噪声将提高 1~2dB，而用 NAB 格式的消磁头来对 DIN 格式录制的磁带消磁时，会出现消磁不彻底的问题。

根据 IEC 标准，保护带为 2mm 和 0.75mm 并存，前者适用于双声道，后者适用于立体声。

便携式专业开盘录音机主要用于非演播室的外出录音。这种录音机有其自身的特点，比如它具有线路和传声器电平的平衡输入，幻象供电和 A–B 供电功能，可以记录时间码和影视制作要求的提示信号，此外它还可以使用电池长时间工作。

二、多声道模拟磁带录音机

多声道录音机可以在一定宽度的磁带上记录多条磁迹。目前，专业用的多声道录音机（模拟）多为 16 或 24 声道的，它采用的磁带多数为 2 英寸宽。由于磁带很重，所以对多声道录音机的传动机构要求较严格。另外，由于声道数很多，所以录音机的校准就比较困难、烦琐，现在使用的多声道录音机均采用计算机控制，调校也比较方便。

多声道录音机除了具备双声道录音机的一些基本功能，还有其固有的特点，比如自动重复放音或自动定位能力，实时计数器还可以进行编程，以便在缩混预演时对指定的信号段落进行重复放音。在进行多声道录音时，常常要进行重叠配音，即演员听着多声道录音机已记录的信号同步地演奏或演唱的内容。如果重放的信号来自放音磁头，而机关报记录的内容是由录音磁头记录的，那么在新、旧节目信号间就会产生记录延时，这是由录音、放音磁头间的空间距离 Δl 造成的，其延时时间 $\Delta t=\Delta l/v$（其中 v 为带速），图 4–14（a）是上述情况示意图。图中所示的为四声道录音机，歌唱演员听着已录好的三个声道的伴奏进行演唱。为了解决这一问题，现在的多录道录音机采用选同步技术（selective sync），在进行同步录音时，将已录信号声道上的录音头作为放音磁头来使用，如图 4–14（b）所示，这样便解决了图 4–14（a）出现的延时问题。由于录音磁头的磁缝较宽，所以这时录音磁头重放出的声音音质（此时也称为同步磁头）要比放音磁头重放的音质差，但用来做提示是完全可以的。为了使同步重放的音质尽可能好，它们均配有自己的均衡，但是在缩混时，还是采用放音磁头来放音。在实际使用中，有时可利用选同步进行并声道处理。

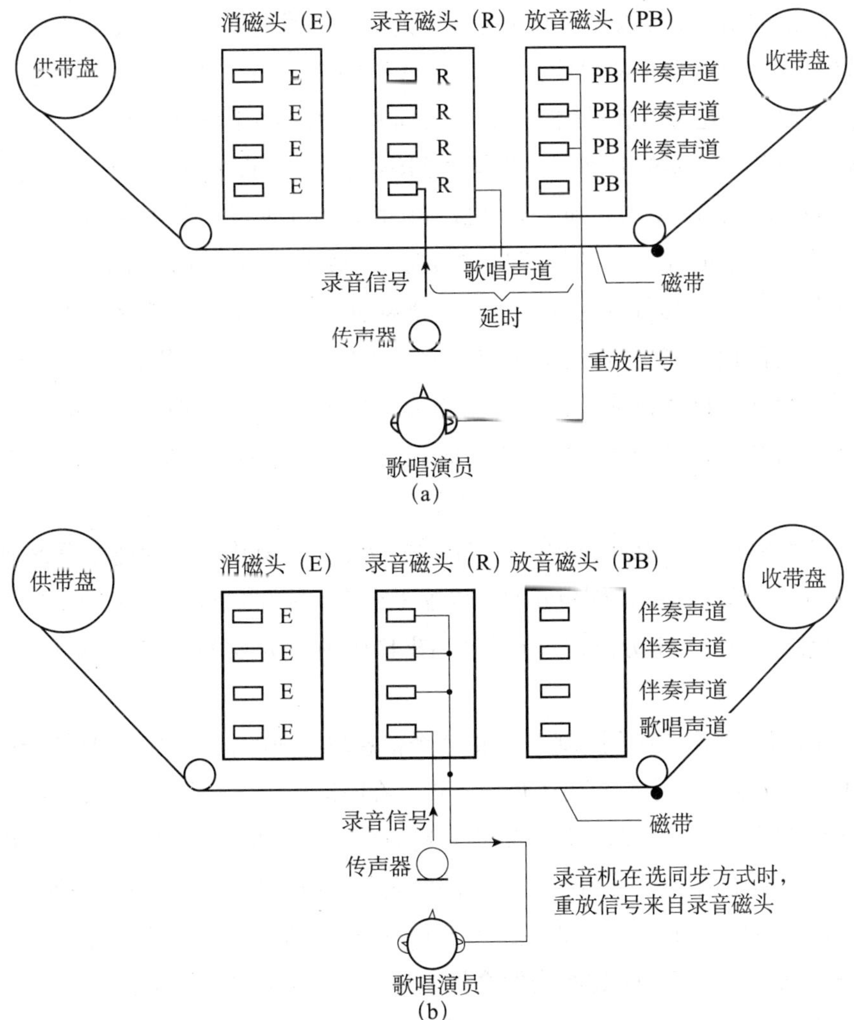

图 4–14 （a）无选同步时的同步录音示意图；（b）有选同步时的同步录音示意图

第四节　时间码在磁带录音机中的应用

随着技术的发展，与视频 / 声频记录有密切关系的 SMPTE 时间码的使用更加广泛。时间码已普遍地用在声频节目的后期制作中，以取得各机器间的同步，对磁带进行准确的定位。目前，时间码已应用到数字录音机的编辑处理、硬磁盘系统和 MIDI 制作等领域。利用时间码可实现各种信号记录设备间的准确同步，方便地进行信号的切换、混合和配音工作。

一、SMPTE/EBU 时间码

SMPTE 时间码是 1967 年由电影电视工程师协会（Society of Motion Picture Television Engineers）提出的用于对录像机进行电子编辑的一种绝对地址码。记录在录像带上的时间码与视频同步信号具有严格的对应关系。它是以时（H）、分（M）、秒（S）和帧（F）来表示时间的，此外它还可以表示磁带的运行方向及其他一些用户信息等。

目前，在声频中采用的时间码是纵向时间码（LTC），即时间码磁迹平行于磁带运行的方向。纵向时间码有 SMPTE 和 EBU（欧洲广播联盟）两种，其中 SMPTE 是 NTSC 彩色电视制式中采用的时间码，其行频为 525Hz，场频为 60Hz，而 EBU 是 PAL 彩色电视制式中采用的时间码，其行频为 625Hz，场频为 50Hz。在声频中大多采用 SMPTE 时间码。还有一种时间码是场逆程时间码（VITC），它不能用于录音机，一般只用在录像机中，以便录像机在做慢动作或暂停时仍然能读出时间码。一般在声频、视频和后期制作时，需要录像机和录音机同步连锁，纵向时间码和场逆程时间码同时存在，在此只介绍纵向时间码。

一个完整的 SMPTE/EBU 时间码是由 80 比特构成的，其中时间地址占用 26 比特（帧、秒、分、时的个位各 4 比特，秒和分的十位各 3 比特，帧和时的十位各 2 比特，用户比特 32 个，同步比特 16 个，未分配比特 6 个）。图 4–15 所示为 SMPTE/EBU 纵向时间码的数据格式。

由图 4–15 可以看出，时间码地址是由 8 个信息块组成的，它们依次是帧个位、十位；秒个位、十位；分个位、十位；时个位、十位。在时间码的每个信息块之间插入了由 4 比特构成的 8 组用户比特，它们并没有被指定特别的含义，但可以存储用户认为重要的信息，比如，记录数据、实际时间、制作人的姓名等数据。这些数据可以按照字符编码的 ASC II 或 ISO–7 标准译成文字或数字，每帧时间码可包括 4 个字符和 8 个十六进制数字。时间码数据中的第 10 和第 11 比特为两个控制比特，其中第 10 比特是因为北美电视制式的差异而特设的。在 NTSC 视频标准中，准确的电视帧频为 29.97Hz，而 SMPTE 时间码的帧频为严格的 30Hz，这样在时间码帧的发生器与电视 / 视频帧以相同速度发生时，最终会产生严重的累积时差，一般运行 1 小时，码地址会缩短 108 帧，即 3.6s。为此，规定在每分钟时间码失落 2 帧，而每第 10 分钟不失落。这种补偿方法的时间码称为失落帧时间码（drop-frame TC）。在 SMPTE 的 LTC 时间码的第 10 比特分配给失落帧指示，向用户表明失落帧补偿正在进行。第 11 比特为彩色帧标志比特，用来表明时间码与视频信号的彩色信号间的相互关系。在时间码的第 64 至 79 比特为同步字信息组，它以“00”开始，以“01”结束，其间为连续 12 个“1”，它可以使时间码读出器判断出时间码字的结尾，以及磁带的运行方向，可以精确比较两个时间码的速度和相位。在余下的各比特位未指定含义，称为未分配比特，一般为逻辑“0”。

时间码信息不是直接记录到磁带上的，因为这样会产生在不同带速下读出的时间码信息的混乱。实际使用中，SMPTE/EBU 时间码是采用双相调制的方式来记录的，即时间码信息中的逻辑“1”是逻辑“0”的二倍频率，每个比特周期开始点有一个跳变（表示时钟信号），逻辑“1”时在比特周期正中间增加一次跳变，而逻辑“0”中间无跳变。

时间码记录采用双相调制的优点有以下三点。

（1）时钟信号可以从时间码中分离出来，无须单独的时钟信号。

（2）与信号极性无关。

（3）无直流分量。

对于任意帧频下的时间信号，实际的时间码信号在 1~2kHz 之间变化，处在录音通道平均频率范围的中间。为了不使时间码的方波信号中的高次谐波成分产生串音、失真等副作用，SMPTE/EBU 标准限制了脉冲边缘的上升、下降时间，具体规定如表 4-2 所示。

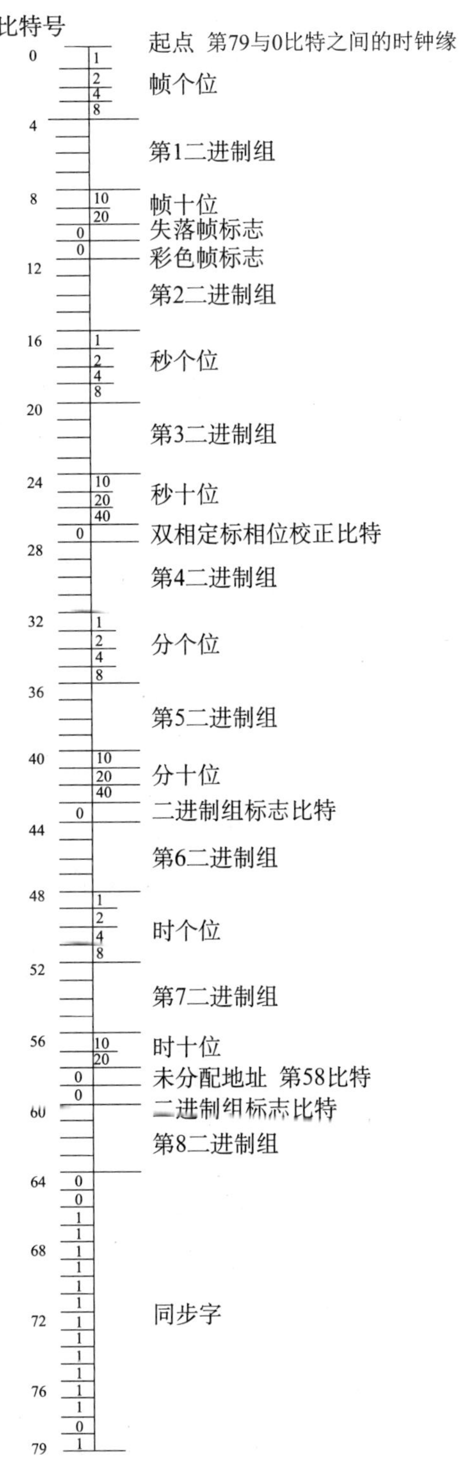

图 4-15　SMPTE/EBU 时间码数据格式

表 4–2 SMPTE/EBU 对时间码脉冲的规定

周期	EBU	SMPTE
周期长度	500 ± 2.5 μs	416.7 ± 4.2 μs
上升和下降时间	50+15，-10 μs	25 ± 5 μs
最大过冲，下冲，顶降	峰对峰幅度的 5%	峰对峰幅度的 2%

经过这样的限制之后，时间码记录所需要的声频带宽大约为 10kHz。

对于多声道录音机，时间码信息是记录在其中一个声道上的，但对于双声道录音机，时间码是记录在专门的时间码声道上的。图 4–16 所示为 NAB 磁迹格式的声频信号和时间码信号的磁迹位置与宽度。

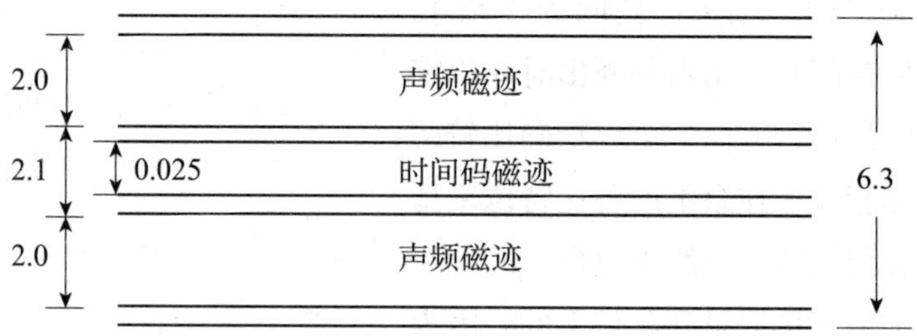

图 4–16 NAB 格式的时间码磁迹（所标尺寸单位：mm）

时间码通常采用单独的记录磁头记录，以避免串音。不同厂家生产的可记录时间码的双声道录音机的各磁头排列顺序不同，这样就需要进行一定的误差时间补偿。图 4–17 所示为一种磁头的排列方式及补偿方式，采用延时线来进行补偿。

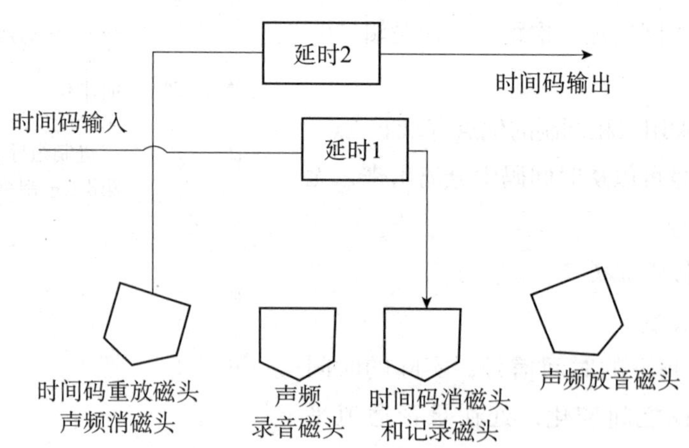

图 4–17 可记录时间码的双声道录音机各磁头排列顺序及时间误差补偿

通常时间码的录音电平比标准电平低大约 10dB，以避免出现串音问题。另外，时间码的记录通道不能使用降噪系统，因为这样会使时间码信号产生不同程度的失真。

二、时间码在录音中的应用

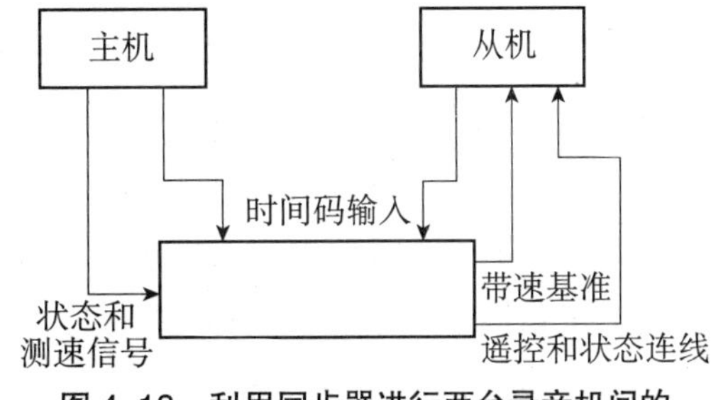

图 4–18　利用同步器进行两台录音机间的同步运行

时间码在录音中的作用是实现各个记录设备之间的同步运行，以方便编辑、缩混的进行。这一作用的实现可以通过同步器完成。同步器是一种可以从两台或多台记录设备上读出时间码信息，并且控制从机，使其能够以与主机相同的速度运行的设备。同步器是由微处理器来控制的，可由用户进行编程，同步器工作时对来自主、从机的时间码信息进行比较，然后输出控制信息对从机的运行速度进行控制。当主、从机的时间码读出速率完全一致时，表明主、从机间处在锁定状态，完全同步。图 4–18 所示的是利用同步器进行两台录音机间的同步运行。

利用时间码同步器，可以实现各种记录设备间的同步，比如录像机与录音机、录音机与硬磁盘记录设备、录音机与 MIDI 音序器间的同步。特别是在广播剧、电视剧的声音合成时，利用时间码同步器可以对对白、声音效果、背景音乐和画面进行合成处理。

此外，利用时间码的同步功能，还可以扩充记录设备的记录能力。在资金不允许的情况下，可以将现有的两台 16 声道录音机并接起来使用（每台录音机各有一个声道用来记录时间码）。

随着录音硬件的不断更新，时间码在录音中的应用必将更加广泛。

第五节　光盘记录格式

声音的光学记录是声音记录的一种常用方式。目前声音节目的母版常常以光盘的形式保存，并进行声音文件的交换。由于篇幅所限，本节将只针对声音节目制作阶段使用的光盘记录格式：CD–R、CD–RW、SACD 和 DVD–Audio 进行介绍。

一、CD–R

可记录 CD（CD recordable, CD–R）格式允许用户将声频或其他数据永久记录到 CD 上。该格式的技术称谓是 CD–WO（write once，写入一次），它被归纳在橙皮书第二部分（Orange Book Part II）中。在 CD 复制之前，载有声频和非声频数据的 CD–R 光盘可以被写成 PMCD（premastered CD，前母版）格式，可以包含有索引和其他信息。CD–R 光盘可用的播放时间长达 80 分钟（约 700 Mbytes）。

在物理特性上，CD-R 光盘不同于红皮书（Red Book）CD。CD-R 光盘在生产时预刻为 0.6μm，有间距为 1.6μm 的螺旋纹迹。该纹迹导引记录激光头沿着纹迹运动。预刻纹迹被频率为 22.05kHz 的正弦摆动物理调制成在 ±0.03μm 的范围内变化的形式。记录设备利用摆动来控制光盘做 CLV 转动。22.05kHz 的纹迹沟槽还被 ±1kHz 信号调频，由此产生预刻纹迹中的绝对时间（absolute time in pregroove，ATIP）时钟信号。CD-R 光盘利用聚碳酸酯磁盘基片生产，它包含有金属（比如金或银）反射层，有机染料记录层和保护层。记录层处在基片和反射层之间，如图 4-19 所示。结合反射层，它具有的反射率约为 73%。波长在 775~795nm 的光被写入激光透过聚碳酸酯基片，并将记录层加热至将近 250℃，从而导致其熔化和 / 或化学分解，在记录层形成凹陷或痕迹。同时，反射层产生变形。这些凹陷或痕迹将降低反射率。在读取期间，采用的是同样的激光，只是功率降低了，激光被从数据面反射回来，监测到的光强度是变化的。

青色素和酞菁有机染料聚合物都是记录层常用的原料。它们被设计用来吸收波长在 780nm 左右的光。青色素染料对光有相对宽的灵敏度范围，通常在大多数记录设备、激光功率和写入速度的条件下都能可靠地工作。据说基于酞菁染料的介质的使用寿命都较长，因为它对普通光线敏感度较低，同时也较稳定。然而，低的灵敏度可能导致其写入激光的功率裕量小。因此，写入速度和激光功率必须要更为仔细地控制。在有些情况下，金属化的偶氮染料被用作 CD-R 介质中的记录层。有机染料层受时间、氧化、材料杂质或暴露在紫外光下等因素的影响，染料层性能将会退化。虽然 CD-R 光盘将会在大多数 CD 声频播放器上播放，但是降低了的数据层反射率可能导致重放不兼容。

两个区域被写入到 CD-R 光盘的内半径范围（22.35~23mm）当中，这两个区域都在红皮书导入半径之内。节目存储区（program memory area，PMA）包含有描述声轨的数据、临时目录表和声轨跳转信息。当光盘封装时，该数据被转换成 TOC。在最靠内的半径范围上，功率校准区（power calibration area，PCA）被记录激光所利用，以便让光功率校准检测记录确定出正确的记录功率。当导入区（及其 TOC）、用户数据和导出区被写入时，记录便完成了。在光盘上最多可以记录多达 99 个声轨。因为 PMA 和 PCA 区处在普通的导入区半径范围之内，所以普通的 CD 播放器是读取不到它们的。

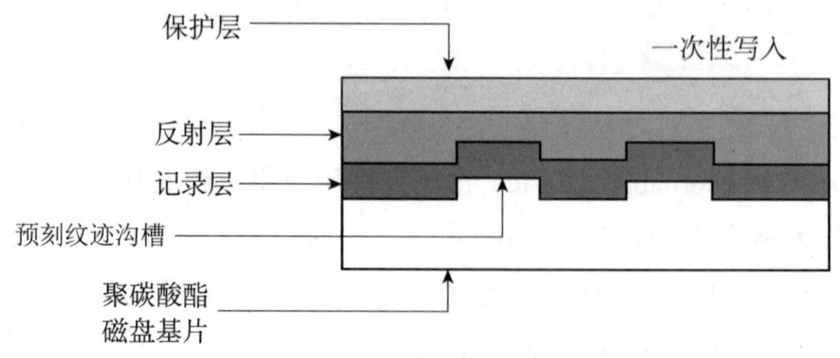

图 4-19　嵌入记录层的 CD-R 光盘结构

CD–R 标准定义了单会话和多会话记录。一个会话是指具有导入区、数据区和导出区的一个记录。在单会话记录（有时被称为一次写入光盘）中，整个光盘节目是不间断记录的。轨道刻写记录允许一次会话记录写入单个或多个轨。采用轨道刻写的记录设备还可以写入一个单会话 CD–R。在多会话记录中，可以每次记录一个或几个会话。轨可以被逐一写入，并且在每一轨后记录可以停止。分开记录会话是被允许的，每一会话有自己的导入 TOC、数据和导出区。轨道刻写记录设备允许进行多会话和单会话记录。在轨道刻写中，多个轨可以写成一个会话，每次增加一轨数据，在会话关闭之前不会写入、导入和导出数据。CD 声频播放器只可以读取多会话光盘中的第一个会话。虽然部分记录光盘可以在 CD–R 记录设备上播放，但是它们不能在 CD 声频播放器上播放，除非记录了会话结束时最终的 TOC 和导出区。利用通用光盘格式（universal disk format, CD–UDF）的 CD 部分，CD–R 记录设备可以执行封包写入，这无须高额费用就能有效地将少量数据写入。文件中的数据可以追加和更新，而不用重新写入整个文件。

二、CD–RW

CD–RW（CD Rewritable，可擦写 CD）格式可针对数据实现写入并读取，然后擦除并再写入的操作。该格式的技术称谓是 CD–E，并由橙皮书第三部分标准加以描述。CD–RW 驱动器可以读取、写入和擦除 CD–RW 媒体，并且能读取 CD–ROM 和 CD 声频媒体，再写入的周期次数可达数千次。CD–RW 可以写入任何数据，包括计算机程序、文本、图片、视频、声频和其他文件。CD–RW 光盘在聚碳酸酯基片之上有 5 层：介质层、记录层、另一个介质层、反射铝层和最上边的亚克力保护层，如图 4–20 所示。与 CD–R 中的一样，写入和读取激光沿着预刻纹迹沟槽的螺旋轨运动。然而，CD–RW 格式利用了相变记录法，使用表现出可逆的晶体 / 非晶体相变特性的材料，以一种温度记录，并以另一种温度擦除记录。在大多数情况中，高反射率（晶体）到低反射率（非晶体）的相变被用于记录数据，反方向的相变被用于擦除数据。通过加热晶体层，使其达到至少高于其熔点的温度并快速冷却这种方式来记录数据。当其凝固时，该区域成为非晶体，降低的反射率通过低功率读取激光被检测出来。因为晶体形态较为稳定，所以材料将倾向于返回到这种形态。因此，当区域被加热到刚好处在其熔点温度之下，并且慢慢地冷却下来时，它就会返回到晶体状态，将数据擦除。在有些情况中，记录层包含锑化镓和锑化铟，其他的系统采用的是碲合金及诸如锗和铟元素。介质层包含硅、氧、锌和硫元素，它们控制媒质的光学响应，并通过保存记录层中的热量来提高激光的效率。介质层还是绝热的，并可以保护预刻纹迹沟槽、基片和反射层。

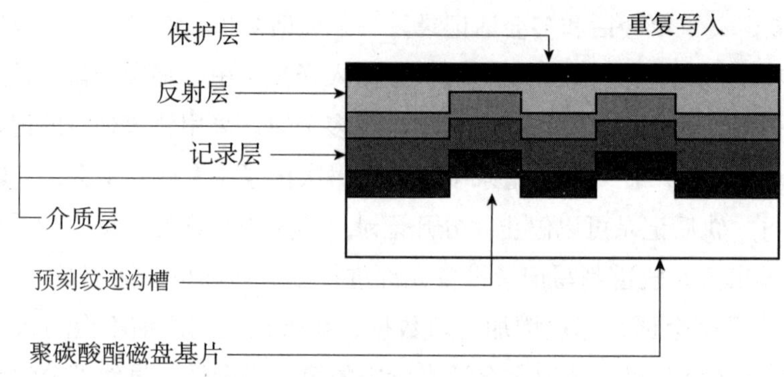

图 4-20 嵌入记录和绝缘层的 CD-RW 结构

CD-RW 光盘的反射率仅约 15%（非晶体状态）和 25%（晶体）。在大多数 CD 声频播放器或 CD-ROM 驱动器中都不能播放这种光盘。然而，许多 DVD 播放器确实可以播放 CD-RW 光盘，多读驱动能够读取较低反射率的 CD-RW 光盘。它们使用一个 AGC（automatic gain control，自动增益控制）电路来提升来自光电二极管的信号输出的增益，补偿较低的反射率和减小信号的调制。CD-RW 光盘将一个识别它们为 CD-RW 的代码传输给播放器。CD-RW 驱动常常用作计算机周边设备。软件支持轨道刻写、整盘刻写和多会话记录。当对 CD-RW 光盘进行合适的格式化时，CD-UDF（CD universal device format，CD 通用设备格式）技术规格允许方便地进行逐文件的重新写入，比如，用户可以通过拖放来对 CD-RW 光盘进行写入操作。

三、SACD（Super Audio CD）

SACD（Super Audio CD, 超级声频 CD）标准具有高密度存储性能来支持对双声道 CD 及双声道和多声道 SACD 声频记录。SACD 记录采用 1 比特直接数据流数字（direct stream digital, DSD）编码及其高采样率来使频率响应上限达到 100kHz，0~20kHz 频带上的动态范围达到 120dB。混合型 SACD 光盘拥有高密度 DSD 数据层（包含 5.1 声道缩混合立体声缩混节目）及其兼容红皮书（44.1 kHz/16bit）数据层。

SACD 播放器能播放 SACD 和 CD 光盘。为了达到这一点，双激光拾光头工作于 SACD 的 650nm 波长和 CD 的 780nm 波长。SACD 格式也指定了被称为直接数据流转换（direct stream transfer, DST）无损编码算法，它利用自适应预测滤波器和算术编码来有效地将光盘的容量加倍。SACD 标准在红皮书中有描述。

1. SACD 技术指标

SACD 光盘的直径为 12cm，厚度为 1.2mm，这与 CD 是一样的。其他的技术规格允许有更高的密度，激光的波长为 650nm, 透镜的数值孔径（numerical aperture）为 0.6 μ m, 最小点坑 / 岛长度是 0.4 μ m, 声迹间距是 0.74 μ m。单层 SACD 光盘可存放 4.7Gbytes 的数据；可以存放的双声道立体声 DSD 录音节目可播放时间约 110 分钟。在 SACD 格式中规定的几种光盘类型包括单层、双层和混合型光盘结构，单层光盘包含一层 DSD 内容（4.7Gbytes）；双层光盘包含一或两层的 DSD 内容（两层共 8.5Gbytes）；混合型光盘是双层光盘，它包含一个 DSD 内容的内层（4.7Gbytes）和一个可在普通的 CD 播放器上播放的红皮书 CD 内容的外层（780Mbytes）。在双层光盘中，两个厚度为 0.6mm 的基片被黏结在一起，在所有的应用中都只有一个数据面。半反射层（20%~40% 反射）覆盖了嵌入的内侧数据层，并且全反射的顶部金属层（至少 70% 反射）覆盖了数据面的外侧。外侧的数据面由亚克力层和印刷标签保护。图 4–21 所示为混合型光盘和双拾光头（650nm 和 780nm）读取 SACD 和 CD 层的情况。SACD 播放器可以重放 SACD 和 CD 光盘（以及混合型 SACD 光盘）。CD 数据要通过数字滤波器，而 SACD 数据被提供给 DSD 解码器。DSD 数据是 1 比特的输出信号，该信号被提供给脉冲密度调制处理器，将数据信号转变为补码信号；每个逻辑“1”建立的是宽脉冲，而每个逻辑“0”建立的是窄脉冲。电流脉冲 D/A 转换器将电压脉冲串编成电流脉冲。该信号被加到模拟低通滤波器上，从而建立起模拟声频波形。采用 DSD 编码的 SACD 记录并不兼容 DVD–Audio 标准和 PCM 编码，有些播放器可能包含适用这两种光盘格式的解码器。

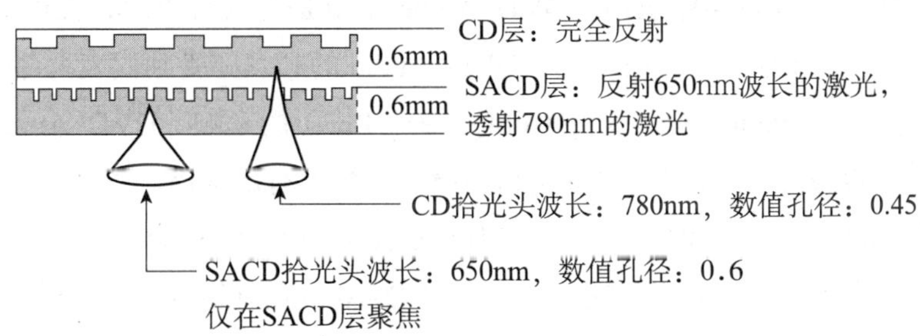

图 4–21 包含 CD 和 SACD 数据的两个数据层的混合型 SACD 光盘

2. DSD（Direct Stream Digital）编码

SACD 记录使用了 DSD（direct stream digital, 直接数据流数字）编码，这是一种用 1 比特脉冲密度表示法和调制技术对声频信号进行编码的方法。许多 A/D 转换器采用 Σ–Δ 技术来对输入信号进行高频率的采样。施加信号给抽取滤波器，并将输出量化为 44.1kHz（用于 CD）和 192kHz（用于 DVD–Audio）标称采样的 PCM 信号。类似的是，许多 D/A 转换器使用了过采样技术来提高输出信号的采样率，并以此将镜像频谱移离声频频带。虽然 DSD 编码使用了高采样率，但是并不需要抽取滤波和多比特 PCM 量化，取而代之的是，原始的采样频率被保留下来。1 比特数据被直接记录到光盘上。进一步而言，在重放期间，DSD 不使用内插（过采样）滤波。

DSD 使用 Σ–Δ 调制（sigma–delta modulation, SDM）和噪声整形。在简单的 SDM 编码器中，1 比特输出信号被用作补偿信号。它被延时一个采样间隔，并利用负反馈环路将其从输入的模拟信号中减去。如果在前一个采样期间输入波形升高到负反馈环路的累加值之上，那么转换器输出逻辑“1”。类似地，如果波形相对于累加值下降了，那么输出逻辑“0”。输出脉冲代表了输入信号的幅度，可以采用脉冲密度调制。因为 SDM 编码器中积分器的作用相当于低通滤波器，所以低频误差成分被减小了，而高频误差成分被提高了。更高阶次的噪声整形滤波器可以进一步减小可闻频带内的误差。从原理上讲，低通滤波器可以解码 SDM 信号，并且还可以除去噪声整形形成的高频噪声。在 SACD 记录中，DSD 调制采用的采样频率是 2.8224MHz，每个样本被量化成 2 比特字。因此，总体的比特率要比 CD 高 4 倍。根据原理，DSD 的奈奎斯特频率为 1.4112MHz。然而，为了去除整形噪声所引入的高频噪声，有些 SACD 播放器需要将 50kHz 低通滤波器与普通的功率放大器和扬声器箱配合使用。当进行 SACD 的声频测量时，推荐采用 20kHz 低通滤波器。1 比特 DSD 信号可以被转换成标准的多比特 PCM 采样率。

四、DVD–Audio

DVD–Audio 技术规定描述了可灵活支持通道数、采样频率、字长和诸如视频元素这样的其他性能的高保真声频存储媒质。DVD–Audio 主要是对线性 PCM（LPCM）数据的高保真立体声和多声道音乐节目进行编码。DVD–Audio 的开发亦受到代表大部分唱片利益的国际指导委员会（International Steering Committee，ISC）的影响。DVD–Audio 被设计成与其他 DVD 格式相兼容，并且在重放音质和多声道重放上有所突破。尽管 DVD–Video 格式可以提供高质量的声频（比如 6 声道的 48kHz/20bit 声频），但其最高为 6.144Mbps 的声频比特率不能支持最高质量级别的声频。因此，DVD–Audio 的最高比特率被提高至 9.6Mbps。然而，6 声道的 96kHz/24bit 声频超出了最高比特率，而且高比特率缩短了播放时间。故可以使用备选的 Meridian 无损压缩包（meridian lossless packing, MLP）。这种无损压缩算法可以用来降低比特率，同时给出高保真的音质和较长的播放时间。这样的选项允许在单数据层上存储长达 74 分钟的多声道音乐节目，所有的 DVD–Audio 必须包括未压缩或 MLP–压缩的 LPCM 规格节目的 DVD–Audio 部分。为了增加与 DVD–Video 播放器兼容的性能，DVD–Audio 还可以包括有带 Dolby Digital、DTS 和 / 或 LPCM 声轨的视频节目。

1. 文件的组织

DVD–Audio 的类型有两种。只有声频（Audio–Only）的光盘主要是包含 LPCM 的音乐内容，可以将含有静止图片（每声轨一幅）、文字信息和可视菜单的内容作为备选项。在 Audio–Only 光盘中，数据存放在 DVD–Audio 区中，AUDIO_TS 目录（文件夹）存放有菜单和展示数据，Audio Manager 定义了文件类型、声频和视频数据。诸如线性 PCM 这样的声频数据被存放在声频标题集（Audio Title Set，ATS）当中。带视频的声频（AV）光盘可以把格式化过的视频内容作为 DVD–Video 格式的子集来存放。不带视频功能的

DVD–Audio 播放器可以播放 DVD–Audio AV 上的声频内容和视频内容中的声频元素，也可选择播放 DVD–Video VAN 上的声频元素。在 AV 光盘上，声频数据被存放在 Audio Title Set 当中，视频数据存放在 Video Title Set 当中。Audio Manager 和 Video Manager 定义了文件类型、声频和视频的组织，其中包含了菜单和节目数据。Audio Manager 可以控制 DVD–Video 数据的子集，利用 Link Info、DVD–Audio 播放器可以播放出视频内容中的声频元素。如果光盘的 Video Title Set 子目录中包含立体声 LPCM 或 Dolby Digital 规格的专辑光盘内容，那么 DVD–Audio 光盘可以与 DVD–Video 播放器部分兼容。通用 DVD 播放器可以播放所有 DVD–Audio 和 DVD–Video 光盘，声频声轨的展示数据被存放在 AOB（audio object，声频对象）文件中。每个 AOB 存放有 PCM 数据和备选的声频数据，比如 Dolby Digital。备选的非声频数据（比如静止图像）被存放在声频中的静止视频（audio still video，ASV）文件中，视频轨的展示数据被存放在视频对象（video object，VOB）文件中，VOB 文件包含交错的 MPEG–2 数据和声频数据。播放声频轨所必需的文件被存放在 AUDIO_TS 文件夹中，视频轨的文件（也包含有 VMG）被存放在 VIDEO_TS 文件夹中。

在许多 DVD–Audio 中，一条声轨中包括一首歌曲，一张光盘还可以包含每张专辑的 9 个分组（一张专辑包含在一个光盘面上）。一个分组基本上就是包含有多达 99 个不同声轨（每个轨带有 99 个子目录），一轨可能包含不止一个分组。用户选择一个分组和该分组内的多个声轨。这种导航由音频管理器（audio manager，AMG）支持。简单的声频管理（simple audio manager，SAMG）类似于 CD 的 TOC，并且包含有声轨列表（最多 314 个）。每张光盘包括一个基于声轨导航的 SAMG。简单的播放器只识别 SAMG，并不能识别 AMG，这些播放器只有两个声道的声频输出，没有视频输出。具有视频输出的 AMG 播放器可以读取 AMG 的 AMG/AVTT（声频及其视频）部分。没有视频输出的 AMG 播放器读取 AMG/AOTT（只是声频）部分。在这种方式中，光盘与大量的不同性能机器相兼容。表 4–3 概括总结了在 DVD–Audio 中见到的主要数据元素。

表 4–3　DVD–Audio 中包含的数据内容

元素	内容概述
SAMG	针对简单声频播放器的导航内容，播放器只有两个声道的声频输出
AMG	整张光盘的导航信息，其中可能包含有备选的文字管理 用于可视菜单的 AMG 菜单视频对象集
ASVS	导航静止图片的信息 用于静止图片的声频静止视频集
ATS	导航 ATS 的信息 用于声频数据和声频轨的备选 RTI 的声频对象集
VMG	导航视频部分的信息
VTS	导航 VTS 的信息 用于视频轨的视频 / 声频的视频对象集

2. 目录和性能

DVD–Audio 格式支持大量的编码方案和记录参数。备选的声频编码方案包括 Dolby Digital、MPEG–1、带 / 不带扩展比特流的 MPEG–2、DTS、DSD、SDDS 和 MLP。线性 PCM（LPCM）轨对于所有光盘都是强制性的，所有 DVD–Audio 播放器必须支持 MLP 解码。与有些 5.1 声道系统（比如 Dolby Digital、MPEG）不同，用在 DVD–Audio 中的 LPCM 编码对 LEF 声道并不是限带的，它是全频带声道。DVD–Audio 是可缩放的格式，为内容提供者提供了很大的灵活性。当采用 LPCM 编码时，声道数（1~6）、字长和采样频率都是被允许的内容。在 176.4kHz 和 192kHz 的最高采样频率下，只可以进行双声道的重放。声频编码备选项和光盘层数决定了播放时间。比如，一个数据层上的立体声 LPCM 节目可以播放 258 分钟，还是 64 分钟，取决于其记录参量。类似地，不同的多声道记录配置所生成的记录时间如表 4–4 所示。此外，利用 MLP 无损压缩或有损压缩同样可以延长播放时间。

表 4–4　没有采用 MLP 编码的 DVD–Audio 中播放时间的例子

声频内容组合	声道组合	每面光盘的播放时间			
		（8cm 光盘）			
		单层	双层	单层	双层
仅 2 声道	48k/24-bit/2 声道	258 分钟	469 分钟	80 分钟	146 分钟
仅 2 声道	192k/24-bit/2 声道	64 分钟	117 分钟	20 分钟	36 分钟
仅 2 声道	192k/24-bit/2 声道	125 分钟	227 分钟	39 分钟	70 分钟
仅多声道	96k/24-bit/6 声道	86 分钟	156 分钟	27 分钟	48 分钟
2 声道和多声道	96k/24-bit/2 声道 +96k/24-bit/3 声道和 48k/24-bit/2 声道	76 分钟	135 分钟	23 分钟	41 分钟

声频声道放在两个声道分组（channel groups，CG）内。声道安排的例子如表 4–5 所示。 编组分层表列出的是混合形式，其中采用了前 L 和前 R 声道，前 L、R 和 C 声道，以及角落 L、R、Ls 和 Rs 声道。CG1 的采样频率和字长大于或等于 CG2 的采样频率。一般而言，CG1 是针对前方声道的，CG2 是针对后方声道的。声道可以被安排成单声道至 6 声道分组、不同的字长分组，并且前后声道可以采用不同的采样频率。比如，为了降低存储要求，前方声道可以用 24/96 编码，后方声道可以用 16/48 编码。采样频率必须呈简单的整数倍关系，比如 48/96/192kHz，或者 44.1/88.2/176.4kHz。

声频内容的变化可能相当大。比如，一张光盘可能使用立体声 LPCM 声频作为其选项。另一张光盘可能包含为多声道 LPCM 选择的一种编码，以及为立体声 LPCM 选择的另外一种编码。其他的光盘还可能包含立体声 LPCM 作为一种选择编码，另外一种编码是备选格式，诸如 Dolby Digital，这样的好处是 Dolby Digital 数字轨可以在 DVD–Video 播放器上播放。有些光盘还可能包括一个以 24/96（还可能有 MLP 压缩）编码的 6 声道 DVD–Audio

选项，一个立体声 LPCM 选项和一个用在 DVD–Video 部分的 Dolby Digital 5.1 声道选项。

DVD–Audio 可以为 LPCM 声轨采用 SMART（system managed audio resource technique，系统管理声频资源技术）。利用 SMART，播放器可以将多声道声频节目缩混成双声道，通过立体声系统来播放，内容供体控制选用 16 个系数表中的一个进行下变换。每个系数表定义了电平（0~60dB）、声像位置和相位，不同的表可以用于一个 Audio Title Set 中的每一轨。通过 SMART，多声道光盘不必使用单独的立体声缩混，可以节省光盘的存储空间。虽然 SMART 的使用是光盘的备选项，但是在播放器中其支持是强制性的。

DVD–Audio 格式采用了加密和嵌入水印技术的备选内容保护。针对预录媒质（pre-recorded media，CPPM）的内容保护（content protection）加密编码要强于 DVD–Video 格式中所采用的加密编码，并且有撤销、终止或恢复密钥的功能。备选的 CPPM 水印通过不加密的数字和模拟链路识别内容，这在高速加密链路中并不常用，取而代之的是核实未加密信号的复制状态。声频信号当中包含水印，它对模拟和数字压缩传输链路呈鲁棒特性。

表 4–5　采用 CG1 和 CG2 的通道安排

		声道号					
		0	1	2	3	4	5
单声道/立体声重放	1	C					
	2	L	R				
左前，右前加权	3	Lf	Rf	S			
	4	Lf	Rf	Ls	Rs		
	5	Lf	Rf	LFE			
	6	Lf	Rf	LFE	S		
	7	Lf	Rf	LFE	Ls	Rs	
	8	Lf	Rf	C			
	9	Lf	Rf	C	S		
	10	Lf	Rf	C	Ls	Rs	
	11	Lf	Rf	C	LFE		
	12	Lf	Rf	C	LFE	S	
	13	Lf	Rf	C	LFE	Ls	Rs
前方加权	14	Lf	Rf	C	S		
	15	Lf	Rf	C	Ls	Rs	
	16	Lf	Rf	C	LFE		
	17	Lf	Rf	C	LFE	S	
	18	Lf	Rf	C	LFE	Ls	Rs
角落加权	19	Lf	Rf	Ls	Rs	LFE	
	20	Lf	Rf	Ls	Rs	C	
	21	Lf	Rf	Ls	Rs	C	LFE
				声道分组 1		声道分组 2	

3. MLP

MLP（meridian lossless packing，Meridian 无损压缩包）是一种用来取得无损数据压缩的声频编码算法。它降低了平均和峰值的声频数据率，从而减缓了对存储容量的要求。MLP 打包声频数据时，在不改变内容的前提下，缩小文件的效率更高。相对于 PCM 来说，MLP 的功能得到了改进。当通过制作链的时候，生成损失、传输误码和其他因素可能会使 PCM 信号稍有改变，然而通过 MLP 编码文件的检测和其比特精度的核准，MLP 可以确保输出信号与输入信号完全相同。MLP 所取得的压缩量取决于被编码的音乐，确切地讲，它可以提供 1.85∶1 的压缩比，从而将比特率降低 50%，同时播放时间加倍，没有音质上的损失。比如，对于无压缩的 96kHz/24bit 声频，每个声道需要的比特率为 2.304Mbps。因此，6 个声道的记录就需要 13.824Mbps，这已经超出了 DVD–Audio 的 9.6MHz 的最高比特率，所以，在配置中不能再使用 LPCM 了。相对而言，MLP 允许 6 声道的 96 kHz/24–bit 的记录，其可能达到的带宽减小了 38%~52%，将带宽减小到了 6.6~8.6Mbps，从而在 DVD–5 光盘上可以实现 73~80 分钟的播放时间。在 192 kHz/24bit 的双通道立体声模式中，MLP 提供的播放时间约为 117 分钟，远长于 LPCM 编码的 74 分钟的播放时间。

与有损感知编码不同，MLP 是逐比特地保存声频信号的内容。MLP 的压缩量要比有损方法的小，具体的压缩程度取决于声频信号的内容，虽然输出比特率可以根据信号条件而连续变化，但是也提供了固定比特率模式。MLP 是强制编码选项，因此，所有的 DVD–Audio 播放器必须支持 MLP 解码，但是光盘上 MLP 的使用是内容提供者的备选项。MLP 可以逐声轨采用，MLP 支持所有的 DVD–Audio 采样频率，并且量化也可以以 1 比特为步长从 16 比特变化至 24 比特，MLP 可以同时对立体声和多声道进行编码。

第六节　数字硬盘录音与数字音频工作站系统

20 世纪 80 年代前，大多数的录音棚与声音制作机构使用的都是基于盘式或盒式磁带的模拟录音系统。随着数字音频技术的成熟，大量的数字磁带录音系统出现：基于盘式磁带的固定磁头系统，比如 DASH 与 PD；基于盒式磁带的旋转磁头系统，比如多轨的 DTRS 系统、MDM 系统，两轨的 DAT 系统。但上述这些数字记录系统依然是传统的线性记录方式，无法提供快速寻址与灵活的剪辑能力。所以，在 20 世纪 90 年代中后期，随着计算机性能的提高，大量出现的基于非线性工作方式的硬盘录音与音频工作站系统逐渐代替了传统的基于线性工作方式的磁记录系统。

一、非线性音频剪辑

在硬盘录音系统中，数字音频信息以文件的形式储存在硬盘内。与计算机系统其他文件一样，所有文件在硬盘中都占有唯一的寻址地址。硬盘寻址方式是以磁头（heads）、柱面数（cylinders）、扇区数（sectors）这 3 个参数为基础的，如图 4–22 所示，所以可以快速寻找到响应文件进行读取。

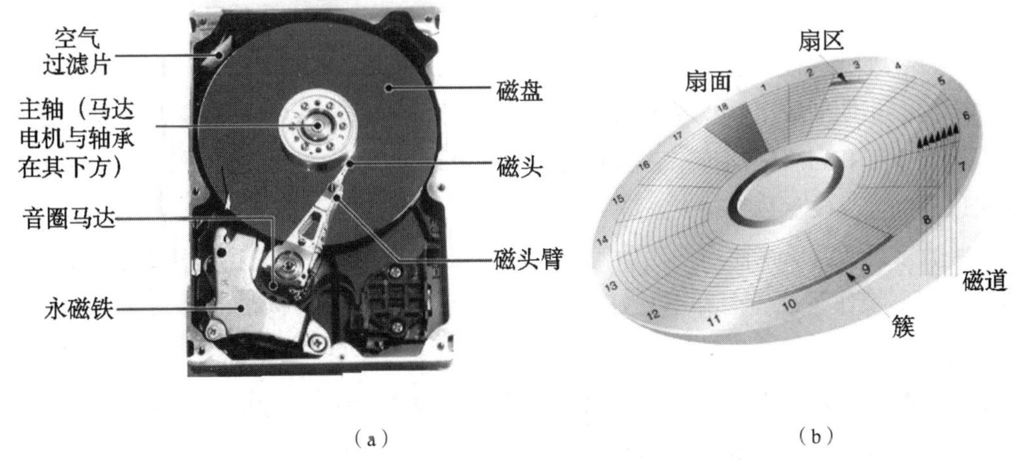

图 4–22　（a）硬盘内部结构；（b）硬盘容量结构图

但在传统的线性记录系统中，如果需要寻找素材，必须进行“倒带”。“倒带”要指定时间码位置，等待磁带回卷或根据磁带快放音频信息找到所需位置，这非常烦琐且耗费时间。另外，无论是物理性的剪辑还是双机对编剪辑，都会对原始素材造成损耗。

音频非线性剪辑的实现，建立在数字音频文件化储存与索引的基础上。同时，音频文件的图形化，即生成与数字音频相关的波形图示，则更加方便了音频非线性剪辑。如图 4–23 所示，同一声部的多次录音，标注不同颜色的波形图示以便于区分，波形图示与相关音频文件为完全对应。最顶端完成剪辑的轨道是由下方各次录音的不同部分组合而成，音频软件一般称这些部分为区段。但这些剪辑并不破坏原始录音素材，其实质相当于一个播放列表，指示音频软件在回放当前轨道音频信息时，去索引硬盘上已经录制好不同音频文件的不同部分，从而完成非线性剪辑。

图 4–23　音频软件 PRO TOOLS 剪辑窗口示例

由于非线性剪辑不会破坏原始素材，所以可以方便地修改剪辑点位置和剪辑点的过渡方式（即交叉淡出淡入方式），甚至可以重新修改几段素材的排序。

二、数字硬盘录音系统

由于数字硬盘录音是基于计算机的文件系统的，所以其发展也受计算机技术和软硬件水平的影响。早期的数字硬盘录音系统，特别是在 20 世纪 80 年代初的起步阶段，受制于计算机运算水平和高昂硬件价格，当时的数字硬盘录音机厂商，只能生产独立于通用个人计算机以外的独立硬盘数字录音系统。

这些数字录音系统往往不使用通用个人计算系统，这是因为其系统组成较封闭，软硬件相互独立，操作系统界面并不友好，并且借助大量音频专用 DSP 芯片来辅助当时运算性能不高的 CPU。

第一款商用的数字硬盘录音系统，是 1982 年 New England Digital 公司的 Synclavier II 合成器产品开发的，可以进行 16–bit、50kHz 采样的录音模块。由于性能低下、储存空间小、价格昂贵，当时的硬盘录音设备基本不能适用于专业录音制作。

随着 CD 的出现，数字录音变成了当时专业厂商开发的重点，但大量的数字录音系统依然采用传统开盘磁带或者基于录像机系统的盒式磁带。但在 20 世纪 90 年代初，还是有厂商推出了新的数字硬盘系统，如 Fairlight 的 MXF2 系统以及 IZ 的 RADAR 系统。这两个都是 24 轨的录音系统，MXF2 基于 PC 平台，RADAR 则基于自己开发的软件平台。如图 4–24 所示，RADAR 24 轨硬盘录音系统带有双硬盘系统，互为备份，并且硬盘可以随意抽取。

图 4–24　RADAR 24 轨硬盘录音系统

这时期的硬盘录音系统，其数据处理能力已经可以达到专业录音的要求，随着计算机系统，特别是硬盘价格的降低，以及硬盘容量的不断增大，基于硬盘的录音系统被越来越多地使用到专业录音棚，特别是小型录音工作室。

随着计算机性能的提高以及数字音频软件技术的不断发展，硬盘录音系统从单一的多轨记录、非线性剪辑的功能逐渐发展到了具有信号处理与混合能力的音频工作站系统，并且系统开放性越来越高，以至于普通个人电脑可以胜任大量的音频制作工作。但这些传统的硬盘录音系统，由于其系统的成熟与稳定，到今天依然活跃在现场录音、广播电视等需要录制安全等级高的应用场合。类似产品还有 Tascam X48、Alsis ADAT H24 等。同时，很多电子乐器厂商，比如 Yamaha、Roland、Korg 也推出了很多相对便携的硬盘多轨录音系统，这些系统往往带有一定音频工作站和 MIDI 音序器的功能，方便音乐创作。

随着储存介质的不断发展，近些年也出现了大量基于闪存的录音产品，比如 CF 卡、SD 卡、SSD（固态硬盘）录音机。这些录音系统原理与硬盘录音类似，也基于磁盘文件系统。但这些储存介质可以大大缩小设备体积以及提高设备抗震能力，往往被应用于影视现场录音等场合。图 4–25 所示为 Sound Devices 788T SSD 硬盘录音机。

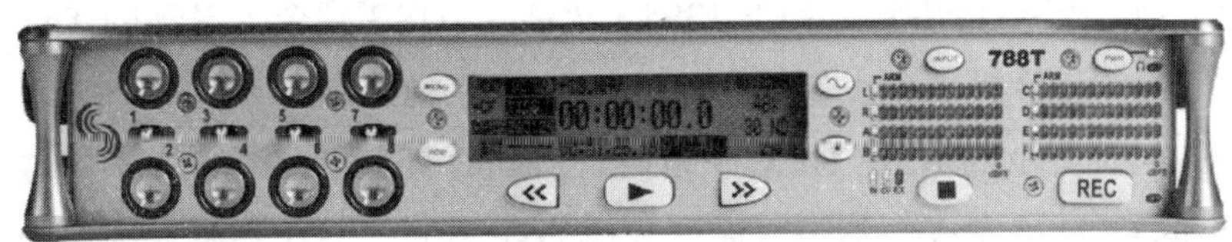

图 4–25 Sound Devices 788T SSD 硬盘录音机

三、数字音频工作站系统

数字硬盘录音系统发展于 20 世纪 90 年代中期。伴随着计算机性能的提升与数字音频软件技术的成熟，其功能从单一的多轨记录、简单的非线性剪辑，逐渐扩展至后期音频处理等整个音频制作流程，这种一体化的工作能力，颠覆了传统的工作方式。随着个人计算机能力的提升，基于硬盘的数字录音系统逐渐转向通用型的操作系统，比如 PC 或 MAC，并且分化出两种不同概念的音频工作站系统。

1. 基于 DSP 板卡的音频工作站系统

这一类工作站系统基本从原来的数字硬盘录音系统发展而来，大部产品结构为：在通用的个人计算机系统中，插入厂商针对该工作站软件设计的专用处理卡，不同厂商的软件与硬件不可兼容，且使用厂商规定的专用音频接口。大量音频信号路由和音频处理的运算由专用板卡上的 DSP 芯片运算，电脑系统的 CPU 只负责电脑系统其他方面的处理。

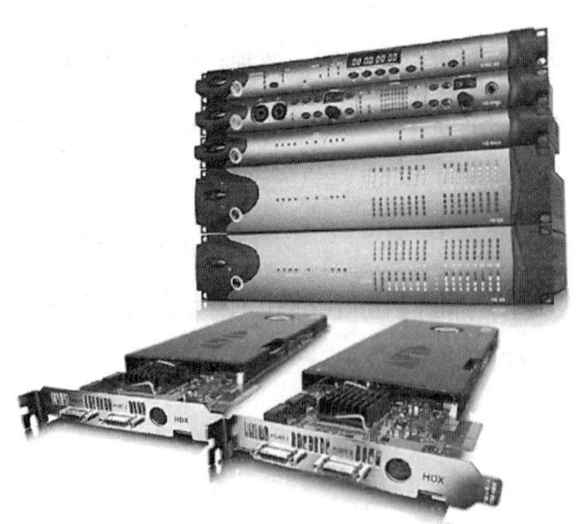

图 4–26 AVID PRO TOOLS HDX 2 系统

比如，AVID 公司的 PRO TOOLS HDX2 系统，如图 4–26 所示，需要由一定数量的 HDX 处理卡配合一系列专用音频接口构成。处理卡数量决定音频处理能力，处理卡插入 MAC 或 PC 系统的个人计算机以后，用专用的 DIGI LINK 接口连接专用音频接口，并在计算机中安装相应版本的 PRO TOOLS HD 软件来构成完整系统。

基于 DSP 处理卡的音频工作站系统，系统配置封闭，往往具有较好的工作稳定性与较短的处理延时，大量应用于大型商业录音棚和音频后期制作公司。但这样的系统造价较高，且硬件选择较少，往往在整体架构升级时付出的成本较多，不适于成本较低的录音工作室。典型的系统还有 Merging 的 Pyramix、PrismSound 的 SADiE 等。

2. 基于通用计算机 CPU 运算的 Native 系统

随着计算机 CPU 性能的提高，同时也因为音频处理的数据量并不是太大，所以出现了大量的开放式的音频工作站软件。这些软件可使用大量具备专业音频驱动，比如 ASIO 或 CoreAudio 等标准的音频接口，甚至民用音频接口。这些音频接口有许多选择，其与计算机的连接形式从 PCI、PCI–E、IEEE 1394（火线）、USB 到今天最新的 Thunderbolt（雷电接口）。其应用的计算机平台也包括 PC、MAC，甚至 Linux 系统。

比如，图 4–27 所示的 RME UFX 音频接口，同时具备 USB 与 1394 接口。其运算完全依靠计算机的 CPU 来完成，不需要借助其他 DSP 运算，且可以使用大量第三方（基于 VST 或 AU 等格式）的效果器插件。

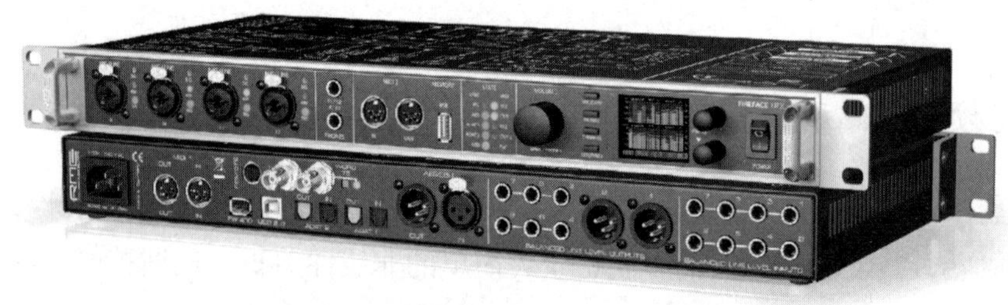

图 4–27 RME UFX 音频接口

这种基于 CPU 运算的 Native 系统，其系统构成灵活，成本相对较低。但也是因为其灵活性较高，所以影响整个系统性能和稳定性的环节较多，目前依然多用于个人家庭工作室、部分录音棚和后期制作公司，在对稳定性要求很高的场合使用较少。目前，这类工作站的软件品牌种类繁多，往往与 MIDI 制作绑定。比较典型的有 Steinberg 公司的 Cubase，如图 4–28 所示，以及 Nuendo 和苹果公司的 Logic PRO 等。上述基于 DSP 板卡的音频工作站厂商目前也都推出了基于 CPU 的 Native 版本，只是工作站软件功能有部分限制或性能有所下降。

图 4-28　Cubase 7 软件界面

思考题

1. 简述磁感应强度、磁通和磁滞回线的定义。
2. 简述超声频偏磁录音的工作原理。
3. 简述模拟磁性放音的工作原理。
4. 简述超声频消磁的工作原理。
5. 简述磁带录音机的录放音损失及解决的办法。
6. 简述如何进行录放音均衡。
7. 什么是磁带的饱和剩磁、矫顽力和矩形比？其意义如何？
8. 如何调整磁带录音时偏磁电流的大小？
9. 简述杜比 HX PRO 的工作原理，说明它与杜比 HX 的异同。
10. 简述磁带录音机的走带机构的组成及作用。
11. 什么是模拟磁带记录的记录波长？
12. 简述时间码的组成及作用，LTC 与 VITC 各有何特点。
13. 简述 CD-R 的数据记录原理。
14. 简述 SACD 光盘物理结构及其 DSD 编码方式。
15. 简述 DVD-Audio 光盘物理结构及其 MLA 编码方式。

Chapter 5

第五章　调音台

本章要点

调音台的基本结构和作用
调音台的模块构成和作用
数控调音台的工作原理
数字调音台的工作原理
数字声频工作站的一体化控制调音台

第一节　调音台概况

调音台是调音控制台的简称，它是广播电台、电视台及音像出版部门进行节目制作和播出的主要控制设备。

一、调音台的分类

现在使用的调音台多种多样，虽然它们的基本功能大致相同，但是根据用途及所采用技术的不同，它们之间存在一定差异。

根据分类标准的不同，调音台通常有下列几种分类方式。

（1）按节目种类可分为音乐调音台和语言调音台。

（2）按使用情况可分为便携式调音台和固定式调音台。

（3）按输出方式可分为单声道、双声道立体声、四声道立体声和多声道调音台。

（4）按对信号的控制方式可分为手动控制调音台和自动控制调音台。

（5）按信号处理方式可分为模拟式调音台和数字式调音台。

目前，国内在音乐节目录制中所使用的调音台大多为音乐录制用、固定式、双声道立体声及多声模拟数控式调音台。

二、调音台的结构

1. 模块机械结构

现代调音台由于功能上的需要，机身构造越来越复杂。为了便于安装、运输、调试和维护，调音台总是被制造成模块形式，一般包括机架、电气单元功能组件（模块）、插接基板和母线。

2. 电气结构

为了完成复杂节目的录制工作，调音台必须具备供电系统、接口系统（端子板和跳线盘）、监听和监视系统、辅助系统（效果送出和返送系统）、对讲联络系统和控制系统。

三、调音台的功能

调音台应提供以下功能。

1. 放大

（1）将微弱的低电平传声器信号和高电平线路输入信号放大调整到合适的电平上。

（2）将容易相互干扰的信号隔离开，以免互相串扰。

（3）补偿由于分配、开关和衰减网络带来的损耗。

（4）为提示耳机、外接的声处理设备和对讲系统提供合适的电平信号。

2. 为每个通道设置可控均衡器

（1）补偿输入信号的频谱缺陷（过大的峰和谷）。

（2）获得某种听觉上的特殊效果。

（3）对于不需要的电声信号进行有选择的衰减。

（4）在进行电声信号重放时，提供最大限度的保真度。

3. 通道或母线分配

通道或母线分配是提供用以使任一输入信号任意分配到指定输出母线上的开关设施。

4. 声音监听

声音监听是对每一声道上的信号或混合信号进行音质主观评价的手段。根据制作的需要，一般会设置大型监听机组和音箱，以及近距离的小型监听音箱。

5. 视觉监视

视觉监视是调音师对信号进行客观评价的手段。视觉监视一般通过 VU 表、峰值表和相关仪表来完成对信号的音量、峰值电平和信号间相互相位的监视。此外，调音台还设置了一些简单的指示器来完成对信号状态和通路控制状态的指示。大型的自动化调音台一般配有电视监视器来对以上所提的参量加以显示。

6. 编组混合

编组混合可以有选择地进行混合控制，将多路输入信号根据需要进行编组，然后在指定的输出母线上输出，或者进行统一的编组控制。

7. 电平调节

每个声道上的电平调节器可以对声道上的信号电平进行连续的调整，以便能够在混合输出母线上建立一个相对平衡的音乐信号。

8. 辅助功能

调音台的辅助系统主要是为外接的声处理设备提供所需的激励信号，并且为声处理设备的输出信号提供返回通道，还将它分配到指定的母线上。另外，在多声道录音中，为了避免不同演奏者间信号的串扰，常常进行隔离，这会使演奏者不容易听清其他人的演奏。要解决这一问题，在调音台的辅助系统中，还可以提供一系列独立的返送混合信号，该信号送到演奏者佩戴的返送耳机上。

9. 返送

在进行多声道分期录音时，音乐中的各个声部都是按一定顺序分期进行记录的，因此后记录的声部的演奏或者演唱者必须在听到自己的演奏或演唱的同时还能够听到先期记录的各声部的重放声音，以获得类似同期录音时的现场效果，使演唱或演奏的水平更好地发挥出来。为此，调音台可以通过辅助系统或专门的返送系统为演员提供重放出来的先期录音和自己演奏或演唱声音的混合信号——返送信号。演员可以通过返送耳机（录音）或返送音箱（扩声）听到返送信号的声音。

10. 对讲

为了在录音师和演播室的演员之间建立一定的联系，通常需要专门的传声器、功率放大器及演播室扬声器。演播室的传声器使演员或乐队指挥的声音能够通过控制室的监听扬听器被录音师听到，当录音师打开对讲通路时，其余的道路必须同时关掉以避免啸叫。演播室的对讲扬声器也同时用作声音重放。

11. 调节声像

在进行立体声录音时，声像电位器可以将其所在通道的歌声或乐器声分配到重放声场的某一方位上。另外，声像电位器在某些调音台上还与母线分配开关配合进行奇、偶母线的选择。

12. 提供测试信号

调音台可以用来进行各种测试和故障的检查，比如在录音之前检查各个声道，以及检查每个声道的频响。

13. 跳线功能

调音台上的电气关键接点都通过连接件接到跳线盘上，跳线盘是各种关键接点的集合。跳线盘的插孔可以将常用的设备接入到通路中，具体如下。

（1）接入测试仪器。

（2）在不断开调音台内部连接的情况下，将周边设备接入通路中。

（3）插入插头，可以将信号“跳入、跳出”，增强调音台的灵活性及现有功能。

四、多声道调音台简介

多声道调音台是音乐制作时的控制中心。一般来说，流行音乐的录制大多采用多声道分期录制的制作方式，它将录制分成两个阶段来进行，即前期的分声道录音阶段和后期的缩混或合成阶段。前期的分声道录音阶段，主要是将乐器和人声的电声信号记录到指定的多声道录音机的某一声道上，通常先录音乐的基础声道和节奏声道，然后再录领奏或主奏及歌唱声道。在缩混阶段，首先将记录在多声道录音机上的音乐信号重放出来，接着在调音台上完成各个信号的平衡和效果处理，最后混合成双声道立体声形式或其他形式的节目源，比如杜比环绕声形式的节目源。图 5-1 为多声道分期录音的两个阶段的信号流通示意图，其中上半部分表示前期分声道录音的信号通路，下半部分表示后期缩混的信号通路。

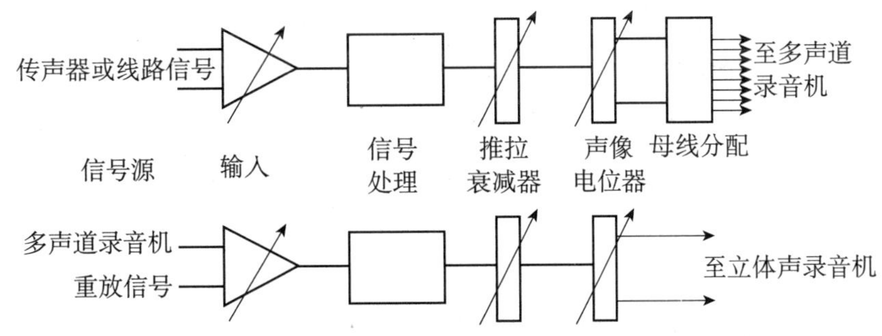

图 5-1　多声道分期录音的信号流通图

最近，电子乐器和 MIDI 设备的广泛应用，使得多声道录音机在某些录音棚中的地位有所下降，这是因为在后期缩混时，MIDI 音序声源的声音可以直接进入调音台并参与后期的缩混过程。

在实际录音过程中，特别是进行分声道前期录音时，也需要对信号进行缩混。比如，在将传声器信号记录在多声道录音机磁带上时，录音师和音乐制作人想听到最后缩混的效果如何，或者在进行分期同步录音时，演员要通过耳机来听已录的混合信号，以便同步演奏或演唱要录的内容。以上这种混合处理被称为监听混合。

由图 5-1 可知，多声道分期录音有两种信号通路形式，即传声器输入多声道录音机的通路和多声道录音机信号返回到调音台并缩混成立体声的通路，一般前者被称为声道通路（channel path），后者被称为监听通路（monitor path）。

基于以上原因，调音台在结构和面板设计上也有两种形式：一种是监听分离式或欧洲型的调音台，另一种是单列一体式的调音台。图 5-2 和图 5-3 分别是这两种调音台的结构示意图。

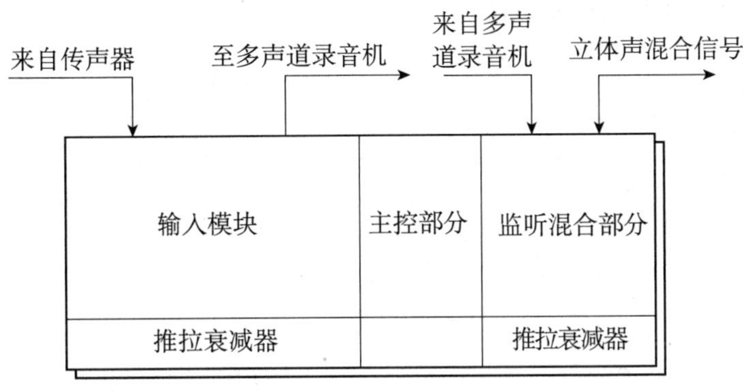

图 5-2　监听分离式调音台的结构

由图 5-2 可以看到，监听分离式调音台，输入模块和监听混合部分分别在调音台的左右两边，主控部分在中央。这相当于在一个调音台机架上安装了两个调音台，并且监听混

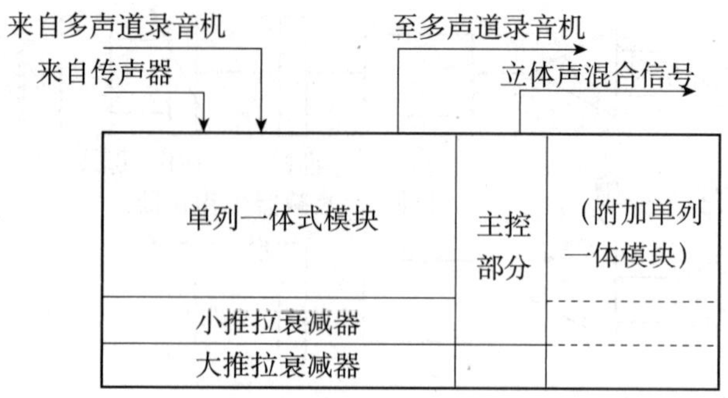

图 5-3　单列一体式调音台的结构

合部分“调音台”的监听声道数应与多声道录音机的声道数相匹配，每个监听声道上必须具备与输入模块类似的信号处理装置。在前期分声道录音时，监听分离式调音台的监听混合部分的作用是将要记录的信号以立体声的形式进行粗混，以便每个监听的人都能听到最终混合后的大概效果。而在后期缩混时，输入调音台的每个输入信号均可分配到立体声混合母线上，这样便增加了输入的数目。因为输入模块比监听混合的输入数目多，并且输入模块的功能可以用到磁带录音机的返回信号中。

这种分离式设计的优点是操作比较简单，通道模块结构明了。但是它的体积较大，增加了调音台的成本，并且不够灵活。

单列一体式调音台把分离式调音台的监听部分与输入模块部分组合在一起。从图 5-3 可以看到，监听通路和声道通路同在一个单列模块中。因此，模块中的许多功能可以被两个通路共用。在这种设计中，每个模块有两个推拉衰减器，简称为小推子和大推子，它们分别对两个通路的信号进行电平控制，但通常只有一个均衡部分、一组辅助送出控制、一个动态处理部分等。另外，还有一个功能反转开关，可以将两个通路的功能调换。图 5-4 为模块中两个通路功能反转的示意图。

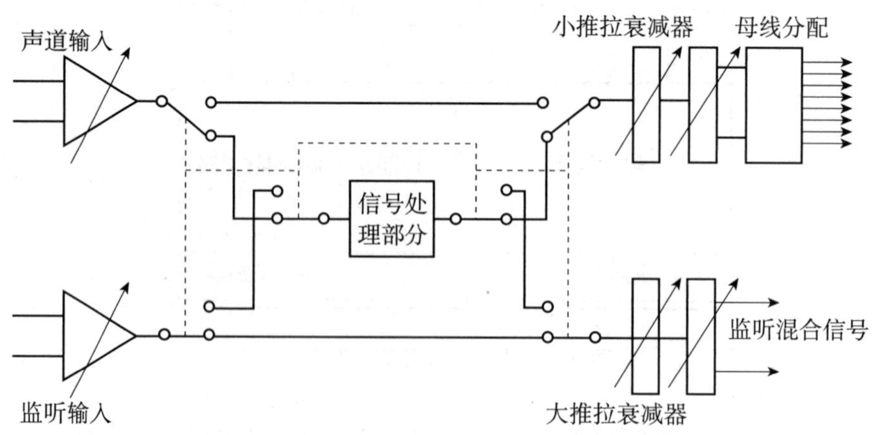

图 5-4　单列一体式调音台模块的结构及两个通道功能反转示意图

通常，这种设计意味着多声道录音通路和立体声混合通路不能同时具备均衡功能。但是新的设计可以把均衡器部分分离，使得声道通路和监听通路能够同时进行各自的均衡处理。为了能够具备这种设置的灵活性，均衡控制的频段范围被设计成相互重叠的形式。

在这种单列一体式调音台中，小推子有时会被一个旋转电位器代替。另外，小推子和大推子控制的对象并不是固定的，它们既可以安排控制声道通路的信号电平，也可以安排控制监听通路的信号电平，这完全是根据录音习惯。通常，两个推子控制的对象是可以调换的。在将调音台从录音方式转变成预混合方式时，利用总的反转开关，就可以自动将整个调音台中各个模块的两个推子的控制对象调换。在每个模块中，也有一个推子反转开关（faderflip 或 fader reverse）可以将该通道模块的两个推子的控制对象调换。一般来说，大推子的控制精度要比小推子高，所以将使用中重要的控制安排给大推子来完成。这样安排的另外一个原因是在自动化的调音台中，大推子是可以自动控制的。

目前，国内使用的大型音乐制作用调音台都是单列一体式调音台。因此，在叙述调音台功能时，都是指这种形式的调音台。

第二节　调音台的结构

常见的调音台基本是由若干个功能模块组成的。这些功能模块包括输入 / 输出模块、辅助模块、监听监视模块和对讲模块，有的将后三种模块统称为主控模块。

一、输入 / 输出模块

调音台输入模块的主要作用是完成对来自不同信号源的不同电平的信号进行放大、衰减和动态范围调整，同时利用各种信号处理装置对信号进行均衡、压限和噪声切除等处理，然后按照制作的要求进行信号的母线分配、混合等处理。

1. 接口与接口的配接

由于调音台输入接口所要接收的信号来自具有不同输出阻抗、电平相差悬殊的各种信号源，且调音台的输入接口对外呈现的输入阻抗与所接入的输入信号源的输出阻抗之间要满足高阻跨接的要求，同时专业录音用传声器的输出阻抗大多在 200Ω 以下，因此调音台输入口的输入阻抗一般为 1kΩ 以上。而磁带录音机的声处理设备等线路输出的信号源的输出阻抗一般在 1~2kΩ，因此线路信号输入口的输入阻抗一般在 10kΩ 以上。从保证输入信号的信噪比的角度考虑，高质量的调音台的输入接口均采用电平衡的输入方式。采用电平衡电路避免了变压器的低频失真和电磁干扰等问题，同时也可以降低成本和减少电路的占有时间。目前，在需要长距离传送和良好隔离的广播传送中，一般采用变压器平衡的连接方式，而在录音演播室中采用高质量的电平衡连接方式。图 5–5 为利用差分放大器的电平衡连接方式。采用这种连接方式的优点是可以有效地减少由线路引入造成的干扰，所以传声器与调音台的连接均采用电平衡的连接方式。在高质量的调音台设计中，高电平的线路电平信号输入口也采用平衡的连接方式，出于设计方面的考虑，高电平的线路信号也可采用非平衡的连接方式。

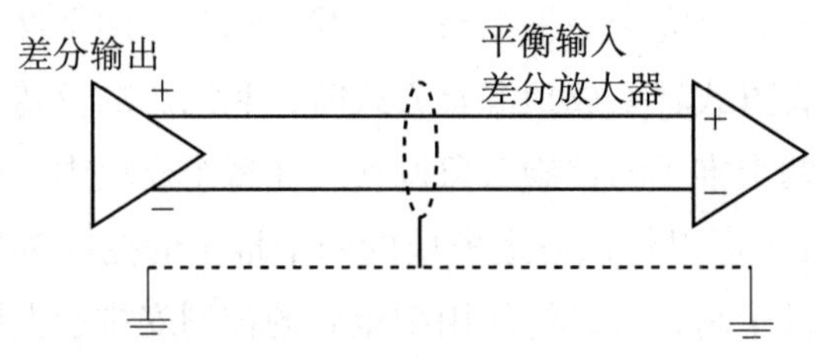

图 5–5　电平衡连接方式

2. 输入信号源的选择

由于调音台所接入的信号源多种多样，电平和输出阻抗相差很大，所以每个输入模块均设有不同的接口来接收不同信号源的输出信号。常见的接口有传声器接口和线路接口，为此调音台设置了输入信号源的选择开关，用此开关来选择将哪个接口上的信号作为该模块的输入信号。比如，在前期录音时选择传声器信号为输入信号，而在后期合成时选择线路输入口送来的多轨录音机的重放信号。

3. 输入信号电平与调整

传声器信号的电平一般为 –60 ~–20dBu，而线路信号的电平为 –30~+10dBu，所以二者信号的电平相差很大。在调音台输入口上，要通过传声器放大器或线路放大器的增益调整，将这些不同电平的输入信号设置在调音台的工作电平上，但是有时调音台的输入信号太大，已经超出了连续调整增益控制的范围，换言之，即使将输入电平的连续调整电位器旋转到最小增益的位置，也会超过最大不失真电平，使调音台的输入级出现削波失真。这时常常要使用输入级上的一个固定衰减开关或垫整开关（PAD），将大的输入信号衰减，一般衰减量为 20 ~30dB，将输入信号衰减到旋转电位器可以控制的电平范围之内。输入信号电平的连续调整控制和固定衰减配合，使得调音台可接收的信号范围更大。

调音台的输入放大器要满足三个要求：低噪声、低失真和足够的动态余量或峰值储备。其中，前两点要求主要通过具有良好特性的元器件和电路设计来达到。调音台传声器输入通路的噪声指标是以折合到输入端的等效输入噪声电平（*EIN*）来表示的，调音台的等效输入噪声电平可表示为：

$$EIN=20\lg\sqrt{4kT\Delta fRs+N_F}$$

其中：

k 为波尔兹曼常数，其值为 1.38×10^{-23}J/° K；

T 为绝对温度（室温取 273+20° C=293° K）；

Δf 为等效噪声带宽（Hz）；

Rs 为源阻抗的等效电阻（Ω）；

$N_F=10\lg F$（F 为噪声因数）；

$F=F_1+(F_2-1)/K_{p1}+(F_2-1)/K_{p1}\cdot K_{p2}+\cdots+(F_n-1)/K_{p1}\cdot K_{p2}\cdots K_{p}(n-1)$

F_n 为第 n 级放大器的噪声因数；

K_{pn} 为第 n 级放大器的增益。

由上式可以看出，如果第一级放大器的增益 K_{P1} 足够大，则总的噪声系数主要取决于第一级的噪声系数，因此，传声器放大器必须是低噪声的，同时 K_{P1} 也应足够大。对于现在的调音台，等效输入噪声已达 –124~–129dBu。传声器和线路放大器的峰值储备，主要是满足对具有大的峰值 / 平均值之比的信号进行不失真放大的要求。大多数专业调音台，其输入级别都具有 20dB 以上的峰值储备。从录音角度来看，尽可能地提高输入电平，虽然可以保证每个通路上信号的信噪比，但是这种处理不应以信号的失真为代价。因此，对输入电平的调整应本着在不失真的前提下尽可能地提高输入电平的原则来进行。

4. 幻象供电

对那些泛音比较丰富的乐器进行拾音，一般都选用优质的电容传声器来进行。但是电容传声器工作时，需要外界为它提供能量，使其极头膜片极化，并且为极头放大器提供工作电压。因此，为了方便地使用电容传声器，调音台上一般都设置了幻象供电装置。所谓幻象供电，就是电容传声器所需的直流电压由调音台或录音机本身通过一定的接线方式，利用传声器与调音台或录音机相连的平衡式传声器接线提供给电容传声器的供电方式。一般所采用的幻象供电方式是采用 IEC268–15 规定的标准，其接线方式如图 5–6 所示。图（a）为变压器中心抽头连接，图（b）为电阻模拟中心抽头连接。

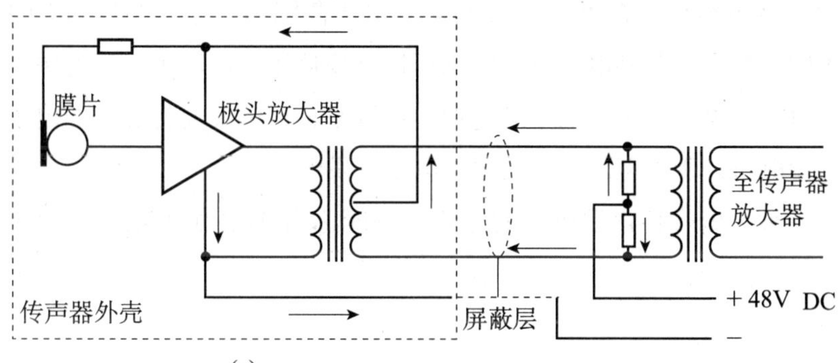

(a)

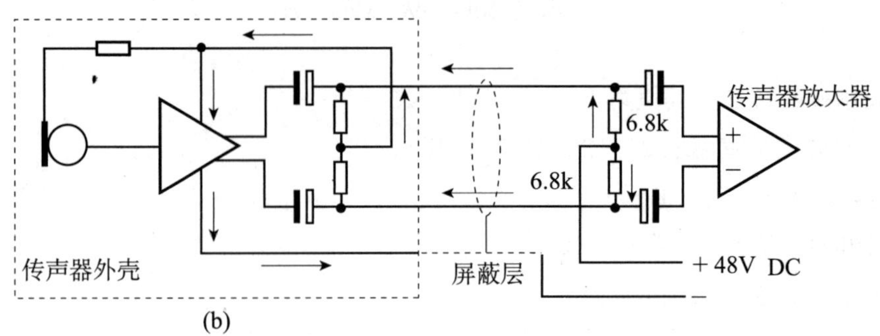

(b)

图 5-6 幻象供电

一般幻象供电提供的直流电压为 48V，这一电压通过两个 6.8kΩ 的电阻加到平衡连接方式的两条信号线上，以信号线和屏蔽层构成电流回路。其中两个等值电阻的作用是避免电声信号出现短路，而传声器放大器输入端上的电容是为了避免直流电流影响到传声器放大器的工作。两个电阻的阻值是按照 IEC268–15 的标准选用的，表 5–1 给出了 IEC268–15 规定的不同幻象电压下所采用的电阻阻值。

表 5–1 IEC268–15 规定的电阻阻值与幻象电压的关系

幻象电压	电阻阻值
12V（±2V）	680kΩ ±10%
24V（±4V）	1.2kΩ ±10%
48V（±4V）	6.8kΩ ±10%

幻象供电中两个电阻的阻值的允差范围为 0.4%。按照规定选用电阻可以减少传声器负载的不对称性，同时也可保证在此电阻上的电压降尽可能地小。若在此电阻上的电压降太大，将会导致有些传声器产生很大的噪声。如果出现这种情况，就只能采用厂家所提供的供电单元或采用电池供电方式来解决。一般传声器的制造厂家已将电阻上产生的电压降考虑在内，所以这些电容传声器可以在 9~52V 的电压范围内工作。但是，不同传声器制造厂对电压有不同的要求，各种电源不一定都可以互换使用，所以不必用幻象供电系统去取代目前录音室里所有电容传声器的单独电源。特别是，目前又流行起来的电子管电容传声器仍然需要灯丝电压，所以无法使用幻象供电系统供电。

另外，还有一种为电容传声器供电的方式，一般称为 A–B 供电系统，图 5–7 是典型的 12V A–B 供电方式。

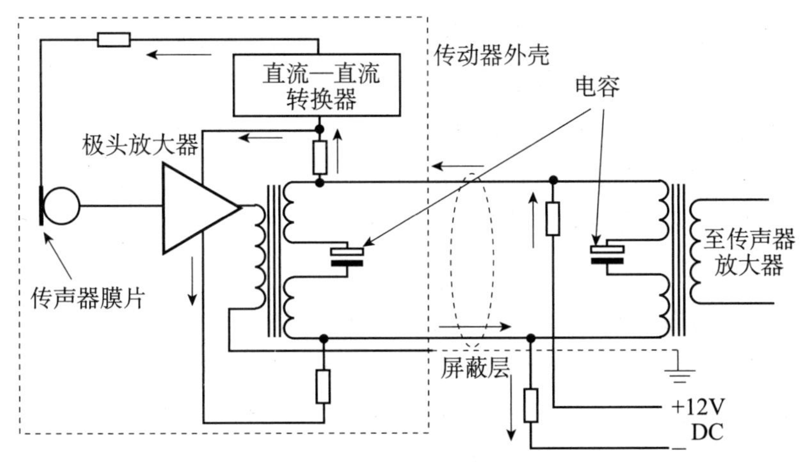

图 5-7 典型的 12V A-B 供电方式

由图 5-7 可以看出，电能通过一个电阻送到一条声频信号线上，然后再通过另一个电阻接到传声器电路中，最后由另一条声频信号线返回，构成一个回路。在 A-B 供电系统中，屏蔽层并不用来构成电流回路。其中，在每个变压器中心抽头上所接入的电容是起隔直作用的，用来避免电流通过变压器形成短路，同时该电容对声频信号的阻抗很小，可以认为是短接的。在 A-B 供电系统中一般常采用 12V 电压。

虽然，A-B 供电系统也和幻象供电系统一样，是利用声频信号线构成电流回路的，但是如果不慎接入动圈或铝带传声器则很危险。因为工作电压加在动圈上，会使它损坏。对于采用幻象供电的系统，由于没有电流流过动圈传声器的线圈，所以即使偶然打开了幻象供电开关也不会损坏动圈传声器。现在 A-B 供电方式常用在电影的录音设备上。

目前，在专业用调音台的输入模块中都设有一个幻象供电开关，这为接入电容传声器提供了很大的便利。虽然幻象供电对非电容传声器不会产生损坏，但是在接入非电容传声器时还是应将幻象供电开关关掉，以避免引入噪声。

5. 相位反转

在调音台的输入模块中，常常在传声器输入之后设置相位反转开关，它可以将传声器的输入信号反相 180°。利用相位反转开关，可以纠正传声器接线的错误，比如传声器输出的“冷”“热”端接反等情况。此外，它还可以创造出一些声音效果，也可以利用该开关将 MS 方式信号转变成 L、R 立体声信号。

6. 高、低通滤波

输入模块的高、低通滤波器的截止频率是可调的。利用高、低通滤波器可以有效地减小输入信号中不需要的低频隆隆声或高频咝声，同时也可以减少信号间的串扰。比如，在对架子鼓进行拾音时，录音师常常为大鼓声中混入过多的镲铙声而头痛，这种情况可以通过大鼓声中的低通滤波器来解决，因为大鼓的最高频率可达 6kHz 左右，而镲的低频也在 6kHz 左右，所以可以将大鼓声道的低通滤波器的截止频率设定为 6kHz 左右，这样就可将其中过多的镲声衰减掉。反之，也可以用高通滤波器来衰减鼓对镲声道的串扰。在舞台演出的现场扩声中，可以用高通滤波器来去除电源交流声和传声器拾取到的舞台地板震动声。一般高、低通滤波器既可以接入通路中，也可以完全旁路掉。对高、低通滤波器的使用原则是：在不影响所处理信号声音质量的前提下，尽量减少通路的频带宽度，以便给下面的信号处理提供一个高信噪比、低串音的信号。

7. 输出母线分配

在大型音乐制作用调音台中装有许多输出母线，用来与多声道录音机相配合，以便进行多声道录音。为此，在调音台的输入模块上装有大量的母线分配开关，用来将通路上的信号分配到指定的输出母线上。由于这些输出母线是与多声道录音机的声道相对应的，所以对输出母线的分配也称为选声道。有时为了能对几个输入信号进行整体电平控制，也可以利用输出母线分配开关将几个输入通道的信号分配到同一条输出母线上进行控制。

有的调音台采用每个按键开关对应一条输出母线的方式，也有的调音台采用分段总控开关的方式。后者可以将按键的数目减少一半，同时也减小了所占的板面空间。也有些调音台将母线分配开关与一个奇、偶母线连接后输出。比如，将第 3、4 声道安排成记录双声道立体声背景人声的声道，那么就可以利用声像电位器，将每个拾取背景人声的传声器信号按照声像的要求分配到第 3、4 条母线上。

剧场扩声用的调音台经常需要改变输出的分配，所以这种调音台的输出母线分配开关一般紧挨着推拉衰减器，而音乐制作用调音台的输出母线分配开关一般在输入模块的最上端。在新生产的一些调音台中，输出母线的分配常常由主推拉衰减器上边的中央控制部分矩阵来完成。这样可以免去一些不必要的混乱，并且可以减少所用开关的数目，同时还可以将分配方式存入内存，以备日后调用。

一般在输出母线分配开关附近，都配有混合母线分配开关，它可以将通路信号分配到主监听混合母线上，或者分配到杜比环绕声的某一条输出母线上。

目前，调音台中的信号混合电路基本上采用低阻抗母线混合回路。这种低阻抗母线混合方式的优点是不容易感应干扰信号，电平损耗与混合信号的数目关系不大。

图 5–8 是低阻抗母线混合电路的原理图。

其中 V_o 为各输入信号 V_1、V_2……V_n 的输出的算术叠加，即 $V_o=V_{1o}+V_{2o}+\cdots+V_{no}$（其中 V_{1o}、V_{2o}、$\cdots V_{no}$ 为 V_1、V_2、$\cdots V_n$ 产生的输出信号）。由电路分析可得：$V_o=-(R_fV_1/r_1+R_fV_2/r_2+\cdots+R_fV_n/r_n)$（其中 r_1、r_2、$\cdots r_n$ 为各信号源相对母线的输出阻抗）。假定 $r_1=r_2=\cdots r_n=R_f$，则 $V_o=-(V_1+V_2+\cdots+V_n)$。

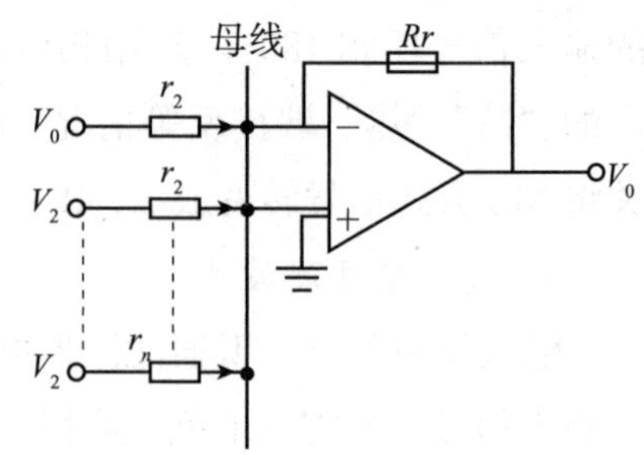

图 5–8　低阻抗母线混合电路的原理图

除了这些分配开关，调音台有时还设有直接输出开关（direct），它可以将声道的输出信号不通过混合母线而直接分配到多声道录音机的相应声道上，这样可以减小由于在母线上将大量的声道输出相加而产生的叠加噪声。如果输入模块的声道信号被直接分配到指定的声道上，那么其他信号就不能再被分配到那一声道上了。

8. 动态处理

在一些先进的调音台中，它的每个输入模块又加入了一些对信号进行动态范围处理的功能，这样就可以不用外部的声处理设备来进行动态的控制。增加的动态范围控制功能一般是通过压缩器和扩展器来完成的，这两个控制部分也可以根据需要转换成限制器和噪声门。在使用时，还可以把下面要提到的均衡部分放在这些动态控制部分的旁链之中，这样便可以进行可选频段的压限处理。另外，为了能够对已分配好的相邻通道上的立体声信号进行动态控制，动态控制单元上一般设有连锁功能键（link），以便在进行处理时，不会因为控制状态和参量设置的不一致而产生立体声声像漂移的现象。在某些调音台上，并不是每个模块都有动态范围控制部分，有的将动态范围控制部分放在中央主控制部分，通过路线盘上的输入和输出接入通路中。

9. 均衡

输入模块上的均衡部分，一般都采用参量式或准参量式均衡，这要根据均衡参量的Q值或均衡的频带宽度是否可调而定。Q值可调的一般称为参量均衡，而Q值固定，只能调整均衡频率或均衡量的称为准参量式均衡。

为了便于对信号进行分频段的均衡控制，常常将20Hz-20kHz的频率范围分成三段或四段来进行调整。在先进的调音台上都采用四段均衡，即高频段（HF）、中高频段（MHF）、中低频段（MLF）和低频段（LF）。将中频段分成两段来控制，主要是因为大多数乐器的能量都集中在这一频段，同时人耳对该频段信号的灵敏度比较高。

采用的均衡曲线形状主要有两种，一种是搁架式均衡曲线，另一种是峰形均衡曲线。在高、低频段一般采用搁架式均衡曲线形式，而在中频段采用峰形均衡曲线形式。图5–9（a）为高、低频段采用的搁架式均衡，图5–9（b）为中频段采用的峰形均衡。

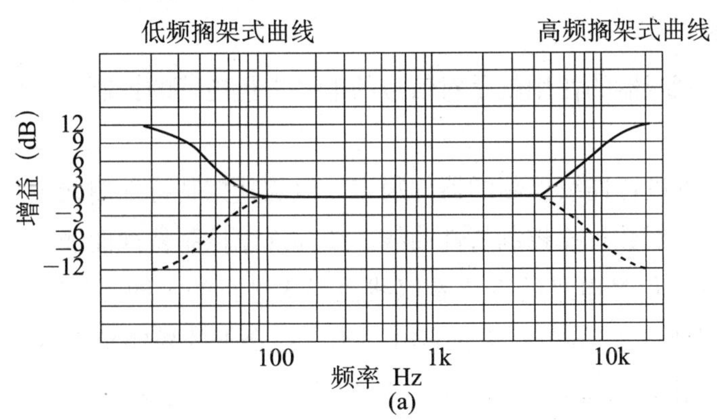

(a)

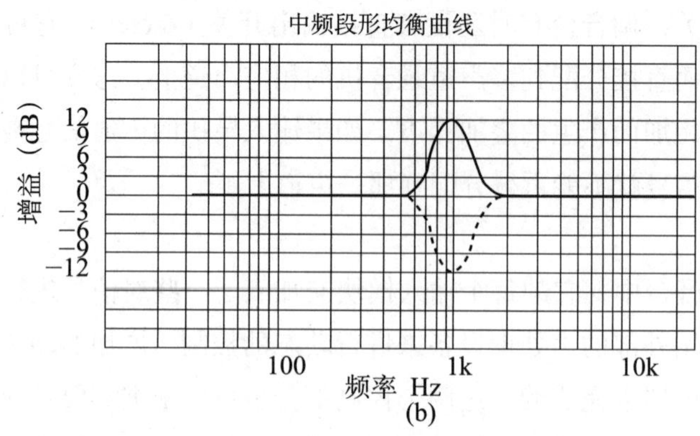

(b)

图 5-9 均衡曲线

对于搁架式均衡的可调参量一般只有两个，即转折频率和均衡量，而峰形均衡的可调参量有三个，即峰形均衡曲线中心频率、均衡量和 Q 值。有些调音台为了发挥峰形均衡曲线处理信号针对性强的特点，在高、低频段上设置了一个峰形均衡与搁架式均衡的转换开关，可以在需要时，将高、低频段设成峰形均衡，这对处理某些低音和高音乐器比较方便。

对于单列一体式调音台来说，由于它的录音声道通路和监听通路是同一个均衡部分，所以均衡部分在通路中的位置就有几种设置方法。一种是将主均衡部分放在监听通路，但是也可以放在录音声道通路。整个均衡部分通常是一个功能模块或单元。但是在较新的输入模块中，则可以将整个均衡通过开关分成独立的几个部分，这样就可以使监听通路和录音声道通路同时使用各自的均衡处理。如果将均衡放在监听通路，那么它只影响重放的信号。另一种是将均衡部分放在录音声道通路，这样便可以对录音信号进行均衡处理。另外，均衡的部分也可以放在动态处理单元的控制旁链中，使动态处理单元变成咝声消除器或进行可选频的强调或抑制处理。前面所提到的高、低通滤波器一般是与均衡部分结合在一起的。但在某些调音台上可利用分离开关（split）将其与均衡部分脱离，而独立完成信号的处理工作。由于均衡电路会引入噪声和相位失真，所以均衡部分常设有一个开关，利用该开关可以在不需要均衡的情况下，将其从所处的通路切换到旁路。

10. 电平调整

调音台的推拉衰减器的作用就是对信号的电平进行连续的控制，将信号按所要求的电平送到指定的母线上。

调音台上对电平进行连续控制的器件很多，但是其控制特性曲线主要有两种，即线性规律控制特性曲线和对数规律控制特性曲线。线性规律控制特性曲线是表明器件对信号电平的控制是线性的，信号电平的变化是以线性形式进行的，即当控制器件处在中间位置时，它对信号的衰减量是 –6dB，或者衰减一半。在余下的控制范围内要完成对信号电平另一半的控制，即衰减 –10dB、–20dB、–30dB 等，会给调整带来很大不便。因此，如果控制器件在最初的半个控制范围内仅产生 6dB 的衰减量，用它来控制与音量相关的信号就不太合适。

对信号电平进行控制时常常采用对数规律控制器件，这样可以将衰减量与控制器件的调整范围统一起来。因为衰减量也是以对数关系的分贝数来刻度的。对数规律的衰减器在它最初四分之一的位置时，对信号的衰减量大约为 10dB，在此之后，衰减器所移动的空间距离基本上与衰减的分贝数相对应。旋转的对数规律的电位器，其最大衰减量对应的电位器位置大约在相当于钟表“7 点”或“5 点”处，衰减 10dB 的位置大约在“10 点”或“2 点”处。采用对数规律衰减器进行控制时，主观响度是逐渐减小的。而线性控制规律衰减器在最初四分之一的调整范围内产生的主观响度变化很小，而在最后四分之一调整范围内产生的响度变化很大。

因此在调音台上，线性控制规律衰减器用在需要有对称效果的地方。比如在均衡部分中均衡量的控制就采用这种衰减电位器。它在中央位置时均衡量为零，而在向左右旋转时分别产生衰减和提升，并且控制特性完全对称。

调音台中的推拉衰减器是采用对数规律的控制器件，早期是采用掺入碳物质的推拉式电阻器，其寿命较短，工作不稳定。现在专业调音台大都采用导电薄膜，它的工作稳定性强，控制也比较顺畅，手感很好。

在单列一体式调音台中，一个模块有两个推拉衰减器，即长推拉衰减器和短推拉衰减器，其推拉衰减器的控制移动距离分别约为 100mm 和 75mm。长推拉衰减器的调控精度比短推拉衰减器要高，因此经常将需要精确调整的参量安排给长推拉衰减器控制。

11. 声像调节

调音台的声像控制是对某一信号在立体声重放声场中的位置进行调整。一般是将推拉衰减器控制的输出信号分成两路信号，分别送到左右声道上去，通过改变左右声道信号间的电平差使该信号再现出的声音有一个确定的声像。它与立体声放大器的平衡控制不一样，平衡控制是通过改变两个通道信号的相对电平来实现的。典型的声像电位器的工作规律曲线如图 5–10 所示。

采用图 5–10 所示的工作规律曲线的声像电位器可以保证在其调整过程中，音量基本是维持不变的。

声像电位器的输出通常送到立体声混合母线的左右声道上，但是也可以送到多条混合母线的某一对上。此外，利用声像电位器还可以进行母线的分配，即奇偶母线的选择。

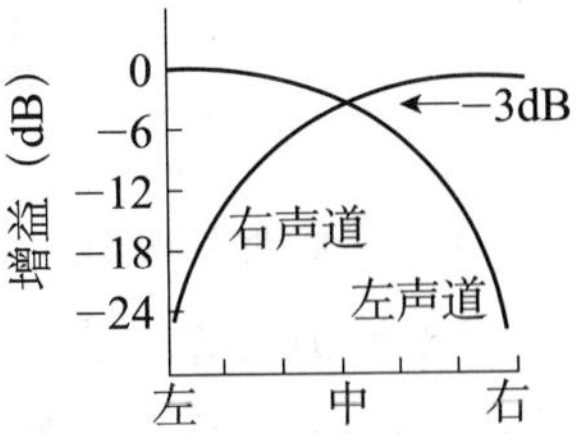

图 5–10　典型声像电位器的工作规律曲线

12. 推拉衰减功能调换

单列一体式调音台一般有两个推拉衰减器，分别控制录音声道通路和监听混合通路的信号电平。监听混合通路和监听混合通路的信号电平，或者控制录音声道通路的信号电平。利用推拉衰减器的功能调换开关，可以使大推拉衰减器控制监听混合通路的信号电平，或者控制录音声道通路的信号电平。在一些推拉衰减器自动化的系统中，一般安排推拉衰减器控制录音声道通路信号。推拉衰减器的功能调换是由总控开关来完成的，即通过调音台工作方式的改变（由录音状态变为合成状态）来完成的。

13. 带前或带后监听选择

带前或带后监听选择的作用是选择以通道的线路输出信号或以多声道录音机的重放信号作为监听混合通路的信号源，前者称为带前监听，后者称为带后监听。这种选择有时可以通过总控开关来控制。在“线路”或“母线”状态下，监听通路上分配的是由调音台母线分配开关分配给指定母线上的线路输出信号；而在“磁带”状态下，监听通路上的信号是磁带所记录的重放信号。但是，如果多声道录音机的监听状态置于监听其线路输入的情况之下，那么调音台不论选择“线路”还是“磁带”都是一样的，即都是带前信号。利用这一选择开关，可以使录音师能够判断调音台送给录音机的信号和录音机记录的信号的质量。

14. 调音台的“广播”工作方式转换

在调音台的“广播”工作方式下，传声器信号被同时分配给录音声道通路和监听通路，这样便可以在进行立体混合或直播时，同时进行多声道录音。这时在录音通道通路上所进行的调整并不影响立体声混合信号。这种功能对于在现场直播的同时进行多声道录音是十分重要的。这种工作方式如图 5-11 所示。

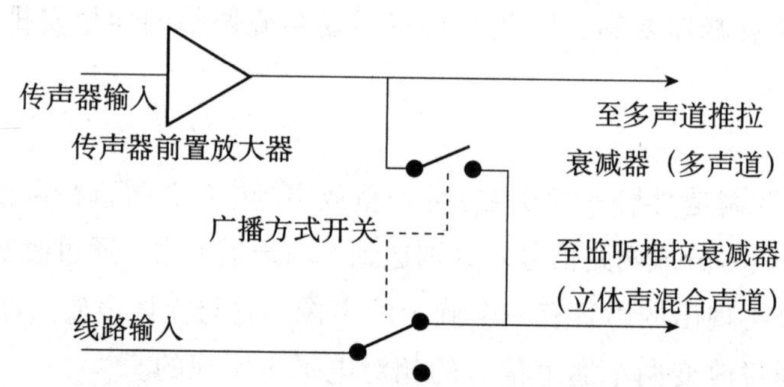

图 5-11 单列一体式调音台的“广播”方式示意图

15. “监听到母线”开关的作用

“监听到母线”开关的作用是将监听混合通路的推拉衰减器控制的输出信号分配到录音声道通路上（或者送给通道推拉衰减器）。这样便可以使录音声道通路信号成为推拉衰减器之后取出的效果送出信号。该送出信号可以从任何一条母线上送给效果器。此时，母线的电平调整电位器便成为效果送出信号电平的总控调整电位器。上述作用如图 5-12 所示。

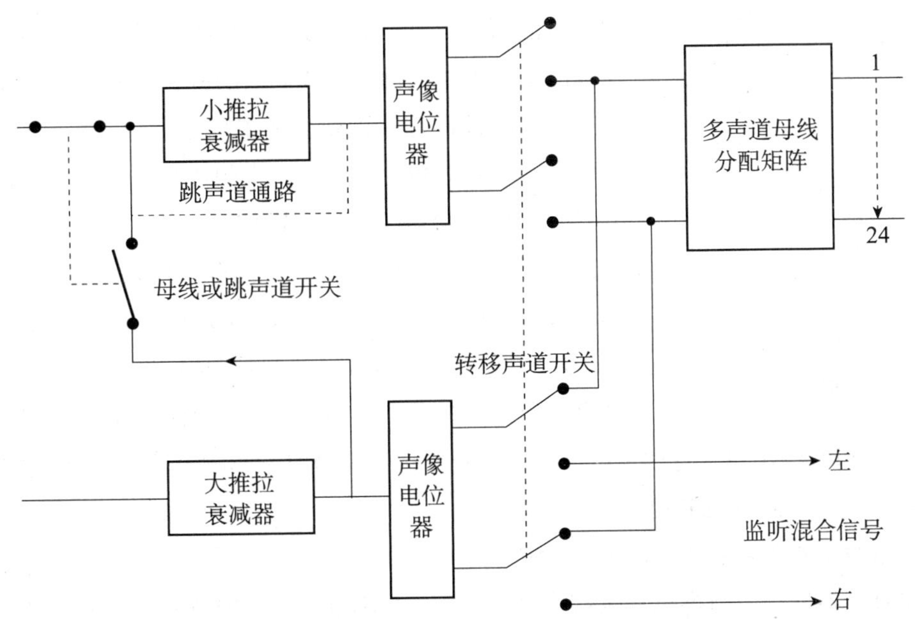

图 5–12　调音台“监听到母线”“跳声道”和“转移声道”的示意图

由图 5–12 可以看出，当母线或跳声道开关合上时，小推拉衰减器便可以对大推拉衰减器控制的信号进行再次控制，并且通过声像电位器送到多声道母线上。母线上的信号可以送到效果器中进行处理，而送到效果器的信号电平可以由小推拉衰减器进行调整。

16. 声道转移（DUMP）

少数调音台具备声道转移功能，该功能的作用是将已混合好的立体声信号分配到多声道母线分配开关上。利用这一功能，可以将已编组的声道以混合形式转移到多声道录音机的两个声道上，该信号的声像和电平由监听混合通路来设定，如图 5–12 所示。

17. “跳声道”（BOUNCE）

“跳声道”功能是将监听推拉衰减器控制的输出信号分配到多声道母线分配矩阵上，但是这一操作应在声像控制之前进行。利用这一功能可以达到“并声道”的要求。“跳声道”可以认为是单声道形式的“转移声道”功能，如图 5–12 所示。由图 5–12 可以看出，当“跳声道”开关闭合时，大推拉衰减器控制信号将其送到声道声像电位器之前，通过声道声像电位器和多声道母线分配矩阵就可以实现“并声道”的处理。

18. 哑音功能（MUTE 或 CUT）

哑音功能是将所选的声道信号从混合信号中除去，一般可通过两个开关来完成这一功能。一个开关可以将录音声道信号从多声道输出中取消，另一个开关是将所选信号从混合信号中取消。

19. 推拉衰减器前监听（PFL）功能

利用输入模块上的 PFL 开关，可以对通道上的信号进行监听，这一监听信号取自通道

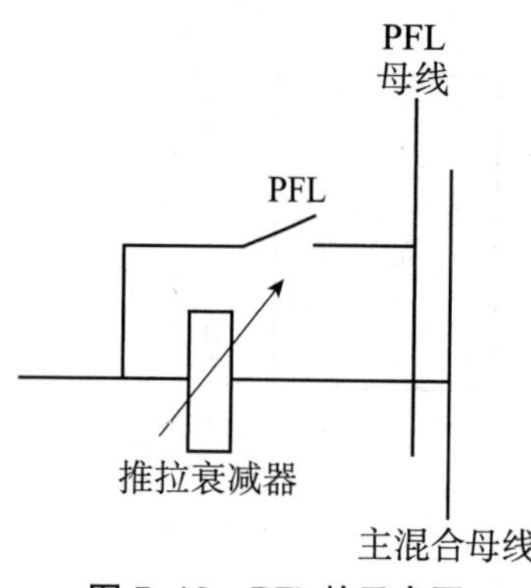

图 5-13 PFL 的示意图

的推拉衰减器之前。这样的处理可以将某一通道的信号单独取出来，以便进行电平或均衡的调整，如图 5-13 所示。

通常调音台有一条独立的单声道混合母线，这条母线负责完成由通道 PFL 开关分配来的各 PFL 信号的混合工作。某些调音台利用其内部的逻辑控制，使得在 PFL 开关按下时，监听输出自动选择成 PFL 信号。如果没有这种内部逻辑，那么就在调音台的监听选择部分设置 PFL 开关，利用这一开关可将 PFL 信号送到监听输出上。一些广播和实况用的调音台，有一个单独用于 PEL 监听的小型扬声器，或者有单独的 PFL 输出口，这样可以保证在检查所选的信号时不影响主监听扬声器。PFL 在起作用时，并不切除其他通道上的信号。

20. 推拉衰减器后监听（AFL）功能

推拉衰减器后监听与推拉衰减器前监听类似，只不过它是从推拉衰减器之后取出信号。有时也把 AFL 称作独听（solo）。AFL 是将声像控制之后的信号分配到主监听通路上，并且切除其每一通路上的其他信号，这一功能常用来将某一声道上的信号单独选出来进行调整和查找信号的缺陷。大多数调音台的 AFL 母线是立体声方式的，当选择了 AFL 或 SOLO 时，可以对单独选出来的信号进行效果或均衡的调整，以排除混合信号中其他信号的干扰。独听功能开关通常都配有一个指示灯，以显示独听功能是否正在使用。如果信号指示声道上的独听开关没有被按下，扬声器将没有声音。因此，有些调音台在中央控制部分设置了一个独听安全（solo safe）控制开关，以避免上述情况的出现。

在有些调音台中，独听功能是一种编组混合信号的功能，称为带声像的独听（solo in place）。这种独听，实际上是改变混合的输出信号，即将没有设置成独听状态的各声道哑去，而保留设置成独听的各声道的信号。利用这种功能，我们可以检验每个声道上的信号在当前所设定的混合状态下的作用。自动化系统中，独听的功能是以编组的形式自动进行的，这种独听的编组信号就可以和混合信号相分离。在某些设计中，监听推拉衰减器上的自动化哑音功能可以被反转成独听功能。

21. 辅助送出功能

在音乐节目制作用的调音台上，输入模块都设置了大量的辅助送出装置。辅助送出是由录音声道通路或混合通路上分出的信号，由调音台将它们分别送出，作为外部声处理设备的激励信号，也可以送给演员，作为返送监听信号。每个模块上的辅助送出信号分别送到对应的辅助母线上，在辅助母线上完成这些辅助信号的混合，然后通过中央主控制部分中与每个辅助送出相对应的主增益控制器，将辅助信号以一定电平送到相应的设备上。辅助送出一般有两种形式，一种是单声道的，另一种是立体声的。单声道形式的辅助送出通常用来激励声处理设备，而带有独立的电平和声像控制的立体声辅助送出常用来作为混合的返送监听信号。

输入模块的每个辅助送出电位器，分别用来调整送往对应辅助母线上的信号电平。辅助信号既可以从推拉衰减器之前（pre），也可以从推拉衰减器之后（post）取出。一般通过一个选择开关来决定其取出信号的位置。如果是从推拉衰减器之前取出信号，则这一辅助送出信号将不受推拉衰减器的控制。通常这种方式取出的信号适合作为演员的返送信号，因为这时的返送信号与录音师需要的监听混合是相互独立的。返送信号可以按照演员的需要来调整，而不会影响监听混合信号。从推拉衰减器之后取出的辅助信号是受推拉衰减器控制的，以这种方式取出的信号常用来激励声处理设备，使效果电平与通路上由推拉衰减器控制的混合信号电平同步变化。

利用哑音开关，还可以把指定的辅助送出信号从相应的辅助母线上断开。

22. *声道的编组功能*

所谓编组是指同时对多路信号进行控制，通常是指用一个推拉衰减器来控制多路受控声道的信号电平。声道的编组方法一般有两种类型，分别称为声频信号编组（audio grouping）和控制编组（control grouping），后者也常称作 VCA 编组。虽然这两种方法都是采用一个推拉衰减器来控制多路信号的电平，表面上看起来非常类似，但其结果是完全不同的。

采用编组的基本原因是为了减少录音师同时控制的推拉衰减器的数目。比如录音时常常需要将几个声道的信号同时提高或衰减，如果没有编组功能，那么录音师就要同时控制多路推拉衰减器，控制过程中常常会改变原来设定的平衡，从而造成各个声道间信号的平衡在调整前后不统一。如果有编组功能，就可以在不改变各声道信号平衡的前提下，同时改变已被编组的各路信号的电平。需要编成一组的信号是根据需要来确定的，比如可以将鼓信号编成一组，将乐队中的弦乐声部编成一组。

所谓声频信号编组是指将多路声频信号相加混合成一路信号，并且用一个推拉衰减器来控制这一编组和信号的电平。声频信号编组如图 5-14 所示。

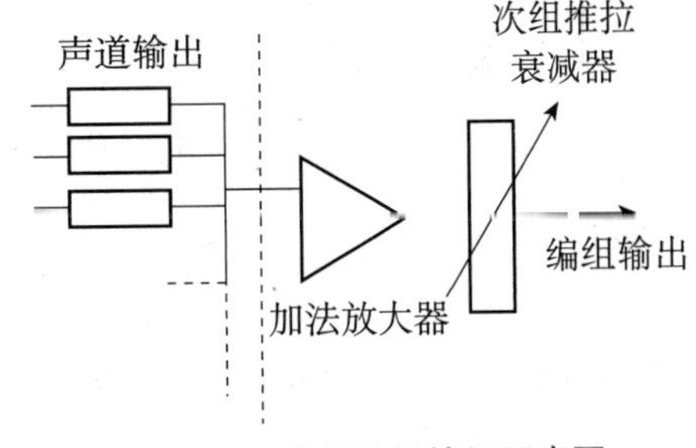

图 5-14　声频信号编组示意图

图中被编组的每一路声频信号均通过一个等值的电阻接到加法器的输入上。

在单列一体式调音台中，立体声混合输出也是一种声频信号编组，实际上多声道的母线分配也是声频信号编组，它是将分配到指定母线上的信号编成一组。

在大型音乐节目制作用调音台上，控制声频信号编组的主推拉衰减器一般位于中央主控制部分，其数目有 4 个或 8 个不等。被编组的信号还可以通过声像电位器分配到两条立体声混合母线上。图 5-15 是上述情况的编组示意图。图中所表示的 4 路编组信号，按照奇、偶分配方式被分配到左右两条立体声母线上，而不是通过声像电位器进行分配。

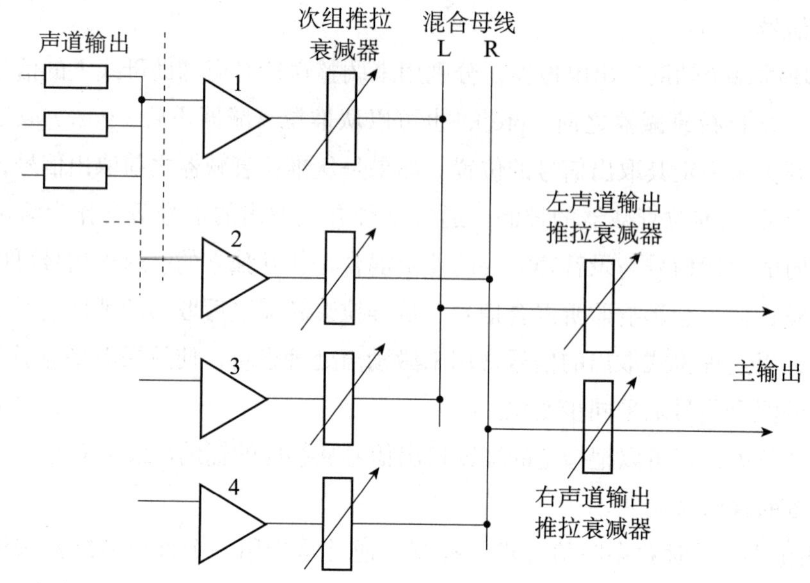

图 5–15 4 路编组信号被分配到两条立体声母线示意图

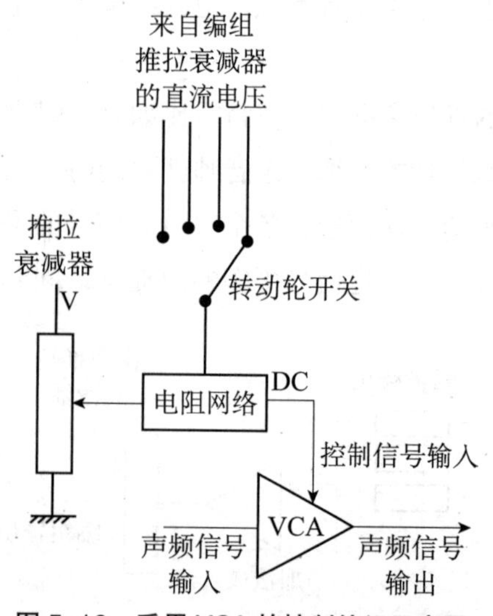

图 5–16 采用 VCA 的控制编组示意图

控制编组与声频信号编组的基本区别在于，控制编组中的编组声频信号没有被混合成一路信号，虽然被编组的各路信号的电平是由一个推拉衰减器来控制的，但是各路信号的输出是保持相互分离的。这种编组形式就好像一只"巨大的手"同时控制各路推拉衰减电位器，并且在运作时保持各路信号间的平衡不变。

实现这种编组控制最常用的方法就是采用 VCA（压控放大器）技术。图 5–16 为采用 VCA 的控制编组示意图。

图中 VCA 的增益是受控制端的直流电压值控制的。在 VCA 的推拉衰减器中，声频信号并不通过推拉衰减器本身，而是通过 VCA，VCA 的控制电压是由推拉衰减器位置决定的直流电压。因此，这时推拉衰减器控制的是直流电压值，而不是信号的电平，信号的电平是受推拉衰减器间接控制的。

对增益的间接控制更增强了调音台的灵活性。通道的增益可以由各种信号源从外部进行控制，也可以将外部控制器产生的控制电压与推拉衰减器产生的控制电压相结合来控制通道信号的相对电平，或者将产生直流控制电压的推拉衰减器与 VCA 之间的直接连接断开，而接入自动化系统。通道 VCA 可以由安排的某一编组推拉衰减器来控制，这一般是通过推拉衰减器附近的一个分配开关来选择的，这个开关在不同的位置对应着不同的直流控制通路，如图 5–16 所示。

一般在非自动化的调音台中，也有 VCA 编组功能。在这种调音台中，通道的声频输出直接分配到主混合输出母线上，编组推拉衰减器影响各个通道上信号的电平。

在自动化系统中的编组是通过自动化处理器完成的，详细内容参见有关调音台的自动化部分。

23. 立体声线路输入

在广播领域，经常大量使用由立体声线路电平输出的信号源，比如 DAT 放音机、激光唱机、各种立体声磁带放音设备和硬盘播放设备。在录音过程中，也经常使用带立体声输出的键盘合成器、音源和鼓机等。特别是在广播中，由于播出的是已制作好的立体声节目软件，对信号的调整要求左右声道尽可能地一致，所以在多声道的调音台中，有的就装有立体声线路电平输入模块。这种模块的作用与常用的输入 / 输出（I/O）模块一样，只不过左右声道的电平是由一个电位器来控制的，这样就避免了由于左右声道电平不一致而导致的声像变化。通常这种模块中的均衡部分比单声道模块的均衡部分要简单一些，有些调音台可以将整个均衡部分分成两部分，分别加在左右声道上。此外，有些模块还为接入 LP 唱机提供了方便，因为它可以为 LP 唱机的输入信号提供 RIAA 均衡。

有些立体声输入模块，既可以处理线路电平信号，也可以处理传声器电平的输入信号，这样就可以处理来自立体声传声器的信号。同时它们还设有立体声拾音制式的转换开关，这种开关可以将 MS 的传声器信号转换成左右双声道的立体声信号。

二、主控部分

在单列一体式调音台中，主控部分一般处在调音台的中央，这样便于控制。主控部分一般包括监听、辅助模块、对讲和其他主要控制模块。

1. 监听模块

监听是录音师及制作人员在制作过程中对音质进行主观评价的手段。监听条件的好坏对节目质量的影响是相当大的。

（1）监听源的选择

在监听模块中，设置了一系列的开关，用来选择监听的信号源。这些信号源包括磁带录音重放的立体声信号、辅助送出信号、立体声混合信号以及其他各种外接信号源，比如 CD 放音机和盒式磁带放音机的信号等。这一系列选择开关是互锁的，它只能选择一个信号源送到监听音箱，而不能输出各种信号源的混合信号。监听源的选择，可以使录音师对调音台上所处理的信号质量进行评价。

（2）监听方式的选择

监听的方式有两种，一种为耳机监听，另一种为音箱监听。

利用耳机监听，是在现场实况录音或在较吵的声环境中采用的一种监听方式。此外，在控制室中有时也采用耳机监听，这样可以避免控制室中声环境对监听造成的“二次声场”的影响。监听耳机最好选择密闭式监听型耳机，但这种监听方式，不适合做长时间监听手段，因为它会使人耳疲劳。

利用音箱来进行监听，是控制室监听的主要方式。根据制作的需要，音箱监听采用大音箱的主监听和置于调音台表头上方的近距离小监听音箱（也称为近场监听）进行监听。采用不同的音箱来监听，其目的是保证所制作的节目在任何重放设备上都能再现出正确的音质和混合。在制作节目时，首先用大监听或大监听音箱来判断每件乐器或歌唱声的音质，以及加入各种效果的变化情况，尽快地将声音调整为所需要的音质，也就是利用主监听来判断每个通道上或编组母线上的各个信号的质量。如果存在对极低或极高频段频率成分造成不良影响的音质，就可以在这个时候发现并加以消除，并可在这一阶段送出高质量的耳机返送信号。

出于对所制作的节目的最终欣赏者的考虑，需将合成的节目经常倒换到近场小监听音箱上重放，以便判断所制作的节目在消费者放音条件下的质量。一般以不会造成很大的质量下降为准。近场监听音箱距录音师的距离大约 1.5m，在这种情况下，近场监听音箱可以基本排除控制室声环境对监听的影响，而将节目固有的声音特点再现出来。另外，近场监听音箱还可以使在大监听音箱中不易被察觉的乐器共振现象明显地展示。近场小监听音箱重放的音量较低，也有利于减轻长期工作所造成的听觉疲劳的影响，能更好地进行音质的判定。

（3）监听的音量

根据人耳等响曲线，可以得出这样的结论：因为在不同的响度上，人耳对不同频率的信号的灵敏度是不同的，所以在不同的音量下进行监听，将会导致对信号进行处理的程度不一样。如果监听音量很大，那么当降低音量再听时就会感到缺乏低音，而如果监听音量太小，那么当恢复正常监听音量时，又会感到低音过重。为了解决这个问题，监听的声压级大多在 80~90dB SPL，因为这时的等响曲线相对平直一些。虽然声压级提高，曲线会更平直一些，但是这会造成人耳听觉疲劳。因此，在这样的声压级下监听，一般在降低音量放音时，不会使低音下降太多。

（4）监听音量的衰减控制

为了在录音过程中方便录音师与制作人进行交流，而不必关掉监听，调音台上设置了一个音量衰减开关（DIM），当开关被按下时，可以使送给监听音箱的信号电平衰减 40dB。

（5）单声道监听

由于目前一些播出的方式大多还是单声道形式，比如 AM 广播和非立体声电视，这样，在制作节目时就要经常检查所做的立体声节目的单声道兼容性。因此，调音台上设置了一个单声道监听方式的选择开关，将左右声道的输出相加后再送给监听音箱。实际使用时，也可以用相关仪表来检查节目源的性质。这个问题将在仪表部分讨论。

2. 辅助模块

（1）辅助送出电平控制

分配到辅助母线上的信号经过混合之后，通过辅助电平控制对混合信号的电平进行调整，然后送到辅助送出的输出口。辅助送出信号可以激励外接声效果设备，或者作为送给演出的返送信号。

（2）效果的返回

效果设备的输出通过调音台提供的效果返回通路返回到调音台，与调音台的原信号进行混合。在效果返回部分中，有的调音台还带有简单的均衡，可以对效果信号再进行均衡处理，有的还带有辅助送出，可以为演员的返送提供带有效果的信号。返回的效果信号可以进行电平和声像的控制。通常，返回的效果信号是送到混合母线上的，但是也可以根据需要再分配到某一声道上。需要注意的是，不要构成信号的正反馈环路，以免造成自激。

3. 对讲

为了便于演播室和控制室之间的联络，调音台都设有对讲系统。控制室的制作人员可以通过调音台上设置的传声器来实现对讲功能。对讲传声器的电平是可调的，其信号可以分配到不同的通路输出。比如辅助送出、多声道输出母线、混合母线、演播室中的音箱及返送通路。

4. 其他控制模块

（1）调音台的工作状态选择

调音台的工作状态主要有三种：录音（record）、同步录音（overdub）和缩混（mix-down）。在不同的工作状态下，调音台的各个开关、推拉衰减器和辅助送出所控制的对象不同。调音台的工作状态选择实际上是对控制器件作用的总体设定。有些控制器件的作用是可以在通路上各自设定的，但是仍要受总体设定的制约。

（2）调音台内置振荡器的功能

为了满足调测的需要，调音台还内置了信号发生器。它可以提供测量需要的各种信号。这些信号基本都是正弦信号，有的调音台只提供几个固定频率的正弦信号，有的则可以产生整个声频可听范围的信号。这些信号可以被分配到混合母线上或者多声道输出母线上，其电平是可以控制的。

（3）主推拉衰减器的作用

主推拉衰减器是控制混合信号总电平的器件，它可以是一个立体声推拉衰减器，也可以是左、右两个推拉衰减器。通常编组信号的主推拉衰减器也安排在这一部分。

三、跳线盘

大多数大型调音台都安装了跳线盘或塞孔盘，用以完成调音台上的开关所不能完成的信号分配工作。调音台的每个模块的输入和输出都装在跳线盘上，插接端也装在跳线盘上，所以跳线盘是调音台与外接设备相互联系的界面。

插接点是在调音台信号通路中设置的可复位式断点，通过插接点可以在信号通路中引入外接声处理设备，比如压缩器等。由于跳线盘上的插接点通常是不用的，所以插接点的信号送出插孔必须是可复位式的，即它必须与插接点的信号返回插孔相连，以保证信号的正常通路畅通。当外接的设备插入到信号通路中时，插接点的送出插孔为外接设备提供输入信号，外接设备的输出信号再通过插接点的返回插孔回到调音台原来的信号通路上，或者返回到其他通路上。在这种情况下，送出的信号必须与返回插孔断开，返回插孔上的信号由外接设备返回的信号取代。为了取得这样的效果，要采用图 5–17 所示的可复位式插接点。

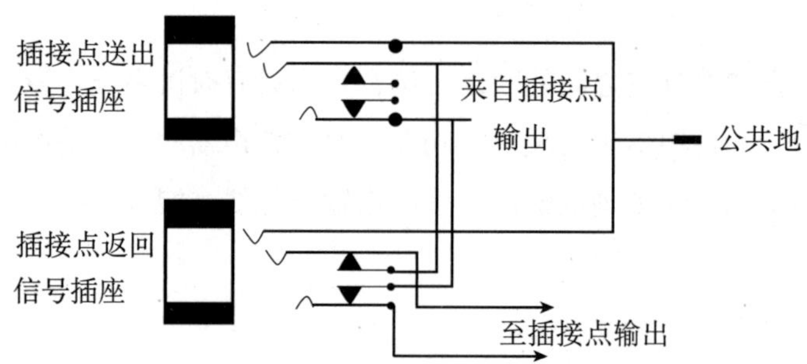

图 5–17　跳线盘上的可复位式插接点

利用图 5–17 所示的插接点，将从上面插孔取出的信号通过簧片与下面的插孔相连，这样可以保证信号通路畅通。如果插头插入下面的插孔，簧片将弹开，由上面插孔送来的信号将被断掉，这时其信号是来自下面插头送来的信号。上面插孔的簧片是不用的，所以当插头插入该插孔时，将不影响信号的正常走向，即它只是为外接设备提供一个激励信号。一般，调音台上插接点送出信号的标称电平是一样的，为线路电平。但有时送出信号插孔的簧片也是连接着的，当插头插入时，信号通路便断开了。

在一些小型调音台中没有专门的跳线盘，它的插接点就设在面板上。为了减少插接点所占的面板空间，它的插接点的送出和返回插孔集中在一起，用一个“尖 – 环 – 套”的连接件，即 Y 型连接线来完成此功能，图 5–18 就是这种方法的示意图。

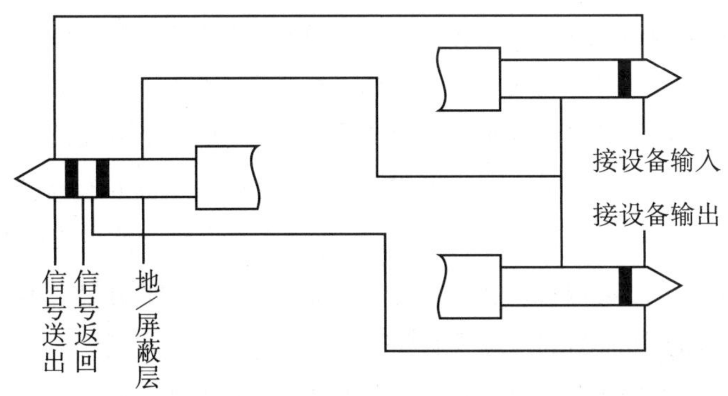

图 5-18　采用 Y 型连接线实现插接功能的示意图

当插头插入插接点时，信号通路被切断，插接点信号被输出（插头的尖部）至外接设备的输入，而外接设备的输出信号返回通路中（从插头环部）。如果将插头的尖和环短接，可以保持通路不被切断，并从插接点分出一路信号给外接设备或做其他用途。

由于跳线盘的插孔有时要频繁地插入或拔出插头，所以保证插头与跳线盘插孔的良好接触是非常重要的，一般采用耐磨和抗氧化的金属件。

电子控制的跳线盘是省去硬线，而用数字信号控制的系统来完成其跳线功能。每一种跳线状态都可以存储在系统的内存中，并能根据需要调出使用。这种跳线的功能通常是和时间码联系在一起的，以便在缩混时进行跳线的变化，在 MIDI 控制的系统中也可实现这一功能。

第三节　数控模拟调音台

一、简介

在调音台自动化的初期，自动化的调音台仅仅意味着它的推拉衰减器的位置可以进行实时存储，并且在重放已录节目时能同步地将推拉衰减器按已存储的数据恢复到其所在的位置上。自动化的目的就是协助录音师在缩混时完成对多个推拉衰减器的同时处理，减轻录音师重复性的工作强度。

在 20 世纪 70 年代中期，调音台引入了 VCA 形式的自动化系统，在此之后，各种变形系统迅速出现。至今，VCA 形式的自动化系统仍然在一些调音台中使用，因为它的成本比较低。但是后来又出现了由微型电机带动的推拉衰减器自动化系统，并且越来越普及。进入 20 世纪 80 年代中期，微处理器硬件成本的大幅度下降，使调音台的自动化又大大地向前迈了一步，出现了各种新型的自动化系统。比如面板存储（snapshot storage）、全动态自动化（total dynamic automation）、反向安装的自动化系统（retrofit automation package）和以 MIDI 为主的自动化系统（MIDI–based automation）等。

目前，控制和记忆通道增益的常用方法有两种，一种是存储推拉衰减器的位置，并且利用这一数据去控制 VCA 或 DCA（Digitally–Controlled Attenuator，数控衰减器）的增益；另一种则是存储推拉衰减器的动作，但是它是利用存储的数据信息去控制小型电机，使电机带动推拉衰减器动作来实现自动化。前者成本较低，但是使用起来不够直观，因为推拉衰减器的物理位置不能与通路的增益保持统一。

现在使用较便宜的 MIDI 控制自动化系统已越来越普遍。它是利用 MIDI 信息来传递推拉衰减器的位置信息，具体的实现方法是通过 VCA 推拉衰减器上的接口将推拉衰减器的位置数据转换成 MIDI 信息存储在计算机内的音序器中（实际上是装有音序软件的计算机）。这种自动化系统用在声道不是很多或并不复杂的调音台中是非常适合的，大型调音台就不一定适用这种自动化系统，因为以串行方式传送的 MIDI 系统会因数据太多而造成信息过载。

二、调音台的自动化原理

后期缩混是一项为制作出完美作品的探索工作。在实际的工作中常常是演员演出之后就离开了演播室，只是将记录其演出的多声道磁带留下供制作人和合成者用不同方案进行合成，以便从中选出一种最佳的缩混方案。每一位制作人都可能遇到这样的问题，即常常花费很长时间来回忆几小时或几天前粗混时所取得的较满意的合成效果的各种衰减器电平的设定情况。

对衰减器设定的记忆，革新了缩混的操作。通常所说的“调音台自动化”，能够记录所有衰减器电平的变化，它使合成者能够回忆起在以前合成时所进行的尝试，能够很快地找到较为满意的效果。

自动化调音台的工作模式主要有三种，即写入模式（write mode）、读出（read mode）或安全模式、调整或修改模式（update mode）。

在写入模式下，调音台上的每个压控装置输入被以一定的次序扫描或采样后，经过编码器对得到的控制电压信息编码，并加以存储。用于存储的媒质可以是多声道录音机的一个声道，称为数据声道，也可以是计算机的硬盘或软盘。如果是采用计算机记录，那么就要在多声道录音机的一个声道上同时记录时间码，以便计算机能和多声道录音机在重放时取得同步。

在读出模式下，调音台的各个控制器不再给各自的控制输入提供直流电压，取而代之的是数据声道或计算机中读出的控制信息，并将读出的控制信息送给译码器，译码器再将控制信息转换成直流控制电压，送到相应的压控装置的控制端。这样调音台的各个压控装置便恢复到写入状态时的设定情况。如果录音师或制作人听了在 VCA 控制下缩混的几条声道后，确定某些功能控制器需要完全改变，那么只需将这些功能控制器改为写入状态，而其余部分则仍处于读出状态，保持自动控制。然后将由译码器和手动控制产生的直流电压进行编码，并存储在第二条数据声道或计算机的另一文件名下即可。

在进行工作模式的变换时，应保证在电平上无跳跃，即从自动到手动控制的平滑转换。因此，在重新写入时，应使写入时的直流控制电压与译码器产生的直流电压相等。调音台一般通过指零表或位置指示灯来完成这一匹配工作。一旦电压达到匹配要求，录音师便可将工作模式从读出模式转换成写入模式，将新的调整控制重新记录。电机带动的推拉衰减器在进行工作模式的变换时，不再需要进行电平匹配。因为推子的物理位置与自动控制电压所产生的增益相一致，所以不会发生跳变现象。图 5–19 为自动控制调音台的电平自动控制原理框图。

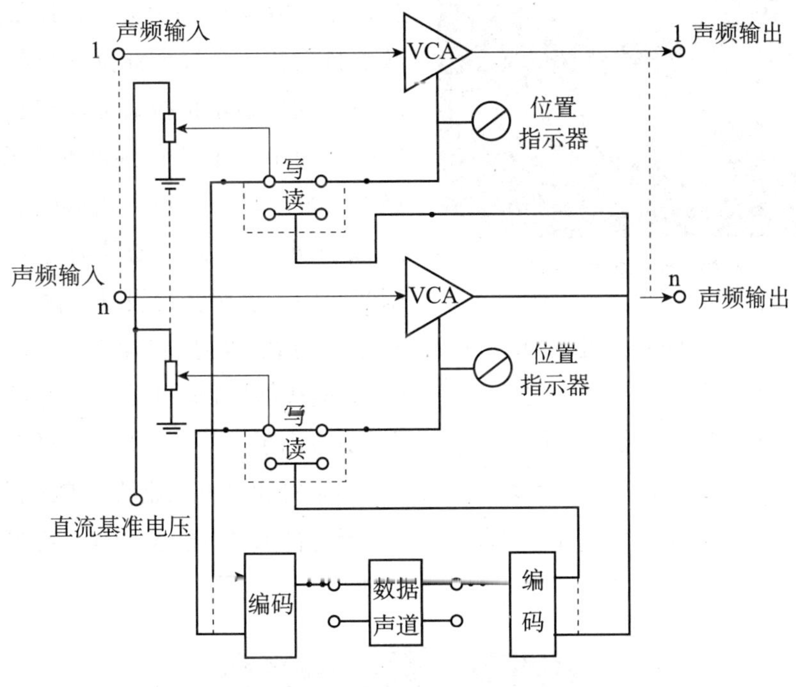

图 5–19　电平自动控制原理框图

当调音台处于调整模式时，手动控制衰减器位置不必与自动控制所产生的增益相一致。在该模式下，衰减器的动作只是增加或减小自动控制电压，而不是将全部的控制数据再写入。

现在先进的自动化系统，都是由装有自动化软件的计算机实现的。因此，必须在多声道录音机的一个声道上记录时间码。这样时间码就可以使磁带录音机不论在什么位置启动都能使计算机与之锁定在一起。

除了记录缩混过程中推拉衰减器的电平信息，自动化系统还可以记录下各个声道上的哑音状态。此外，自动化调音台还可以记录下跳线的情况，使跳线自动化。

不同厂家生产的自动化调音台，其自动化程度是不同的。SSL（英国调音台生产厂家）将其系统命名为 “total recall”（全面恢复）。实际上，它不能自动地恢复调音台的每个控制，而是将推拉衰减器及哑音状态自动恢复。其他控制器以图形的方式显示在监视器上，录音师可以根据显示的情况，手动将它们恢复，因此还不能将其称为全自动化的调音台。如要实现调音台的全自动化，就必须使所有的控制器都是数控形式，同时要有更复杂的软件和处理速度更快的处理器，存储器的容量也比简单的自动化系统要大得多。

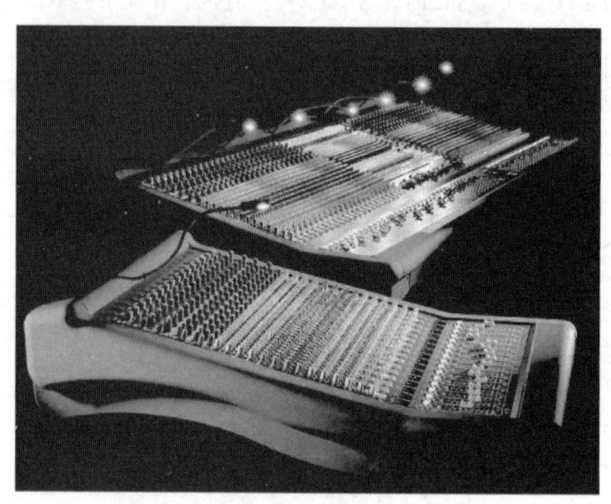
图 5-20 Midas Heritage 3000

图 5-20 所示的 Midas Heritage 3000 就是一款非常不错的数控模拟调音台。它的控制界面是模拟的，内部的信号全都保持在模拟域。数字控制可以实现诸如哑音和哑音编组自动化、VCA 的路由分配，以及虚拟推拉衰减器自动化（在每个推拉衰减器边上有一排 LED 灯用以显示推拉衰减器控制的声频信号电平，而不管推拉衰减器的物理位置如何；操作人员手动将推拉衰减器移至最上边点亮的 LED 处）。因此，场景记忆可以被编程到调音台中，该调音台设计中融入了相应的推拉衰减器位置和通道哑音这些对现场混音工作非常有意义的控制设定的自动化记忆的功能。其他一些调音台还具备自动化的 EQ in/out, 对插接信号和辅助送出信号的编组路由分配，以及移动式推拉衰减器自动化等功能，虽然成本高了一些，但是这样的调音台在现场扩声市场中无疑是大受欢迎的，因为这类市场中客串的和自由职业的音响工程师需要很快地熟悉那些自动化程度并不太高的调音台。这类调音台未来可能还会有一定的市场。

第四节 数字调音台

此前介绍的大部分内容对于模拟和数字调音台均适用，至少从概念和工作原理层面上讲是这样的。为了更全面地掌握调音台的相关知识，这里将对数字调音台的一些特殊性能进行阐述。如今，有相当多的价格适中的全自动化数字调音台可选用。一些规模化的公司生产的是大型演播室用调音台，这种调音台强调的是超高质量的音质，以及适合人体工程学的控制界面。与此同时，低成本的小型数字调音台则采取与基于计算机的工作站相配合的工作方式，通过计算机显示来实现图形化操作，通过拖动鼠标来实现推拉衰减器和其他控制。

一、声频信号控制处理

在数字调音台中，输入的模拟信号要尽可能早地转换到数字域，以便所有的功能均能在数字域内实现，这时一般采用 32 比特的内部处理分辨率来处理信号电平、EQ 设定和其他效果。这样做的优点就是，数字域信号与相应的模拟信号相比有更强的抗干扰能力，基本上不会受串音影响，同时也不会受线缆电容、供电线路产生的电磁场、附加的电路失真和噪声及其他形式干扰的影响。数字化的输入和输出可以不用转换成模拟形式而直接将记录设备与其他的数字设备相连。输入可以是模拟和数字形式的组合（后一种情形是通过插接模块来进行配置的，比如 Tascam、ADAT、Yamaha 和 AES/EBU 格式都是这样实现的）、配合数字和模拟形式的主控和监听输出。像增益、EQ、延时、相位、路由分配，以及诸如回声、混响、压缩和限制这样的效果功能都可以在数字域内准确地实现，并能利用数字信号处理来重现。输入和输出、数字和模拟等要求常常是由安装在机架上的周边设备单元来完成的，这些周边设备单元具有 D/A 与 A/D 转换器、传声器前置放大器和幻象供电电源等功能，并且可以放在需要的位置上，增益还可以由调音台来调整。在录音棚环境中，一台机架单元设备可以紧靠自身的控制面板，录音棚内可以有一个或多个控制面板，并且其中的一个控制面板是靠着录音设备的。在剧场环境中，这种单元设备应靠着功率放大器，并处在演员表演区的舞台下方。这些单元通过同轴的 BNC 线缆、MADI 接口或相应的光线缆等以菊花链式环路连到主控界面上，光纤更适合长距离的应用环境。

二、可安排的控制界面

虽然数字调音台在操作上保持与其同档次的模拟调音台相类似的方式，但是其商业化的实例倾向于采用可安排的控制面板设计，至少是部分采用这种设计，这样可以方便数字调音台的使用。利用这种可安排的设计，传统调音台的许多控制（比如声像电位器、EQ、辅助送出和编组安排等）可以只用一个可安排部分或多功能控制来实现，许多功能可以集中到一个规格尺寸适中且价格也能接受的单元内。完全可安排的数字调音台在人体工学方面与相应的模拟调音台有相当大的差异。其通常情况是，数字调音台的控制面板是由许多通道推拉衰减器和 / 或旋钮组成的，每个通道都带有“启动或激活”和“选择”按钮。控制面板被划分成许多较小的区域，通过各自的部分可以观察 EQ、路由分配（辅助和编组）和处理等情况：进行调整之前启动“选择”按钮，就可以将这些部分自动安排到某一特定的通道上。因此，许多影响信号的处理并不像传统的模拟调音台那样让操作者一目了然，并且不能被连续地观察到。所以可编排设计更适用于录音工作（特别是后期缩混工作），因为这时调音台状态可以逐步建立起来并保存在场景记忆中，而不太适合进行实况演出和重要的录音工作，因为这时操作人员需要一直观察调音台的显示和调整控制。

在控制界面中，像延时、效果处理、移动推拉衰减器自动化与推拉衰减器的编组、提供总体设定调用的场景记忆、MIDI（包括通过单独的 MIDI 文件实现的载入）和时间码接口一般都会提供，并且显示屏会显示所有的控制状态。既可以只显示针对整个调音台的有关路由分配、通道延时、场景记忆等类似信息的简单的总体显示格式，也可以显示针对某一通道的更详细的信息显示形式，还可以显示仪表指示。鼠标可以用来完成屏显任务的导航工作，以及调整各种参数。

三、数字调音台的案例分析

之前我们讨论了模拟调音台要实现真正的“total recall”（即自动重新设定调音台的控制面板）的困难性和高成本问题，数字调音台则可以将模拟调音台的这种性能作为其标准的配置。图 5–21 所示的 Digico D5T 就是这种调音台的代表，当特定的项目或演出文件载入调音台，或从其本身的记忆存储载入时，调音台可以瞬间调回包括输入增益和幻象供电开关状态等所有设定参量。这样的调音台是计算机混音系统的基本规格，只是配备了硬件控制界面来提供更为传统的操控模式而已。另外，这一功能也是现场调音工作和各种类型的录音与广播工作所要求的基本性能。从人体工学的角度出发，调音台借助大尺寸的触摸屏和多层的分层选择特性，赋予通道推拉衰减器、辅助送出与 EQ 旋钮、VCA 与编组推拉衰减器等传统的模拟工具相当程度的分配能力，通过分层选择可以显示和访问所有的输入库，如图 5–22 所示。主控输出屏显可以显示诸如编组输出、自动化参量、场景记忆信息，以及矩阵设定等相关的各种信息。这样的调音台可以提供 96 个输入通道、20 路辅助送出、24 个编组输出，以及具有 32 路剧场产品规格的输出矩阵。一般而言，在每个通道推拉衰减器边上都有一排可以访问不同控制分层的按钮。层 1 可能对应于通道 1 至 8，相应的屏显会显示诸如输入增益、幻象供电、路由分配、辅助输出电平和 EQ 等信息。触摸相应的显示区域可以将各类信息放大显示，便于观察和调整，例如触摸通道的 EQ 部分，就会在该通道的边上显示更多的设置细节，以及用来安排 EQ 的控制。层 2 可以显示通道 25 至 30（通道 9 至

图 5–21　Digico D5T

图 5–22　输入通道显示的细节（Digico D5T）

24 是由相邻的推拉衰减器库提供的）。包含所有推拉衰减器库的层 3 提供了所有的矩阵输出、编组输出、辅助主输出，以及组合形式的推拉衰减器的控制。这些项目操作者都是可以选择的，并能根据操作者的要求进行设定。分层中的顶层一般安排放置需连续观察的输入，比如乐手传声器、歌手传声器、无线传声器和 DI 输入等。下边一层安排给诸如 CD 放音机、采样器和其他重放设备输出，也可以是一些效果的返回信号。这些输入通常并不需要快速访问。像数字延时、输入 / 输出上的 EQ（后者在现场扩声中特别有用）、压缩器和限制器，以及内部的效果处理器等其他性能则按常规的方法使用。这样便减少了所需的周边效果处理器的数量。这些设定都是可编程的，并且可以连同调音台的其他设定一同记录。

在操作上，与模拟调音台相比，这种调音台有两点需要注意。首先，在开始工作前要进行大量的初始设置、编排和标签化工作。输入和输出通道需要编排到接有周边设备的相应的插槽上；各个分层必须安排到相应的输入 / 输出 / 辅助 /VCA 上，并加上标签；同时还必须创建演出或录音工作所要求的一系列的场景记忆。其次，调音台操作常常需要分成两个步骤来完成。尽管特定分层的通道、推拉衰减器和一些其他控制器件可以被快速调整，但许多其他的控制器件则必须在实施调整之前先找到不同的分层或借助触摸屏来访问。另外，调整项目需要存储在场景记忆中。通常，诸如特定场景中的输入增益、EQ 和辅助输出电平上的变化将会自动保存到另一个场景记忆当中。通道推拉衰减器将之保存到特定的场景中，只有被保存到预置场景当中的调整，以及被自动保存到场景库中的调整才能被操作者选用。最后，整个项目必须被保存到调音台的硬盘驱动器当中，最好再做一个外部的备份。完成这一系列操作要求操作者熟悉特定的调音台及其软件的特点，虽然不同的数字调音台有许多必要的操作方式是一样的，但是不同厂家生产的产品还是有其自身的操作特点。相对而言，对于典型的模拟调音台来说，操作者只需 10~15 分钟便能相当熟悉了。

第五节　数字声频工作站的一体化控制调音台

如今，一体化控制的数字声频工作站正在不断增加模拟或数字调音台的一些功能。在有些设计案例中，调音台已经演变成复杂的控制界面，使得工作站的功能能够用常用的控制来调整。这便提供了以计算机显示加鼠标为工具的另外一种工作方式，但对于复杂混音来说，这可能并不方便。在这种情况下，大部分的声频处理是由工作站硬件完成的，它既可以借助台式计算机本身的处理能力，也可以用专门的信号处理板卡来实现。有些声频处理可能还包括诸如监听和演播室通话控制等内容。调音台控制界面通过 MIDI 或以太网这样的专用接口连接到工作站上，这样的控制界面常常具有针对工作站的遥控功能和编辑功能，如图 5–23 所示的 Digidesign ICON 系列产品。

另外一种情况就是使用带专门的工作站控制功能的外挂式模拟调音台，比如图 5–24 所示的 SSL Matrix。在这种情况下，调音台本身要完成较多的声频处理工作，同时也可以当作附属的或工作站自带的另一种数字处理设备，对来自常规模拟周边设备的信号进行全面灵活的路由分配。如此一来，便能对工作站之外的声频通道实施模拟域的混音，这种工作方式深受部分操作者的推崇。工作站的控制界面是执行由以太网（ipMIDI）和 USB 传输过来的等效于计算机键盘指令的 MIDI 信息，控制协议可以保证其符合 Machie 的 HUI（Human User Interface, 用户人接口）或 MCU（Mackie Control Universal, Mackie 控制通用协议），抑或特殊的 MIDI 控制器配置协议。调音台的数控衰减器可以利用 MIDI 指令来遥控，这种功能可以让调音台通过工作站上的 MIDI 轨实现自动化。这种系统的典型配置如图 5–25 所示。

图 5–23　典型的集成了工作站功能的 Digidesign ICON 系列（D–Control ES）调音台控制界面

图 5–24　集成了工作站控制功能的模拟调音台：SSL Matrix

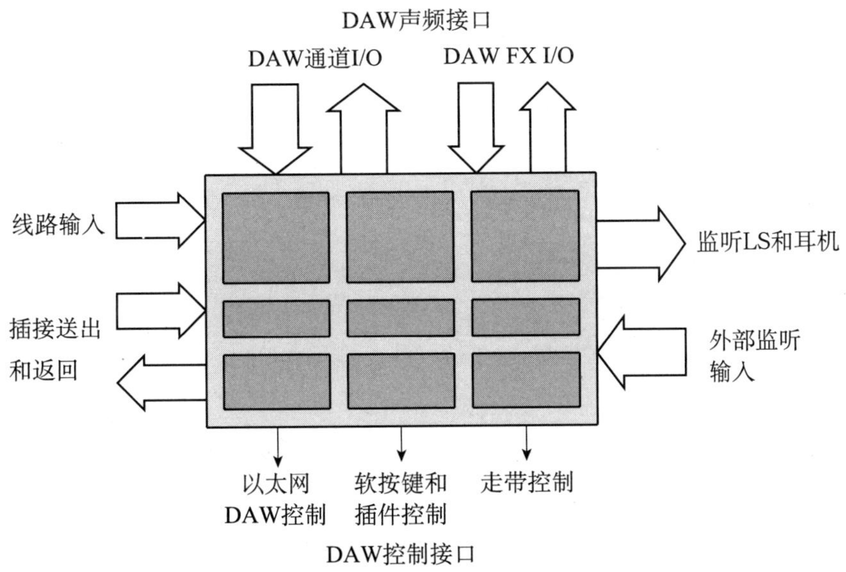

图 5-25　演播室设备和工作站互联的 SSL Matrix 调音台典型系统配置

思考题

1. 简述调音台的基本功能。
2. 简述分离式调音台与占线式调音台的优缺点。
3. 简述调音台输入模块的组成及基本作用。
4. 说明混合编组与 VCA 编组的特点。
5. 简述 VU、PPM 和 PM 表的作用。
6. 简述监听方式的种类及特点，说明监听声压级与调音音质的关系。
7. 简述自动化调音台的工作状态及应用特点。

Chapter 6

第六章　声频信号处理设备及应用

本章要点

声音动态处理设备（压限器和噪声门）的工作原理及应用

延时混响器的原理及应用

均衡器的原理及应用

听觉激励器的原理及应用

多用途效果器的使用

第一节　引言

大多数声源产生的声音都是复合音，即频谱较复杂的声音。为了更好地了解声频信号处理设备的工作原理，我们首先对声音的物理特性与人耳的主观感受之间的关系（表 6–1）予以简要说明。

所有的声频处理设备都是通过改变相应的声音物理参量的方法来达到改变响度、音调和音色的目的。比如，均衡器和听觉激励器是通过改变谐波成分与基波成分的相对幅度和谐波数目来改变音色的，而压缩器、噪声门和混响器是通过改变声音包络来改变音色的。

随着录音手段和制作方式的发展，演播室中出现了许多声频处理设备，有不少已经成为演播室中的必备设备。

表 6–1　声音的物理特性与人耳的主观感受之间的关系

人耳对声音的主观感受	响度	音调	音色
对应的声音物理特性	振幅和频率	基波的频率和振幅	谐波的数目，谐波与基波的相对幅度和相位，包络形状

第二节　压缩器

在演播室的声频处理设备中，压缩器是常用的振幅处理设备。压缩器处理的对象是声频信号的动态范围。

声源的动态范围（DR, Dynamic Range）指的是在某一指定的时间内，声源产生的最大声压级（SPL_{max}）与最小声压级（SPL_{min}）之差，其表达式如下：

$$动态范围（DR）=（SPL_{max}—SPL_{min}）$$

压缩器对信号的动态范围进行压缩处理，使信号能满足记录和发送设备对动态范围的要求。因为设备的动态范围是指其最大不失真电平与其固有噪声电平之差，对于模拟的记录媒质与发送设备来说，它们的动态范围一般均比声源的动态范围要小。比如，专业模拟开盘录音机的动态范围为 67dB（不加降噪处理），调频广播的动态范围也只有 60dB 左右，而交响乐队的动态范围为 110dB，甚至更大。因此，在记录或发送动态范围很大的节目时，为了避免高电平信号所引起的失真和低电平信号所出现的信噪比下降的情况，就必须对信号的动态范围进行压缩。随着数字化设备的应用，设备的动态范围基本上可以满足对未压缩节目动态范围的记录要求，因为数字设备的动态范围都在 90dB 以上。但是，如今在演播室中仍广泛使用压缩器，这是从节目制作需要的角度考虑的。

一、压缩器的工作原理

节目信号的动态范围可以通过手动控制进行调节，即通过改变系统增益来实现，也可以通过压缩进行自动控制。手动控制是通过调音师预计节目中较响或安静的段落，在它们到来之前，慢慢地改变增益，达到动态压缩的目的。手动控制对于古典音乐比较容易实现，但是对于电平变化比较快的节目就会产生很大的误差，不可能取得令人满意的动态压缩的效果。

从某种意义上讲，压缩器是一个单位增益的自动电平控制器。当压缩器检测电路要处理的信号超过了预定的电平值之后，压缩器增益就会下降，即增益值小于1，下降的幅度，取决于压缩器的压缩比率的设定值；反之，当检测的信号低于预定的电平值，增益将恢复到单位增益或保持单位增益不变。因此，压缩器的增益值将随着信号电平的变化而变化，这种增益变化的速度是由压缩器的两个参量，即建立时间和恢复时间决定的。

图 6–1 是一个实用的压缩器的原理框图。它是一个双通道压缩器，图中为了简化起见，只画出了其中一个通道。图 6–2 是一款实际使用中的双通道压缩器。

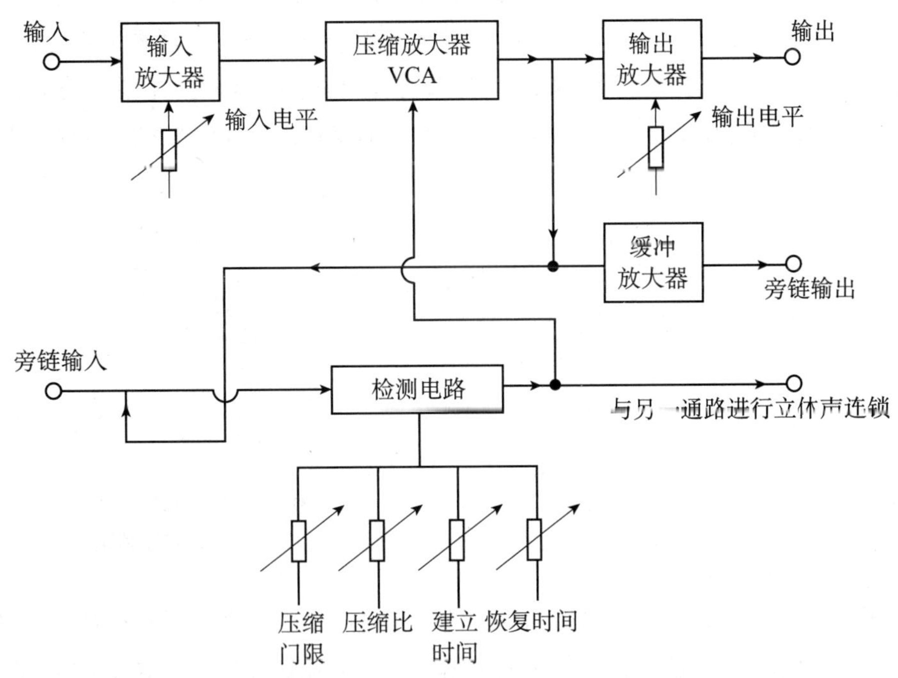

图 6–1　压缩器的原理框图

图 6-2　双通道压缩器

1. 压缩器的工作量

一般压缩器的可调工作参量有 5 个，即压缩比（ratio）、压缩门限或阈值（threshold）、建立时间（attack time）、恢复时间（release time）和拐点形状。

（1）压缩比。该参量表示超过预定电平的信号的压缩能力大小。通常用输入信号的变化量与输出信号的变化量之比来表示，大多数演播室采用的压缩器压缩比可以从 1:1 至 ∞ :1 连续调节。1:1 的压缩比意味着压缩器处在不压缩状态。个别压缩器设有负的压缩比，比如 –2:1、–1:1 等。负的压缩比意味着当信号超过预定值之后，输出信号不但不会随着输入信号电平的增大而增大，反而会随着输入的增加而减小。负的压缩比设定主要应用在保护设备的场合。图 6–3 是在其他参量不变的情况下，改变压缩比的情况。

（2）压缩门限。该参量表示压缩器产生压缩动作的电平条件，通常用产生压缩作用时对应的检测电路的输入信号电平值来表示。压缩门限是连续可调的，门限设定值越高，意味着信号被压缩的可能性越小。图 6–4 是其他参量不变时，只改变压缩门限时的情况。

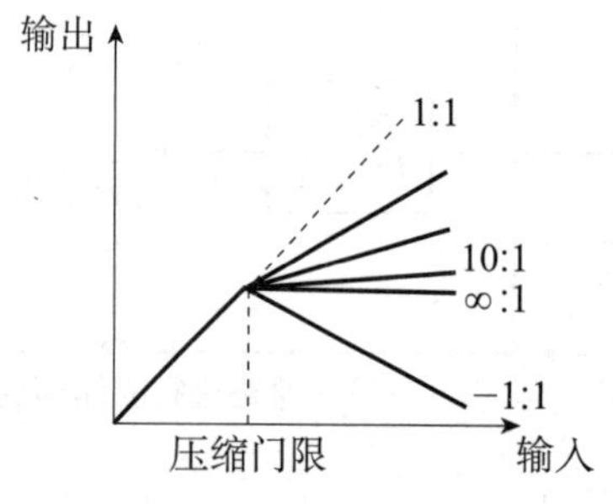

图 6–3　其他参量不变，只改变压缩比

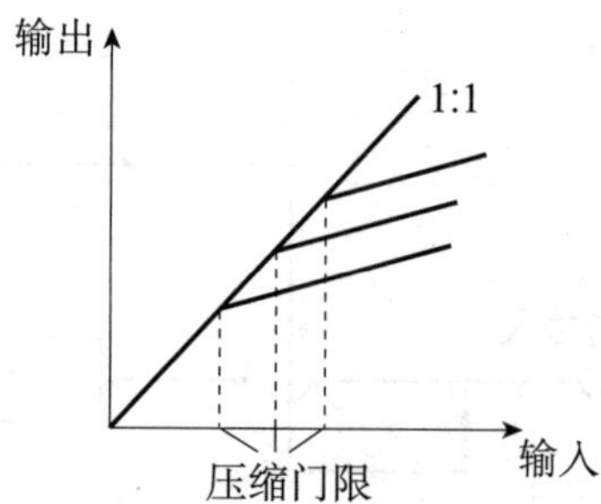

图 6–4　其他参量不变，只改变压缩限

（3）建立时间。该参量表示当检测输入信号超过压缩门限后，压缩器由未压缩状态转换到压缩状态的速度。一般该值是指压缩器增益开始下降到最终值（增益不再下降的增益值）的 63% 时所需的时间，大多数专业压缩器可以从零点几毫秒至几百毫秒连续可调。

（4）恢复时间。由于一般的节目信号电平是变化的，不可能总在压缩门限以上，当信号电平降到压缩门限之下时，压缩器增益将提高，恢复到单位增益状态。恢复时间表示的是压缩器由压缩状态转变到不压缩状态的速度，一般恢复时间可以从几十毫秒到几秒连续可调。

（5）拐点形状。压缩器的输入 / 输出曲线在其压缩门限处呈现的形状有两种形式。一种是上文中所见的硬拐点（hard knee），这时压缩器工作状态的转变发生在某一输入电平上；另一种是所谓的软拐点或柔顺拐点（soft knee），这时压缩器工作状态的转变发生在输入电平的某一范围上，这种设定下的压缩处理在听感上会比前者柔和一些，对有些声音的处理是需要的。图 6–5 所示的就是硬拐点与软拐点的对比图。

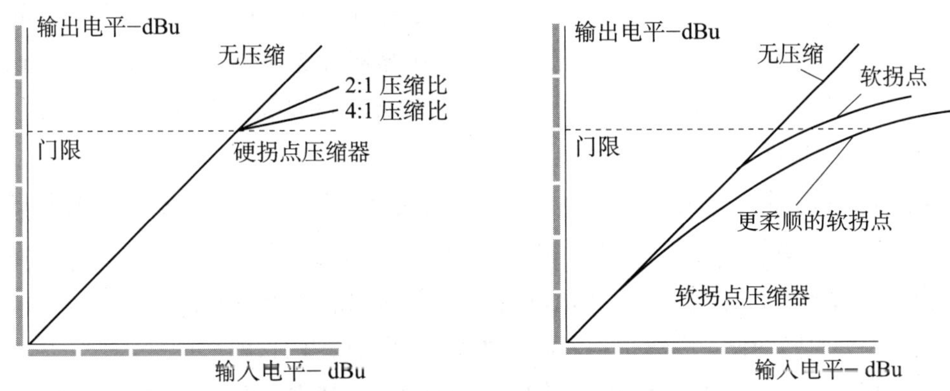

图 6–5　压缩器硬拐点与软拐点的对比图

2. 建立时间和恢复时间对音质的影响

建立时间和恢复时间对信号包络的音头与音尾影响很大，因此要想获得好的动态范围处理效果，建立时间和恢复时间的设定就十分重要。这两个参量在设定上非常灵活，因此下文对其单独加以阐述。

建立时间影响的是声音包络的音头，而声音的音头携带有反映声音明亮度和冲击感的中、高频成分。如果建立时间很短，那么当信号电平超过压缩门限，它马上就会被压缩，这就意味着声音信号的音头很大程度上被抑制，其明亮度和冲击感就被减弱了。这种设定有利于防止大的瞬态信号所引起的过载失真和保护放音设备，同时也有助于减小或软化一些过硬的音头的声音。但是这种设定也会产生一定的瞬态失真，并且建立时间越短，产生的瞬态失真越大。图 6–6 所示的是压缩器中由建立时间导致的瞬态失真。

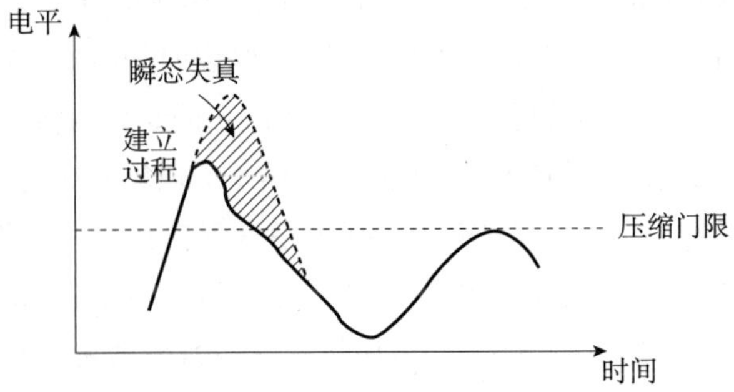

图 6–6　压缩器中由建立时间导致的瞬态失真

值得庆幸的是，根据研究表明，失真在短的持续时间里通常是听不见的。但是同时压缩比越大，增益的变化率越大、瞬态失真也越严重。

对于模拟磁记录而言，建立时间设定在 1ms 左右可以取得比较好的结果。如果电气部分不存在不良的设计，那么最快的瞬态失真将因磁带的饱和而听不见，同时持续时间较长的大信号也可以被控制。

根据相关研究结果，对于像钢琴或高音打击乐器这类节目信号，如果建立时间短于 250μs，将会产生明显的瞬态失真。于是，延时压缩器应运而生。延时压缩器，顾名思义，就是在处理信号通路中引入了延时。采用这种方法可以加长建立时间（比如 1ms），在产生所需的压缩的同时，不会产生过冲失真。

如果建立时间比较长，就意味着在压缩之前有更多的峰值信号可以通过，这样就保持了声音音头的冲击感和明亮度。但是，建立时间一长，就会产生漏压缩现象，使得本该压缩的峰值被放过去了，这对于防止瞬态的信号峰值所引起的失真和保护扩声设备是不利的。因此，建立时间的设定要根据信号源的类型和所要达到的目的来进行。

图 6–7 是不同的建立时间特性所产生的不同效果。其中，图（a）表示快建立时间，信号平滑地减小到预定的稳态电平上；图（b）表示慢建立时间，信号经过一段时间才逐渐减小。

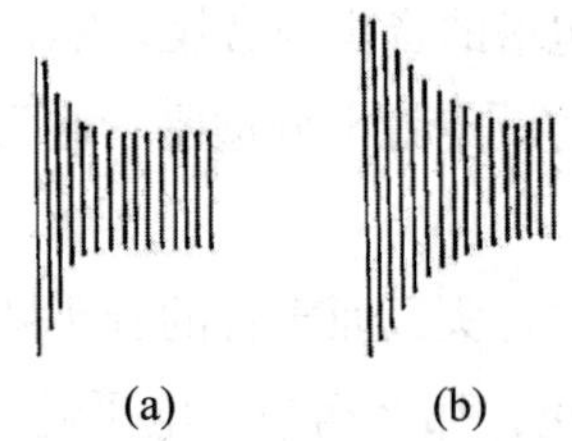

图 6–7　不同的建立时间特性：（a）快建立时间；（b）慢建立时间

恢复时间对声音包络的影响，主要表现在声音包络衰减过程或音尾。压缩的效果是增加了高电平信号成分的比例，恢复时间越短，越多的低电平信号被提升到较高的电平，但是在提升低电平信号或响度的同时，也将噪声信号提升了，使得噪声电平会随着压缩器工作状态的变化而变化，也就是产生了噪声起伏或噪声喘息。恢复时间越短，噪声喘息也就越明显。由于在恢复时间内，压缩器的增益仍是小于 1 的，所以它仍处在压缩状态。可见，短的恢复时间将有助于信号较快地脱离压缩状态，避免产生误压缩现象。反之，如果加长恢复时间，虽然它会使噪声喘息现象减弱，但低于压缩门限的信号所产生的误压缩就会更加明显。

图 6–8 是不同恢复时间的效果。其中，图（a）是周期性的脉冲信号，其电平比连续音高 15dB；图（b）是压缩器旁链的控制电压，其下降曲线是间隔期间 RC 网络的放电曲线，在此期间增益是提高的，它使低电平的声信号电平有所提高；图（c）表示不同恢复时间的效果，图中恢复时间从左至右逐渐加快。

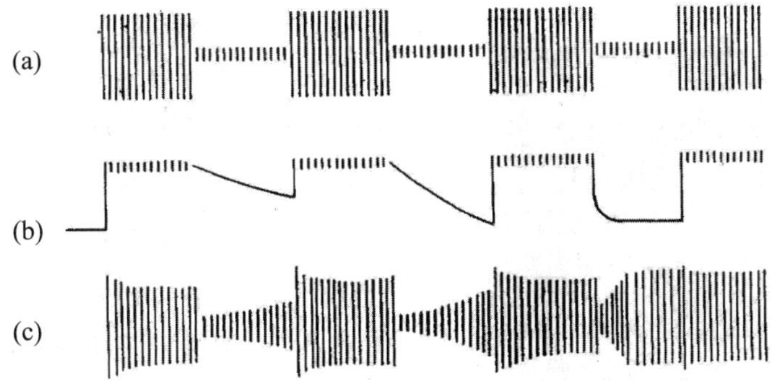

图 6-8 不同恢复时间的效果：
（a）周期性脉冲信号；（b）控制电压；（c）不同恢复时间的效果

建立时间和恢复时间一般都要根据实际需要预先调节好。某些设备设有自动时间调节功能，这样可以免除对这两个时间参量的烦琐调整过程。这时，只要将面板上的相应开关设成自动位置，电路就会根据节日音量电平自动调节到所需要的建立和恢复时间。

3. 压缩的控制方式

从图 6-9 可以看出，信号通路可以分成两部分：一部分为受控信号通道，也称为主通路；另一部分为控制信号通道。控制信号可以由两种方式获得：一种是内部控制方式，控制信号取自主通道的输入信号，这种方式是常用的方式；另一种是外部控制方式，控制信号取自从旁链输入的信号，这一信号与主通道的输入信号不同，它可以是与主通道完全不相关的信号，也可以是经过另外处理的输入信号。图 6-9 是压缩器的两种不同控制方式的框图。

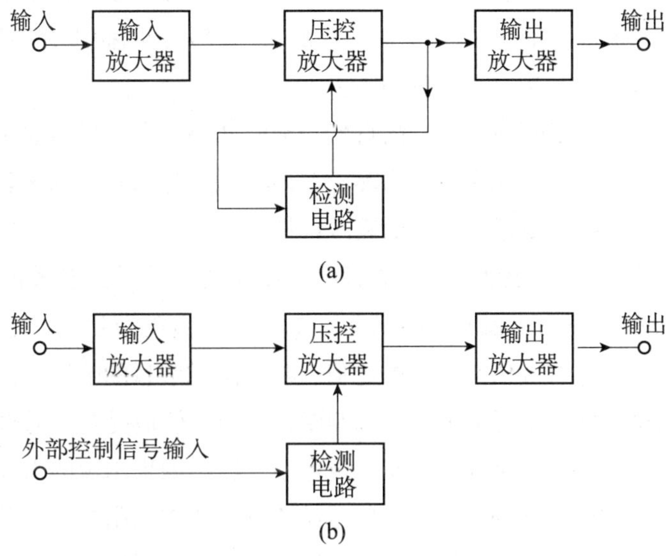

图 6-9 压缩器的两种控制方式：（a）内部控制；（b）外部控制

图 6–10　一款三频段立体声压缩器的前后面板

4. 多频段压缩器

上面提及的压缩器均为全频段压缩器，这种压缩器有时会因某一频段内的个别高电平信号而导致整个信号产生压缩，而这是制作上所不需要的，于是出现了分频段压缩的处理方式。这种处理方式是将全频带信号先进行分频处理，然后对各个频段信号分别进行压缩或不压缩的参量设定，之后再将分频带的信号混合为全频带信号。图 6–10 是一款三频段立体声压缩器的实例。

二、压缩器的应用

多年来，压缩器主要用于自动调整宽度动态范围的输入信号，使其适合低动态范围的传输和存储媒介。压缩器首先在广播中被广泛应用，这是因为压缩器可以使较宽动态范围的唱片录音及较窄调幅的无线电广播能与一般家庭放音环境兼容。与此同时，压缩器在录音和扩声方面也有许多用途，具体如下。

（1）用来弥补由于声源与传声器的位置变化而产生的动态改变。特别是当歌唱演员向传声器靠近或离开传声器时，会产生音量变化很大的信号，这时可以适当调整压缩器以使这种音量变化小一些，这样可以使后期合成比较方便，使歌唱声能够与乐队声达到较好的平衡。

（2）可以使一个乐器的不同音域的音量相同。比如某些贝斯的弦比同一把琴上的其他弦响，使用压缩器之后，通过将不同弦的音量相配合，就会产生一条平滑的低音线。又比如各种号，在某些音域上，由于令其发音需要的力度较大，因而声音会比其他音域更响，压缩处理能使不同音域的音量电平得以均衡。

（3）如果压缩器的恢复时间比乐器的自然衰减时间慢，那么乐器原来的特性就能保持下来；如果压缩器的恢复时间比声音的自然衰减时间快，那么乐器的声音则变成几乎“像风琴一样”的声音，只保持少量的乐器的衰减特性。

（4）利用压缩来提高节目的响度。节目的响度主要与信号的有效值有比较直接的关系，而与节目信号的峰值大小没有直接关系。如果对混合的节目信号进行适当的压缩处理，就可以提高平均值或有效值与峰值的比值，从而感觉节目的响度得到提高。在节目的发射中，也可以用这种办法来提高平均的调制度，从而有效地提高发射机的效率。

（5）利用大的压缩处理来使打击乐器的声包络反转。如果用短的恢复时间对吊镲一类的打击乐器进行很大的压缩处理，使输入信号始终处在压缩门限之上，节目就会表现为固定的输出电平。这样，听到的声音效果就好像把吊镲的声音倒放出来一样。

（6）利用压缩器还可消除齿音造成的咝声。从人发声的能量分布来看，咝声听起来要比其他声音响一些，这些咝声的高能量成分可能使磁带过载，甚至感觉上并不十分响的声音也会这样。为了减小这种咝声的能量，可以利用均衡器来衰减产生咝声的频段的能量。但是均衡器并不能根据信号的能量分布特点来实时改变均衡量，所以在没有咝声的时间会感到声音清晰度下降。因此，通常采用压缩器与均衡器相配合的方法，来减少咝声的影响。这时可将高频提升的均衡器插入压缩器的控制通路中，使产生咝声的高频成分受到压缩的概率比其他频段上的大。这样，当能够造成失真的咝声在通过压缩器若干毫秒的时间内，它就会受到比通常更大一些的衰减。具体操作时，可以从压缩器的旁链输出口将均衡器插入控制通路中，图 6–11 所示的就是这种接法的示意图。

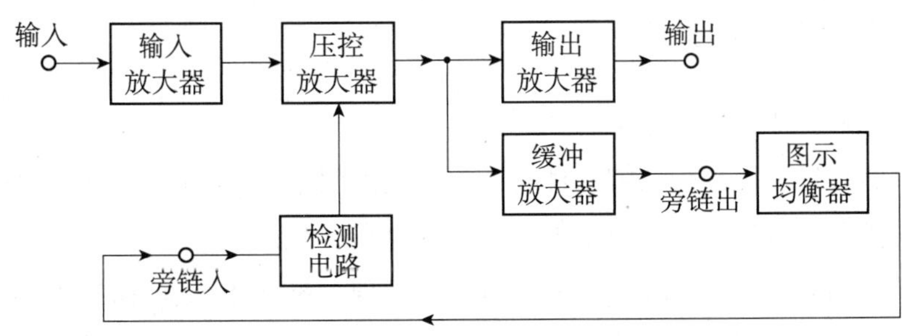

图 6–11　用压缩器来消除咝声的处理方法

如今，以上面所述方法为原理的专门消除咝声的处理设备已应运而生，这种处理设备称为咝声消除器。

虽然这种办法可以有效地减少咝声，但是也存在所有单频段压限器共有的问题，即在对混合的节目进行压限处理时，造成增益下降的往往是一个主要乐器或乐器组，这样便造成了对其他节目信号的调制作用。另外，某一频段上的个别高电平信号也会使整个频段上的所有信号受到压限。现在一些压缩及扩展的动态处理设备是将可闻声频段划分成几个频段，分别进行动态处理，然后再重新合成。这样可以把含有咝声的这一频段分离出来，使它受到比其他部分更大的压缩。当信号重新合成时，齿音就会被衰减，而不会影响节目的其余部分。

（7）利用压缩器产生“声上声”的效果，这时也将压缩器称为画外音压缩器。采用画外音压缩器可以把混合了背景音乐的播音员的语声突显出来。音乐节目首先通过压缩器，然后再与语声信号合成。此时压缩器属于外部控制的工作模式，即由语声信号控制压缩器，以便衰减背景音乐的增益，而并不衰减语声线路本身的增益。这样，当画外音（播音员语声）出现时，背景音乐的电平就会自动减小。

如果再进一步改进，有些画外音压缩器还能达到这种效果。只有当音乐节目信号高于某一电平时，语声才起控制作用而去衰减增益。因此，如果音乐声的电平已经低到不会干扰语声的程度，就不再进一步衰减增益了。这种功能称为 Duck 功能，即一种交叉渐变的功能。

为了说明问题，下面给出对一些常用乐器进行压缩处理的一般原则，读者可以不受其限制。

①鼓：选取中至较长的建立时间，可以减小震动的影响；短的恢复时间及较大的压缩

比可以产生较丰满的音响感觉。

②吊镲：选取中至短的建立和恢复时间，以及平均的压缩比，可以减小过分的振铃。

③吉他：选取短的建立和恢复时间，以及大的压缩比，可以增加音响的维持时间。

④键盘乐器：选取中至长的建立时间，以及中至短的恢复时间和大的压缩比，可以产生较丰满的音响。

⑤声乐及语言：选取中至短的建立和恢复时间，以及平均的压缩比，可以减小齿音。

⑥弦乐：选取短的建立和恢复时间，以及平均的压缩比，可以增加音响的完整性。

三、使用压缩器的注意事项

1. 关于立体声节目的压缩处理

对单声道的节目信号进行压缩处理时，除了压缩门限、建立时间、恢复时间和压缩比的调整，还需要考虑在合成的节目中如何避免乐器所产生的“扑扑”声。其处理方法基本与处理单件乐器的方法一样。随着立体声节目的出现，对立体声节目的压缩出现了一个新的问题，这就是对立体声左右通路信号分别进行压缩时所带来的声像飘移现象。假如对左右通路信号分别使用两个单独的压缩器来处理，那么两个压缩器的工作参量的差异以及左右声道间的强度差，将会导致压缩器间压缩量或压缩器工作状态的不同，从而使原有立体声节目中的两个通路信号间的强度差发生变化，使立体声节目的声像发生飘移现象。为了避免出现上述情况，大多数的双通道的压缩器均设有连锁或立体声工作方式。当压缩器处在连锁方式下时，它将两个压缩器的旁链电路连在一起，从而使某一通道上的增益下降，同时也引起另一通道上的增益等量地下降，以避免声像中心的飘移。在实际的应用中，它将两个压缩器的检测控制电路连在一起，其中压缩比是由其中一个通道上的主压缩比来控制的，其他三个参量还可分别进行调整，但恢复时间是两个通道的平均值。虽然这些参量可以独立调节，但在连锁方式下应尽量调成一致。

2. 关于压缩器时间参量的调整

压缩器的时间参量的调整，主要根据信号的包络特点以及所要达到的目的来决定，最终的效果如何还需要由人耳来判断。

为了避免调整中的盲目性，在调整中应注意以下几个方面。

（1）建立时间较长，有利于使声音产生类似打击乐的那种冲击感，但如果太长，也可能会使要压缩的声音信号的音头产生过冲或不进行压缩处理。

（2）建立时间很短，可以减弱过强的冲击感，但有时会伴随着“砰砰”声或“咔嗒”声，同时会使瞬态失真加大，产生咝声。

（3）快的恢复时间结合小的压缩比可以使声音听起来比实际的要响。

（4）如果恢复时间太短，同时压缩比又过大，则会产生噪声喘息恶化的现象。

（5）较长的恢复时间可以使波动较大的声音变得平滑。

（6）为了避免对低音乐器压缩时产生的谐波失真，恢复时间应该比乐器的自然衰减时间大约长半秒。

（7）太长的恢复时间会使声音混浊，并且会对需要压缩的信号之后的低电平信号产生很大的调制效果。

四、压缩器的限制功能

在实际的声频信号处理设备中，压缩器具有限制功能。压缩与限制并没有严格的区别，一般只是信号电平控制能力的大小有差别。通常压缩比为 10:1 以上时，压缩器就可以视为在限制状态下工作。所谓限制是指输出信号不随输入信号的变化而变化，而是基本维持在一个固定的电平上。

限制功能在实际的应用中，一个作用是保护接收或记录设备避免受偶尔出现的大信号的影响，产生过载或饱和失真。这时在参数设定上应将建立时间设定得很短，压缩比可设成 10:1 以上，并且恢复时间也要设定得较短。为了只对偶尔出现的大信号产生限制作用，压缩的门限一般设定得很高，对大多数信号并不产生限制作用。限制功能的另一个作用是产生特殊的音响效果，比如在对摇滚音乐中贝斯的处理，就常常采用限制处理，这样可以产生比较平稳的低音声部，这时参数的设定应根据音乐的需要来决定。

以下给出一些具体的应用实例。

五、压缩器处理的一些实例

1. 低音鼓

对低音鼓的处理要注意的问题是：低音鼓的动态范围比较大，对其声音的要求也比较高，处理时不需要用过量的高端均衡，可以采用有效值检波的压限器进行处理，即压缩比 2:1~4:1，压缩量为 1~3dB 或更大，建立时间要适当长一些。这样的处理设定可以使声音电平在门限之上，而让第一个瞬态信号包络通过。经过这样的处理后，鼓声具有更大的冲击能量，于是就可以得到非常均等的低音鼓声音。

在此基础上，对低音鼓进行力度处理如下：首先要保持低音鼓的初始突跳声音自然，听上去是有力度的“蓬蓬”声，然后压缩初始突跳信号后的平行的信号，使它产生“砰”的声音，最后混合两个“蓬”和“砰”的声音。当然也可以用非常快的建立时间对声音包络音头进行压缩，从而产生一种独特的无力度的低音鼓效果。

2. 军鼓

对军鼓也可以用与低音鼓同样的处理方法，用长的恢复时间、大的压缩量。由于压缩恢复过程的泵机作用能增加一定量的维持时间，从而延长了军鼓包络的持续时间，产生了一个不错的处理效果。

3. 电贝斯

对于像电贝斯这样的低频乐器，通常需要进行平衡，否则旋律进行到某一音符时就会突显出来，显得非常明显，这时的 VU 表会发生撞针现象，对于这样的问题需要进行控制。为了确保适当的录音电平，可用 4dB 或 5dB 的压缩、2:1 或 4:1 的压缩比进行压缩，一般会得到不错的效果。但是要注意压缩的建立时间，如果设得太短，原始音符包络将受到负面的影响，产生一个无力的“摩擦”声。另外，对低频声用快的恢复时间可能产生其他问题，应该适当延长恢复时间，以保证压缩门限低频的长周期或周期包络音尾之间不产生泵机效果。

当录制声学贝斯时，由于其本身声学特性和录音环境问题，所以处理起来更加复杂。合成器奏出的贝斯声也存在较大的电平问题，有些能用小的压缩比来减小电平；对较短的贝斯合成声可以用大的压缩，紧跟着用高比例的扩展器，从而产生张紧的扩张声。

4. 电吉他

电吉他是受压缩器影响较多的乐器之一。特别是在实况录音时，当用近距离传声器拾取比较激烈的电吉他声音时，用低的压缩比、长的恢复时间，压缩近距离传声器拾取的电吉他声，以增加音符与音符间的持续过程。正因为如此，它在混合后才能很容易地被听出，而又不会产生电平问题。

虽然大的压缩可使吉他在复杂的混合中容易被处理，但在录领唱的三重奏时，吉他作为和弦乐器出现，所以在压缩处理时必须小心使用或不用。

当用线路或近距离传声器录和弦吉他时，可以用大的压缩作为平衡的良好手段，使它的峰值只有少许或没有。同时，由于压缩恢复的泵机作用，声音在弹奏后出现膨胀，听起来有一种辉煌而闪烁的效果。

对单音符“Picking”声可以用长的建立时间，在压缩开始前让敲击发出的声音包络音头通过，然后压缩，并用短的恢复时间将突然出现的包络电平在音符间持续，产生一个“过滤器”的效果。

当声学吉他作为领奏乐器时，它通常不需要压缩和限幅，但在如今的复杂混音中，有时为了达到适当地拨或弹钢弦效果，可以放弃声学吉他的自然效果。

5. 钢琴

对传统的钢琴声采用压缩限幅要格外小心，因为传统的钢琴发出来的声音具有瞬态性，但在音符间存在大动态的电平变化，所以有些人喜欢用适中的压缩比、长的建立时间，使得在压缩开始前敲击弦发出的声音包络的音头通过，然后再压缩。

6. 铜管乐器

录音师偶尔也对铜管乐器使用压缩器，以便将它录到同一轨上，或混合为立体声时在乐器之间保持较好的平衡，这样可以在低压缩比下压缩 1~2dB，过量压缩可能会造成不自然的声音。如果号在独奏时用小量的压缩，则可以防止磁带饱和。

7. 吹笛

所有的笛子类乐器发出的声音在音符之间可以产生较大的电平跳动，在 RMS 表上有明显的表现，有时 RMS 表中撞针得很厉害，但主观听觉效果与 RMS 表中显示的并不一样，听觉上没有明显的失真感。吹笛所产生的另一个问题是会出现换气声，如过分地压缩可能对换气声产生副作用而使得换气声更大。对于换气声而言，首先应该从传声器摆放的位置来解决，传声器摆放正确比用压缩或限幅更有效。

如果为了表现出真实的号和所有的吹笛及小提琴、中提琴等的自然音色，一般就不用压缩和限幅，可以适当用一下模拟磁带的饱和软特性来录音。如果确实想在录音中改变一下听觉效果，则可以用小的压缩比、低的门限、适中稍快的建立时间，并根据需要的音腹长度选择短的或长的恢复时间。

8. 大提琴

通常，对大提琴的处理方法与对小提琴、中提琴的处理方法不同。由于大提琴拾音传声器放得比较近，所以有时需要用轻微的压缩来平衡琴弓或拨弦所造成的不同音符间的平衡。

9. 小打击乐器

在录音和缩混时，很多小打击乐器常作为色彩乐器出现，如木棒或木槌、马林巴、钢鼓、管钟、三角铁和牛铃等，它们通常产生强泛音和瞬变现象。某一音符泛音甚至和最初的频率一样响亮，并在电平与音符间产生很大的摆动。

另外，这些小打击乐器发出的声音有的频率比较高，和其他高频乐器一样，在模拟录音时很容易在相邻的音轨磁迹间产生串音。为了解决这个问题，衰减一定的高频或使用压限器不是根本的解决办法，而只要用较低的录音电平就可以了。这种方法通常比用切除高频和使用峰值压限的效果更好，而且音质不会被破坏。

合成器奏出的打击乐声通常含有参差不齐的峰值，对于这样的峰值可以用峰值可调的限幅设备，其限制比为 8:1，甚至更大，这样即使控制过分的电平振幅，也不会在录音缩混时感觉奏出的打击乐太冲了。

10. 合成器

总的来说，对合成器奏出的声音可以采用一定的压缩，因为它不涉及自然声音，用采样器和采样键盘（尤其是 16 比特的设备）时，其声音的质量和真实乐器的质量有很大的差异。当然，对高质量的采样合成器和键盘奏出的声音必须小心对待，在大多数情况下，其基本的处理原则是使声音更真实。

11. 歌唱声

从理论上讲，录歌唱声不用压缩当然比用压缩好，但在当今录制许多节奏性强、力度大的歌曲时，录音缩混中不得不对歌唱声使用压缩，但是在使用时关键要找到良好的声音比例。从整体上考虑，歌唱声既要被听得出，又不能冲得太厉害。压缩的控制要根据声音冲击的强度来定，尽量达到美化的效果。

有一些歌唱声不易接受压缩，而声音又不自然，这时可以用非常小的压缩比、轻的压缩、适中的建立与恢复时间，使增益控制在一个较自然的范围内。

某些歌唱声的声音细而无力，这时可以用 4:1 或 2:1 的压缩比压缩 5~7dB。这样可以得到丰满、厚实和较有力度的声音。

对于伴唱声，可以有多种处理方法：如果一组伴唱声不能自己控制音量的平衡，则可以使用压缩来进行电平控制；如果伴唱声作为主唱的背景声，那么可以使用画外音压缩来进行电平控制，这样，当主唱声进入时，伴唱声就会自动下降到所需要的电平，从而达到自动控制的目的。

第三节　噪声门

一、噪声门的工作原理

噪声门是一种限制低电平噪声信号进入电路的声信号处理设备。从原理上讲，噪声门可以看成是动态范围扩展器的一个特例。因此，它处理的对象也是信号的动态范围。它是一种将被视为噪声的低电平信号衰减到更低，使人耳完全听不到它，从而消除噪声的设备。

噪声门也是一个可控增益的放大器，对于高于规定电平的信号来说，它是一个单位增益放大器，而对于低于规定电平的信号来说，它把信号扩展到更低的电平上。

与压缩器一样，它也有扩展比、扩展门限、建立时间和恢复时间等参量，除此之外，它还有增益下降幅度和保持时间等参量。

扩展比是反映噪声门对低电平信号或噪声的衰减能力大小的参量，一般用输入信号的变化量与输出信号的变化量之比来表示。

扩展门限或噪声门门限是表明噪声门产生扩展动作时输入电平高低的参量。该参量确定了噪声门分辨信号与噪声的标准，其值越高，那么信号中被扩展的低电平信号的比例成分就越大。

图 6–12 是噪声门的输入—输出特性曲线。

增益下降幅度是表明噪声门对低于门限信号的衰减幅度的参量。如果该值为 0dB，则不产生任何衰减动作；如果该值为 90dB 以上，则低电平信号就会完全听不到。

图 6–13 是噪声门关于上述三个参量的变化情况，图（a）是改变扩展比曲线，图（b）是改变门限曲线，图（c）是改变增益下降幅度曲线。

噪声门的建立时间，是指当信号由低于门限设定的电平变到高于门限电平时，噪声门由关掉状态转换到打开状态的速度的参量。该参量的设定很大程度上影响处理信号的音头。

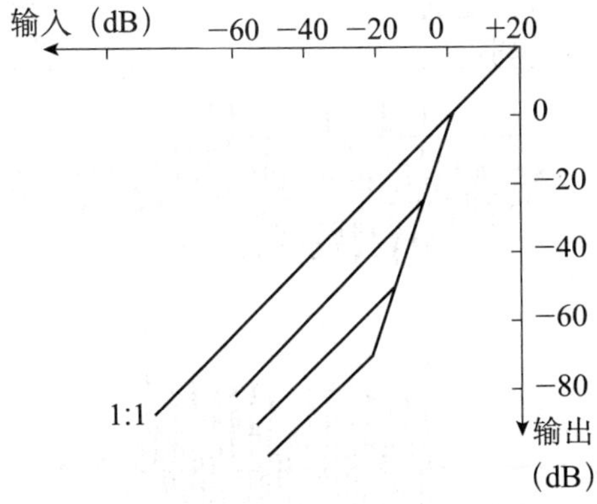

图 6–12　噪声门输入 – 输出特性曲线

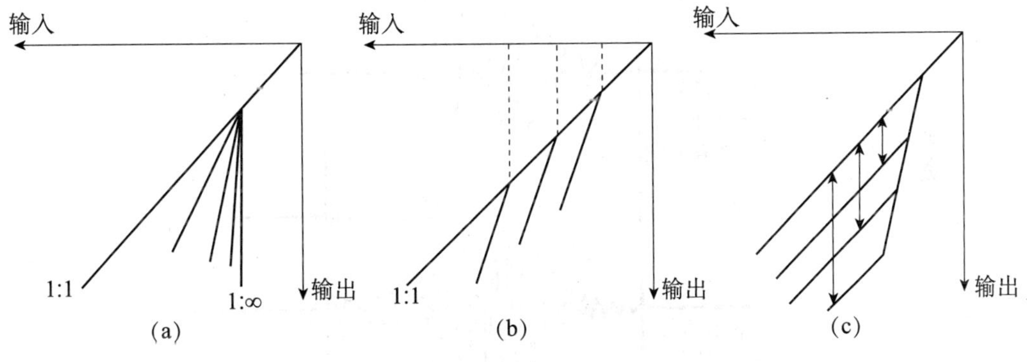

图 6–13　噪声门的参量调整

恢复时间，是指当信号由高于门限设定的电平变到低于门限电平时，在保持时间过后以多快的速度将门关闭的参量。而保持时间所规定的时间是当信号由高于门限设定的电平变到低于门限电平后，噪声门继续维持其处于打开状态的时间。这主要是为了解决由于信号电平变化过于频繁，噪声门快速开关所带来的副作用。

图 6–14 是建立时间、恢复时间和保持时间的效果。

图（a）表示输入信号及门限设定的情况；图（b）表示输入信号在快的建立时间和慢的恢复时间设定时的输出信号；图（c）表示输入信号在慢的建立时间和快的恢复时间设定时的输出信号；图（d）表示的是该输入信号在图（c）的条件下，并具有保持时间的情况下的输出信号。

图 6–15 是噪声门的原理方框图。

框图中旁链通路中的高、低频切除滤波器可以对输入检验电路的信号进行频率选择，使噪声门只能被所选频段的信号打开。该信号被称为键信号，并可以选择到输出电路进行监听。

由图 6-15 可以看到，噪声门也可以用两种方式打开：一种是内部信号，即输入信号；另一种是外部信号。

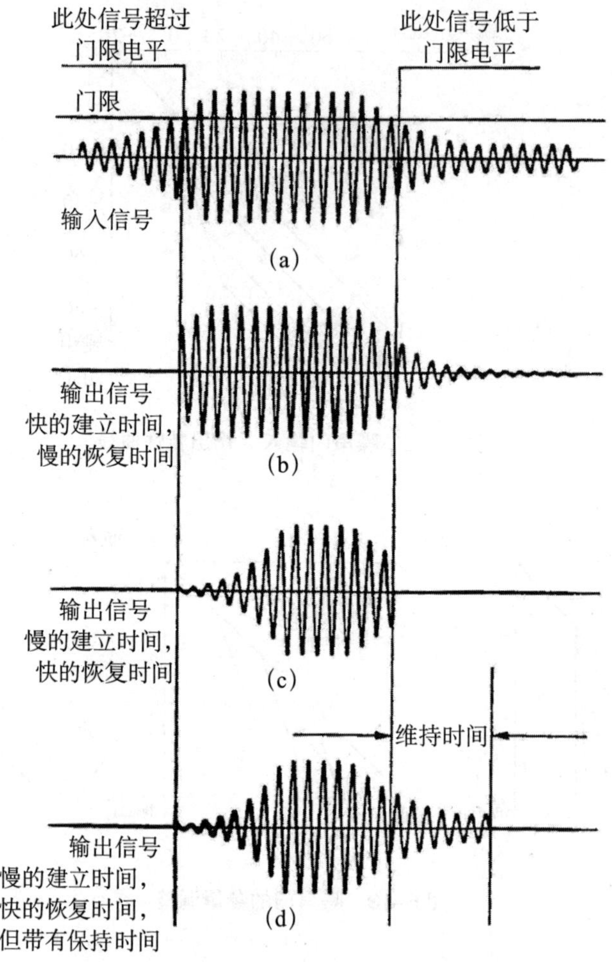

图 6–14　建立时间、恢复时间和保持时间的效果

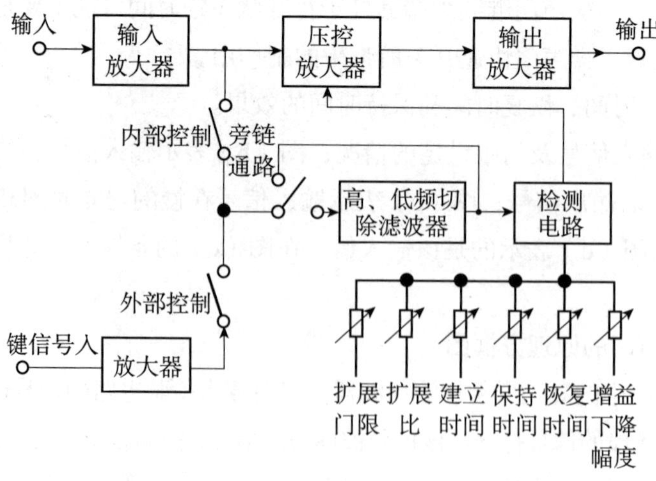

图 6–15　噪声门原理方框图

图 6–16 是一款经典的双通道噪声门（模拟噪声门）。

图 6–16　一款经典的双通道模拟噪声门 Drawmer DS201 Dual Gate（为清楚起见，只标示出一个通道）

二、噪声门的应用

噪声门在录音、扩声设备中的应用分为两大类。

1. 降低噪声方面的应用

（1）降低多声道磁带的噪声。在进行分期多声道录音中，为了保证最终合成立体声节目的信噪比，必须首先保证节目前期素材录音中每一声道的信噪比，然后再尽可能地减小合成时重放的多声道磁带的噪声，特别是声道中无信号段落，可通过调音台上的哑音编组或噪声门来处理。如果噪声门的各参量调整得合适，就可以有效地减小噪声。

（2）降低通道放大器的噪声。

（3）降低其他设备的泄漏声或信号声。

（4）降低“房间声音”（混响声、回声、环境噪声、空调器噪声、录像机噪声等）。

（5）降低“音乐噪声”（演员呼吸声、齿音及咝声、电子乐器的踏板声等）。

2. 效果方面的应用

（1）加“紧”松弛或较软的鼓，或者用来“软化”太硬的低音鼓。如果将噪声门的门限调得太高，节目中的低电平信号将会与噪声一起被切除。大多数情况下，我们不希望出现这种问题，但它对于有些打击乐，如鼓、手铃等却又是十分有用的。以小鼓为例，小鼓产生一系列高电平的瞬态声，每一瞬态声都很快地消失。如果每一次敲击声持续的时间太长，听众在主观感受上就会觉得总的声音缺少紧张度，而这种紧张度是一些音乐作品必不可少的。假如把噪声门的门限调到较高的电平上，使其处在鼓声本身的电平范围内，并且配合较短的恢复时间，则可在每敲击一次之后就使电平迅速下降，瞬态声很快消失，音响短促。如图 6–17 所示，图（a）是长衰减时间曲线；图（b）是调高噪声门限，短衰减时间曲线。

如果将这种处理方法应用到有多种打击乐演奏的场合，就可减小或去掉所有低电平的附加噪声或乐器每次打击之间的阻尼振荡声，从而加强打击乐的冲击感，也可使“软”的鼓声绷“紧”。

（2）加强打击乐的冲击感，除去过多的吊镲声。利用噪声门，可以有效地减少乐器各声道之间的串音结合所带来的不利影响。因为这种声道之间的串音会给平衡各声部或乐器的电平及其声像的定位带来很大的困难，同时也会带来一些相位干涉的问题。这种情况往往出现在架子鼓的拾音中，由于对架子鼓拾音的传声器彼此距离非常近，而且发出的声音的声压级也较高，所以在各个传声器中都存在着比较明显的串音。这时可以在串音通道中引入噪声门，并调整参量，使只有要拾取的乐器的声音才能触发噪声门开门。比如，在定音鼓的通道中加入噪声门，并且造成很大串音，这时可以使用控制通路的高频切除滤波器，将吊镲的声音从控制通路中除去。这样，即使拾取定音鼓的传声器拾取到了吊镲的串音，该串音也打不开这一通路的噪声门。

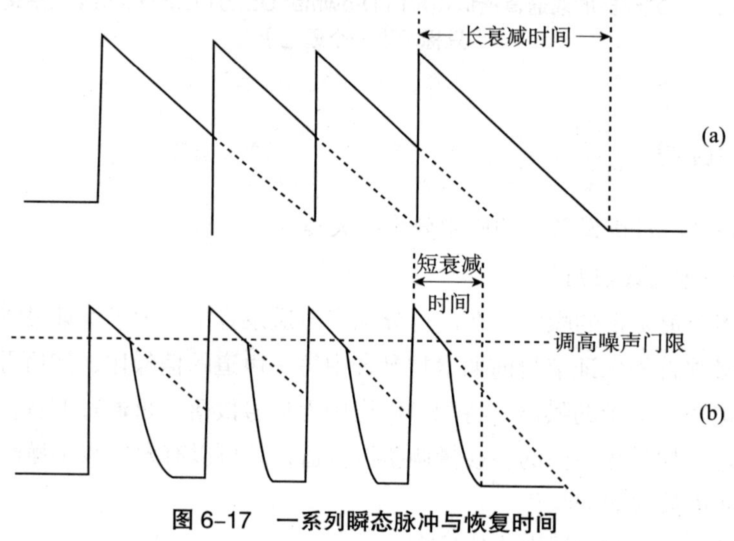

图 6–17　一系列瞬态脉冲与恢复时间

（3）将“远的”声音拉近。人们对声音的远近感知，很大程度上取决于混响声与直达声的声能之比。由于声音的混响部分是逐渐衰减的，所以当它衰减到噪声门门限之下时，将使其衰减过程加快，也就是使混响的声能减少，这样就可以感知到声音变近了。

（4）将单声道信号模拟成立体声。将单声道信号模拟成立体声的方法一般有两种：一种是利用延时器，产生时间差或相位差的立体声；另一种是利用噪声门，产生强度差的立体声。采用噪声门时，可将单声道声源信号直接送到左声道，同时将单声道声源信号经过噪声门送入右声道，由噪声门处理过的节目信号与左声道相比占有明显的优势，形成了比使用延时器更逼真的假立体声节目源。

（5）扩展节目的动态范围。利用可调的扩展比控制，可以将节目信号的动态加以扩展，比如将低的扩展比 1:2 扩展至 1:3，使动态范围加大。

（6）减小舞台传声器的声回授。当演员在舞台上使用传声器演唱时，演员的身体可有效地阻挡传声器，从而避免拾取到其他的声音；但当演员转身后，传声器就会拾取到房间里的混响声和返回声，导致声音系统中出现较大的回授。如果采用噪声门，当演员转身时，该门便被关闭，这样就降低了发生回授的可能性。

（7）利用外部键控信号，软化较硬的节奏声。较硬的节奏声，可采用以下技术来处理。将贝斯声道的信号送到噪声门的输入，同时把大鼓的信号接到键控输入，使噪声门的工作控制方式为外部键控方式。这时，贝斯的声音便与大鼓的声音同步起来，使大鼓的声音变得更加厚实。如果用大鼓信号去键控低频振荡器的信号，便可以对大鼓信号进行调谐，使它带上一定的音调。图 6–18 就是这种控制合成方法的示意图。

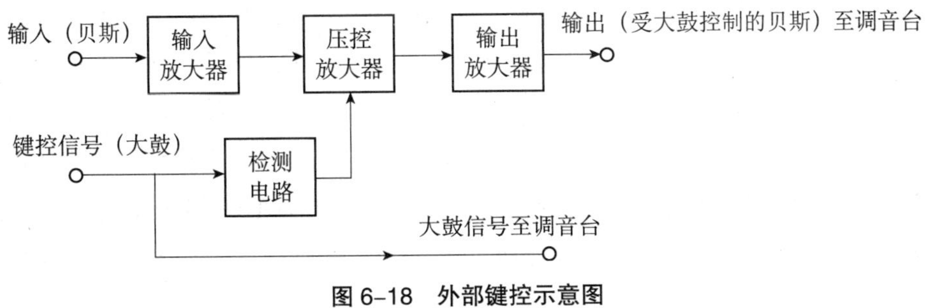

图 6–18　外部键控示意图

（8）改变采样信号的声包络。采样器将信号采样后，便可以通过噪声门改变其声包络，产生新的声音，甚至可以将包络反转，即产生倒放声的效果。

三、使用噪声门的注意事项

利用噪声门可以消除背景和来自相邻乐器的串音，也可以在合成时自动哑掉某些声道，或者自动关掉不用的传声器，以及产生其他特殊的声效果。

为了能更好地使用噪声门，应该掌握其参量的设定对音质的影响。

1. 扩展比、增益下降幅度和扩展门限对音质的影响

调整扩展比，可以使处理设备由噪声门状态变成扩展状态。一般噪声门的扩展比是比较大的，所以在有些只具备噪声门功能的处理设备中，就不设该参量，而在内部设计时已将它设为一个较大的值。如果想扩展节目的动态范围，一般该参量在 1.2:1~1.5:1 之间。

尽量使扩展与增益下降幅度两个参量间不存在任何电气关系，但是这两个参量的调整会产生类似的听觉效果。增益下降幅度影响的是最大的衰减量，在大多数情况下并不是将该参量设到最大。特别是对于一些自然衰减时间较长的乐器，将增益下降幅度设得合适，可以保留乐器的自然包络特性；如果增益下降幅度大于 6~10dB，那么对独奏乐器声就会产生非常明显的效果；若恢复时间也设得很短，效果则会更明显。

扩展门限要根据要求来设定。在减小噪声时，门限设定应能使所需的最弱声信号正常通过。但是，如果要减小噪声的电平比最弱的声信号还高，就不能用噪声门来减小噪声了，因为这时噪声门将小信号也当成噪音一起衰减掉了。

2. 建立时间对音质的影响

建立时间这一参量主要影响声音的起振，即节目声音的起始前沿。如果建立时间很短，它可以强调声音的起始前沿部分。一般为了加强打击乐器的冲击感或硬度，常常将建立时间设得很短。而较长的建立时间，对于像钢琴或吉他等稳定过程较长的乐器来说，可以产生一些特殊的声音效果，比如倒放声效果。较长的建立时间也可以减弱打击乐器太硬

的建立前沿的边缘声。

3. 保持时间对音质的影响

语言信号，经常存在一些短暂的停顿。这些停顿常常导致噪声门的再次触发，从而产生不自然的声音效果。保持时间的设定，可以保证在字与字之间的短暂停顿期间，仍能使噪声门处于打开状态。只有当停顿超过保持时间的设定值之后，噪声门才会按照所选的恢复时间将信号衰减。由于许多乐器的声音特点是靠其稳定过程表现出来的，比如钢琴、吉他、镲等乐器就是如此，它们有很短的建立时间和比建立时间长很多的稳定过程，对它们进行处理时经常要设定一个噪声门的保持时间。

4. 恢复时间对音质的影响

恢复时间这一参量主要影响声包络的衰减过程。打击乐器常常具有缓慢的衰减过程，比如通通鼓的振铃、定音鼓的咔啦声、镲的慢衰减过程等。如果将恢复时间设得很短，可以使这些尾音不被听到。因此，可以根据需要来设定恢复时间的长度，以得到不同长度的音尾衰减过程来满足音乐的要求。

第四节　均衡器

在多声道录音中使用最多的信号处理设备就是频率均衡器，同时均衡器也是最容易被误用而产生不良影响的声处理设备。

所谓均衡指的是某一频段上信号的声能与其他频段上信号的声能相比发生了相对的变化，而这种相对变化的大小就称为均衡量。

由于乐器发出的声音大多为复合音，即它们是由基波和谐波复合而成的，所以改变了各频段能量分布的相对大小，就相当于改变了基波与谐波之间的相对关系。因此，导致人耳对声音频谱结构的听觉感受——音色发生了改变。这便是通过均衡器改变音色的基本原理。

一、均衡器的种类与特点

由于正常的人耳的可听声频率范围是 20Hz~20kHz，并且人耳对不同频率段的频率成分产生的主观感受也不相同，所以为了能更好地通过均衡器来改变音色，均衡器被设计成多种形式。

按均衡曲线的形式划分，有以下几种。

1. 高、低通滤波器

在对信号进行均衡处理时，常常需要将信号频域之外的频率成分切除，以保证要处理的信号的信噪比，所以通常设置高、低通滤波器，来衰减低频及高频无用信号成分。衰减量少于 3dB 的频率称为通带内频率，而那些衰减量超过 3dB 的称为阻带内频率，衰减量正好为 3dB 的频率则称为截止频率或转折频率，并且此频率就是该滤波器的名称。理想的情况应是在通带外的频率衰减量应为无限大，但实际上是不能实现的。实际上，滤波器带外衰减是按一定的比率进行的，一般为每倍频程衰减量增加 6dB，即 –6dB/oct，这个比率称为滤波器的斜率。常用的其他斜率为 –12dB/oct 和 18dB/oct。图 6–19 是 –6dB/oct（700Hz）的高通滤波器频响曲线，图 6–20 为 –12dB/oct（700Hz）的低通滤波器频响曲线。

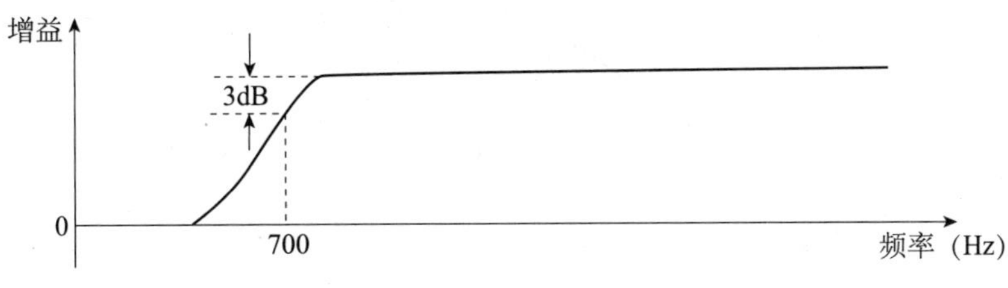

图 6–19　–6dB/oct（700Hz）高通滤波器频响曲线

高通滤波器与低通滤波器结合起来就可以构成带通滤波器，这种滤波器通带的带宽由它们的截止频率控制，这种设计常被用于声效果设备的输入，以此实现对不同频段信号的效果处理。

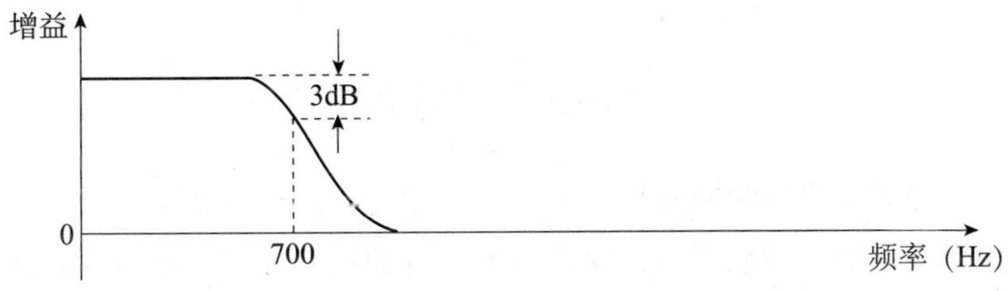

图 6–20　–12dB/oct（700Hz）低通滤波器频响曲线

2. 陷波器

陷波器是一种特殊形式的频率衰减器，其作用通常是通过调谐的方法来消除带宽很窄的频率，而同时对相邻的频带影响很小。比如，将陷波器调到 50Hz 可以消除节目中的交流哼声，它在很窄的带宽内对 50Hz 的成分产生很大的衰减，而对声频的其他频率成分不会产生太大的影响，如图 6–21 所示。

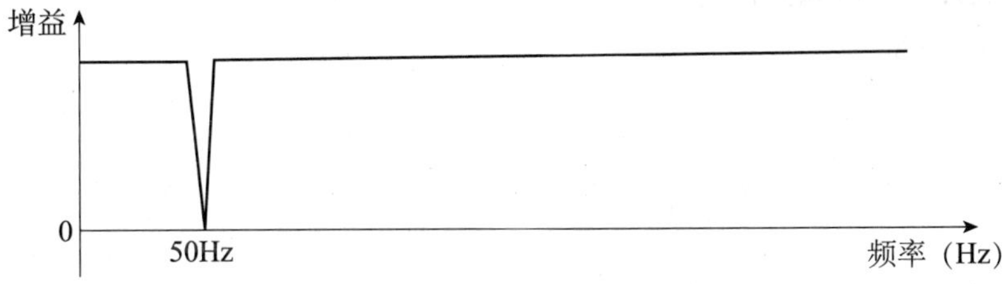

图 6–21　陷波器的频率响应

3. 搁架式均衡

搁架式均衡一般用在可听声频带的低频和高频频段。这种均衡的特点是提升量或衰减量以某一特定的比例增加（或减少）到设定的频率点，当频率继续朝相同的方向变化时，则保持恒定的均衡量。图 6–22 为低频和高频搁架式均衡的均衡曲线，其中，图（a）为低频搁架式均衡，图（b）为高频搁架式均衡。

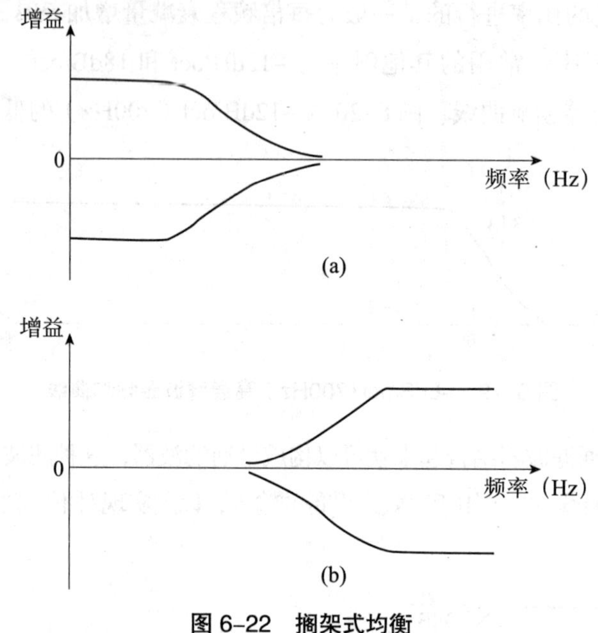

图 6–22　搁架式均衡

通常，低频搁架式均衡的转折频率为 200Hz 左右，而高频搁架式均衡的转折频率为 10kHz 左右。利用搁架式均衡器可以保持声音本身的特点不变，而强调对高、低频的处理，但是不能用搁架式均衡来处理高、低频中特定的频率点，它只能处理某一频率段。

4. 峰形均衡

搁架式均衡的局限性在于它只能处理某一指定的频率段，所以在人耳感觉非常敏感而又携带大量信息的中频段就不能采用搁架式均衡。因此，在中频段大都采用峰形均衡。峰形均衡的特点是能在指定的频率上进行所要求的均衡处理。虽然指定了频率，但它并不是只影响这个频率，而是影响该频率附近的一个频段，这个频段的大小是由 Q 值决定的。图 6–23 是 700Hz 的峰形提升均衡。

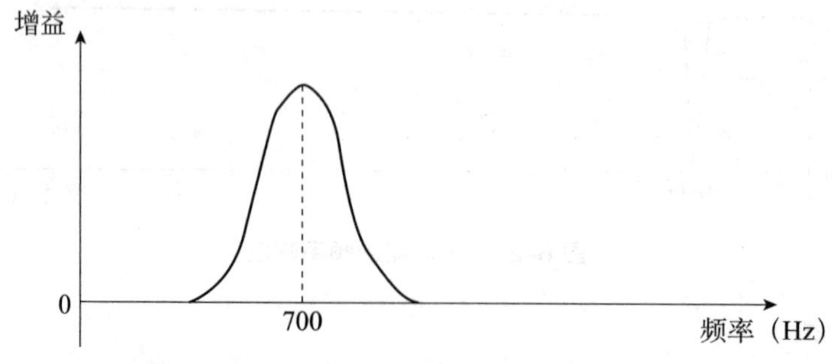

图 6–23　700Hz 的峰形提升均衡

按均衡的调整方式划分，均衡主要有两种，即图示式均衡器和参量式均衡器。

（1）图示式均衡器

图示式均衡器在录音控制室中主要用来对监听扬声器进行均衡处理，以平衡控制室声学环境对监听带来的影响，所以图示式均衡器也称为房间补偿器。图示式均衡器是由一系列工作于可听声频带内并能调节均衡量的推拉电位器组成的，这些推拉电位器的物理位置连接曲线就类似于均衡产生的频响曲线，给人一种非常直观的感觉。图 6–24 是一款实际的双通道 1/3oct 的 30 段图示均衡器。

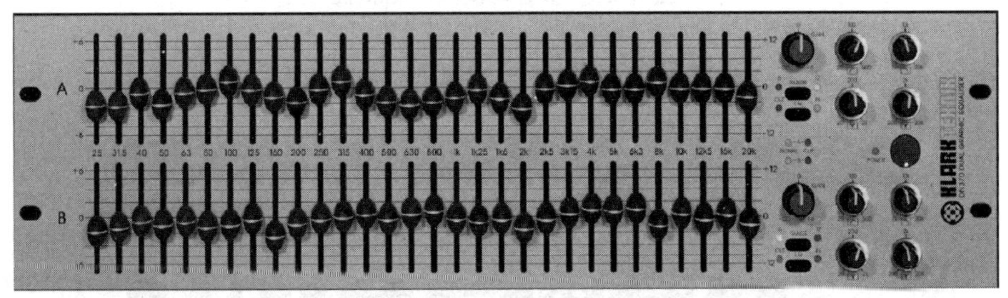

图 6–24　实际的双通道 1/3oct 30 段图示均衡器

录音控制室常用的图示式均衡器是 31 段或 30 段的，也有 15 段的。这种 31 段或 30 段的均衡器，是按 1/3oct 来划分的，即相邻推拉电位器对应的工作频率相差 1/3oct。用公式表示如下：

$$f_n : f_{n+1} = 1 : \sqrt[3]{2} = 1 : 2^{1/3}$$

而 15 段的图示式均衡器，是按 2/3oct 来划分的，公式表示为：

$$f_n : f_{n+1} = 1 : \sqrt[3]{2^2} = 1 : 2^{2/3}$$

工作于每个频率点的推拉电位器，都可以被认为是均衡频率和 Q 值固定的峰形均衡。因此，对某一个频率信号的处理是相邻的多个推拉电位器产生的综合均衡效果。

（2）参量式均衡器

所有均衡器中用途最大的就是参量式均衡器。参量式均衡器，顾名思义，它可以对各个均衡参量分别加以调整。均衡器的可调参量主要有三个，即均衡频率、均衡量及均衡范围或均衡宽度。在参量式均衡器中，均衡电路都设计成有源的，谐振网络的电感是采用模拟电感来实现的，所以三个参量的调整都可以通过调整可变电阻来实现。参量式均衡器被认为是可以改变均衡频率和均衡宽度的峰形均衡器，均衡宽度是由 Q 值来控制的，Q 值越大，均衡宽度越窄，其特性可以由下列公式表示：

$$B_W = f_c / Q$$

式中 B_W 为均衡的宽度，f_c 为均衡频率，即峰形均衡的中心频率。

图 6–25 是在两个均衡参量不变的情况下改变另外一个参量的情形。其中，图（a）是改变均衡量曲线，图（b）是改变均衡频率曲线，图（c）是改变均衡宽度曲线。

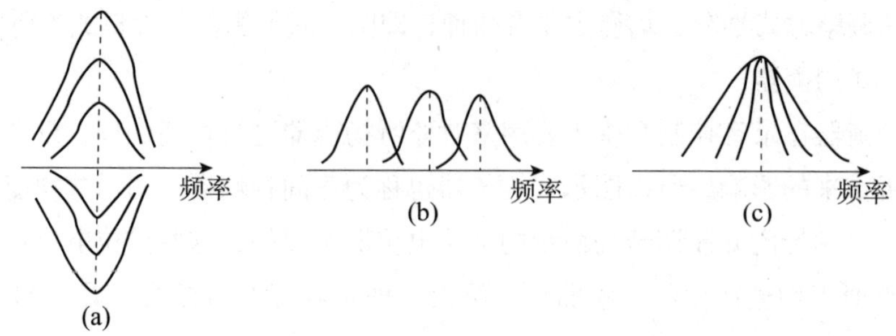

图 6–25　参量均衡的均衡特性

图 6–26 是一款 4 频段参量式均衡器。

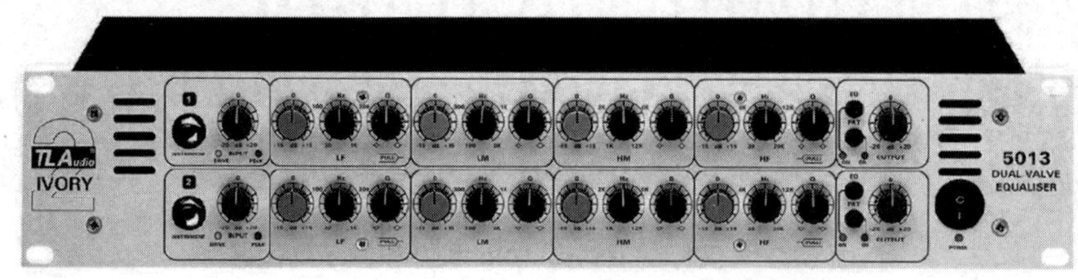

图 6–26　一款实际的 4 频段参量式均衡器

参量式均衡器是音质加工的有力工具，所以录音中使用的调音台的输入模块中都装有参量式均衡器。

二、均衡器的使用

要想使用好均衡器，就必须对不同频段的信号成分产生的主观感受有所了解。

20~200Hz：它是可听声中的低频段，它包括低音乐器的基频成分，电源、卡车及空调器的哼声等噪声也存在于该频段。

200~500Hz：它是中低频段，这一频段给人以温暖、丰满、整体感等主观感受，许多乐器的基频均处在这一频段。

500~1500Hz：中频段，它具有号角般的色彩，并且鼻音一般也处在该频段。

1500~7000Hz：中高频段，它给人以“临场感”，带来尖利、清晰和明确的主观感受。

7000~20000Hz：高频段，它给人以有光彩、轻松和清脆等的主观感受。

1. 均衡器的运用

如果想通过均衡器来获得所需要的特殊音色，首先要估计在哪个频段上进行提升或衰减，也就是找到进行均衡的最佳频段。如果所用的是连续可变的均衡器，可以将增益提到最大，然后用扫描频率的方法找到进行均衡的最佳频段，将增益恢复到零，最后逐渐地改变均衡量，直到取得满意的声音为止。

在使用均衡器或者其他效果器时，一般都遵守“越少越好”的原则，所以找到最佳的处理频段是最重要的。在实际的处理中，一般都是处理能量较大的共振峰，这样可以得到事半功倍的效果。

2. 使用均衡器的注意事项

（1）均衡与乐器发声频谱的关系

由于各种乐器发声频谱的不同，使不同的乐器对于同一种均衡设定的响应也是不同的。比如，对 12kHz 的提升可以使吊镲的声音发尖，但它不会影响大鼓的音色。其原因是吊镲的频谱在高频端延伸到很高，而大鼓声音的频谱在 5~6 kHz 以上就没有频率成分了。因此，对 12kHz 处的提升不会影响大鼓的声音。

另外，录音师在录音中常常对不同乐器的透明感频段进行均衡处理。由于乐器的发音特点不同，因此不同乐器的透明感频段也不同。这里，“透明”意味着清晰、清澈、透明、响亮、嘹亮。人声的清晰度频段是 5kHz 左右，大鼓是 2.5~5kHz，贝斯是 2kHz 左右。

（2）均衡与电平的关系

在对声音进行均衡时，如要进行提升处理，则被提升频段信号的能量就会加大。这将使某一级的电平提高，导致下一级电路出现过载的危险。通常在调音台的输入模块电路中安装削波指示发光二极管，以监测输入电平和均衡调整对电平带来的影响，以避免出现过载的情况。

（3）极端的均衡与相移的关系

均衡在改变信号幅频特性的同时，也会改变信号的相位响应。而这种相应的变化是非线性的，它会使声音的瞬态模糊，并且这种情况随着均衡量的提高会变得更为严重，所以要尽量避免过分提升或衰减。如果出现只有通过采用过分的均衡才能达到通常的均衡效果的情况，很大程度上，这是由于传声器选择和摆位不当所致，应该采用合适的传声器或传声器摆位来加以解决，而不要用均衡作为解决这一问题的唯一手段。不论处理什么样的乐器信号，传声器的选择和摆位都是非常重要的，从某种意义上讲，传声器本身就是一种均衡器，因为传声器的指向性和灵敏度会随着频率的改变而改变。因此，在选择好传声器之后，一种传声器的摆位（距离、高度和角度）就对应着一种均衡的设定，使用时应将这种传声器的均衡与要处理的信号所要求的均衡尽可能相吻合。如还存在某些不足，再利用调音台的参量式均衡器加以弥补，这样便可以减小过量均衡所引起的相位改变。

（4）提升均衡与衰减均衡的使用

在进行均衡处理时，经常会发生这种情况：通过均衡处理后，某一通道的声音变得令人满意了，但是当再均衡其他信号通道时，原来比较令人满意的声音又可能发生了变化，特别是在使用提升的均衡时，一个通道上的声音的地位会因另一个通道上提升的均衡在最后缩混节目时变得不那么显著了，这时又要返回来再对第一个通道的均衡量进行调整。这样，在多个通道进行均衡处理时，会导致总电平的提高，甚至使个别通道出现过载现象。

为了解决提升均衡而出现的过载问题，应考虑采用衰减均衡的办法来处理。比如，一个模糊、混浊的声音是由于中低频成分太大，并且缺乏中高频成分造成的，如果采用衰减的均衡，就可以不去提升中高频段来增加清晰度，而是通过衰减中低频来达到目的。同样，高低频提升的均衡也可由衰减中频段来代替。

（5）宽频带均衡与窄频带均衡的使用

用宽频带均衡来处理那些比较柔和的乐器声部时是很难听出声染色的，产生的相移也比较小，但是它的频率选择性小。在使用窄频带均衡时，如果过分强调，会产生声染色或听出在提升频段的振铃。因此，一般都使用宽带均衡来改善大范围的频响缺陷，而对特殊频段出现的频响问题则使用窄频带均衡来处理。

使用窄频带均衡时应格外小心，尤其是在低中频段，这两个频段包含乐器的基频。因为基频决定音调，如果使用过窄的窄频带提升均衡（比如 400Hz），会使音符的响度随着乐器音阶的上行或下行而产生变化。

（6）使用均衡的时机

在录音中，可以对每一件能发声的乐器使用均衡，以滤去其中某件乐器的上、下（或高、低）频段以外的频率。但在所有乐器被缩混之前却不必进行均衡，因为对单独乐器的均衡即使选择得非常合适，当所有乐器混在一起聆听时，由于各乐器之间频谱相互交叠，也将失掉预期的均衡效果。

那么均衡是在录音时使用，还是在缩混时使用呢？如果要缩混的乐器是从实况到双声道，由于这时没有分期录音之后的缩混过程，所以在录音时就要使用均衡。

如果安排几件乐器到一个声道上，那么就必须在录音时就对这些乐器进行均衡处理，因为在缩混的过程中不可能再对这些乐器分别进行均衡。如果是安排每件乐器到它们各自的声道上，通常是将每一个声道的声音按额定电平录制（不加均衡），然后在缩混过程中再对每一声道上的声音进行均衡处理。

如果使用的均衡是低频切除或高频提升，可以在录音过程中获得较高的信噪比，这样会比在缩混时再使用均衡好一些。同样，如果在缩混的过程中采用高频切除的均衡处理，可以减小磁带的噪音。

三、均衡的作用

均衡是录音及扩声中常用的信号处理手段，下面列出几种常用的情况。

1. 改善音质

通过均衡来改善音质，是录音工作者优先考虑的方案之一。对歌唱演员在演唱过程中发生的重齿音采用高频衰减的均衡处理，可以使其声音中的呲声减少，而对直接拾音的电吉他进行均衡处理也可以将拾音中的边缘声音消除。比如，对大鼓声提升 100Hz 左右的频段，可以使声音更加丰满，对贝斯在 250Hz 左右进行衰减，可以增加其清晰度。但应注意，传声器的频响和摆放位置也会影响音质。

2. 制作特殊的声音效果

在用均衡改善音质时，很少采用极端或过量的均衡设定，因为极端的均衡减少了保真度，但是极端的均衡也可以做出特殊声效果。比如，对人声进行高低频的均衡衰减，可以产生电话声，对定音鼓声进行 5kHz 极端提升的均衡，可以加强其冲击感。

3. 突出某一声道上的声音

在录音时，单独听已录好的某件乐器声道，可能感觉很清晰，但是当它和其他声道混在一起时，则清晰感下降，这是因为这种乐器的某一频段被其他乐器所产生的频率成分掩蔽了。如果在临场感频段（1.5~6kHz）加以提升，可能有助于恢复这种临场感和清晰度，对于人声常在这一频段加以提升使其从乐器伴奏的背景声中突显出来。用这种办法有时比提升人声电平的方法要好一些，因为它可在不过多降低伴奏气势的前提下突出人声。

4. 弥补传声器摆放带来的问题

在录音中，为了减小乐器之间的串音和主传声器拾音的不足，常常用加强性的点传声器来进行补偿。这时这些传声器都放在距乐器很近的位置上来拾音，但是这种近距离甚至超近距离摆放传声器的办法又对与之最近的乐器声产生强调的趋向。因此，所拾取的声音的音质不可能与整体拾音相一致，这时可利用均衡进行补偿。另外，在拾音时大多采用心形指向性的传声器，这种有指向性的传声器都存在着不同程度的近讲效应，即用其进行近距离拾音时会产生低频提升现象。比如，一个直接对着吉他的发声孔来拾音的传声器，拾取到的声音听起来很浓重，这是因为它强调了由发声孔辐射出来的原本就很强的低频成分。这时可以用调音台上该通道上的低频衰减来恢复自然的声音平衡。如果传声器本身带有低频衰减开关，也可以用它来消除或减弱近讲效应。但应注意，是否需要用均衡来减弱近讲效应的影响，要根据声源的声音特点来决定。对于一些流行歌手的拾音，特别是在扩声时，可以用近距离的手持传声器方式来使其声音丰满，给人以温暖感。

5. 减小噪声的泄漏

通道的频带宽度与其拾取到的声音的能量和范围有直接的关系。一般来说，频带越宽，拾取的声音的能量和范围就越大。因此，在拾音时为了提高每路信号的信噪比，会在不影响所要拾取的音质的前提下尽可能地减小通道的频带宽度。通常用调音台上的高低通滤波器滤掉所拾取声音的高低频之外的频率成分，来减小串音和噪声。比如，对大鼓可以滤除 5kHz 以上的高频，以减少吊镲声的泄漏。如果这一手段在缩混时采用，也可以减小模拟多声道磁带的咝声，对长笛实施高频衰减处理可以减小“呼吸声”。对大多数乐器（低音乐器或音域很宽的乐器除外）来说，衰减 100Hz 以下的频率成分可以消除房间的“隆隆”声和模糊的低频声，以及低频噪声等。

6. 补偿等响曲线的影响

等响曲线揭示了人耳在低声压级时，对低频和高频的灵敏度要比在高声压级时的灵敏度低这一事实。所以要想记录一个非常响的乐器声音，而在重放时又以一个很低的音量放音，就可能觉得缺少低、高频音响成分。若想恢复原有的丰满和临场感，就必须在录音时采取补偿措施，将 100Hz 频率成分的低频和 5~10kHz 的高频成分分别加以提升。特别是录制大音量的摇滚乐队的演奏时，乐队的声音越响，这种提升也就越有必要。作为一种选择，可使用心形指向性传声器，利用它具有的近讲效应来提升低频，同时使用峰形均衡来提升高频。

7. 利用均衡来进行令人满意的缩混

当同时听几件乐器时，有时它们的频谱彼此混叠在一起。因此，要想从音色差分辨出乐器音色，可能是很困难的。但是对不同的乐器在不同的频段采用均衡，就可以使其音色产生差别，然后再混合起来就会获得令人满意的效果。比如，在处理大鼓和贝斯音响时，由于这两件乐器都是低音乐器，它们承担了大多数节奏的低音声部的任务，并且能量大多集中在 100Hz 以下，所以经常出现相互掩蔽的情况。为了能听清楚来自不同乐器的低频成分，常常在低八度的频率上，即 50Hz 处和 100Hz 处分别对这两件低音器进行提升均衡处理，这样既可以取得所要的音色差别，同时又不失其融合感。图 6–27 就是对这两件低音乐器采用的互补均衡处理方法。

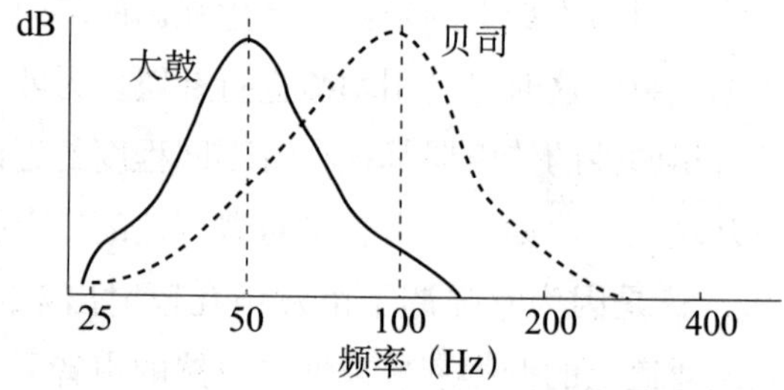

图 6–27　对低音乐器的互补均衡

另一个在缩混时采用互补均衡的例子就是如何处理人声。歌唱声有时会被音乐“压掉”，有时又会从音乐中过分地突显出来。对此，有时采用推拉电位器来保持歌唱声的一致性，或者使用压缩器来压缩动态。其实出现问题的关键并不一定是歌唱声本身，有可能是与歌唱声处于同一频段的键盘乐器声或吉他声的相互作用。如果这些乐器声和歌唱声在同一频段内都有很大的能量，那么它们之间的干扰或掩蔽就不可避免。只能对某些频率成分给以衰减，使最重要的成分突显出来，从而成为起支配地位的成分。这并不意味着它的声音比其他的乐器声响，而是指它能从其他的乐器中突显出来。一般可采用互补均衡来解决。图 6–28 为中音乐器所采用的互补均衡，这种均衡可以使乐器之间的干扰减少，它在突出歌唱声的同时，并没有减弱键盘乐器和吉他的声音，只是将突出键盘乐器和吉他的均衡频率与处理歌唱声的均衡频率区别开来了。

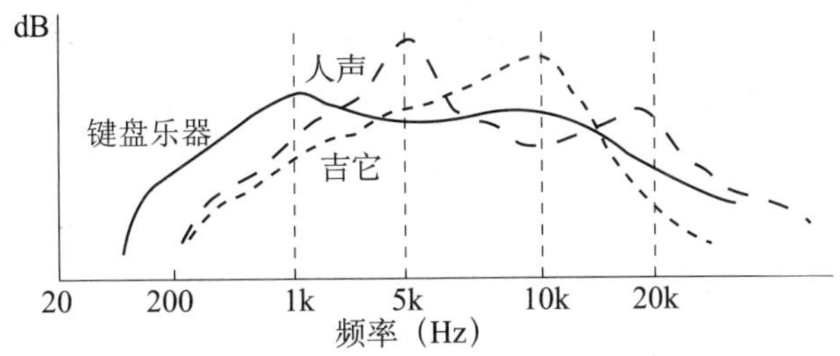

图 6–28 中音乐器采用的互补均衡

这种互补的均衡处理方法也可以推广到每一频段对整个频谱的作用中，以获得比较理想的音响效果。

四、均衡的设定与音色变化的关系

要想用好均衡器，就必须了解声音的频谱特性给人的主观感受，同时对乐器的声学特性也应有深刻的认识。

为了避免盲目使用均衡，现将一些常用乐器声音音色变化与均衡频率的对应关系列在表 6–2 中。表中所列的数据只能供使用时参考，因为它还会随乐器、房间的声学条件和其他随机因素的改变而改变。

表 6–2 一些常用乐器声音音色变化与均衡频率

乐器名称	均衡频率范围
弦乐器	明亮度为 7.5~10kHz，240Hz 对声音饱满度起作用，提高 1~2kHz 的频段可加大拨弦声
钢琴	低音 80~120Hz，临场感频段为 2.5~5kHz，声音随频率的提高而变薄，提高 20~50Hz 时产生共振与回声
低音大鼓	敲击声为 2.5kHz，低音为 60~80Hz
小鼓	声音饱满度为 240Hz，清脆感为 5kHz
通通鼓	声音饱满度为 240Hz
手鼓	共鸣声为 200~240Hz，临场感为 5kHz
手风琴	提升 240Hz 时声音饱满，电手风琴的临场感为 2.5kHz，声学手风琴为 5kHz
风琴	琴身声为 240Hz，临场感为 2.5kHz
低声吉他	提升 700~1000Hz 可将拨弦声加强，提升 60~80Hz 低音增加，2.5kHz 为拨弦噪声
声学吉他	琴体声中 240Hz、2.5kHz、3.75kHz 和 5kHz 的成分加强时，声音清晰度加强，声音随频率的提高而变薄，低音弦的声音为 80~120Hz
电吉他	加强 240Hz 使声音饱满，声音明亮度频段为 2.5kHz 附近
小号	饱满度频段为 120~240Hz，加强 7.5Hz 或 5kHz 可使声音清脆
语言	临场感频段为 5kHz 左右，齿音为 7.5~10kHz，隆隆声为 200~240Hz，饱满度为 120Hz

在进行录音时，评价某一声音的音质使用的是一些主观评价术语或对声音形象性的形容词。录音工作者应掌握这些表述，并将这些表述通过一定的声音处理手段来实现。表 6-3 列出了均衡的设定与音色的主观评价关系。

表 6-3　均衡的设定与音色主观评价的关系

均衡的设定	积极的效果	消极的效果
低频提升 （500Hz 以下）	有力量、有气魄（200Hz 以下） 沉重（200Hz 以下） 厚实 有温暖感 柔美 饱满	浑浊、模糊 空桶的声音（200~300Hz） “隆隆”声 声音受阻碍 呆板（200~400Hz）
平滑的低频 （500Hz 以下）	饱满 浑厚 坚实、有力 自然	闷雷般的声音
低频衰减 （500Hz 以下）	清新、干净	单薄 清冷 苍白 无力度
中频提升 （500Hz~7kHz） 大多数乐器为 5kHz，低音乐器为 1.5~2.5kHz	有临场感 有力 轮廓分明 清晰 突出（2~3kHz） 有魄力（2~3kHz）	空洞（500Hz） “哇哇”声（500~800Hz） 电话声（1kHz） 儿声（1.5kHz） 鼻音（500Hz~3kHz） 硬（2~4kHz） 刺耳（2~5kHz） 金属声（3~5kHz，特别是 3kHz） 弦声（3kHz） 咝声（4~7kHz）
平直的中频 （500Hz~7kHz）	自然 中性 圆润 悦耳 和谐 有音乐性	无活力 呆板 平淡
中频衰减 （500Hz~7kHz）	圆润 柔和	空洞（500Hz~1kHz） 散（500Hz~1kHz） 动态表现不出来（5kHz） 浑浊（5kHz）
高频提升 （7kHz 以上）	尖锐 明亮 清脆 清晰 热烈	刺耳 齿音明显 轮廓过分清晰 缺乏弹性 弦乐噪声过重

续表

均衡的设定	积极的效果	消极的效果
平滑的高频 （7kHz 以上）	开阔 活跃 透明 清晰 自然 中性 圆润 舒适 轻松	细节过分清楚 太紧
高频衰减 （7kHz 以上）	柔和 圆润 舒适 音乐厅的感觉	不清楚 受限制 浑浊 距离遥远 声音暗淡

第五节　听觉激励器

根据心理声学的研究，人们对于复杂多变的声音细节以及对声音明亮度的感受，在很大程度上依赖于声音的高次谐波。但通常在录音或重放过程中，这些幅度较低的高次谐波往往被丢失或被掩蔽，从而大大减弱了对声音细节和声音明亮度的感受。听觉激励器，也称为心理声学处理器的志频处理设备，它就是为了恢复和加强声音中的谐波成分而开发的，如今听觉激励器已经成为录音棚中常用的声处理设备。

一、听觉激励器的工作原理

听觉激励器的基本设计思想：一个声频信号被分配到两个独立的通道中，其中一个通道的信号通过一个谐波发生器和限幅器，所产生的谐波成分与另一个通道的未经处理的信号相混合，形成具有新的谐波成分的信号。图 6–29 是最初设计的听觉激励器原理框图。

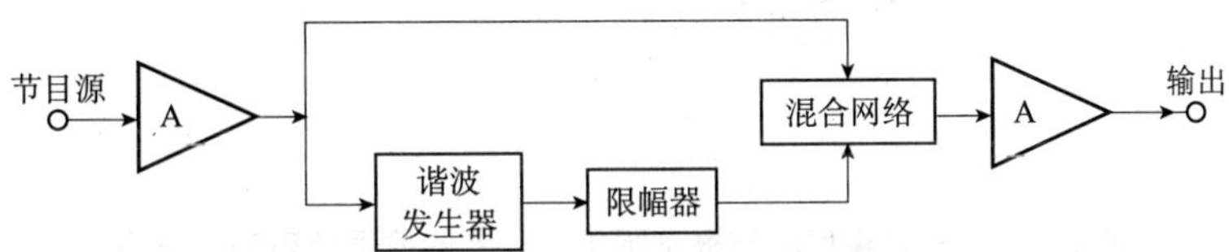

图 6–29　最初设计的听觉激励器原理框图

现今生产的听觉激励器的框图如图 6–30 所示。

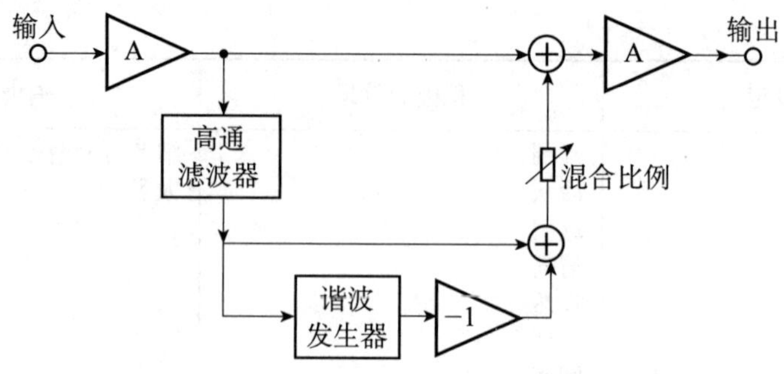

图 6–30　现今生产的听觉激励器原理框图

图中输入的声频信号经过输入放大器后被分成两路，一路直接通到混合电路；另一路则先经过一个 -12dB/oct 的高通滤波器，然后经谐波发生器，由此产生的谐波信号与由滤波器直接输出的信号反相相加，将原来的信号抵消掉，只留下新产生的谐波信号，这些滤波信号以一定比例与直通信号相混合，经输出放大器放大后输出。

电路中的高通滤波器在转折频率以上，具有 12dB/oct 的斜率特性，但转折频率是可调的，以便在处理的信号频率范围内能对某些特定频率进行强调。一般情况下，高通滤波器的转折频率越低，即有越多的信号成分送入谐波发生器，产生的谐波成分越多，效果也就越明显。

图 6–31 是一种实用的演播室听觉激励器的信号处理部分框图。

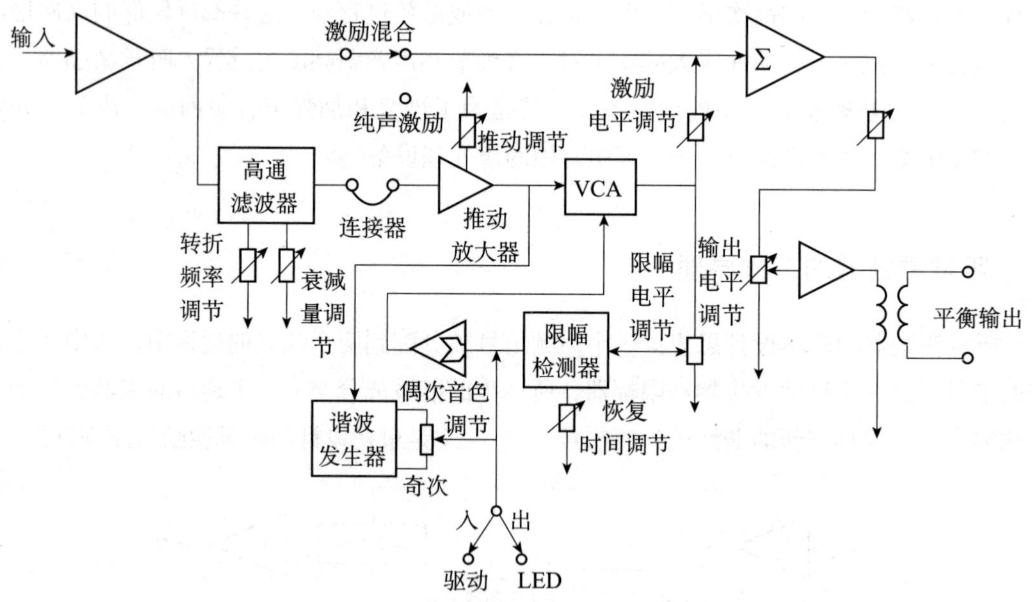

图 6–31　一种实用的演播室听觉激励器的信号处理部分框图

这是一种演播室中采用的 Aphex II 型听觉激励器，其工作原理比较简单：输入的声频信号经平衡输入放大器后，一路送入加法器，另一路送入高通滤波器。高通滤波器的转折频率可在 700Hz~7kHz 之间选择，其输出的幅度也可以通过衰减量的调节来控制。高通滤波器的输出进入谐波推动放大器，产生的谐波经放大后，一路送入压控放大器（VCA），另一路进入谐波发生器及其奇偶谐波选择电路，选择以奇次谐波为主、以偶次谐波为主和奇偶次谐波都存在这三种方式中的一种。其选择过程如下。

（1）以奇次谐波为主时，可将偶次谐波处理后作为压控放大器的负控电压，以衰减激励信号中的偶次谐波。

（2）以偶次谐波为主时，可将奇次谐波处理后作为负控电压。

（3）奇偶次谐波都存在时，选择电路不输出负控电压。为了防止激励信号出现高的峰值而造成过载，限幅检测器将通过对压控放大器的负控电压的调控，使激励信号的幅值被限定在标准电平之下。最后，经过选择放大的激励信号与输入信号在加法器中叠加后输出。

听觉激励器是通过改变声频信号的谐波成分来改变音色的。对于一件乐器来说，它的主要音色特性取决于最低几个谐波的强度。当一个较低次的谐波成分占优势或较显著时，就能减弱另一个占优势的谐波的影响，使本身谐波特征明显地表现出来，从而成为决定该乐器音色的主要因素。

二、听觉激励器的应用

利用听觉激励器，可以在处理信号的中高频成分中加入从原有声音信号再生出来的谐波成分。这些再生的谐波成分中有些可能是原信号中不存在的，从而使声音的明亮度、力度及清晰度都能得到加强，有时这种效果也可以通过均衡器的中高频段的提升来达到，但是均衡器只能加强原来声音中已有的频率成分，而不能产生新的频率成分。如果原信号的中高频的信噪比比较差，那么中高频的提升均衡还会进一步使信噪比恶化。听觉激励器可以避免这一问题出现，它可以选出信噪比较高的频段来进行谐波再生。所以在不适合用均衡的时候（指中高频提升均衡），可以考虑使用听觉激励器来处理。

当乐器演奏者及歌唱者在演奏和演唱力度较大的乐段时，谐波会比较丰富，但在遇到力度较小的乐段时，谐波就会失去共鸣，使声音单薄，造成音色不统一。使用听觉激励器后，可在声音轻时增加谐波成分，使细节部分的声音清晰；而对较强的声音，由于谐波已较丰富，可由限幅器限制谐波的输出，所以无论声音信号强弱，都可使音色一致。

在录制有乐队伴奏的独唱时，如果乐队的声音较强，会将歌声掩蔽，产生“压唱”的感觉，可要是将乐队的声音压低，又会影响气氛。这时，如果使用听觉激励器对歌声进行处理，则可以在不减小乐队伴奏的情况下，使歌声突显出来，同时总体的输出电平也不会提高很多。

使用听觉激励器来处理鼓等打击乐器，可以使打击乐器的音色更加饱满、浑厚有力。由于一些打击乐器是噪声类的乐器，谐波不是基音的整数倍，所以听起来音色混浊，而经听觉激励器处理之后，加入了与基音成整数倍的泛音，所以音色就会变得饱满、清晰有力了。

在多声道分期录音时，由于每件乐器大多是单独演奏的，力度有时会掌握得不准确。在录音合成时，对力度不足的乐段，可以用听觉激励器加入奇次谐波，来增加这一乐段的力度。

在进行复制时，为了避免转录过程中的高频衰减，可以在复制过程中，进行激励处理，以获得令人满意的复制效果。这种方法主要在将节目复制到模拟磁记录媒质上时使用。

在进行扩声时，用听觉激励器处理声音后，可使声音更清晰，但并不会使输出电平提高很多，而人耳主观感觉声音变响了，所以它并不会加大声反馈。

第六节　延时器与混响器

除了消声室，所有的听音环境对听众的收听内容多少都会有一些影响。听众对某一件乐器发出的声音的感受，将随着听音空间的差别而不同。在演播室中录制音乐节目时，考虑到制作的灵活性，演播室大都设计成吸声较强、反射声弱的状态，再加上录音大多采用近距离拾音的传声器技术，所以传声器拾取的信号，也就是人们要收录的信号，大多只包括乐器的直达声。人们常用“干”“缺乏水分”或其他一些表达缺乏反射声信息的主观评价术语对它进行描述。

在后期合成时，为了能够模拟出某种比较自然的声音，就要对信号进行处理，以产生更多的反射声，这一般都是通过混响、延时设备加以实现的。

混响是有固定边界的声学空间中特有的声学现象。图 6-32 为室内声场的构成图，图中直达声是由声源直接到达听声点的声音；早期反射声是指第一、二次反射声；混响声是指多次反射形成的声音；初始延时是指直达声与早期反射声的时间间隔；混响延时是指早期反射声与混响声的时间间隔；混响时间是指声源停止发声后，室内声能密度衰减 60dB 所需的时间。

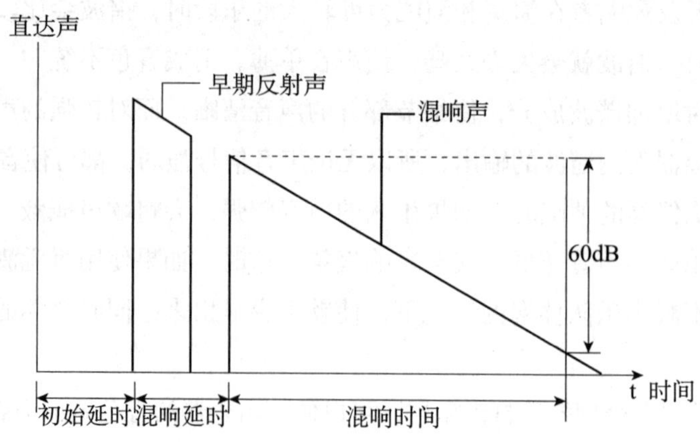

图 6-32　室内声场的构成图

一、延时器的种类及其应用

在录音中，常常使用延时器来获得所需的时间差，以满足音质加工的需要。

1. 延时器的种类

（1）磁带延时系统（tape delay）

最初，独立的延时信号的产生，是利用了有单独的录音和放音磁头的录音机。由于录音磁头和放音磁头之间存在一定的距离，所以录在磁带上的信号经短暂延时后再放音时，延时的时间等于录音磁头与放音磁头之间的空间距离除以走带速度，用公式表示如下：

$$\triangle t= \triangle L/V$$

式中：$\triangle t$ 为延时时间；

$\triangle L$ 为录音与放音磁头之间的空间距离；

V 为走带速度。

如果将放音磁头拾取的信号再送回录音机的输入进行记录，那么又产生了延时时间为 $2\triangle t$ 的延时信号，如此反复，就会得到多次反复延时信号。如图 6–33 所示，其中可变电阻 R 控制着延时信号反馈电平。但是，这种延时系统产生的重复延时信号的时间间隔是不变的，均为 $\triangle t$。

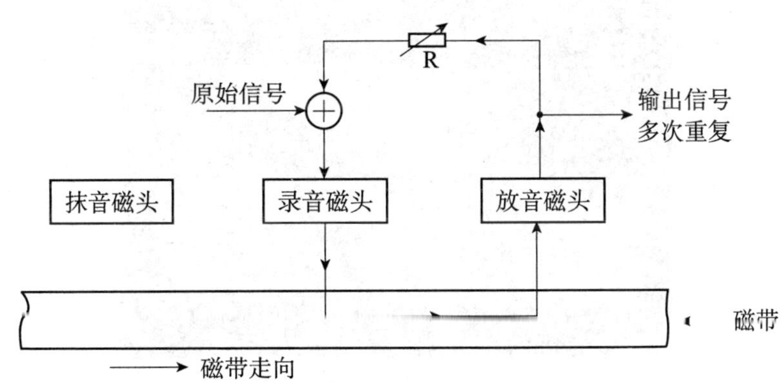

图 6–33　用磁带录音机实现信号的重复延时示意图

改变延时时间有两种办法：一种是改变录音与放音磁头之间的空间距离 $\triangle L$；另一种就是改变走带速度。实际上，由于大多数录音机的磁头是不能移动的，所以均采用改变走带速度的办法。然而一些为产生这种类型的磁带延时的特别制造的录音机具有活动的或多个放音磁头，这样便可以产生有不同时间间隔的延时信号。如图 6–34 所示，图（a）是多个放音磁头延时，图（b）是活动磁头延时。图 6–35 是早期使用的一种磁带延时设备。

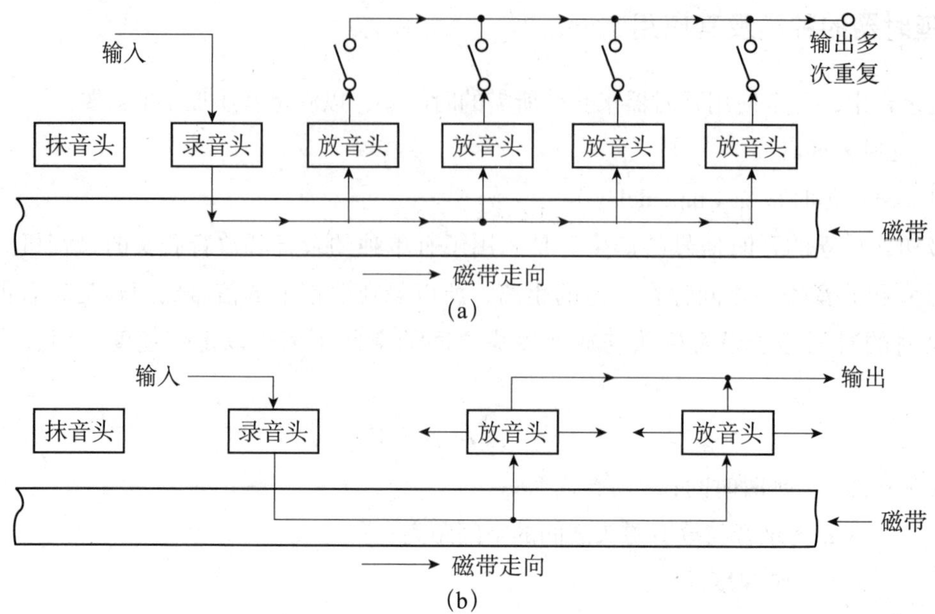

图 6–34　多个放音磁头和活动放音磁头磁带录音机延时示意图

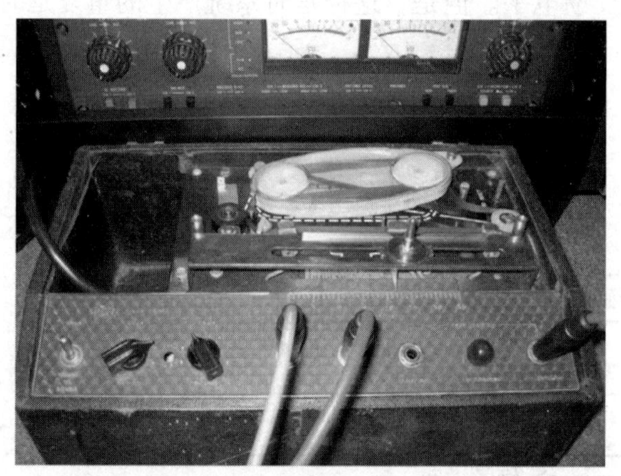

图 6–35　早期使用的一种磁带延时设备

（2）数字延时线（digital delay line，DDL）

随着数字技术在声频领域的应用，人们采用数字延时线取代磁带延时系统。数字延时线的优点是，只用电路的方法即可获得延时效果，而且设备中没有转动部件。此外，在不影响频响的情况下，延时量可在很大范围内连续调节，并具有多路输出，以满足使用时的需要。

（3）数字延时器

数字延时器中的延时单元大都采用移位寄存器。移位寄存器包括多个延时结构，每个延时结构可产生一定量的延时时间，这样将这些结构组合在一起，便产生了延时量范围很宽的数字延时器。目前，数字延时器已取代了前两种延时器，并将具有前两种延时器处理特点的延时效果编制成程序，固化在数字延时器或效果器的 ROM 中，一般称为磁带延时和延时线延时。图 6–36 是数字延时器的原理框图。

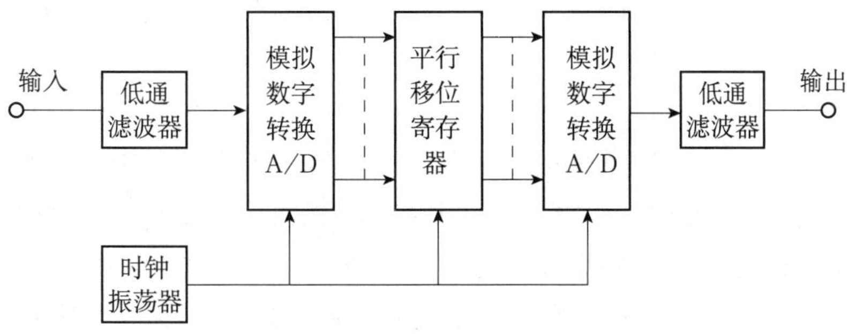

图 6–36　数字延时器的原理框图

图 6–37 为一款经典的数字式延时效果处理器。

图 6–37　一款经典的数字式延时效果处理器

2. 数字延时器的参量及作用

（1）延时时间

这一参量十分明了，它反映的是原始信号与延时信号之间的时间间隔。为了能快速而准确地调节这一参量值，一般将它的可调精度设成两档，一档是可大范围地快速调整使用的粗调，另一档是可小范围地连续调整的微调。该参量可在小于毫秒级到几秒的范围内进行连续调整。

（2）反馈

反馈（或称再生），就是将已经延时的信号的一部分再送回输入端进行再延时，产生重复延时的效果或回声的效果。换言之，就是将已延时的信号与未进行延时的信号加以混合后激励延时器，这样便产生了回声。根据回到原信号中的反馈信号的多少，可以得到或长或短的回声效果。由于反馈的信号比原信号弱得多，所以回声被逐渐地衰减，一直到听不到为止。

如果反馈量有很大提高，那么在信号的某些频率上就会产生自激，使得整个电路产生振荡。当延时时间短时，这种情形比较有用，并且也可以进行控制，即通过调谐电路使共振只在特定的频率上发生。

在某些延时单元里，带有使反馈信号反相的功能，它虽不是一个必不可少的功能，但它可以用来形成一些优美的效果。如果在立体声状态下采用延时，可以将其中的一路反馈信号反相 180°，这样可以产生声像摇曳的感觉。一旦将该效果用于立体声，就应检查与单声道节目兼容的问题。其中的延时量应该设定得很接近，但又不能完全相同，这样可以有效地消除在转成单声道时的相互抵消现象。

（3）调制

调制参量主要是为了模拟真实的延时效果而设定的。它有两个参量，即调制宽度和调制频率（或调制速度）。这里所谓的调制是指用低频振荡信号去调制其他延时参量。调制频率一般是低频振荡器产生的 0.5~10Hz 的次声频信号，利用这一信号对延时器的时基进行调制。由于低频振荡器（LFO）的输出是一个围绕零电平周期性地上下变动的波形，于是便可以使延时时间围绕所选定的设定值上下变动，而调制频率的大小就控制着所产生的时间延迟变化的快慢。宽度控制表示在选定的延时值附近调制器控制的延时量变化的范围，即在指定的延时时间变化的范围是 5ms、10ms 或 100ms。

这种调制效果可能是微小的波动抑或很大的颤音。由于时基被改变，而时间与频率是相互关联的，所以它会使延时信号的音调在原始声信号的音调上下产生变化。通过调整，调制可以产生很有趣的、生动的声音形象。但是调制的设定必须正确，必须考虑到延时时间和反馈的互相作用，同时也要考虑到相对于干信号来说的效果电平的大小，只有通过仔细调整，实验才能达到令人满意的效果。遗憾的是，大多数人只使用厂家预置的一些合唱、加倍、镶边、相位或其他的调制效果，而不再进行仔细的参量调整。如果能建立用户自己的调制效果，那将会受益匪浅。

（4）其他参量

在延时器中还有几个参量我们要加以考虑，声像问题就是其中之一，也就是将延时信号定位于相对于干信号的什么位置的问题。这个问题十分重要，因为同一延时设定如果在立体声处理时定位不同，将会产生完全不同的效果。比如，对吉他声道进行加倍处理时，常将延时时间设定在 35ms 左右，并加以少量的调制，但不加反馈。若通道的声像电位器将延时信号和干信号全放在全左的位置，这时就会产生非常饱满的效果，此时的加倍信号将与原始的吉他信号相融合。但如果将延时信号放在全右的位置，将干信号放在全左的位置，将会感到由时间差产生的明显差别，这种差别在延时信号与干信号由同方向发出时被掩蔽掉了。因此，同一延时设定对于缩混时的不同定位会产生不同的效果。

另一个需要考虑的问题是关于干信号与延时信号的比值问题。在大多数情况下，我们将延时信号设定得比干信号小。但在某些情况，诸如要产生加倍或镶边的效果时，将两者的值设定得很接近才能听到效果。

最后，均衡也是影响延时器效果的一个重要因素。以前，延时是通过磁带录音机或模拟延时线来完成的。基于技术的原因，延时后的声音要比原来的暗一些，这并不见得有什么不好，因为在实际的声学环境中，比如音乐厅、峡谷等，所产生的声音也比较暗，从边界界面上反射回来的声音，相对于中低频来说高频成分总是比较快地失去临场感。但是，当今的数字技术可提供在宽频带下的长延时效果，这一效果是十分不自然的，并且不论从假想的墙反射多少次，声音都不会变暗。因此，可以通过衰减一定的高频成分来获得比较令人满意的反射声，这种处理对于进行长延时比进行短延时更重要。总之，用数字延时器来获得自然的声音延时，设置好均衡是很重要的。

3. 延时的作用

（1）声像配置

多声道录音在后期缩混时，要将各乐器置于不同的位置上。常用的手段就是利用声像电位器所产生的强度差来进行定位。另外一种方法就是通过延时信号与原信号之间的时间差来进行定位。用后一种方法来定位，会取得临场感和响度更佳的定位效果。

图 6-38 是左通道未延时、右通道延时 21ms 的示意图。

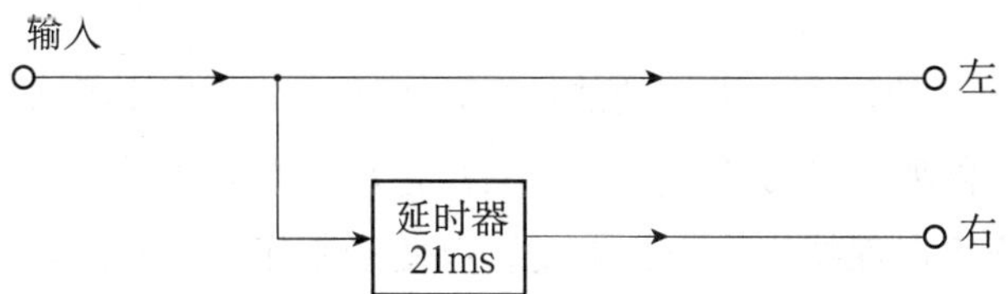

图 6-38　左通道未延时、右通道延时 21ms 的示意图

虽然左右两只扬声器的响度一致，但是 21ms 的延时将把声源方向定位在最早到达的左通道扬声器一边。

（2）声源加倍

人耳对在同一时间内演奏的乐器组产生的群感效果，是由于各乐器之间存在着时间差、音色差和音调差而形成的。通过对一件乐器的声音信号加入微量延时，并将延时信号与原信号混合，这时人耳就会感觉到正在演奏的乐器数目增多了。将延时时间设定在 20~70ms，可以取得演奏本身固有的差别。当然，如将延时时间设定在 30ms 以下，则加倍感就会比较紧；如将延时时间设定在 30ms 以上，声音就被分开了。加入少量的延时反馈可以延长音响的维持过程，并且使相位抵消加强，这对于获得实际的人声加倍是有利的。一定量的调制有助于避免盲目操作，因为没有调制，延时的参量是常量，而加入调制后，这些参量就是变化的了，这样就可更接近自然的音响。

在进行加倍处理时，一般效果声与原始声的混合比例为 1:1。若加倍效果中的延时信号太大，它将会取代原始信号，并变成前置“回声”；若延时信号太小，听起来会更像早期反射声。

声音加倍的目的是获得群感，常用来加倍处理的声源有人声和弦乐等。由于人声和弦乐在音乐作品中的作用不一样，因而加倍的处理方式也有区别。

① 弦乐的加倍。从音乐的角度来分析，弦乐可以分成两种情况。从深度定位来看，可分成中景、远景，它们在电平分配、声像设置，以及混响与延时选择上均不同。

中景：指弦乐在音乐织体中担任旋律或重要的节奏型的演奏。这时弦乐一般处在中景的位置上，它既不像独奏那样处于近景，也不像和声持续音那样处于远景。对这种情况进行加倍处理时，首先将几次加倍的信号用声像电位器顺序排开，但要注意反相引起的相位抵消现象。声像的宽度可任意设置，处在中间、偏向一边或全景均可。各次加倍信号的电平以平衡为准，加倍的次数应不少于 3 次（包括原声在内）。

远景：这时弦乐主要为背景声，它常演奏一些和声持续音。这时的声音要求虚且透明，其声音要充满整个音响画面，因此应将几次加倍的信号分布在整个声像区，并使声像区两端信号的电平比中间信号的电平略高，这样可以给人以丰满、背景开阔的主观感受。但是中间信号的电平不能太弱，否则容易产生“中空”现象；如果中间信号太强，则容易造成声像压缩，使声像向中间集中。为了产生虚的感觉，同时要加给延时信号一定的混响。

② 人声（歌唱声）的加倍。人声的加倍处理方式可分为以下两种情况。

伴唱声的加倍：伴唱声中有些是无词哼唱，它常常作为背景声，对伴唱声的拾音应采用近距离拾音。这样可以保持直达声的纯度，也便于制作，同时加入混响，用均衡适当衰减高低频段。加倍的次数根据原唱的人数来定，一个人可加到四倍，两个人可加到两倍，声像排列应置于声像区的两侧，将声像区中间的空间空出来留给独唱。在深度处理上，一般是置于后方。对于有词的伴唱，其加倍的次数可根据需要来定，一般将其放在中景的位置上。

独唱的加倍：包括原声在内的独唱一般是加到两倍，声像不必完全吻合，两次的电平比例应以一个为主，利用人耳的掩蔽效应，调到听不出双音为准，经过处理可以使独唱声更饱满。

（3）模拟初次反射声与直达声的时间间隔

由室内声场的情况可以看出，人耳判断一个声学空间的大小的依据是它所听到的直达声与从边界界面反射回来的早期反射声之间的时间间隔。间隔的时间越长，所呈现的空间感就越大。利用延时器可以产生这一延时时间，然后将延时信号再送到混响器加混响。不过现在使用的混响程序中的预延时或初始延时参量所起的作用与延时器是一样的。

（4）产生回声效果

在广播剧、电视剧的声音制作中，为了表现特定的声学空间或为了加强声音的感染力，常使用回声效果，也称拍音回声。现在所用的数字延时器效果是对早期的磁带回声的电模拟。一般将延时时间设定在 100~200ms 之间，就可以获得令人满意的效果。通过控制加入的反馈量的多少，可以控制回声的可闻次数。在这种情况下是不用调制的，因为调制所产生的抖晃将会破坏整个音响效果。

（5）长延时的应用

长延时指的是所有超出拍音范围的延时设定效果，即250ms~1s，甚至更长的设定效果。但是400~600ms是比较有用的。在不用调制的情况下，它可以产生较稳定的效果。如果长延时带有反馈，则会创造出“神奇、阴暗的”效果，它能使所有的表演都纠合在一起。值得注意的是，摇滚吉他手常用长延时来处理其吉他声，听起来好像是以两倍的速度在演奏一样。

（6）同步延时的应用

同步延时非常有用，它可以自动产生有趣的高快节奏的加工效果。使用好这种效果的关键就在于如何设定延时时间，这要求具备敏感的听觉和简单的算术能力。假定曲子的节奏是不变的，换言之，不论是用MIDI音序器演奏还是实况演出，要想利用该效果，使其发挥最大的作用，其节奏应该是不变的。

同步延时可以用于任何声道，只要将简单的延时时间设定到由节奏不变部分所得到的最佳延时值就可以了。比如以鼓为例，从鼓的单击加延时开始来审听节奏的发展情况，然后计算出最佳延时值。

要想得到延时的设定，首先要决定节奏，这可以简单地从音序器鼓机的液晶显示窗中得到。如果声音已被记录到磁带上（或是实况演奏），则可以用秒表测得15s内的节拍数，然后再乘以4。

通过以上方法，就可以得到歌曲每分钟的节拍数BPM。节奏富于变化的复杂节奏，也可采用同步延时。常用的设定是简单的1/4音符延时，这是处理所有其他节奏的良好开端。

如果单击定音鼓，通过延时后就会听到第二击；若在延时中加入控制反馈，就会听到一连串的敲击，并且与歌曲进行的节奏相吻合。由于延时后的敲击落后于实际的敲击一拍（一个1/4音符），所以要进行1/8音符的延时，就要将1/4音符的延时时间缩短一半。如果加大反馈，就会听到一个稳定的、比原来快一倍的节奏。1/16音符的延时就要将延时时间再减一半，这样就会在一击之后听到四击。

那么，对于给定的节奏，如何进行1/4音符的同步延时呢？同步延时的方法用公式表示为：

$$t=60000/BPM\ (ms)$$

式中t为延时时间，BPM为每分钟节拍数。

比如，歌曲的节奏为120BPM，那么1/4音符的延时时间为500ms，要得到1/8音符的延时，就将1/4音符的延时设定减半（即250ms），同样，1/6音符的延时时间为125ms。

根据需要，比较复杂的节奏也可以从1/4音符的设定出发。比如，通常的切分节奏常常会在布鲁斯音乐中被听到，在爵士及摇滚音乐中也经常使用，其特点是具有徘徊、向前推进的节奏感和跳跃感。它可以将一拍分成两个不等的部分，第一部分比第二部分稍长，这里有一定的感情变化，拍子的强度也不一样。第一拍增加 50% 的维持时间，第二拍减少 50% 的维持时间。

要取得延时产生的节奏感，可以直接从 1/4 音符的延时设定开始。比如，前面提到的 500ms，加 50% 后为 750ms，这样就会得到切分的感觉。如果感觉节奏太慢，可以将延时时间减半，即 750/2=375ms。

如果感觉节奏还不够快，可以再减半，即 187.5ms。鼓声在用这种延时设定处理之后，就可以达到令人满意的爵士乐的感觉。如果想再饱满些，那么可以加大送给延时器的信号电平。有时也可以加大反馈，其效果会令人耳目一新，就好像是在听真正的鼓手演奏一样。

同步的延时也可用于多节奏的情况，比如节奏中的奇数拍子变成了偶数拍子。音乐中的三连音常用 3:2 的比值。在产生基本的 1/4 音符的延时后，该延时被 3 除，这样就可以得到三连音的延时。如果这一延时对于素材来说太短，那么可以再延长一倍；若还嫌短，则可以再延长一倍，直到满意为止。

以上同步延时的设定未免太烦琐，现在已经有为此专门设计的效果程序，比如 JamMan，其同步延时程序可以自动设定所需要的延时时间，它可以自动分析计算出演奏的速度。

（7）镶边或轮缘

用延时器创造的镶边效果是对早期采用两台串行走带录音机所得的轮缘效果的电模拟。当两台录音机以相同的带速走带时，将手放在其中一台录音机的带盘边缘，使其走带时重放的信号滞后于另外一台录音机的重放信号，当两路信号相混合时，就能产生所谓的轮缘的效果。如果要通过电路来实现该效果，则需产生一个 0.05~10ms 的延时信号。当延时信号与干信号进行等比例电平混合时，就会在某些频率上产生信号抵消的现象，其结果是频响呈现一连串的峰谷，这种频响被称为梳状滤波器频响，如图 6–39 所示。

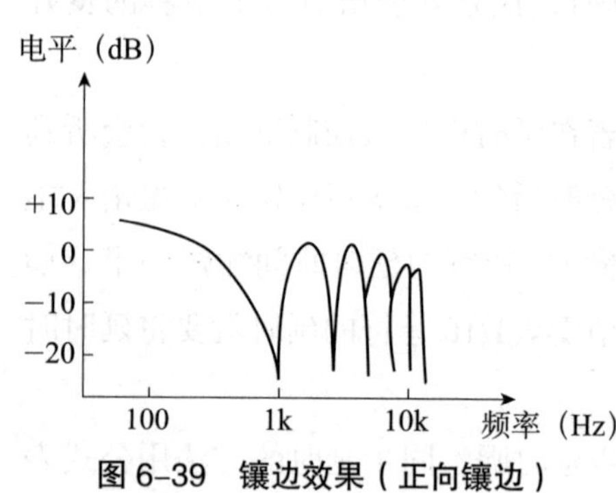

图 6–39　镶边效果（正向镶边）

延时时间越短，峰和谷的间隔越大。

通常数字延时单元都带有镶边的功能，其延时可在一定范围内调整，使梳状滤波器的峰谷上、下移动，产生类似空洞式的“嗖嗖”声。

经常采用的镶边声源很多，比如镲和吉他等。

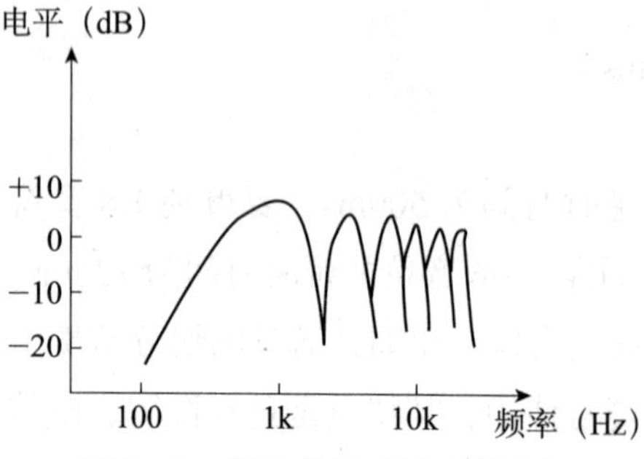

所谓正向镶边是指延时信号和直达声信号具有相同极性的镶边。如果延时信号与直达声信号是极性相反的，所产生的就是反向镶边效果，这时低频是衰减的。当延时时间改变时，衰减的转折

图 6–40　镶边效果（反向镶边）

频率是可变的，但高频仍是梳状滤波器频响，如图 6–40 所示。

此外，还有一种效果是共振镶边，它是将镶边的输出又反馈到输入，使得抵消所产生的谷底加深。如果将反馈加大到发生振铃的同时，再仔细地调整延时时间，则可以将镶边设定在指定的频率上。这种效果的应用之一就是对打击乐的调谐，比如使定音鼓发出的声音带有歌曲中音符的谐波分的音调。这种效果也可以用来处理人声，处理后的人声带有“科幻”色彩的音色，这在科幻片、动画片中被较多地采用。

延时器中的延时电路如果用相移网络来代替，就会产生相位效果，其结果也会产生频响的梳状滤波器效应，但是峰和谷分得更开一些，其频谱的分布更不规则。

（8）合唱效果

这是一种采用电的方法来模拟合唱声的功能。一般来说，适当的镶边效果可以使吉他和合成器的声音更饱满，如果再稍微失谐，就会带有优美的动感。如果将镶边所采用的延时时间加长到 10~20ms，同时关闭掉反馈，也可以产生特殊的效果，这就是合唱的效果。这种效果相当于加倍的信号又被调制，声音可以更加饱满。

对延时信号的时间调制将导致频率调制。如果延时单元的时间发生变化，则频率也要发生变化。因此，延时信号频率的微小变化，可以使声音产生摇曳的感觉。

想要在演播室里追求一种大合唱的效果，就要将信号送到辅助的延时单元中，再进行小的不同时间的延时，然后再混合起来，并且在不同的声像区域中进行配置，这样就可以获得更大、更亲切的合唱效果。

（9）在扩声中采用延时器来提高清晰度

在较大型的厅堂中进行扩声，可使用的扬声器箱有许多组。如果每组扬声器箱彼此相距太远，那么处在某只音箱附近的听众就可能听到多重的声音，这主要是因为不同的扬声器箱发出的声音到达听众的时间存在着差异。当这一时间差大于 30ms 时，听众就会明显地感到这种声音。因此应该在主音箱之外的扩声通路中引入延时器，其延时时间应等于扬声器箱间的距离差除以声音在空气中传播的速度，这样就可以减少出现多重声的现象，提高声音的清晰度，如图 6–41 所示。

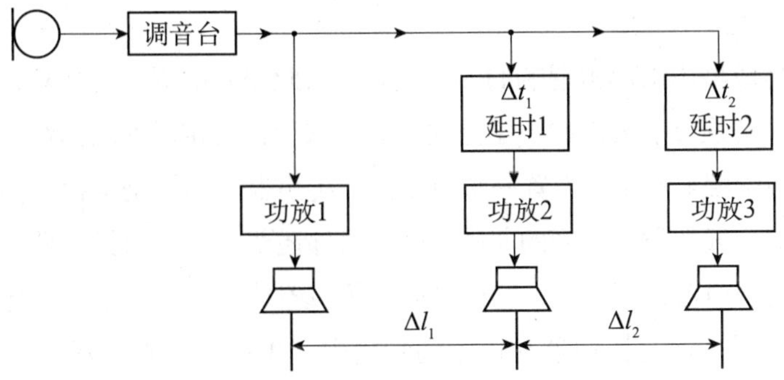

图 6–41　延时器在扩声中的应用

4. 延时的效果总结

延时器是演播室常用的声处理设备之一，利用延时器可以取得多种声音效果。虽然延时器的可调参数不多，但是利用这些可调参数来达到满足自己制作所需要的效果却需要一定的时间，表 6–4 对常用的延时效果进行了总结。

表 6–4 延时效果

效 果	延时时间	反馈量 1~10	调制量 1~10	混合比例	备 注
镶 边	0.05~10ms	0~7	宽度：5~10 速度：1~4	50:50	增加反馈将导致滤波器振铃，产生可调谐的共振镶边；无调制时会产生稳态镶边，它更亲切、悦耳
合 唱	10~20ms	0	宽度：4~8 速度：1~4	50:50	对于吉他和键盘乐器采用单延时比较好，对于人声用多延时效果更佳
加 倍	20~70ms	0~4	宽度：1~4 速度：1~4	50:50	适量减少延时声电平可得到更好的支持效果
拍音回声	100~250ms	0~2	不用	按要求定	少量可达到温暖原声的效果，稍加量可达到动感的效果，但过量会产生不平衡的感觉
长延时	250ms~1s	2~4	不用	按要求定	增加戏剧性和神秘感，对于领唱和领奏吉他特别有用
同步延时	由听音及算法定	实验决定	不用	按要求定	首先设定 1/4 音符延时（60000/BPM），对于单一节奏可根据延时公式乘以 2 或除以 2，切分节奏加 50% 到 1/4 音符延时时间中，并进行加倍或减半处理，对于三连音将上面 1/4 音符延时时间除以 3

二、混响器的种类及应用

1. 混响器的种类

已有的人工模拟混响装置有以下四种。

（1）声学混响室

声学混响室是最早用来模拟混响的人工装置，由此得到的混响是比较自然和真实的。声学混响室是一个具有强反射表面的声学空间，一般来说，其相对的表面都是不平行的，以避免出现驻波。在声学混响室中，设置一个单指向性传声器，如果是模拟立体声，也可设置两只传声器，传声器一般架设在空间的非中心区。另外还要放置一只扬声器，一般放在房间一角，并且传声器与扬声器是背向的，这样可以使传声器接收的直达声的量尽可能地减小。从调音台送出的干信号，通过扬声器在声学混响室中产生一个混响声场，这些混响声信号被传声器拾取后又送回到调音台与干信号相混合。图 6–42（a）是声学混响室示意图。

不同混响室的混响时间也不同。但是，一般来说，500Hz 的混响时间约为 3.5s 左右，10000Hz 的混响时间为 1.25s 左右。如果要改变混响时间，就要放置一些可移动的吸音障板，如图 6–42（b）所示。

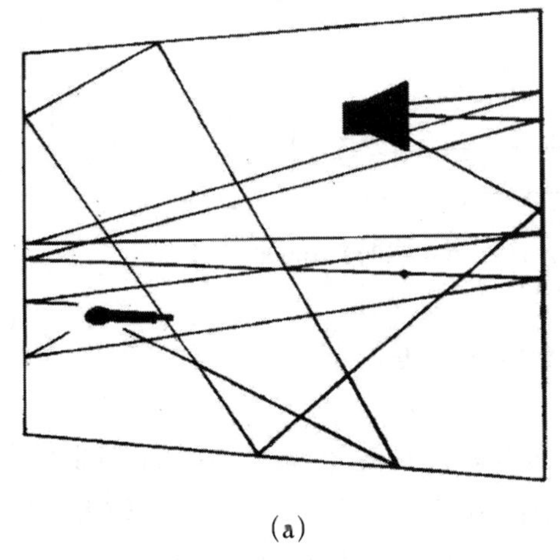

（a）

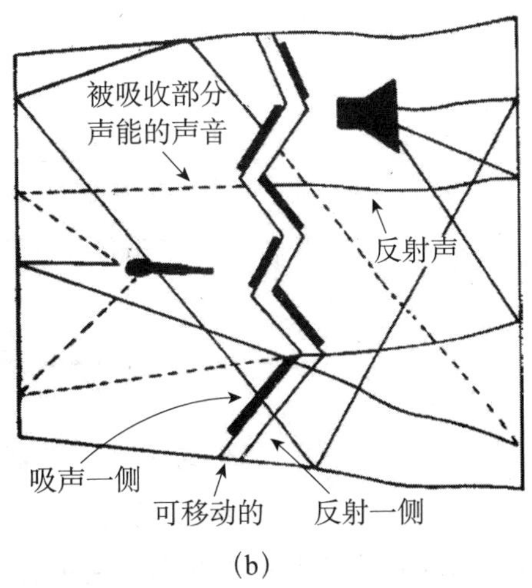

（b）

图 6–42　声学混响室示意图

尽管声学混响室产生的混响非常真实，但其成本是非常高的，并且其体积至少要 $25m^3$。如果体积太小，生成的简正频率就不够密，这将导致低频响应太差。另外，一般要求使用专业质量的传声器和扬声器，房间表面也要经过特殊处理，改变混合时间也比较费时间，因此演播室大多都采用其他方法来加混响。

（2）板混响器

板混响器是一种机电式的混响装置，其中主要的部件是一块悬挂在固定框架上的薄形钢板。这块钢板很重，并且与周围空间隔离。另外，板混响器还装配一个动圈式的激振器，其工作原理类似于小型扬声器。它可将调音台输入的电信号转变为使钢板振动的机械能，还有一个或两个（如果是模拟立体声）压电式传声器再将钢板产生的振动信号转变成电信号返回到调音台。图 6–43 所示的是一款实际的板混响器实例。

图 6–43　一款板混响器实例

在中频段，板混响器的混响时间可在 1~5s 内调整。在 1~2s 内，各个频率的混响时间基本上保持不变，混响特性较好。当混响时间较长时，低频的混响时间相对于中高频而言有明显的增加。图 6–44 是板混响器的混响特性曲线。

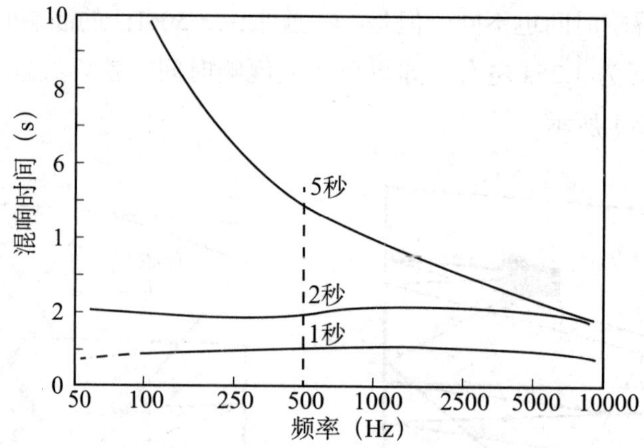

图 6–44　板混响器的混响特性曲线

板混响器的特点是对高频信号仍有较明亮的衰减，并且有 2s 以上的混响时间，但有时会出现声染色现象。另外，其体积较大，不便于移动，有界振动对它的影响较大。当信号电平较大时，低频的混响时间将加长，使声音发闷。因此，有时应适当衰减一些不必要的低频成分，但衰减太大，会减小声音的温暖感，使声音变“冷”。

为了克服板混响器的不足，轻型、体积小的金箔混响器出现了，它的工作原理与板混响器基本一致。与板混响器相比，它基本上解决了大信号造成的高频声染色问题。图 6–45 是金箔混响器的混响特性曲线。

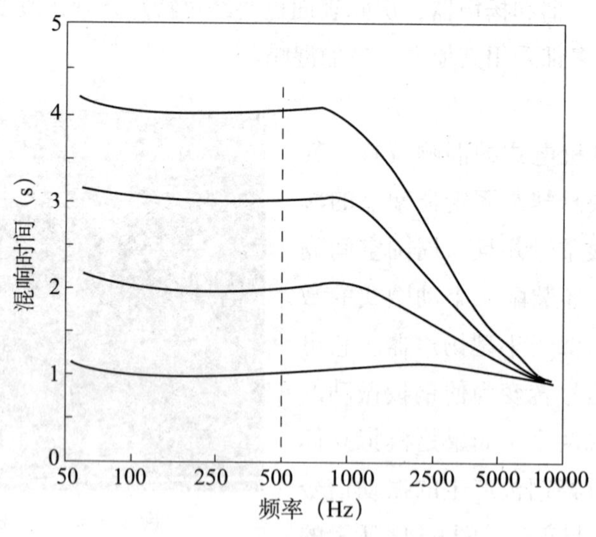

图 6–45　金箔混响器的混响特性曲线

（3）弹簧混响器

弹簧混响器是根据电磁感应的原理制造的。设计时，弹簧的每一端均连有磁棒，这些磁棒受到线圈所建立的磁场的作用，如图 6–46 所示。

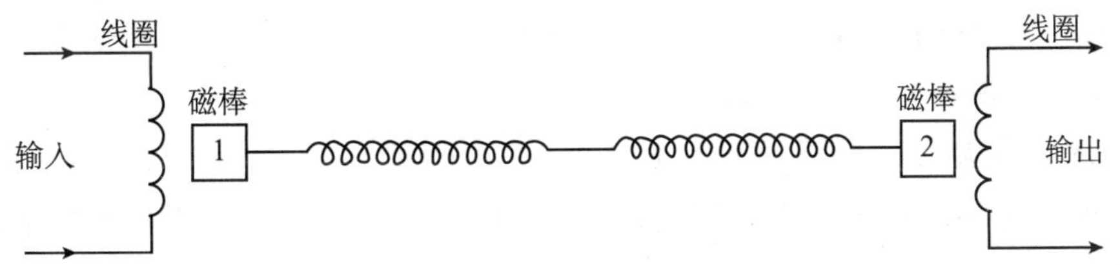

图 6-46　弹簧混响器原理图

当混响信号输入线圈时，所产生的交变磁场使磁棒旋转，并以扭转的形式在弹簧中产生波动。由于波在弹簧中传播的速度比声音在空气中传播的速度慢得多，并且随着弹簧的几何尺寸密度的改变而改变，所以要经过一段时间，波才能到达弹簧的另一端，并引起磁棒旋转，从而在输出线圈中感应到电流，再经放大成为混响信号。由于信号产生的波动在每个连接点（诸如磁棒与弹簧、弹簧与弹簧和弹簧与磁棒等处）会反射回来，这样输入信号能量的某些部分要走较长的路程才能到达弹簧的输出端。由于弹簧还会以热的形式消耗能量，波走的路程越长，它到达输出端所产生的电平就越低。图 6-47 是一款弹簧混响器的实例。图 6-48 是弹簧混响器的混响特性曲线。

图 6-47　一款弹簧混响器的实例

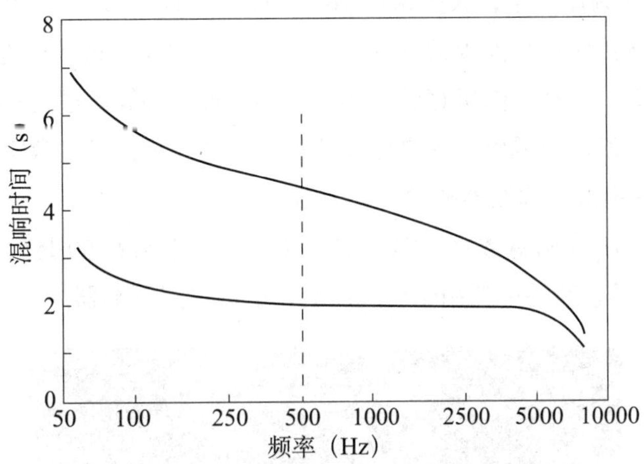

图 6-48　弹簧混响器的混响特性曲线

（4）数字式混响器

随着数字信号处理技术在声频领域中的广泛应用，演播室的主要控制及处理设备均已实现数字化，其中数字式混响器是最早的数字化声处理设备。目前，在演播室中采用的混响器基本上都是数字式电子混响器。

电子混响器大多采用只读存储器（ROM）、随机存储器（RAM）和中央处理器（CPU）等数字电路，由它们完成对数字化信号的处理工作。图 6–49 是一种数字式电子混响器框图。

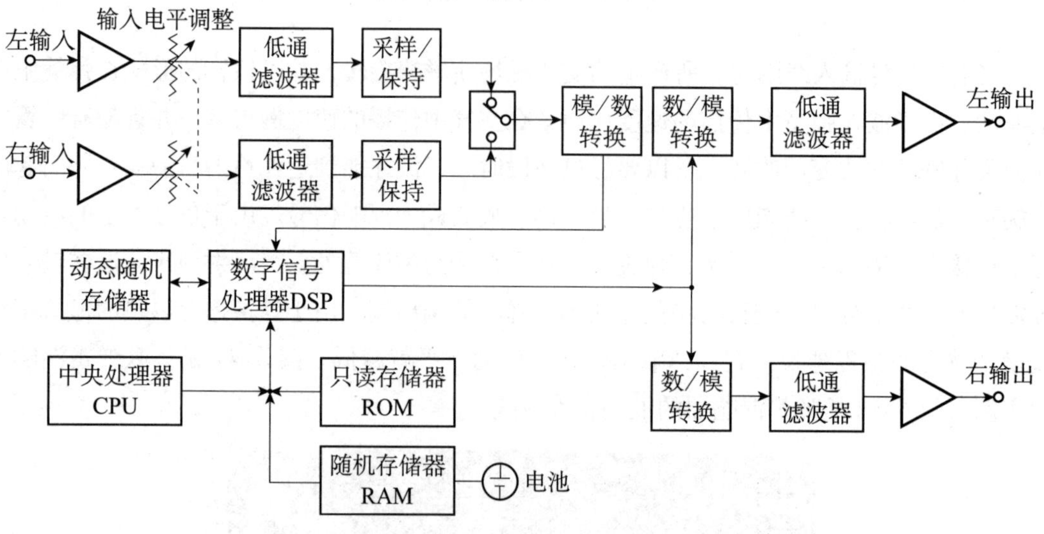

图 6–49　数字式电子混响器框图

图 6–49 中，输入放大器及低通滤波器对模拟声频信号进行处理后，将信号调整到合适的电平并将高频带外的噪声切除掉，经过采样、保持及模 / 数转换变成被量化的数字信号。目前在专业的声频设备中，大多采用 16 比特以上的量化处理。数字信号送到数字信号处理器，完成所选混响效果要求的处理过程。其中，只读存储器和随机存储器决定所选用的效果程序的类型。另外，随机存储器还能对调整过程和算法进行存储，动态随机存储器还可以对算法进行修改或调整。中央处理器负责总的控制，经过数字处理后的信号可再进行数 / 模转换，并由低通滤波器和输出放大器输出。

图 6–50 和图 6–51 为两款数字式混响器的实例。其中图 6–50 是较早的一款数字式混响处理器，图 6–51 是较新的一款用于环绕声制作的数字式混响器。

图 6–50　早期的一款数字式混响器

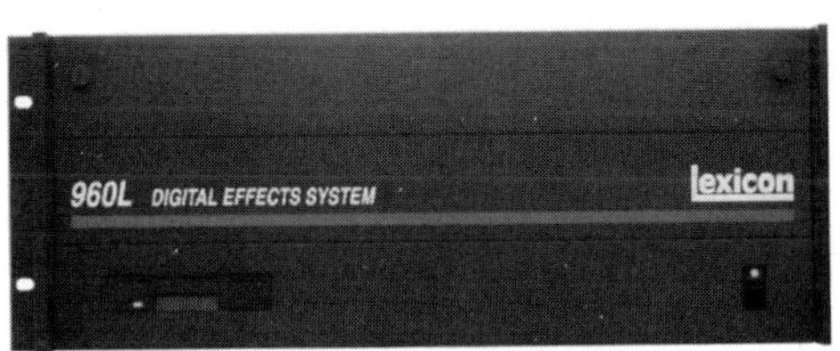

(a)处理器主机

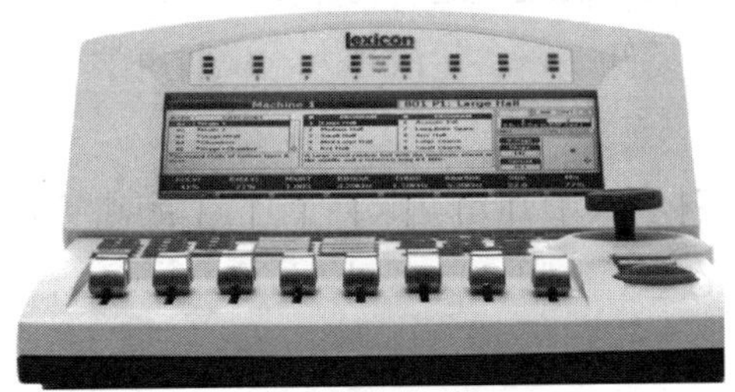

(b)遥控界面（硬件）

图 6-51　较新的一款用于环绕声制作的数字式混响器

2. 数字式混响器的参量及作用

（1）混响时间

这一参量描述信号混响声场衰减的速度，其定义前面已有叙述。这一参量的设定值受房间的大小、房间的形状、反射面的类型等因素的影响。换言之，实际的房间混响时间受以上诸因素的影响。

（2）高频信号的混响比例

由于在实际的房间中混响时间是随着信号频率的改变而变化的，并且频率越高，被墙壁、家具和空气吸收的声能就越大，所以混响器中就设定高频信号的混响比例这样一个参量来模拟这种情况。这个比值越大，说明房间的边界材料或其中的设施是弱吸声的，或者声源与听众距离较近。图 6-52 是高频信号随时间推移的衰减情况。

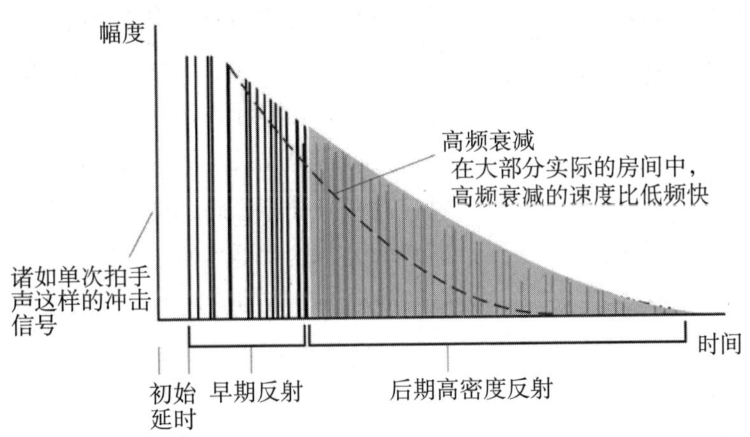

图 6-52　高频信号随时间推移的衰减情况

（3）扩散

真实的声学空间的边界情况是很复杂的。扩散参量描述的就是边界的不规则性或复杂性。如果该参量很小，那么产生的混响声就很干净，并且比较“硬”；如果该参量增大，那么反射声的复杂性就增大了，使混响声比较饱满、厚实。

（4）初始延时或预延时

初始延时或预延时参量描述的是直达声与早期反射声之间的时间间隔。该参量的大小直接影响人耳对声场空间的感知。该参量值越大，说明声学空间越大。

（5）混响延时

混响时间指从早期反射声开始到建立起高密度的混响声所需的时间。这个参量值越小，说明房间是一个活跃的声学空间，反之则较沉寂。

（6）反射声密度

反射声密度控制的是效果中反射声的密度。一般来说，空间越大，反射声的密度就越小，而在小房间中，反射声的密度很大，混响声也比较“紧”。

（7）效果电平与直达声电平的比例

这一参量主要控制输出信号中效果电平与直达声电平或干湿信号的比例。对这一参量的调整，也可以在调音台上进行。

以上几个参量只是最基本的参量。不同的数字式混响器中的参量会有不同，比如有些混响器还有房间大小、活跃度、听音位置等参量。

由于数字式混响器的信号处理特点，它一般还具有一些特殊的混响效果，比如门混响和反向混响等。

门混响效果相当于混响信号再通过一个噪音门处理的效果，如图 6–53 所示。

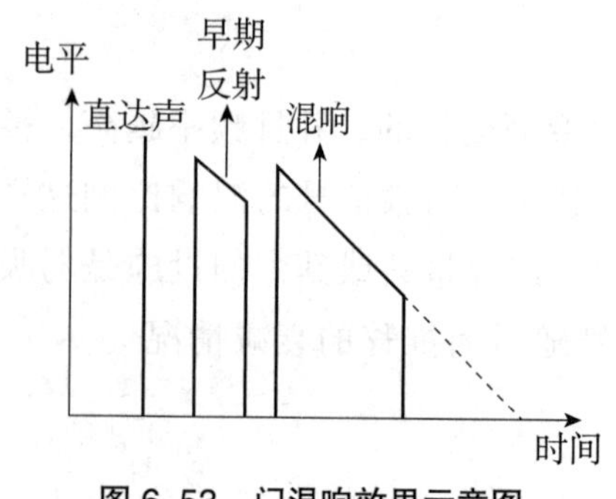

图 6–53　门混响效果示意图

门混响实际上加快了混响衰减的速度，缩短了混响过程。这种效果常用在流行歌曲的打击乐器、电吉他或电贝斯中，它可以在使乐器声饱满的同时，保持节奏的清晰。

反向混响效果是将真实的混响声包络反转，使声音具有一种膨胀感，即声音不是越来越小，而是逐渐增大，然后戛然而止。这种也常用在流行歌曲中的鼓和电贝斯中，效果示意图如图 6–54 所示。

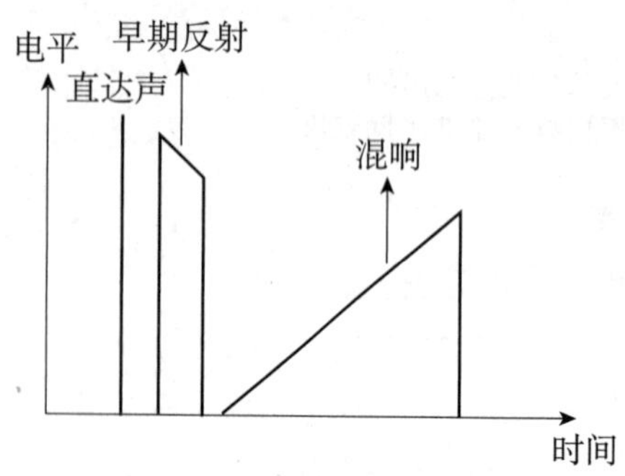

图 6–54　反向混响效果示意图

3. 混响器的应用及注意事项

（1）利用混响器，使声音更加饱满

声音信号在经过混响处理之后，声音的包络有了明显的改变，特别是对维持过程和衰减过程，即对音腹和音尾的影响很大，它延长了这两个过程经历的时间，可以掩盖掉演唱的微小偏差，使声音更饱满。

（2）利用混响器，使声音更具临场感和空间感

多声道录音中大多采用近距离拾音。因此，拾取的声音大多是声源发出的直达声，再加上演播室大多是短混响的，所以在后期缩混的时候，为了使声音获得应有的临场感和空间感，必须加入适当的延时和混响。在制作立体声节目时，单靠立体声的主传声器有时并不能达到理想的效果，特别是对乐队中音量较弱而又距主传声器较远的乐器，常常用传声器来加以补充，这便造成传声器的声音中直达声成分太多而使声音过于靠前，同时也导致声场分布不正常，这时就必须通过延时和混响来恢复自然的声场分布。对声音水平方向上的定位处理往往利用延时和混响，延时的时间越长，声音越靠后，同时混响成分与直达声成分的比值也越大。通过延时和混响的配合，可以获得比较好的声音层次感和空间感。

（3）关于自然的混响与人工混响的配合

不同的声学空间具有不同的混响特性，混响时间的长短也不一样。即使在演播室中，有时为了解决多声道同期录音中的串音问题，在同一空间中，不同的区域混响时间也不同。其中，一端活跃一端沉寂的演播室就是如此，而单独设计的鼓室或强吸声小室的混响时间则更短。如果将不同混响时间拾取到的声音再现在同一声学环境中，就必须考虑到自然的混响与人工混响的配合。在此情况下，最后的混响时间并不是两种情况下的混响时间相加，而是近似一个平均值。因此，这时人工混响时间可能要比制作所要求的混响条件下的混响时间长很多。例如，采用混响时间为 3.2s 的大厅混响效果给人声加混响所产生的效果与一个在混响时间为 3.2s 的真实声学环境下所演唱的效果就绝对不能等同。因此，在录伴唱或背景声时，常用近距拾音，并配合加大录音电平，轻声演唱的办法来处理，最后在合成时用大的人工混响来再现空间感，这样就可以得到虚且透明的效果。在音乐厅中录制现场演奏时，应该尽量少用人工混响，而以大厅的自然混响为主。这样可以避免加入混响不当所产生的双重声学空间的现象；而在短混响的演播室中，进行多声道录音，特别是分期录音时，则以人工混响为主。

（4）关于混响时间、混响电平、直达声电平与音色的关系

如今在录音中，混响器的使用已不再是单纯地为了获得空间感，有时还为了得到某种声音效果。因此，混响时间和混响量的选用，应该根据音乐节目的特点或乐器的特点来定。对于整体的音乐节目来说，一般管弦乐所选用的混响时间应长于或等于 2s，民族管弦乐应短于 2s，声乐所选用的混响时间应比器乐要短，戏剧节目、广播剧和电视剧则应按剧情的需要来选用，以保证唱词和对话的清晰度。对于流行音乐中的节奏乐器，采用混响效果的预延时不应太长，混响也不应太大，这样可以使节奏清晰，这种情形在舞曲的录制中体现得尤为突出。

第七节　其他常用的效果器

一、移调与节奏变换设备

在实际的录音处理过程中，常常通过改变记录的速率来调整音调与重放时间的关系。

一般来说，音调与重放时间是相互联系的。音调是频域中的物理量，重放时间是时域中的物理量。

从听音机理来看，可以将一个音乐事件分成感觉到非重叠的时域部分和可以清楚地感觉到区别的频域部分。节奏这个音乐要素，是声振动的特征，它是在时域里能感觉到的物理量。一般来说，音乐事件如果每秒出现少于 8~12 次，就属于时域的问题；如果每秒多于 20~25 次，就会感到具有一定音调，这时就属于频域的问题，而 12~20 次是过渡区域。

因此，时域的问题（低于 12Hz），可以被认为是可进行任意复制和舍去的一系列“帧”，这就为进行节奏调整提供了一个工具，而音调的调整只要按调整节奏相反的对应量来加快或减慢带速就可以达到。

图 6–55 是音调和节奏调整的细节。

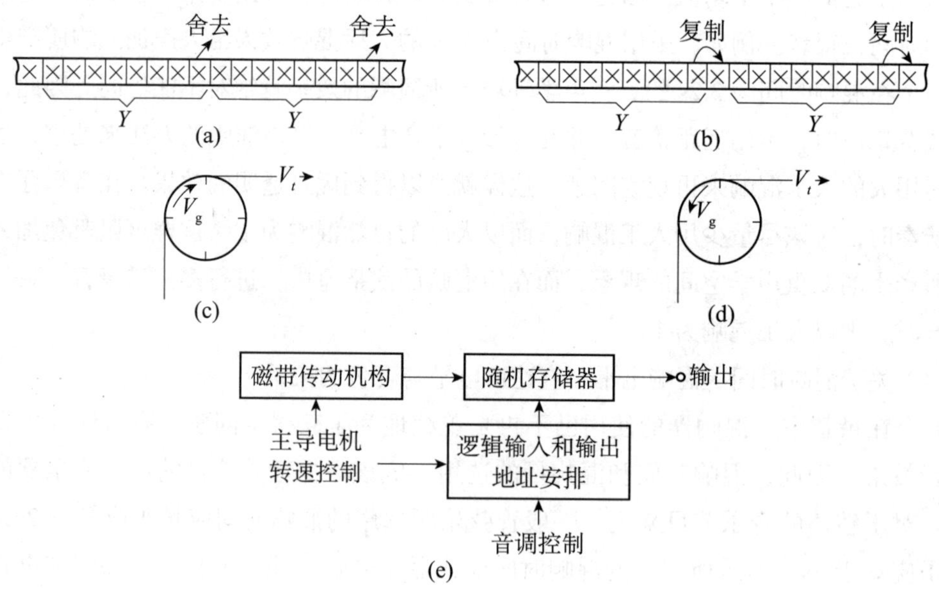

图 6–55　音调和节奏调整的细节

图中（a）表示磁带记录以固定间隔依次舍去一段，如果舍去率低，小于 1~2 次 /s，那么经过图（a）处理后的记录仍以原始记录带速重放，重放的时间将缩短为原来的（$Y-X$）/ Y，而这时音调仍保持正常，但节奏比原来快了 Y/（$Y-X$）倍。如果记录速度也相应减小为原来的（$Y-X$）/ Y，则重放时间将恢复到原来的长度，但音调将以（$Y-X$）/ Y 比值降低。对后一种情况，我们就可以维持原来的节奏而降低音调。

如果设定 X=0.1Y，即 1/10 就是舍去比，而重放时间将缩短到原来的 9/10（磁带以原来的带速重放），这时可以认为节奏加快为原来的 Y/（$Y-X$）=Y/（$Y-0.1Y$）=1.11 倍。如果磁带速度降到原来的 9/10，则重放时间将恢复到原来的值，即 0.9 x（1/0.9）=1 ，但是音调却降低到原来的 9/10。

因此，要加快节奏或降低音调，应采取图（a）的原理，其中比值 X/（$Y-X$）将决定要达到的音调或节奏变化的比例。

如果要减慢节奏（加长重放时间）或提高音调，就应按图（b）的原理工作。在此，插入一段复制的部分 X 到原始记录 Y 中，其中 X/（$Y+X$）就是音调和节奏的变化比。

早期的变调和时间压扩处理采用的是特殊结构的磁带传输机构，放音磁头是旋转磁头，它安装在一个圆柱上，并且有 4 条平行的缝隙，每条缝隙相互间隔 90°，这样当磁带绕在磁头上时，总有一条缝隙与磁带相接触，因此磁头不论转到什么位置，均可保证连续放音。

由于放音信号的音调取决于磁带相对于放音缝隙的速度。假设磁带的带速为 V_t，放音缝隙的速度（线速度）为 V_g，如果 V_t 保持恒定，那么节奏就不变，但是音调却调低到原来的（V_t-V_g）/V_t，如图（c）所示；如果放音头向反方向旋转的话，那么音调就提高到原来的（V_t+V_g）/ V_t 倍，如图（d）所示。

如果想调整节奏，就可以通过提高或降低带速 V_t 来减小或增加放音的时间，同时为了保持音调不变，就必须保证 V_t-V_g 的值总是等于原始记录的速度，即 V_t 增加时，V_g 也提高，而当 V_t 减慢时，V_g 反方向增加，也就是保持磁带与放音缝隙的相对速度不变。

随着数字信号处理技术的运用，以上的处理也被相应简化，图（e）就是对图（c）和图（d）的直接数字模拟。随机存储器存储的信息，对应着与旋转磁头接触的 90° 弧度的磁带上的信息 V_t，并且是对其有着直接控制的，而 V_t-V_g 是按照需要扫描的内存来进行控制的。

二、采样效果器

采样效果器实际上是一种数字记录器，即将效果器输入口接收的信号记录在效果器内部的存储器中，然后按照要求来重放记录的不同片段。一般来说，效果器能记录的采样信号时间受存储器容量的限制，大约为 6s（单声道）。另外，还可以在所记录的采样信号上进行叠加记录，直到取得令人满意的采样为止。这些采样作为一种效果存入效果器，它可以通过手动或 MIDI 信息来触发重放。重放的方式有多种，通过设置重放的开始点和结束点，可以有选择地重放采样声的全部或片段。如果结束点设置在开始点之前，那么采样声就可倒放出来；如果设置成循环放音，还可以连续不断地重放采样声。此外，有些采样效果器还带有移调参量，这样就可以对重放的采样声进行移调处理。这种效果在电子音乐制作和影视配音上有很大的用途。

三、自动摇像（Auto-pan）效果

在音乐制作时，声音的定位一般都是通过声像电位器和混响等手段来实现的。所谓自动摇像效果就是通过效果器产生声像自动在声场中移动的效果，这种效果经常用于流行音乐的制作中。

声像移动的方式有许多种，有从左至右、从右至左、左右交叉移动，以及左右旋转等。图 6-56 就是以上所述的几种情况。

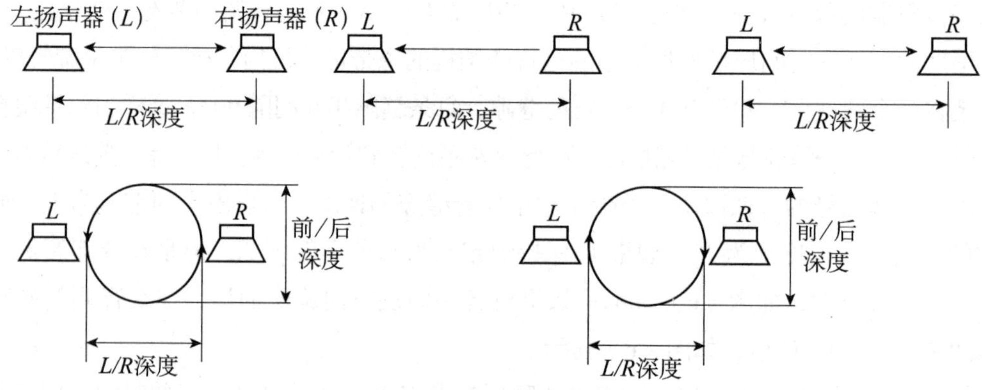

图 6-56 自动摇象效果

效果中有两个主要的参量，即摇像的速度和摇像的深度。其中摇像的速度控制的是声像在声场中移动的快慢，而摇像的深度控制的是声像在声场中移动的距离。

还有其他多种效果器应用于演播室，比如和声处理器、环形调制器、莱立斯旋转扬声器、多普勒效果等，在这里就不一一介绍了。

第八节 多用途数字效果器

如今在录音演播室中，除了使用具有单一功能的效果器，还大量地使用多用途的数字效果器，这在模拟领域是办不到的。

所谓多用途或多功能的数字效果器，是指在一个效果器单元中，可以产生多种常用的数字效果。效果器具有不同的种类，有时有几十种，有时甚至有上百种，这给使用者带来了很大方便。

一、多用途数字效果器的程序结构

多用途数字效果器的效果一般都对应着一种算法或一种程序。因此，我们调用效果器中的一种效果，实际上就是调用一种程序，并且利用输入信号数字化后产生的数据在数字信号处理器中进行运算。

一般多用途数字效果器的程序由两种形式组成，一种是固化在只读存储器中的程序，我们称之为厂家预置程序。在这些程序存储器的特定地址中，它们是不能被直接修改或编辑的。如果想进行修改，只能将其调入缓冲器或动态随机存储器中，然后再进行修改。这就意味着每次加电后，这些地址中的程序均是厂家预置的情况。效果器程序的另外一种形式是存储在随机存储器中，我们称之为用户程序，它们可以调到缓冲器中修改，再存到原来所在的地址中；也可以存到随机存储器的其他地址上，并将该地址上原来的信息覆盖掉。用户程序一般是通过修改厂家预置程序的某些参量建立起来的，这些程序一旦存入随机存储器，其地位和厂家预置程序就一样了。随机存储器中的程序由专用锂电池保存着，因而即使效果器的主电源关掉，其中的程序也不会丢失。这些锂电池的寿命至少有五年，如果效果器使用的时间太久，电池的能量耗尽，就必须更换新电池，否则就起不到保护用户程序的作用了。

二、用户程序的建立

大多数专业用的多用途数字效果器都设有用户程序。厂家预置程序只是一种在特定情况下才能产生良好处理效果的程序，而实际使用时不可能与这种特定的情况完全一致，因此，调出厂家预置效果不加修改而直接使用，一般不会产生最佳的处理效果。设置用户程序就可以将预置程序调入缓冲器，然后按照意愿对其中的参量进行修改，便可产生更好的处理效果。一般建立用户程序的步骤如下。

（1）调出与实际需要最相近的厂家预置程序或原来存好的用户程序。

（2）在编辑状态下，逐一修改需要编辑的参量值，修改的过程中需要不断与原始程序相比较，直到满意为止。

（3）将编辑过的程序存入指定的用户地址。如果不存储，一旦调用其他程序，对先前程序所做的修改就无效了。因此，如果认为这一修改过的程序有保留的价值或要经常使用，就应该进行存储。

通过以上处理，就可以建立起一个有用的用户程序了。

一般为了使用方便，对于新建立的用户程序应该对其存入的地址或程序进行记录，最好再为其取一个新的程序名。

三、效果程序的调用方式

现今所使用的数字效果器，其调用程序的方式主要有两种，一种是手动调用，另一种是通过 MIDI 信息调用。

手动调用是最常用的方法，它可以通过面板上的调用键来实现调用操作。有些效果器还可以通过所接踏板来调用效果程序，这主要是在实况演出时，为了让演员自己调用效果程序而设置的。

利用 MIDI 信息来调用效果程序，在进行电子音乐制作或实况演出时特别有用。现代的效果器除了有声频信号的输入、输出口，一般都没有 MIDI 信号的输入、输出及中继口。通过 MIDI 信息中的音色变化信息，就可以调出事先安排好的效果程序。MIDI 信息中的音色变化信息共有 127 种，如果将 MIDI 信息中的音色变化号与效果器中的效果程序号建立起一定的对应关系，就可以实现这种调用操作。假设钢琴的音色变化号为 1，单簧管的音色变化号为 9（不是 G–MIDI 格式），钢琴要加入一种房间混响，其房间混响的效果号码为 3，而单簧管要加入大厅的混响效果，而大厅混响的效果号码为 1，如果想实现 MIDI 调用效果，就必须在效果器中设定，音色变化号 1 对应效果号 3，音色变化号 9 对应效果号 1，设定好之后，只要合成器的音色由钢琴变为单簧管，效果器的效果就由房间混响变成大厅混响了。图 6–57 为由 MIDI 调用效果时的设备连接示意图。

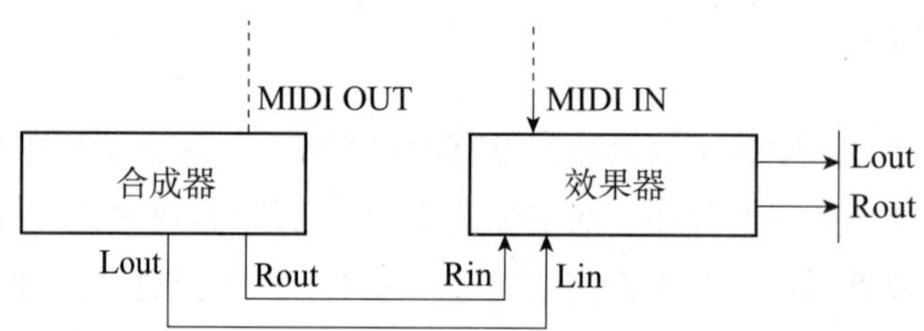

图 6–57　由 MIDI 调用效果时的设备连接示意图

■思考题

1. 简述均衡器的原理与应用。
2. 简述使用均衡器时的注意事项。
3. 简述压限器的原理及应用。
4. 简述压限器各个工作参量的意义、建立时间与恢复时间对音质的影响。
5. 简述噪声门的原理与应用，说明噪声门保持时间的作用。
6. 简述延时、混响器的原理与应用。
7. 简述激励器的原理与应用。

Chapter 7

第七章　录音中声频信号的监测

本章要点

VU表

PPM表

相关表

响度表

第一节 电平指示仪表

仪表是调音台为录音师从客观上判断声频信号的质量所提供的手段。通常，仪表的主要功能是指示信号的电平，以及信号间的相关性或相位性关系。

用来指示信号电平的仪表主要有两种：一种为音量单位表，即 VU（Volume Unit）表；另一种为峰值节目表，即 PPM（Peak Program Meter）表。

一、VU 表

典型的 VU 表的面板情况如图 7–1 所示。

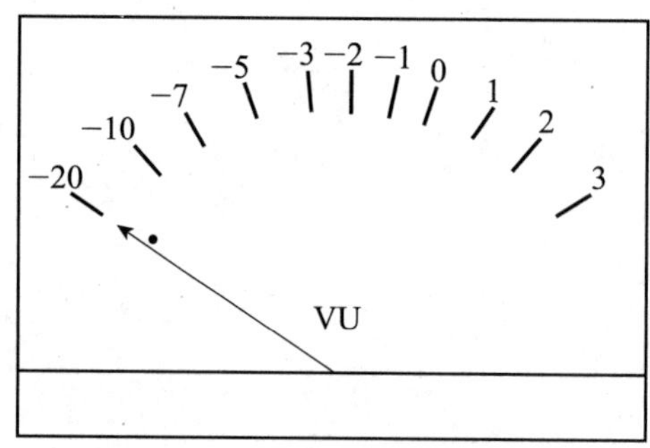

图 7–1 VU 表的面板刻度情况

通常，VU 表的指示范围为 −20~+3VU。VU 表的表头电路采用平均值检波器，面板是按简谐信号的有效值来确定刻度的。因此，VU 表是一种准平均值表。对于简谐信号而言，准平均值比实际的平均值高约 1dB。这种仪表的指示特性与人耳对声音响度的感知相吻合。

VU 表中的 0VU 位于满刻度的 70% 左右。当它串接 3600Ω 电阻来测量简谐信号时，0VU 相当于被测信号电平的 4dB（以 0.775V 为 0dB），相当于简谐信号均方根值的 1.228V。在具体应用时，可通过插入衰减器来选择 0VU 的参考灵敏度。由于 VU 表测量的是振幅变化的声音信号，所以表头的动态特性是很重要的。按照规定标准，当 1kHz 简谐信号突然加到 VU 表上，指针上升到 99% 处所需的时间为 300 ± 30ms，指针的过冲不能超过 101.5%，过冲的摆动不应超过 1 次。指针从 100% 或 0VU 降到 −20VU 的复位时间为 300 ± 30ms。

由于 VU 表的启动时间相对较长，所以很难指示出信号的准确峰值电平，特别是在测量含有瞬态成分信号时。比如羽管键琴，VU 表的读数大概要比其真正的峰值电平低 10~15dB。这时，如果采用 VU 表来监测这种信号，就会出现 VU 表读数较小，同时信号已导致记录媒质出现调制现象。数字记录设备对峰值过载非常敏感，人耳很容易察觉到其重放出的峰值过载信号。录音人员使用 VU 表来监测信号电平时，要了解不同信号的峰值电平与 VU 表读数之间的关系。一般来说，VU 表比较适合瞬态较小的连续信号，因而对于数字录音来说，其指示的值易出现混乱状况。因此，在这种情况下，最好采用 PPM 表来指示信号电平。

二、PPM 表

PPM 表的种类很多，不同的国家或地区所采用的 PPM 表也不尽相同。图 7–2 为两种不同的 PPM 表。图（a）为 BBC 型峰值表，其刻度是从 1~7 等间隔分布的，其中 1 和 2 之间有 6dB 的电平差，而其他相邻刻度只相差 4dB；图（b）为 EBU 标准峰值表，它是按分贝来刻度的。

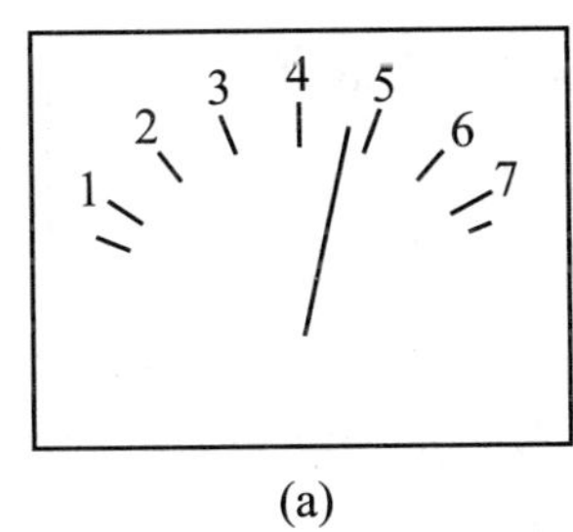

(a)

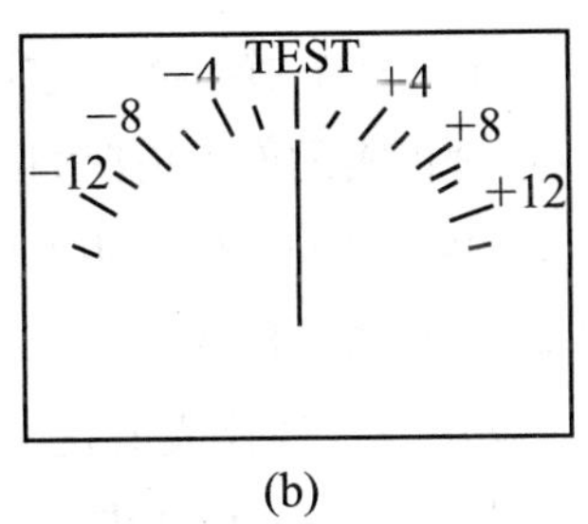

(b)

图 7–2　PPM 表面板

（a）BBC 型峰值表；（b）EBU 标准峰值表

峰值表的表头电路使用的是峰值检波器，而刻度是按简谐信号的有效值来表示的，因而它指示的是信号的准峰值电平。

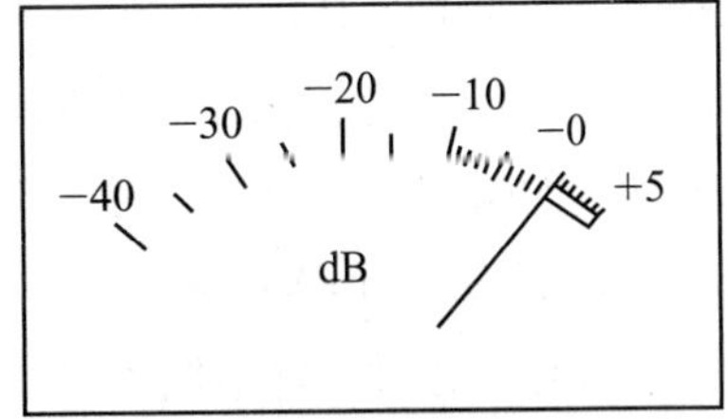

图 7–3　DIN 标准的 PPM 表面板

BBC 和 EBU 采用的 PPM 表是指针式的。我国目前使用的是 IEC（国际电工委员会）承认的 ANSI（美国国家标准学会）和 DIN（德国标准化学会）标准的 PPM 表。DIN 标准的表头刻度如图 7–3 所示。

在 DIN 标准的 PPM 表中，0 刻度是在满刻度的 80% 处，此点的灵敏度为 +6dBu（0dBu 为 0.775V），如果指示的是简谐信号，那么它相当于 1.55V 的均方根值电平。峰值表的上升时间是很短的，一般为 10 ms 左右，而复位时间则较长，大约为 1.5s 左右。

目前，VU 表和 PPM 表的指示方式主要有指针式和光栅式两种。VU 表以指针式居多，在小型调音台中也有使用光栅式的，而 PPM 表则大多采用光栅式。在大型的录音制作调音台上，各声道的仪表所采用的是光栅式电子柱状仪表，这样可以大大减小仪表占用的空间，而在立体声输出或混合母线上使用 VU 表。

光栅式仪表主要使用光电器件来进行指示，包括发光二极管（LED）显示、液晶显示和等离子体显示。采用发光二极管显示，其指示精度由发光二极管的数目决定，一般用在较低档次的设备上；采用液晶或等离子体显示方式的仪表，在其测量范围内，肉眼看起来指示基本上是连续的，而且不会出现闪烁现象，便于长期观察使用，所以录音制作所用的大型调音台都采用液晶或等离子体的显示方式。

图 7–4 是一款 PPM 表的表头。

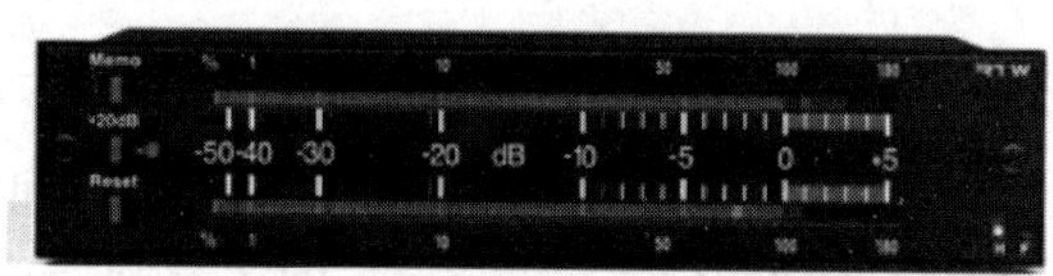

图 7–4　一款 PPM 表的表头

某些仪表上还带有一个转换开关，它可以使仪表在峰值方式与音量方式间转换，这种仪表的面板情况如图 7–5 所示。

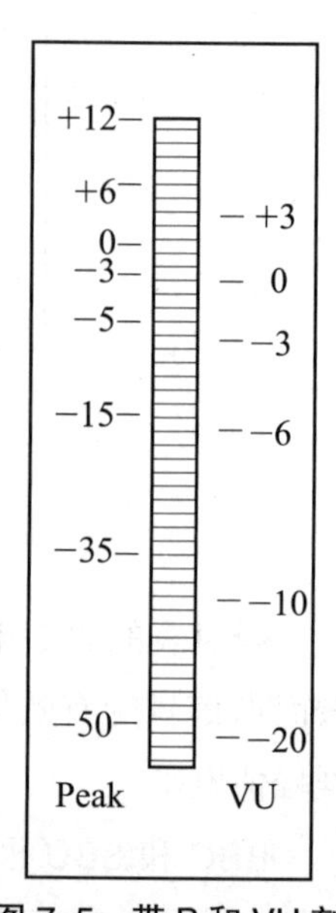

图 7–5　带 P 和 VU 刻度的典型峰值表面板

有些调音台还将多声道的峰值表用作频谱显示，这时柱状显示表相当于一个 1/3oct 的频谱分析仪。

在调音台上，最好是两种仪表共用。一般在多声道分期录音中，前期素材的录制最好采用 PPM 表，这样可以有效防止由峰值造成的过载失真；而在后期缩混时，采用 VU 表来指示缩混后的节目信号电平，这样可以提高节目的整体响度，改善信噪比。实际上，PPM 表在录音节目制作中的真正目的并不是指示信号的准确峰值，而是通过其指示提供有关信号峰值是否使记录媒质出现峰值过载失真的信息。由于人耳对信号失真有一定的容限，它对 PPM 表指示的瞬间失真有时是感觉不出来的。因此，有些调音台只使用 VU 表来指示，但 VU 表的表头上有一个发光二极管，用来指示峰值信号是否超过了峰值储备的允许上限。

提及电平指示，就无法回避刻度外观不同的问题。然而，大部分仪表都具有一个共同特点，那就是它们的刻度都是基于 dB 单位的，只是刻度所覆盖的动态范围会有所不同。在实际应用中，重要的是我们能够监视整个动态范围；而在其他情况下，我们关注的重点只是在非常接近满幅调制时到底会出现什么问题。

在专业设备中，易于读取的刻度是最重要的。至于民用设备，通常它的使用目标是动态显示，而不存在进行校准的实际可能性。

图 7–6 为目前常用的刻度方式，图中也展示了它们的关系。

V	dBu	IEC I Nordic	IEC IIa BBC	IEC IIa	DIN	SVI 或 VU*) 直接读取	北美 澳大利亚	法国	EBU AD/DA
12.28	24								
10.95	23								
9.76	22								
8.70	21								
7.75	20								
6.91	19								
6.16	18								0
5.49	17								−1
4.89	16								−2
4.36	15								−3
3.88	14								−4
3.46	13								−5
3.09	12	12	7	12					−6
2.75	11	11		11	5				−7
2.45	10	10		10	4				−8
2.18	9	9		9	3				−9
1.95	8	8	6	8	2				−10
1.74	7	7		7	1	+3			−11
1.55	6	6		6	0	+2			−12
1.38	5	5		5	−1	+1			−13
1.23	4	4	5	4	−2	0			−14
1.10	3	3		3	−3	−1	+3		−15
0.976	2	2		2	−4	−2	+2		−16
0.870	1	1		1	−5	−3	+1	+3	−17
0.775	0	检测（下同）	4	检测（下同）	−6	−4	0	+2	−18
0.691	−1	−1		−1	−7	−5	−1	+1	−19
0.616	−2	−2		−2	−8	−6	−2	0	−20
0.549	−3	−3		−3	检测（下同）	−7	−3	−1	−21
0.489	−4	−4	3	−4	−10	−8	−4	−2	−22
0.436	−5	−5		−5	−11	−9	−5	−3	−23
0.388	−6	−6		−6	−12	−10	−6	−4	−24
0.346	−7	−7		−7	−13	−11	−7	−5	−25
0.309	−8	−8	2	−8	−14	−12	−8	−6	−26
0.275	−9	−9		−9	−15	−13	−9	−7	−27
0.245	−10	−10		−10	−16	−14	−10	−8	−28
0.218	−11	−11		−11	−17	−15	−11	−9	−29
0.195	−12	−12	1	−12	−18	−16	−12	−10	−30
0.174	−13	−13			−19	−17	−13	−11	−31
0.155	−14	−14			−20	−18	−14	−12	−32
0.138	−15	−15			−21	−19	−15	−13	−33
0.123	−16	−16			−22	−20	−16	−14	−34
0.109	−17	−17			−23		−17	−15	−35
98m	−18	−18			−24		−18	−16	−36
87m	−19	−19			−25		−19	−17	−37
78m	−20	−20			−26		−20	−18	−38
69m	−21	−21			−27			−19	−39
61m	−22	−22			−28			−20	−40
55m	−23	−23			−29				−41
49m	−24	−24			−30				−42
44m	−25	−25			−31				−43
39m	−26	−26			−32				−44
35m	−27	−27			−33				−45
31m	−28	−28			−34				−46
28m	−29	−29			−35				−47
⇓	⇓	⇓	⇓	⇓	⇓				⇓
–	–	−42	−∞	−∞	−50				–

图 7–6　常用刻度间的关系，具体参见 SVI 或 VU 部分

第二节 信号间的相位指示

随着立体声节目的普及，调音台上又安装了相位表或相关表，它主要是显示左右立体声输出信号的相位关系。相位表有指针式的，也有光栅式的。图 7–7 所示的是指针式相关表的表盘刻度。

相关表或相位表是通过信号间的相关系数来表示信号间的瞬间相位差的：指针读数为 +1，表明信号间的相位差为 0°，两路信号是完全同向的；指针读数为 –1，表明信号间的相位差为 180°，两路信号是反相的；指针读数为 0，表明信号间的相位差为 90°，或者其中一路无信号；指针读数在 0~1 之间，表明信号间的相位差在 0° ~90° 之间；指针读数在 0~–1 之间，表明信号间的相位差在 90° ~180°之间。

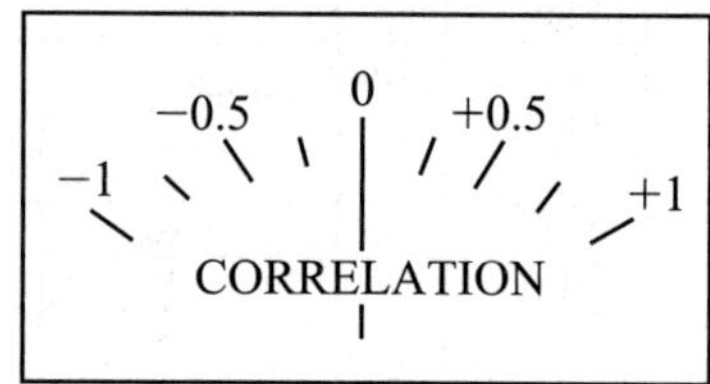

图 7–7 指针式相关表的表盘刻度

在实际使用中，相位表经常用来判断所制作的节目是单声道节目还是立体声节目。如果相位表读数为 +1，则表明是单声道节目。通常，在立体声节目被监测时，相位表的读数在 0.5~0.7 之间。相位表有时也用来判断声道之间或传声器的相位关系。若指针读数为 –1，则表明是反相的，这时要检查传声器架设的位置是否合适，以及传声器接线是否接反，并解决反相情况，避免出现相位抵消的现象。

除相关表外，还有可以较为直观地指示信号间相位关系的角度计 —— 声频矢量示波器。

角度计（也称声频矢量示波器）是一种可以提供立体声信号（或两个任意信号）中信号关系细节图像的仪器。20 世纪 40 年代至 20 世纪 50 年代初期，丹麦广播电台的总工程师霍尔格・劳瑞森（Holger Lauridsen）开发了这一仪器。示波器的一个输入用作 X 轴偏转，另一个输入用作 Y 轴偏转，图 7–8 至图 7–13 所示的是仪器的各种显示情况。

与一般的示波器相比，声频矢量示波器将图像旋转了 45°，这就是说，当左右通道（X 和 Y）提供的是同一信号时，它将产生一个垂直的偏转（垂直线）。如果信号仍是一样的，只是相位相反，那么产生的偏转处在水平面上（水平线）。当信号不同时，显示从直线变成了空间图形。这种仪器的独特之处就是可以同时显示立体声信号中许多不同的参量。

只要显示的大部分是处在相对于纵轴的 ± 45° 范围内，那么信号就具有很高程度的单声道兼容性，如图 7–8 和图 7–9 所示。当曲线的顶部和底部开始弯曲时，它表示两个声道间存在着非线性的关系。如果仅一个通道上发生了过载或限制的情况，就会出现上述问题，这可能源于老系统或磁带单元中可能出现的通道间延时。

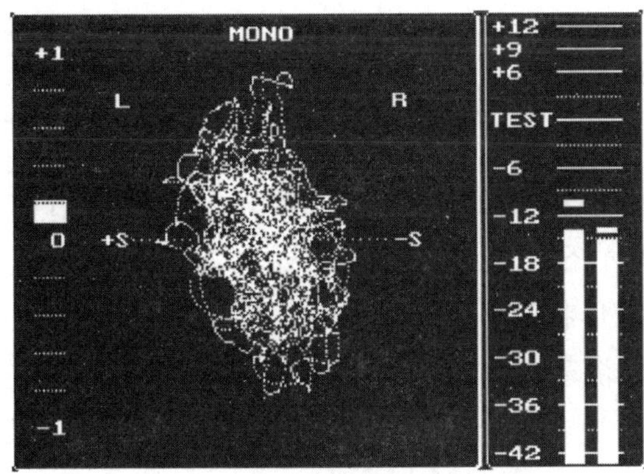

图 7-8　立体声信号显示为宽的图形

注：图形具有很高的单声道兼容性，这被认为是最佳的。

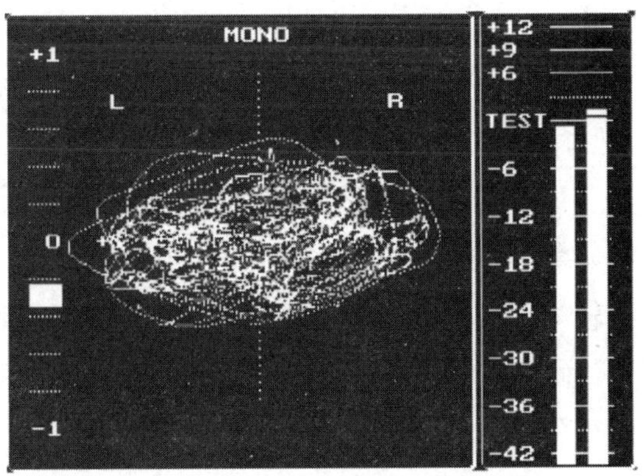

图 7-9　立体声信号显示为过宽的图形

注：这表明其单声道兼容性低，即信号的一部分在单声道中会消失。

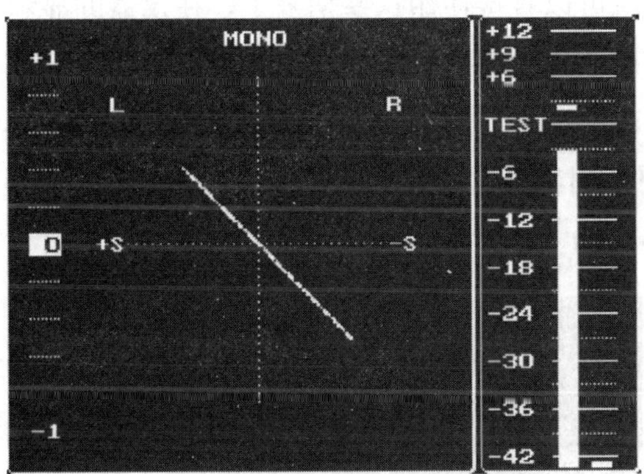

图 7-10　只有左声道信号时的情形

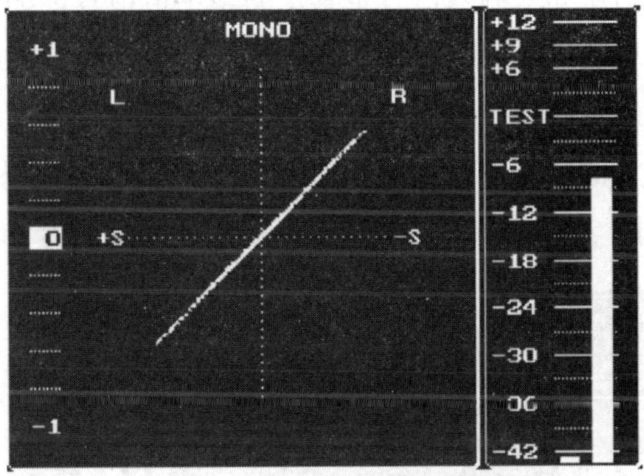

图 7-11　只有右声道信号时的情形

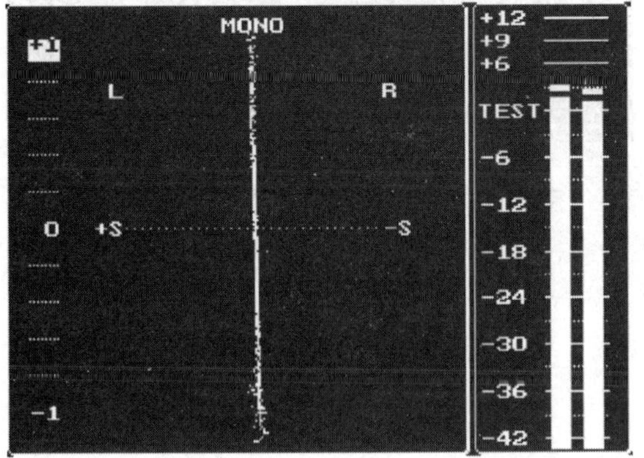

图 7-12　在两个声道中几乎是纯粹的单声道信号

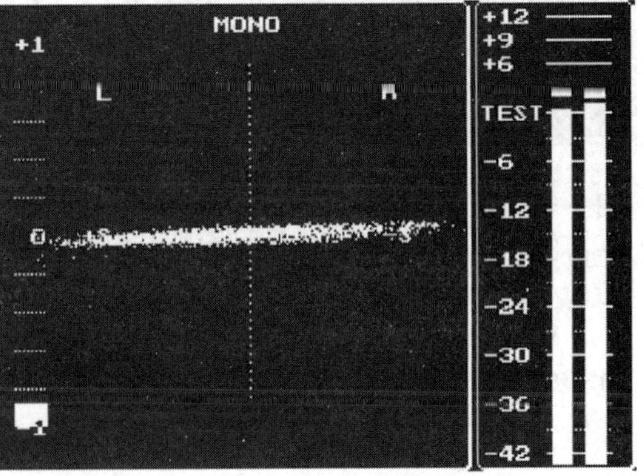

图 7-13　在两个声道中几乎是纯粹的单声道信号，但两声道信号彼此反向

第三节　5.1 声道节目的指示

对于真正的或等效的 5.1 声道节目，通道信号在被编码成某一种标准化格式之前是保持各自分离的状态。虽然 6 个柱状图构成的仪表可以显示各自通道所包含的内容，但最实用且控制上较为方便的方法是使用一种类似于 Jelly Fish™ 形状的显示仪器，如图 7–14 所示。

由 DK Technologies 生产的 Jelly Fish ™ 仪器深受人们欢迎，它因屏幕显示类似角度计而得名。

显示的图形本身并没有表示出通道间的相位关系，它所显示的是每个通道的幅度，该显示的目的就是建立起一个整体显示。

如果输入的信号是经过矩阵编码的，那么先要进行 Lt 和 Rt 的解码，以便获得合成声道。如果输入信号是真正的多声道信号，那么就可以直接使用这些信号了。在仪器的显示屏上，建立起的图形基本上呈环形，所关注的声道（左声道、中间声道等）电平幅度均在这一图形中得以显示。因此，在最强信号方向或通道中，图形成为“最丰满”的形式。为了清晰起见，仪器一般具有一定的惯性，以便使用者能够跟随具有一定时间权重的信号。图 7–15 和图 7–16 显示的是各种情况下的 Jelly Fish™ 图形。

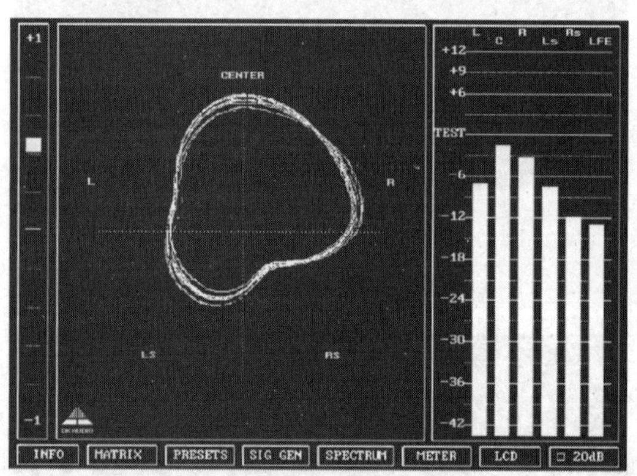

图 7–14　显示环绕声编码信号内容的一种方式

注：图形处在“最丰满”情况下，信号是最强的，人们喜欢将这种显示称为“Jelly FishTM”。与此同时，柱状图形表显示出准确的通道电平。MSD600 这种仪器可以显示 Pro Logic 和真正多声道声频信号。

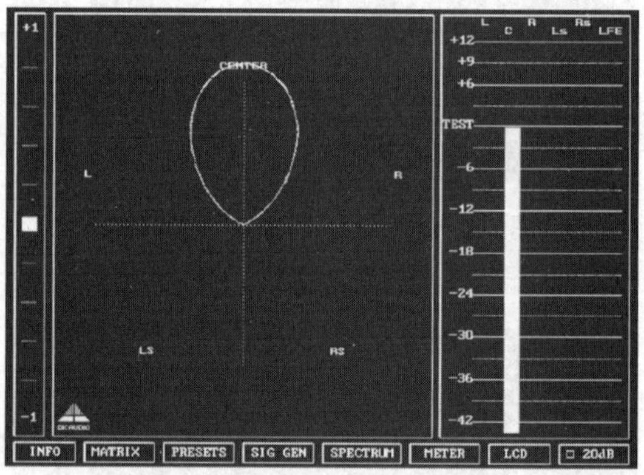

图 7–15　只有中间声道信号的 Jelly Fish™

图 7–17 是一款可以将所指示出的各声道信号峰值、相关度、响度和多声道 Jelly Fish ™ 图形集于一体的实际仪表指示。

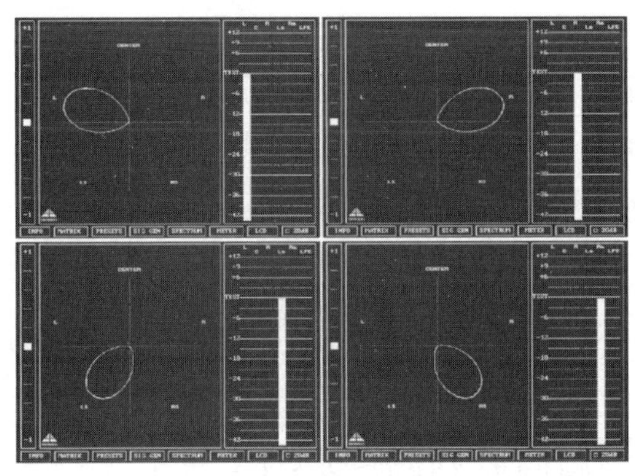

图 7–16　上部图：Jelly Fish™ 只有前方左右声道信号；下部图：Jelly Fish™ 只有左右环绕声道信号

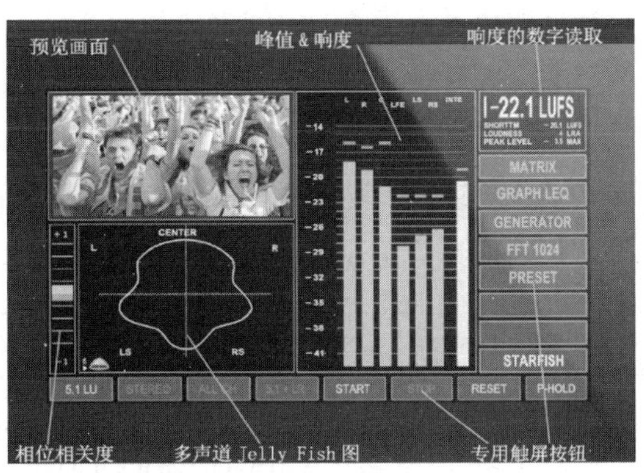

图 7–17　集各声道信号峰值、相关度、响度和多声道 Jelly Fish ™ 图形于一体的实际仪表指示

第四节　响度指示仪表

响度被定义为对声音的主观评价量级，响度表的任务是模拟人耳的听觉能力。然而，人的听觉能力和对声音的评估是因人而异的，所以真正的响度表难以定义。电平、动态范围、频率范围、所接收声音的方向和声音本身的特性等都会对声音响度产生影响。听音人接收的声学声音是响度测量或计算的基础，故声音记录在现实中不可能达到绝对真实。

多年来，人们一直在进行响度测量方面的研究，Zwicker 模型就是其中十分重要的研究成果。目前，该模型在人对噪声的评估应用上仍然有效。本节旨在对现存的主要响度表和有可能产生的新的响度表进行概述。人们最为关注的是 EBU 仪表，它被认为是最具艺术气息的响度表解决方案。

长期以来，声频和广播制作中已经使用的响度测量系统有很多。自从标准的音量表或 VU 表产生以来，其他测量理念也以其自身的方式渗透到声频制作产品之中。

一、Dorrough Loudness Meter（Dorrough 响度表）

20 世纪 70 年代初由 Dorrough Electronics 研制开发的响度表已经被广泛地用于音乐制作。从那时起，该仪表就被当作模拟和数字声频插件中的一个独立单元来生产。

该仪表以 LED 刻度为显示方式，可以同时显示信号的瞬时峰值电平和平均的节目电平，它具有 40dB 的线性显示范围，如图 7–18 所示。该仪表读数间的差异可以表示节目的“密度”，每个声道都可以单独测量。

响度表对于满刻度的峰值获取周期为 10μs（采用 25kHz 正弦输入进行测量），峰信号衰减周期（从满刻度到所有 LED 熄灭的时间）为 180ms。响度感取决于节目信号的平均读数，取得平均读数的时间常数为 600ms。

响度表所使用的大部分系统都是针对双通道 / 立体声信号的，通道间的相位关系可以被监看，读数可以从 LR 变换至 MS（和 / 差模式）。同时，仪表还提供用于校准目的的特殊自动化刻度放大功能（Dorrough Window Expansion Mode, Dorrough 窗口扩展模式）。另外，仪表还具有各种警示功能（比如电平之上 / 之下和相位误差的指示）。

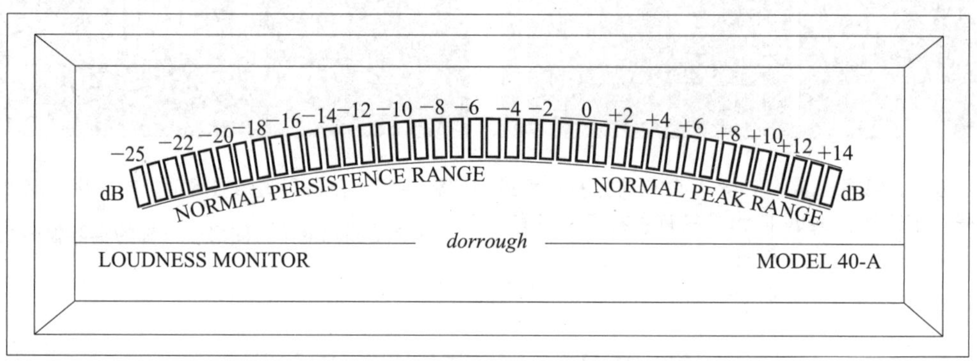

图 7–18　Dorrough Loudness Meter（Dorrough 响度表）能同时提供峰值和平均节目电平读数

二、Dolby 表

Dolby Labs 是电影和广播领域声频设备和系统的主要供应商。目前，Dolby 的多项发明实际上已经成为行业标准，它开发出了其自有的仪表指示系统。

1.LM100 Broadcast Loudness Meter（LM100 广播响度表）

Dolby LM100 广播响度表是为测量广播节目中对白的主观响度而开发的工具。其开发背景实际上是将对白视为节目的“固定要素”，把对白电平对齐可以为节目当中和节目之间的声音提供更高质量的响度表现。

Dolby LM100 采用其自有的技术——“对白智能化（Dialogue Intelligence™）”来度量感知到的复杂节目对白的响度，其早期的规格利用的是 Leq（A），而新的规格则采用了 ITU–R BS.1770 算法。更确切地说，仪表还可以确定未加权的峰值和有关信号的其他信息范围。仪表单元可以同时显示杜比数字节目或 Dolby E 比特流格式的任何节目的对白归一化数值，以便与实际测量的数值进行直接比较。

仪表的用户定义警示或监测功能可以告知使用者输入损失、信号削波、过调制（LM100–NTSC 规格）、高低信号电平、静音和对白归一化数值设置是否正确等信息，如图 7–19 所示。

图 7–19　Dolby LM100 的显示读数的实例

2.Dolby Media Meter 2（Dolby 媒体表 2）

Dolby 媒体表 2 是用来测量广播、打包媒体、电影长片、VOD 和游戏音频等的节目响度的软件。除了一些可以在 LM100 中见到的性能，该软件还可以用来测量 Leq（m），其仪表可以被视为 Model 737 的替代产品。Dolby 媒体表 2 可以在所有主流平台上运行。

三、ITU–R BS.1771（2006）

随着广播进入数字化时代，国际电信联盟（International Telecommunications Union，ITU）意识到传输中的大量问题必须解决。如今可供传输使用的动态范围很广，传输所涉及的格式，从单声道直至环绕声和三维声，都存在问题。比特率的下降变换会导致峰值电平发生改变，但是最严重的问题是切换频道或者同一频道的播出内容发生改变时听众所感知到的电平差异，即响度问题。

工作组对各种已在使用和尚未使用的响度仪表及其算法进行了心理声学方面的评价实验。实验证明，“最适合”实际声频单声道样本的是 RLB 加权信号的 Leq。在得出这一结论之后，研究工作被扩展到对立体声和环绕声节目内容的评估上。这包括前置滤波器补偿，以及对环绕声道的增益补偿。对信号的总体加权（频率和电平）被命名为 k 加权。2006 年之后，ITU–R BS.1770 建议书开始对算法加以定义。

ITU–R BS.1771 对仪表的技术指标进行了解释，对响度和真实峰值指示仪表的技术要求进行了说明。

在实际应用这种仪表的过程中，首先要理解响度单位（loudness unit, LU）的含义。LU 是一个相对单位，对应于基准参考指示的绝对响度电平可以用其他方式加以定义。节目响度的绝对电平是由 LKFS 来定义的，它是指 k 加权信号的电平是以满刻度为参考基准的。因此，绝对电平上的参考基准指示或目标响度（0LU）一定要用 LKFS 来表示。

另外，还必须考虑绝对峰值电平（真正的峰值）的问题。在数字系统中，一定会采用过采样技术。对于 4 倍过采样，最恶劣的情况是读数比实际值小了约 0.6dB，对于 8 倍过采样，最差时读数比实际值小了约 0.15dB。从标准的角度考虑，峰值读数选择了 4 倍过采样。

四、TC Electronic LM5/LM5D

TC Electronic 公司在建立响度测量标准方面扮演着十分积极的角色。基于软件的 LM5 仪表对 EBU 建议书有很大的影响，希望这些内容日后能反映在 EBU 的仪表升级术语中。仪表的最初规格采用 LU（按照 ITU–R BS.1770 的响度单位）和 LFS（以满刻度为基准参考的响度，相当于 LKFS 或 LUFS）。

LM5 具有基本的环形图形显示。仪表所显示的描述有：短期响度（short–term loudness，或称外圈）和响度历史（loudness history，或称雷达图）。此外，图形还显示真正的峰值电平，如图 7–20 所示。

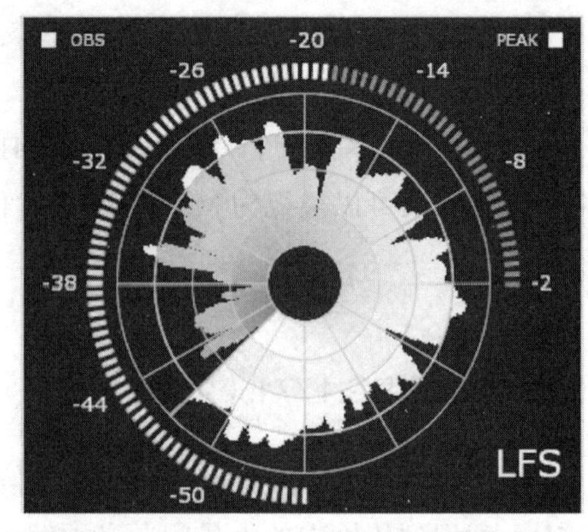

图 7–20　TC Electronic 的 LM5 中的雷达图式显示（可以设定雷达图的更新速度）

LM5D 显示的长期统计描述符，描述的是整个节目、影片和音乐声轨的情况。重力中心（center of gravity，CoG）表示节目的平均响度，并且可以直接运算。比如，广播电台工作的平均响度是 –23LFS, 其中商业节目的 CoG 为 –19.5LFS，那么节目在进行最佳传输之前应衰减 3.5dB。

连续性（consistency）表示节目内部的响度变化。重力中心的范围从 –80LFS 至 +12LFS，连续性的范围从 –40LU 至 0LU。

五、Junger 响度控制系统

图 7–21 是德国 Junger 公司的 Level Magic 响度控制系统。该系统的配置，可组合为成套的工作流程，成为管理杜比 5.1 音频信号的制作、载入和播出的集合工作流程。

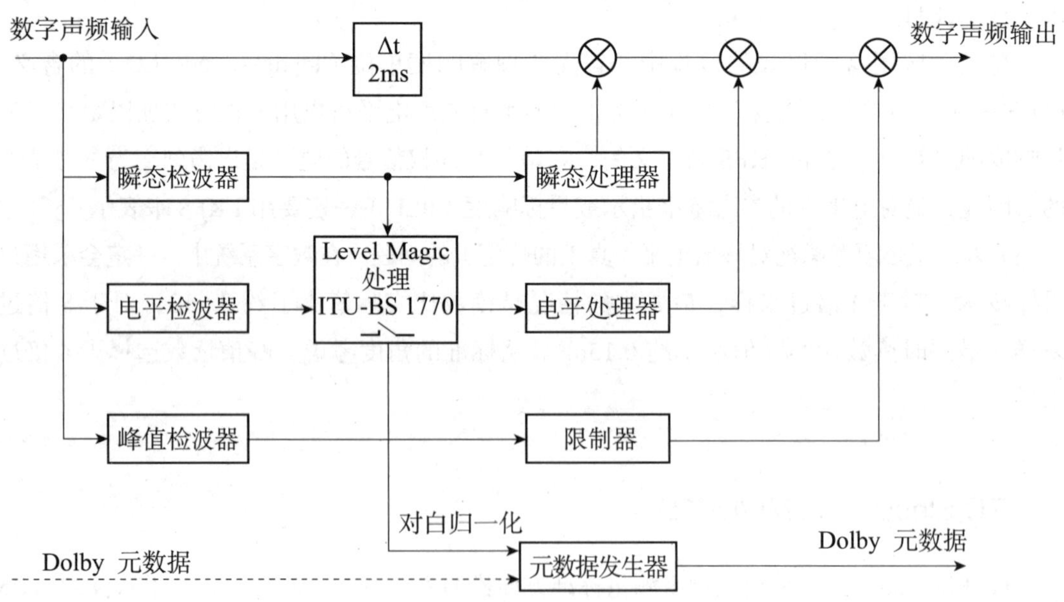

图 7–21　Junger 响度控制系统的原理框图

Level Magic 具备自动增益调节、瞬态处理和峰值限制等功能，能够随时将信号源校准为合适的音频电平。该系统可以在处理过程中消除杂音，保证音响效果不失真。它由 AGC 和瞬态处理器组成，能够在无人值守的情况下对任何节目素材进行连续的自动控制。

六、EBU R 128 响度表

EBU（European Broadcast Union，欧洲广播联盟）打算进行响度测量的计划已被 ITU 接受。除此之外，门处理也被认为是新的描述符，它被称为响度范围。新的实践情况将取代现有的 PPM 标准，并使用数字系统提供动态范围。

EBU R 128 建议是 2010 年公布的，该建议给出了 3 个描述符：节目响度（program loudness）、响度范围（loudness range）和最大真实峰值电平（maximum true peak level）。它还定义了目标电平和显示测量结果的仪表技术指标。

1. 节目响度

虽然节目响度是由 k 加权（按照 ITU-R BS.1770 标准）和对节目总长进行平均处理决定的，但是其中包括目标电平下 8LU 的门处理。只要节目处在这一门电平之下，响度计算就应暂停。

2. 响度范围

响度范围（LAR）是在 EBU 技术文件 3342 中被定义的，最初此描述符由 TC Electronic 开发。响度范围由分布在 10%~95% 间的差异决定。比如，10% 这一较低的百分数可以避免音乐声轨由主要的响度范围淡出，95% 这一较高的百分数可以确保单一异常响声音（比如电影中的射击声）本身不能成为导致大响度范围的根源。

响度范围是基于积分、长度为 3s 的滑动分析窗而进行的响度测量结果的统计分布，连续分析窗之间的交叠可以保障较短节目测量的精度，连续分析窗之间的最小块重叠为 66%（即重叠最小要 2s）。只有如此，短却非常响的声音事件才不会影响较长段落的响度范围。比如，在音乐声轨尾段的淡出将不会明显扩大响度范围。需要特别指出的是，响度电平的分布范围由高、低百分数之间的差异决定。

响度范围采用门处理的方法，相对门限设定在绝对门限响度电平 -20LU 的电平上。虽然某些类型的节目的总体响度非常一致，但是有些段落的响度非常低，就如同只有背景音乐的环境一样。如果响度范围不使用门处理，这样的节目响度范围测量结果将相当高。

绝对门限的门处理就是要使相对门限与绝对电平的转换免受较长时间的静音或低电平背景噪声的影响。由于在这种响度电平下一般不会出现相应的信号，所以绝对门限被设定为 -70LUFS。最优化的响度范围要根据节目来定。

3. 最大真实峰值电平

最大真实峰值电平采用符合 ITU–R BS.1770 标准和 EBU 技术文件 3341 的仪表数值 –1dBTP。因此，可以采用 4 倍过采样来确保正确的读数。

4. EBU 模式仪表

为了保证不同的描述符得到测量且被正确报告，同时还不能与其他测量相混淆，任何符合 R 128 标准的测量仪表必须具有 EBU 模式，在该模式下仪表符合 EBU 技术文件 3341 的要求。EBU 模式并不涉及图示 /UI 的细节或者仪表的运行情况，如图 7–22 所示。

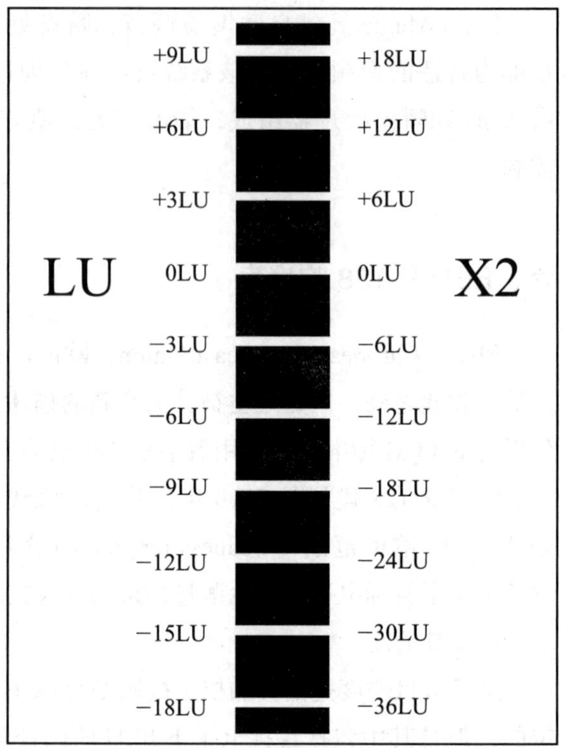

图 7–22　EBU 模式刻度

注：虽然建议书 R 128 并没有任何特定的安排，但在 EBU 模式下，这些刻度可以使用。

（1）三种时间刻度

EBU 模式仪表共有三种时间刻度，分别表示如下。

① 最短的时间刻度为“瞬时的”，简写为“M”。

② 不长不短的时间刻度为“短期的”，简写为“S”。

③ 智能化的节目或时间刻度为“积分的”，简写为“I”。

响度表应能显示“瞬时响度”的最大值。当重新设定为积分响度测量时，这一最大值被复位。

（2）积分时间和方法，仪表的指示特性

在所有情况下，响度测量都是按照 ITU–R BS.1770 所指定的方法进行的。针对 EBU 模式的测量参量如下。

瞬时响度（momentary loudness）测量利用的是时长为 0.4s 的滑动矩形时间窗，测量不加门处理。

短期响度（short–term loudness）测量利用的是时长为 3s 的滑动矩形时间窗，测量不加门处理，实况型仪表的刷新速率至少应为 10Hz。

积分响度（integrated loudness）测量采用 ITU–R BS.1770 描述的门处理，实况型仪表的刷新速率至少为 1Hz。

EBU 模式响度表所提供的功能至少能让使用者同时启动 / 暂停 / 继续积分响度和响度范围的测量，也就是说可以在“运行”和“待机”状态间自由切换仪表，并能同时复位积分响度和响度范围的测量，而不管仪表是否处在“运行”或“待机”状态。

（3）测量门处理

“积分响度”应采用之前所描述的门处理功能来测量。

（4）响度范围描述符

EBU 模式仪表应计算响度范围（参见上文）。

（5）单位

相对测量，比如相对基准参考电平或范围：L_K = xx.xLU。

绝对测量：L_K = xx.xLUFS。

L_K 中的“L”表示响度电平；“K”表示采用了频率加权。

（6）真实峰值测量

真实峰值测量采用 4 倍过采样。

（7）刻度和范围

EBU 模式仪表的显示可以是简单的数字，也可以是刻度指示。它所使用的刻度既可以是绝对刻度（使用 LUFS 单位），也可以采用另外一种方法，即将零点映射成另外一些数值，比如目标响度电平（如 ITU–R BS.1770 所述）。在后一种情况下，应使用 LU 单位，它表示的是相对单位。对于 EBU 模式仪表，目标响度电平应为 –23LUFS = 0LU（根据 EBU R 128 的定义）。EBU 模式仪表应提供相对和绝对两种刻度。

目标 / 基准参考响度电平的位置应保持一致，无论显示采用的是相对刻度还是绝对刻度。

EBU 模式仪表应提供两种刻度供使用者选用，具体如下。

第一种刻度：范围 –18.0LU~+9.0LU（–41.0LUFS~–14.0LUFS），称为“EBU +9 刻度”。

第二种刻度：范围 –36.0LU~+18.0LU（–59.0LUFS~–5.0LUFS），称为“EBU +18 刻度”。

其中，“EBU +9 刻度”为缺省应用。

思考题

1. 常用的声频信号电平指示仪表有哪些？其指示特性是什么？
2. 常用的声频信号相对相位指示仪表有哪几种形式？其指示读数或图形所代表的含义是什么？
3. 在 EBU. 28 建议中，指定的描述符有哪几个？其相应的定义是什么？
4. 在 ITU–R BS.1770 指定的响度测量中，瞬时响度、短时响度和积分响度的含义是什么？

Chapter 8

第八章　声频节目的监听

本章要点

监听扬声器箱与监听耳机

控制室的监听设计

监听声环境

监听重放是制作人员评价节目质量并进行调整处理的依据，因此，重放系统是否符合标准将是决定最终节目质量的关键性因素。监听系统的声音重放应该对原始的输入信号不加任何修饰，既不添加也不减少任何信息。人的听觉具有一种所谓的掩蔽现象，而现代的录音系统都具有平直的电气频率响应。为了准确地监听到录音、缩混和播出时的节目内容，监听系统在听音位置上也要有平直的响应。然而监听扬声器箱的技术指标都是针对消声室环境的，当它被安装到监听控制室时，由于房间的边界负载、反射、混响时间等诸多因素会使其响应发生变化，所以对扬声器箱在听音位置上的响应需要进行准确的调整，优化其与房间的相互作用，获得平直的频率响应。本章将重点介绍控制室内不同节目制作方式下（双声道立体声和多声道环绕声）的监听扬声器箱的摆放方式。

第一节　监听扬声器箱与监听耳机

扬声器箱的分类方式非常多，这里仅对常用的监听扬声器箱进行分类。分类的角度不同，则分类的方式也不同。

根据监听扬声器箱的箱体结构，扬声器箱主要有密闭式和低音导相式两种，其中低音导相式扬声器箱又根据其导相孔的位置分成前导相式和后导相式；根据使用的扬声器单元及其分频频段的多少，扬声器箱又可分成二分频、三分频和四分频扬声器箱；根据其电能的获取方式，扬声器箱可分成无源扬声器箱和有源扬声器箱。图 8–1 就是控制室常用的一种密闭式、三分频、有源扬声器箱。

根据摆放的情况，扬声器箱还可分成近场扬声器箱和远场扬声器箱，而远场扬声器箱则又分成墙壁嵌入式安装扬声器箱和支架安装扬声器箱。图 8–2 是一种密闭式、二分频、有源近场安装扬声器箱。

图 8–1　Genelec 1037 密闭式、三分频、有源扬声器箱

图 8–2　Genelec 1032 密闭式、二分频、有源近场安装扬声器箱

除了用扬声器箱进行监听，有时还会采用耳机进行监听。耳机监听的好处在于它可以排除房间的一些杂乱因素，更好地听到现场所拾取的声音情况。相对于扬声器箱重放而言，利用耳机来倾听双声道声频信号既有优点，也有缺点。使用价位适中的耳机（相对于重放音质相当的扬声器箱价位而言）可以取得高质量的声音重放效果。相对于扬声器箱而言，高质量的耳机可以提供更高的清晰度和更多的声音细节，其中部分原因是因为耳机重放不受听音空间声学特性（比如房间的早期反射和简振模式）的影响。另外，耳机也便于携带，录音师可以将耳机方便地带到设置了他不熟悉的扬声器箱和房间声学特性不同的地方使用。

耳机的主要缺点就是对于单声声源而言所固有的头中定位效应。这就是说，声像居中的单声声源被感知到是从两耳之间的某一处发出来的，因为声音是直接被传输到耳中，而不是先被混合或经由头部、躯干和外耳的反射再进入人耳的。为了避免头中定位的问题，声频信号需要经过我们已知的头部相关传递函数（Head–Related Transfer Functions, HRTF）进行滤波处理。简单来说，HRTF 所进行的特定滤波处理就是要产生因外耳（耳郭）、头部和肩部的存在而产生的针对给定声源定位的双耳时间差和双耳强度差。空间中的每一个位置（高度和方位）都与各自的 HRTF 对应，通常在测量 HRTF 时要对空间中的多个位置进行采样。另外要注意的是，每个人的外耳、头部和上部躯干的形状不同，所以基于上述因素，每个人的 HRTF 也是唯一的。HRTF 的处理存在许多不足，比如给音质和频谱平衡带来的副作用，因此，并不存在一个适用于每个人的通用 HRTF。

专业监听使用的耳机一般都是全封闭式或半封闭式的耳机，图 8–3 所示的是两款常用的监听耳机。

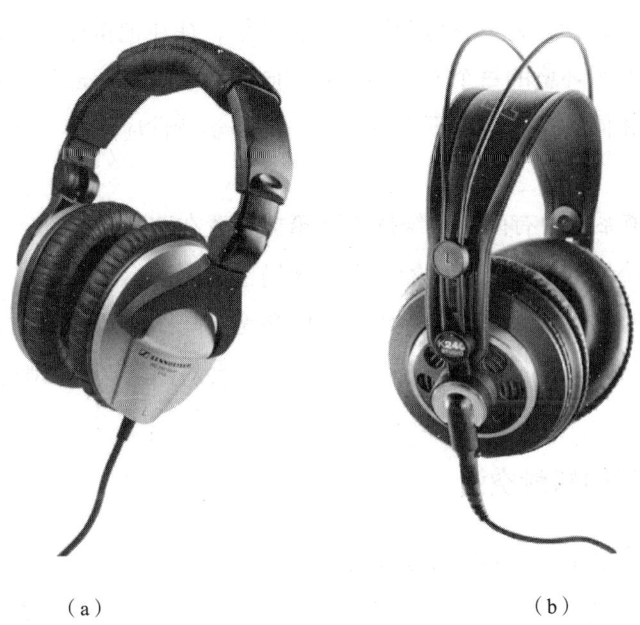

（a）　　　　　　　　（b）

图 8–3　专业监听耳机（a）ENNHEIZER HD280 SILVER（b）AKG K240 STUDIO

第二节　双声道立体声监听与多声道环绕声监听

一、监听控制室的声学条件

控制室的声学条件对监听质量的影响很大，大部分声音问题都源自房间内的声学影响。本节首先对立体声监听控制室和环绕声监听控制室的声学处理要求进行简单介绍。

1. 多声道环绕声与双声道立体声监听的共同要求

（1）声隔离。监听控制室既是声源的接收者，又是声源的产生者。如果外界的声音能够以某种方式传入控制室，那么在节目的录制过程中，外界声音将影响录音师对声音细节的听辨。

（2）控制本底噪声。如果监听室的本底噪声比听音者聆听环境的本底噪声还要大，那么听音者就无法正确地判断音源的优劣。

（3）驻波的控制。在一般尺寸的控制室中，驻波是可能碰到的最大问题。通常情况下，在 50~400Hz 的频率范围内，声波在反射界面的作用下相互作用，彼此之间相互抵消或增强，导致该频段内声波能量在整个房间内的分布非常不均匀。

2. 多声道环绕声与双声道立体声监听系统的不同

（1）声学特性的各个方向保持一致。对于多声道重放系统，理想的控制室声学涉及很多方面。控制各声道辐射声音的一次反射声，使一端活跃、一端沉寂的声学环境不再适用于多声道系统。声学设计者为了获得较好的听音效果，往往把重点放在室内各反射面的均匀扩散和吸声上。监听环境的每个方向都应受到同等的重视，后部的环绕扬声器箱应作用在与前部扬声器箱相同的声学条件下，各个方向的声学特性应保持一致。因此，吸声材料的增减必不可少。

（2）由于多声道系统中有两个环绕扬声器箱被放置在监听室后部，人耳对前后传来的声音感知不同，定位原理不同，扬声器箱系统布局也不同。

（3）多声道监听控制室可以分成有伴随图像和无伴随图像两种，在有伴随图像的系统里中间的扬声器箱与图像显示器的位置有一定冲突，会对声场产生影响。

二、监听扬声器箱的辐射空间

只有当扬声器箱单元正面的辐射空间是完全开放空间或半开放空间（即产生球面或准球面辐射）时，密闭的电动式扬声器箱的驱动单元才满足理想的工作条件。

在现实中，扬声器箱的辐射角度主要随频率的提高而减小，因为扬声器箱前面障板的尺寸是有限的，另外也有驱动单元本身的原因。当扬声器箱被置于墙壁附近时，墙壁的作用相当于低频时对扬声器箱障板的延伸，扬声器箱的频率响应会被改变，我们会感受到低音被提升了。

由于空间对声辐射有非常大的影响，所以掌握房间的基本声学条件十分重要。辐射空间一般是通过大致估算扬声器箱辐射的空间角度来进行特征化分类的。当重低音扬声器箱被驱动时，它会使一定体积的空气产生流动，从本质上讲，它会向所有的方向辐射。如果扬声器箱的辐射空间是受限的，并且同时保持总功率不变，那么在有限辐射空间中能量密度（强度）会提高。因此，减小辐射空间会使声压级提高。辐射空间每减少一半，声压级将会相应加倍。图 8–4 就是不同受限空间内扬声器箱的放置情况。

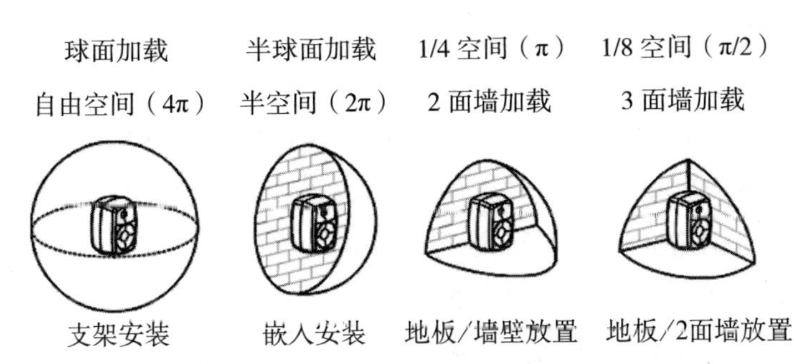

图 8–4　安装在不同受限空间内的扬声器箱

三、房间声学条件对监听音质的影响

1. 墙壁反射对直达声的干扰

支架安装的扬声器箱通常被周围的边界所包围，这些边界（墙壁、天花板和地板）会产生声反射。这些边界的作用相当于产生了扬声器箱辐射的声学意义上的镜像声源，根据监听位置处直达声和反射声间的相位差，这一镜像声源会使直达声被加强或削弱。

边界反射所带来的问题会随频率的提高而减弱，这是因为普通的扬声器箱的指向性会随频率的提高而加强。

低频最常见的问题是扬声器箱的直接辐射与来自扬声器箱背面墙壁的反射间的干涉。在低频，该反射将被延时，延时可以使反射声与直达声呈反相。根据直达声与反射声的相对幅度情况，它会在频率响应中出现抵消的谷点（典型情况是衰减 6~20dB）。

2. 对称安装以产生准确一致的频率响应

以双声道立体声重放为例，这时两个扬声器箱必须具有严格一致的频率响应才能产生准确的立体声声像。如果扬声器箱被置于与边界不同距离的位置上，那么边界反射会在不同程度上改变扬声器箱的频率响应。我们应格外注意的是，这两个扬声器箱在控制室中的位置应该严格对称，以确保它们具有类似的频率响应。

工作台、显示屏和机柜等装置的安装位置对立体声信号监听至关重要，这在多声道控制室中尤为重要。与直达声相关的大幅度的早期反射声可能将声像的一致性模糊化，并且将对空间中的声源定位打折扣。为了避免这一问题的发生，扬声器箱与监听位置之间的所有反射面应尽可能地少。当然，设备是一定会存在的，但要注意的是，设备的安装位置应对称。

3. 对房间简正模式的处理

一个密闭式电动式扬声器箱的工作原理相当于一个压力式声源，将其置于墙壁附近时，将会在房间中激励产生驻波。解决这一问题的唯一有效方法，就是通过有效的吸声材料对控制室的后墙进行低频能量的强衰减。

4. 扬声器箱背面墙壁产生的声抵消

产生声抵消的机理非常简单。当两路同样的信号彼此反相（相位差为 180°）时，它们在混合时就会彼此抵消。如果扬声器箱与反射墙壁的间距为 1/4 波长的话，由反射面返回的反射波在回到扬声器箱时就会形成反相（相位差为半个周期，如图 8–5 所示），并抵消掉了该频率的原信号。抵消的程度取决于间距和墙壁的声反射系数。间距越大，意味着反射信号的幅度越低，也就不能实现完全抵消。

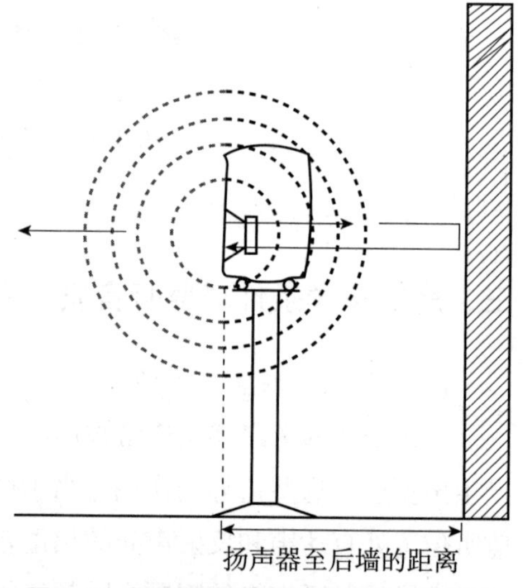

图 8–5 扬声器箱后面的墙壁产生的抵消现象（到墙壁的距离 =1/4 λ）

现实中，虽然第一个抵消谷点的深度和宽度是随反射波声压的变化而变化的，但是在大多数情况下它是可以被听到的。实践中并没有解决这一问题的最佳方法，因为问题的根源是干涉。增加谷点频率的幅度也将使反射加强，而其相加的结果还是一样的。

这里给出一个只是一种模式的简单情况的处理方法：来自扬声器箱背面墙壁的反射通常都会产生一系列的抵消谷点（梳状滤波效应），如图 8–6 所示。典型的情况是，频率响应上的第一个抵消谷点的深度约为 6~20dB。

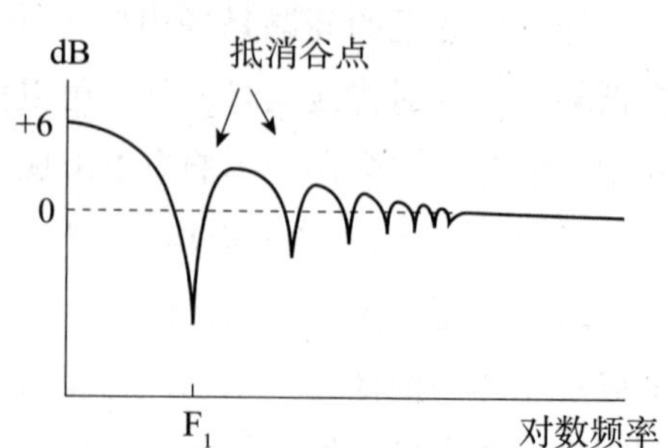

图 8–6 由单墙面反射产生的频响的谷点

解决扬声器箱背面墙壁产生的抵消谷点的首选方案就是将扬声器箱安装到硬墙内，也就是所谓的“无限大障板”安装，这种安装方式彻底地消除了这类墙壁的反射与声抵消。

第二种解决方案是将扬声器箱放在非常靠近墙

壁的位置，这样可以将抵消的频率提升得更高。当扬声器箱的尺寸并不太小时，这种方案的效果还是不错的。但是对于本身中频指向性并不强的小型扬声器箱而言，其风险就显现出来了，因为这时的抵消谷点刚好移到了中低频，并导致产生更为严重的声染色。如前所述，距墙壁 0~20cm 可以使扬声器箱的响应在大多数情况下不被改变。也就是说，扬声器箱的指向性高到足以使后向的辐射不会导致严重的抵消现象产生。另外，当扬声器箱靠近墙壁安装时，低频提升应被补偿（+6dB）。

第三种解决方案就是将扬声器箱移至距墙相对较远的位置。这时抵消的频率进一步向下移动，使其处在扬声器箱的低频转折频率以下。因此，最短的“扬声器箱 / 后墙”的间距取决于扬声器箱的低频特性。然而，对于低频和大尺寸的扬声器箱而言，这一最短距离变得非常长，从而不再实用。同时，这时扬声器箱与房间的其他边界墙壁的距离也和想要的扬声器箱背面的距离相当了，而来自其他表面的反射也开始主导扬声器箱的响应了。

第四种解决方案是将后墙做成吸声的，以便将反射能量减小到可以忽略的程度，从而不会对直达声产生任何的抵消。多孔吸声体的厚度必须要达到所要吸声频率成分波长的四分之一才能起作用，这与确定抵消点频率的距离是一样的。因此，吸声体也必须非常厚。通常对吸声体的厚度要求会相当高，以至于在实际实施时无法实现。

四、对扬声器箱支架安装摆放的建议

尽管扬声器箱的嵌入安装具有许多优点，但是在大多数情况下其安装成本较高，尤其是在小型控制室安装工程中表现得尤为突出，这时扬声器箱还是应采用支架安装方式。如前所述，这时来自各个边界表面的反射将会使支架安装的扬声器箱的性能呈现出个性化。

1. 监听扬声器箱与监听人的角度

随着频率的提高，扬声器箱会自然地呈现出指向性，并且扬声器箱具有一个确定的声学主轴，在这一主轴上的扬声器箱的响应是最佳的。监听扬声器箱应该直接对着监听人。如果需要的话，应测量监听位置的频率响应，同时房间的响应控制也应被调整，以获得频率响应的正确平衡。

虽然我们希望将扬声器箱置于与监听人的耳朵相同的高度位置上，但有时这是不可能实现的。如果迫不得已将扬声器箱置于高一些的位置，那么就应将扬声器箱的主轴对着监听人。这样就去除了频率升高指向性变强所带来的影响。

2. 电视 / 电影制作中的监听的高度和宽度问题

在进行电影或电视节目的混录时，扬声器的高度尤为重要，此处不再赘述。另外，还应关注基本立体声的声场宽度。对于电影混录而言，习惯的做法是将基本的立体声声场宽度设定成画面的宽度；对于电视制作而言，尽管电视画面相对小了很多，但是还是应将扬声器箱宽度设定成与标准的基本立体声声场宽度相近似。这一问题似乎是人们一直争论不休的热点问题，按理也应该如此，因为基本立体声的声场宽度对声音的缩混影响非常大。

3. 支架安装的扬声器箱

通常而言，当扬声器箱的前障板距离墙壁 30cm 以上时，反射可能会使低频响应产生声抵消，从而降低低音的重放质量。

对于两分频扬声器箱而言，40~80Hz 频率范围内发生的低频抵消肯定是要避免的。尽管 80 ~200Hz 频率范围内的低频抵消也应尽可能避免，将这些频率范围转换成距离建议，则表明在距墙壁最多 1m 的距离上可以取得可接受的响应。超出这一距离，比如 1~2.2m 的范围则一定是要避免的，如图 8–7 所示。图 8–8 所示的是支架安装的扬声器箱背面的单面墙壁及其前障板产生的频域陷波点及其间距。

（1）主监听扬声器箱 / 重低音音箱配合使用时的摆放问题

通常在考虑扬声器箱 / 重低音音箱的摆放位置时，我们应注意以下几点。

（a）当背面对着一个固体边界表面时，如果边界表面的尺寸与声波波长相比拟，辐射空间为 2π，理论上的低频幅度增益为 +6dB。这一结论也适用于嵌入式安装的情形。

（b）重低音扬声器箱一般都是靠着一面墙放置在地板上的，因而就有两面墙包围着它，它向空间辐射的立体角为 π，幅度增益为 +12dB。

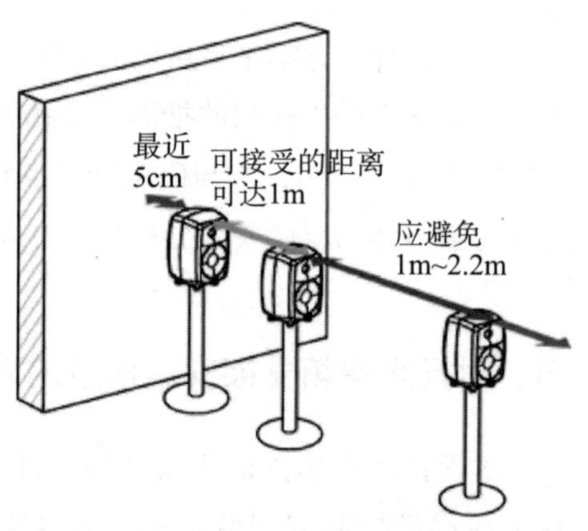

图 8–7 单面墙壁与支架安装的扬声器箱前障板之间的正确的、可接受的和应避免的距离

（c）如果扬声器箱或重低音音箱被置于地面的角落处，其辐射空间将再减半（π/2），幅度增益则为 +18dB。

在此我们应该对文字表述中的一些词给予格外的关注，比如“大的”“靠近的”等词语。这些词语都是针对波长而言的，比如针对 10m（34Hz）所言的“大的”与针对 3.4m（100Hz）所言的“大的”是不一样的。这就是说，当扬声器箱并不贴着墙壁放置时，其间隔距离对于 150Hz 而言，可以说是“远的”；而对于 30Hz 来说，则可能是非常“靠近的”。

由于辐射空间是取决于频率的，所以能够校正扬声器箱 / 重低音音箱的响应是非常重要的，只有这样才能让最终的频率响应尽可能平直。为了实现这一目的，许多厂家的监听扬声器箱都针对其辐射空间的变化设置了相应的房间响应控制机构。

距墙大于 2.2m 的距离放置的大尺寸规格的扬声器箱可能会在扬声器箱的低频转折频率附近受到声抵消的困扰，从而使得扬声器箱的低频扩展特性大打折扣，如图 8–8 所示。

因此，要想降低低频转折频率，扬声器箱就必须置于距离此墙更远的位置。

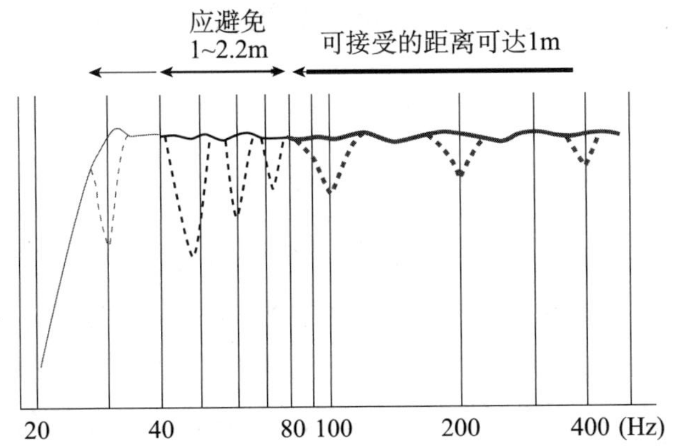

图 8–8 支架安装的扬声器箱背面的单面墙壁及其前障板产生的频域陷波点及其间距

通过观察可以立刻得以下结论。

（a）对于与墙壁间隔一定距离放置的较大尺寸的扬声器箱，其必需的间距对任何实际的房间都太大了。

（b）在这种情况下，到天花板和墙壁的距离已经小于扬声器箱到后墙的距离了，此时来自这些表面的反射变得很重要，并且可能成为更重要的因素。

（2）支架安装扬声器箱与重低音音箱组合时的问题

当采用重低音扬声器箱时，两个扬声器系统间附加的分频（85Hz）改变了整个的监听配置。重低音音箱本身应紧靠着墙壁放置，以便使其获得最大的效率——最大的距离为60cm。这也消除了大部分可能在重低音音箱响应中产生抵消的根源，因为重低音音箱在声学含义上是靠近边界的。

“卫星”扬声器箱是 85Hz 的高通，不必重放非常低的频率成分，因而由它们的放置位置所产生的低频陷波并不会出现在其通带内。对“卫星”扬声器箱放置位置的建议与支架安装扬声器箱类似。

因为“卫星”扬声器箱的转折频率是固定的，所以“可接受的”距离延长至 1.1m。从 1.1~2 m, 扬声器箱可以不为后墙对扬声器箱的反射和由此产生的抵消现象而做太多的让步。虽然有些重低音音箱在分频点上具有准确的相位控制能力，但还是不应将“卫星”扬声器箱放在距重低音音箱太远的地方。如果彼此相距太远，“卫星”扬声器箱与重低音音箱间的声音平衡可能会因声源所激励的房间简正模式的不同而产生相当大的差异。

第三节　控制室的监听设计

一、双声道立体声控制室监听系统设计

立体声控制室监听设计的第一步是设计一个在全频范围内满足立体声标准的听音区域。一个立体声控制室包括两个声源，假设声源全方向发射，为了避免主要听音区域受到反射声的影响，需要对反射声的方向进行改变。对平面图和正面图采用相同坐标进行设计，反射声用虚线来表示。若按照理论严格设计，应画出反射表面的限制角度，以保证反射声线通过听音区域边缘。但这种方法在实际中的应用过于受限，所以实际上可设计出一个围绕着主听音区域的圆圈，这个圆圈的切线正好是反射声线。

立体声扬声器箱可嵌入墙体内或是支架安装，这里只讨论支架安装的情况。立体声监听室采用 LEDE（live-end-dead-end）的室内声学设计，这种监听控制室具有两个基本特点。

（1）室内前部辅以吸声材料或吸声结构来减少天花板、前部，以及侧面的早期反射声，使监听扬声器箱发出的声音基本上在没有早期反射声干扰的情况下到达听音者的双耳。

（2）后部设置反射面，并使其成为声扩散体，在听音者位置增加反射程度。

为方便分析立体声控制室的设计，这里将基于扬声器箱与听音者的等边（2.5 m）三角关系进行分析。

图 8-9 和图 8-10 显示了一个立体声控制室的设计结果。扬声器箱与听音者为等边（2.5 m）三角形关系，调音台高度适当下降以避免产生听音位置的反射声。在图 8-11 中

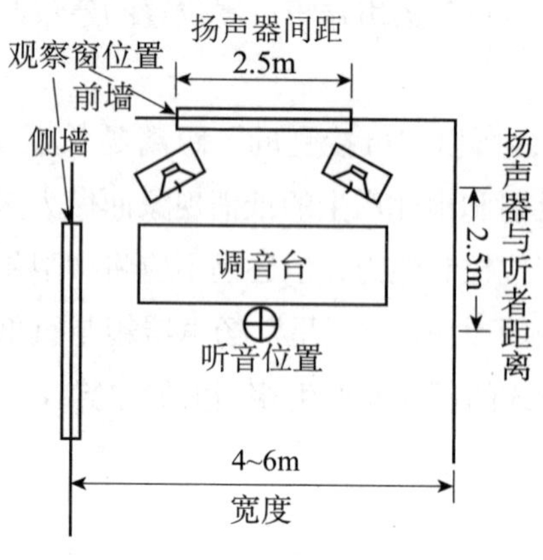

图 8-9　立体声控制室布局

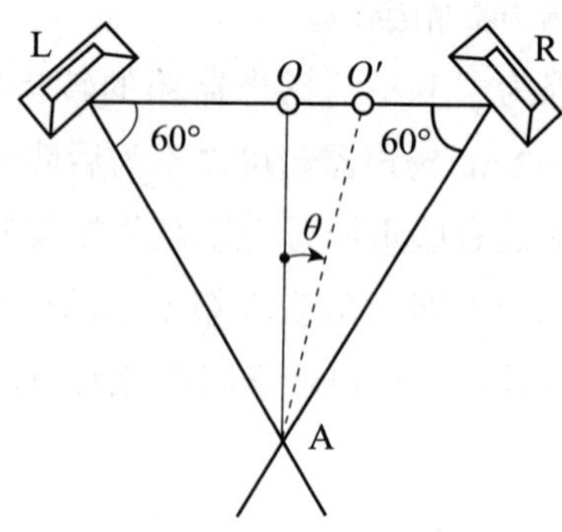

图 8-10　立体声最佳听音位置

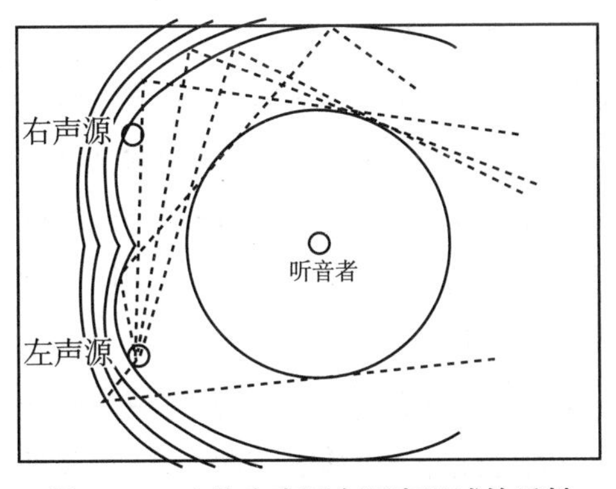

图 8–11　立体声声源在听音区域的反射

标注出了左右声源位置、主听音区域和房间边界，主听音区域的圆圈半径为 1.25 m，虚线表示反射声线正好是主听音区域圆圈的切线。下面以 BBC 设计的立体声监听室为例进行说明。

图 8–12 是 BBC 立体声控制室有关反射控制的设计。声学设计基于扬声器箱与听音者的等边（2.5 m）三角关系，两个扬声器箱之间的前墙或侧墙设置了观察窗，控制室内三维为 6.7 × 4.9 × 3.25（m），

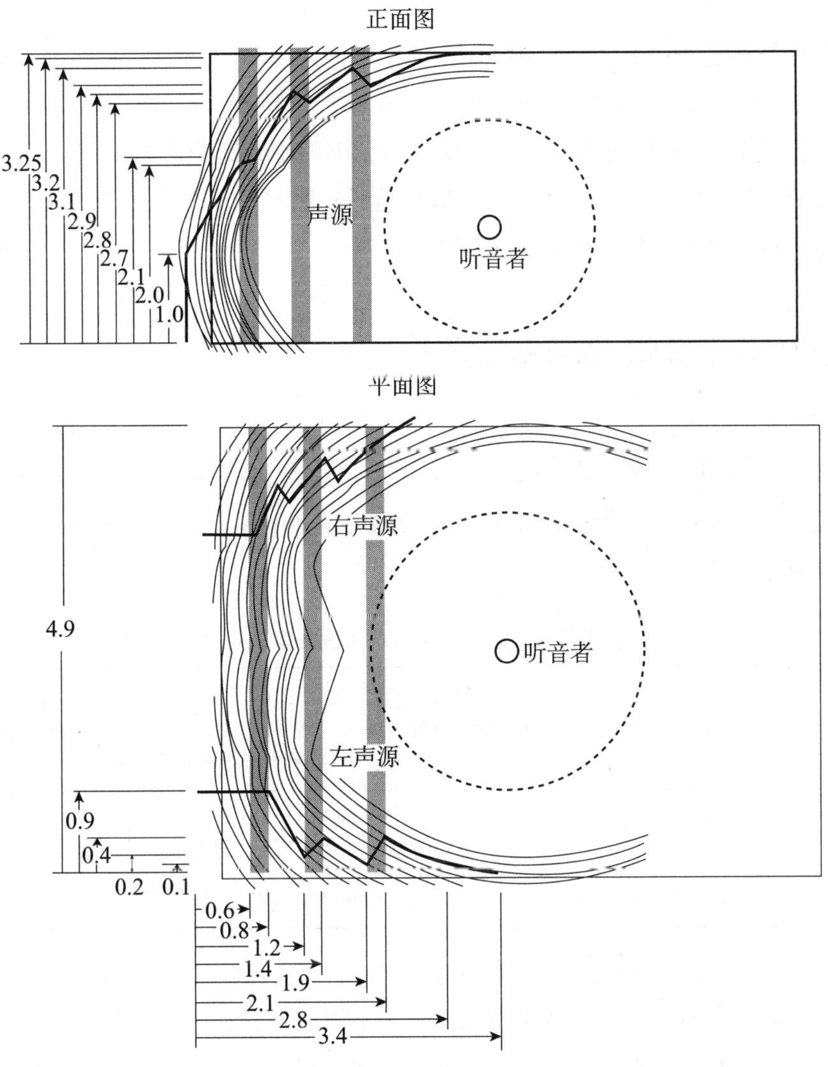

图 8–12　立体声控制室的立体图和平面图

可以在墙上采用削弱和扩散的声学处理方法来处理反射。由于路径长度产生了 10 dB 的衰减，因此，没有在后墙做大量吸声的处理，中频段混响时间为 0.35s。BBC 立体声控制室中所有的声学处理区域大约占控制室表面积的 1/4，反射表面的制作基于简单的木框和石膏板镶板。在反射板和前表面用了 100 mm 矿棉物，三角形部分的空气区在能吸声的前端未经处理，因而它们对低频具有充分的吸声，同时石膏板条提供了附加的低频吸声。 这样处理之后的立体声控制室比较理想。这种监听控制室的设计特点如下。

（1）由于直达声与前期反射声之间的时间间隔较长，因此，它们合成后的频响曲线的峰谷具有密度高、宽度窄的特点，在 500Hz 左右一般可以小于 1/6oct，在 1kHz 时仅约 1/12oct，均小于人耳可以辨认的宽度，这就可以看成是一条较光滑的频响曲线；在 500 Hz 以下，因扩散体的共振吸收可大大削弱。因此，这种监听控制室可以避免梳状滤波器效应的影响。

（2）监听控制室的后部扩散反射面使前期反射声控制在 20ms 左右，而且其延时比录音室内的反射声与直达声的时差长若干毫秒，在监听位置上具有良好的听音条件。

（3）由于前期反射声完全落在哈斯效应区内，因而不会影响声像定位。

（4）由于声源指向“活跃”区，因而这种监听控制室可充分利用混响声能，此外，还可避免产生声染色及颤动回声等一系列问题。

二、多声道环绕声控制室监听系统设计

本书提及的多声道声音节目制作的监听环境是以 5.1 声道格式为代表进行设计的。ITU 给出了 5.1 多声道环绕声的监听扬声器箱设置方案，多声道环绕声系统有两种不同的类型：伴随图像和不伴随图像系统。表 8–1 给出的是伴随图像的多声道环绕声系统扬声器箱的设置建议。

表 8–1 伴随图像的多声道环绕声系统扬声器箱的设置建议

前置扬声器箱的位置	中间扬声器箱应当位于画面的中心线上。在水平面内，声像位置与画面位置的最大偏差为 4°，扬声器箱相对于画面的高度取决于视频显示器和有多少排听众
环绕扬声器箱的位置	偏离中心位置 ±110°，允许的偏差为 ±10°，高度相当于坐姿听众的耳部，扬声器箱最多高于 30°
重低音扬声器箱	设于有最佳频率响应的位置

图 8–13 所示的是 ITU–R BS.775–1 的扬声器箱的摆放建议。其中以听音者为监听中心，在听音者视线的水平面内，中间扬声器箱正对听音者；左右扬声器箱分别偏离中心 ±30°；环绕扬声器箱分别偏离中心 ±110°，监听点距离音箱的半径相同。在该推荐中，所有的扬声器箱将位于同一水平面上，其高度应当相当于人耳的高度，或者为了避免扬声器箱所发

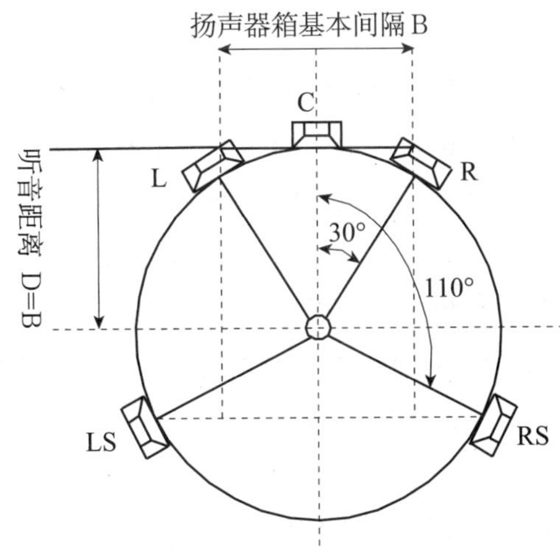

图 8-13　5.1 多声道扬声器系统的摆放

出的声音在到达人耳的过程中遇到障碍物，在一定程度上，扬声器箱的高度可以根据需要适当地进行改变。如果扬声器箱到主要听音区域的位置不能等距离地设置，可以对相应的声道进行延时处理，以保证各扬声器箱的声音同步到达主要听音区域，从而保证各声道间的声像定位。LFE（low frequency enhancement）意为 0.1 声道为单声道信号，其峰值储备量比其他声道大 10 dB 左右，工作频段在 120Hz 以下，该数值是由心理声学决定的。

1. 多声道监听室的声学条件

多声道监听室的声学条件的总体要求为整个房间声学特性均匀吸收 / 扩散，避免特定方向的强反射声。对临近扬声器箱的后墙、侧墙和天花板等产生强反射声的位置，分布吸声系数为 125Hz~4kHz 的吸声材料，混响适中。同时，为保证低频频响，扬声器箱体与后墙之间的最小距离为 0.7 m，距离侧墙至少 1 m。监听控制室内不应有明显的噪声源。表 8-2 给出的是针对大小两种多声道监听控制室的声学条件建议。

表 8-2　多声道监听控制室的声学条件建议

项　目		小监听室	大监听室
房间	水平面积	$50 \pm 20\ m^2$	$100 \pm 30\ m^2$
	空间体积	≥ $80\ m^3$	不超过 $300\ m^3$
	形状	非矩形，对墙不平行，避免驻波的发生	
	对称性	关于中间扬声器箱的轴向对称	
	三维比例	l:w:h 应避免为整数	
	高度	3.0~4.0 m	4.0~6.0 m
混响时间 RT_{60}		0.2 ± 0.05 ms（500Hz）	0.3 ± 0.1 ms（500Hz）
平均混响时间 $\overline{RT_{60}}$		$0.3\times(V/V_0)^{1/3}$ ± 25%（25%）ms，V 为房间的体积，$V_0=100\ m^3$ 为参考体积	
吸声系数		0.4–0.6（500Hz）	
频率响应		± 3 dB（125Hz~4kHz）	
声压分布		以听音者基准点为中心的听音范围内声压级均匀	
早期反射声频率特性		在听音区域，直达声 -10 dB ＞混响声	
早期声反射		直达声后 15 ms 内到达听音者的早期反射声应低于直达 10 dB	
空调噪声		≤ NC15（ 理想值为 NR15）	
设备 / 背景噪声		≤ NC20（ 理想值为 NR20）	

2. 多声道扬声器箱的选择

在音频节目的制作过程中，制作人或录音师根据扬声器箱或耳机重放的声音来衡量节目声音质量的优劣，并进行相应的声音处理。因此，监听系统在很大程度上决定着所录制节目的效果，扬声器箱的选择与布置更是重中之重。本节虽然将重点放在扬声器箱的布置上，但监听扬声器箱也应当满足一定的技术参数要求，其变化取决于房间的尺寸和应用。其中很重要的一个原则是，所有的声道应当有相同的最大声压级输出，且有相同的工作频段。目前，构成一个优质扬声器箱的因素有：在被称为听音窗的输出角度范围内有平直的频率响应；相对于不同的频率，主输出角度的控制有度；足够的峰值储备。

3. 多声道扬声器箱的布置

表 8–3 给出的是适用于多声道环绕声重放的扬声器箱位置的摆放建议。

表 8–3　适用于多声道环绕声重放的扬声器箱位置的摆放建议

<table>
<tr><th>扬声器</th><th>项目</th><th>小监听室</th><th>大监听室</th></tr>
<tr><td rowspan="6">L/R</td><td>设置方式</td><td colspan="2">支架安装，当镶嵌式安装时应适当消除由周围壁面引起的反射声</td></tr>
<tr><td>基准轴 / 基准点</td><td colspan="2">听音者位置</td></tr>
<tr><td>L/R 间距（m）</td><td>3.0~6.0</td><td>5.0~8.0</td></tr>
<tr><td>高度（m）</td><td>1.2~2.0</td><td>如有屏幕，应与其中心对齐</td></tr>
<tr><td>离基准点的距离</td><td colspan="2">L/C/R/S 各扬声器箱到基准点的距离应以听音者的位置为圆心且全部相等</td></tr>
<tr><td>室内中央轴上张角</td><td>30°</td><td>30°</td></tr>
<tr><td rowspan="4">C</td><td>设置条件</td><td colspan="2">支架安装，当镶嵌式安装时应适当消除由周围壁面引起的反射声</td></tr>
<tr><td>基准点</td><td colspan="2">听音者位置</td></tr>
<tr><td>高度（m）</td><td colspan="2">与 L/R 最好同等高度</td></tr>
<tr><td>离基准点的距离</td><td colspan="2">L/C/R/S 各扬声器箱到基准点的距离应以听音者位置为圆心且全部相等</td></tr>
<tr><td rowspan="5">SL/SR</td><td>设置方式</td><td colspan="2">支架安装，当镶嵌式安装时应适当消除由周围壁面引起的反射声</td></tr>
<tr><td>基准轴（点）</td><td colspan="2">听音者位置</td></tr>
<tr><td>高度（m）</td><td colspan="2">与 L/ C 相同</td></tr>
<tr><td>离基准点的距离</td><td colspan="2">L/C/R/S 各扬声器箱到基准点的距离应以听音者位置为圆心且全部相等</td></tr>
<tr><td>室内中央轴上张角</td><td>120° ±10°</td><td>110°</td></tr>
</table>

4. 环绕声扬声器箱的信号电平及校准的调整

为了使所有的节目达到一致效果的参考标准，有必要对环绕声扬声器箱的信号电平进行校准调整。正确的电平设置取决于控制室中母线电平与在听音者位置上的声压级之间正确的关系。

用于电影制作的节目素材，粉红噪声应在前置三个声道中（L–C–R）产生 SMPTE 推荐的标准为 85dB 的声压级，两个环绕声道产生的声压级为 82dB（这一数据由电影混音制式决定，在声学上叠加后，两个环绕声道应当等于一个前置的银幕声道）。用于电视素材混录的声压级为 80~85dB。这个数值偏低，是为了保证即使在家庭环境中周围噪音值可能较高的情况下，较低声压级的对话也可以被混合且具有足够的清晰度。用于音乐混音的素材，每一个声道应该有相同的声压级，一般为 85~95dB。

对于次低频声道，根据等响曲线，还音通路中的低频管理系统将 5.1 多声道系统中 5 个主声道中的低频和次低频声道的内容相加，为次低频声道及放大器提供了额外的 10dB 动态。重放电平在带宽内比 5 个主声道高出 10dB，图 8–14 是 5.1 多声道系统信号的组成。但这并不表示在电平调整时，用声级计测量重低音声道的声级会比用声级计测量主声道声级高出 10dB。“带宽内”的意思是指在重低音声道的工作频带内，每 1/3oct 的平均音量高出 10dB。而主声道的频响宽度远远大于重低音声道的频响宽度，频响宽的信号比频响窄的信号具有更大的能量。基于以上原因，用粉红噪声测量时，重低音声道的电平比主声道电平高出 4dB 即可。

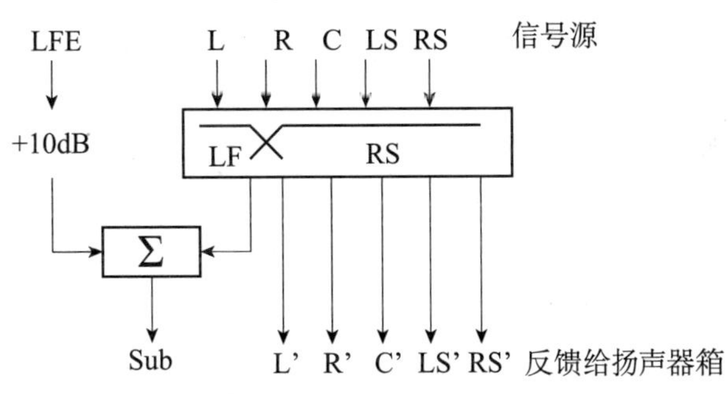

图 8–14　5.1 多声道系统信号的组成

思考题

1. 简述耳机监听的优缺点。
2. 简述监听控制室的房间声学条件对监听音质的影响。
3. 简述多声道环绕声与双声道立体声监听要求的异同点。
4. 简述 ITU–R BS.775–1 的扬声器箱摆放建议的内容，并绘图进行说明。
5. 简述电影和电视节目制作中 5.1 环绕声扬声器系统信号电平及校准方法。

Chapter 9

第九章　声频信号的电气接口及其线缆

本章要点

模拟声频接口及其连接件

数字声频传输格式及其信号传输

数字声频线缆及其连接方法

声频设备在集成为录音和其他形式的系统时，都是通过相应标准所规定的接口及其协议，以及符合应用要求的线缆来实现的。本章将就录音中模拟和数字声频信号传输常用的接口及其相应标准，以及传输线缆的特性做一个简单介绍。

第一节　模拟声频接口及其连接件

一、XLR 型连接件

在专业声频领域中，最常用的平衡式连接件是 XLR–3 型的，这种连接件由三个针脚的插头和插座两部分组成。虽然 XLR 一词是由卡侬公司（Cannon Company）最先使用的，但如今它已经成为这类高质量声频连接件的通用标签，它不仅仅由卡侬生产，像 Switchcraft, Neutrik, ADC 和其他一些公司也在制造。XLR 是传声器和任何平衡式低电平或线路电平声频信号，以及 AES/EBU 数字连接所选用的连接件。图 9–1 为 XLR-3 型插头的示意图，图 9–2 所示的分别是 XLR 插头和插座的实物图片。一般使用这种 RCA 标准的 XLR–3 型接插件进行信号的平衡式连接，是按照一定的接插件接口标准来进行的。其中 1 脚接屏蔽层，2 脚接信号"+"端或"热"端，3 脚接信号"–"端或"冷"端。但是在美国等国家生产的一些产品是将 2 和 3 脚对调使用，即 2 脚接"冷"端，3 脚接"热"端。如果在同一演播室中将这两种接法混用，将会产生相位上的问题。如今，美国生产的大多数产品是按照前一种连接惯例来设计接口的。

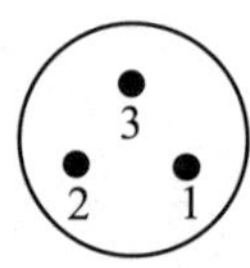

图 9–1　XLR–3 型插头示意图

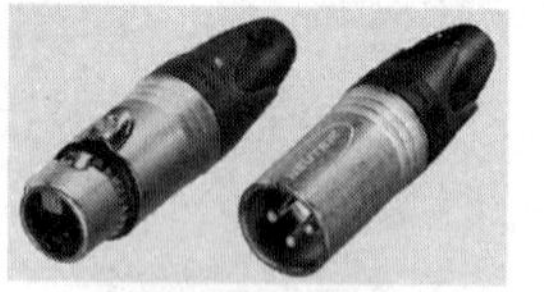

（a）端接线缆的插头和插座

（b）设备端口上的插头和插座

（c）设备上XLR插座的锁定机构

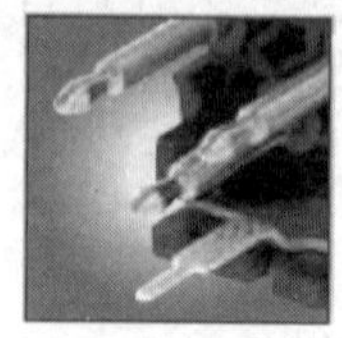

（d）XLR连接件的内部针脚

图 9–2　XLR 插头和插座的实物图片

二、耳机（phone）型连接件

phone 一词源自电话行业，它是早期的人工电话交换机常用的一种耳机型连接件。录音演播室和其他跳线盘都属于这类电话交换机的近亲，并且它们常常使用耳机连接件的 3 导体类型。在专业声频中最常用的耳机连接件类型有直径为 1/4 英寸插头，具有双导线（所谓的尖 / 套，或 T/S 连接件）和 3 导线（所谓的尖 / 环 / 套，或 T/R/S）规格。1/4 英寸耳机插接件常用于乐器放大器和高阻传声器，有时也用于便携扬声器箱的连接件。

图 9–3 所示的是高电平信号线路接口，采用的是 TRS（尖 – 环 – 套）型和 TS（尖 – 套）型连接件接口，即耳机型大三芯和大二芯接口，其中 TRS 型的 T（tip，尖部）接信号“热”端，R（ring，环部）接信号“冷”端，S（sleeve，套管）接屏蔽层；而 TS 的 T 接信号端，S 接屏蔽层。图 9–4 为 1/4 英寸 TS 和 1/4 英寸 TRS 插头实物图片。利用平衡式连接件及其相应线缆建立起的平衡式信号传输方式，具有抑制外部噪声的性能，因而适合传输低电平（如传声器电平）的模拟声频信号。

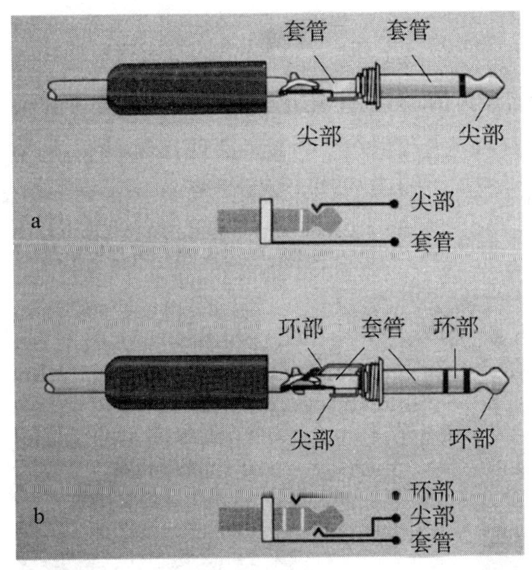

图 9–3　TRS（a）和 TS（b）型插头及连接示意图

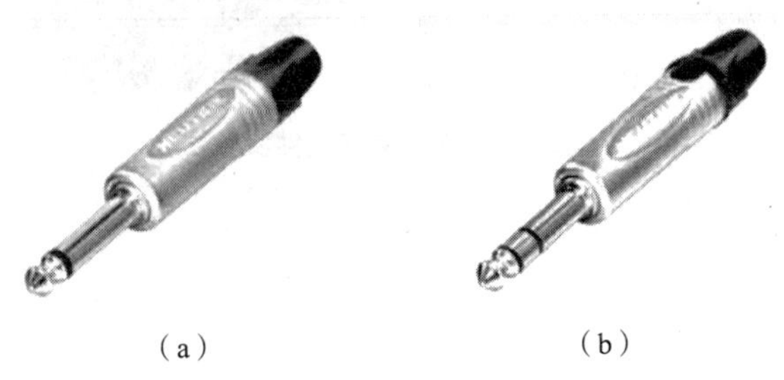

（a）　（b）

图 9–4　1/4 英寸 TS（a）和 1/4 英寸 TRS（b）插头实物图片

三、RCA 型唱机（phono）连接件

在一些民用或一些准专业应用中，通常会采用 RCA 连接件（所谓的莲花连接件），它属于只能建立非平衡式连接的连接件。应注意的是，phono 一词不是 phone, 它指的是这些插接件是由最初的 RCA 公司为电唱机生产的。虽然电唱机插接件或 RCA 主要用于 hi-fi 设备，但它也常常用于 hi-fi 调谐器或盒式磁带机与专业调音台输入的连接。然而，唱机插接件脆弱，并不是一种良好的通用专业声频连接件。较高质量的唱机插接件是用于民用设备的同轴数字声频连接件。图 9-5 所示的是 RCA 连接件的插头与插座实物图。

图9-5　RCA连接件的插头与插座实物图

四、势垒块式连接件

虽然专业声频产品的输入和输出越来越多，但产品的体积却变得越来越小。生产厂家选用微型的势垒块式连接件来应对这种变化，这种连接件也被称为凤凰（phoenix）连接件或 Euro-Block 连接件，以此用作输入和输出。这些连接件使用螺丝钉将单独的裸线固定在小型的端子穿孔内。图 9-6 所示的是势垒块连接件的实物图。

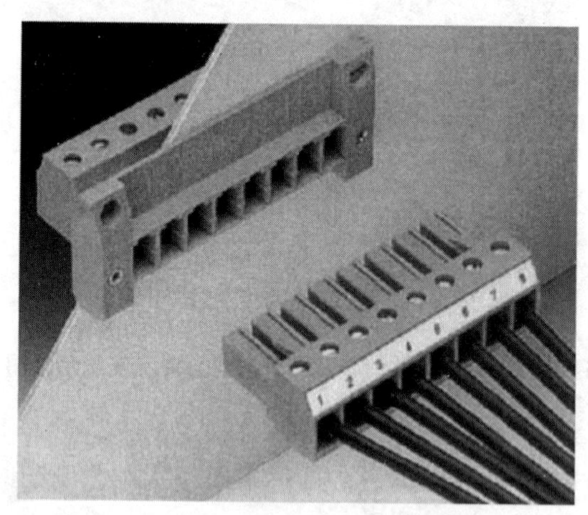

图 9-6　势垒块连接件实物图

五、CAT5 连接件

CAT5 连接件也称为 RJ45 连接件，它们被用于以太网和相关数字声频连接，如图 9-7

所示。通常，这些源自计算机的连接件和线缆对于流动音响系统应用而言显得不够牢靠。正因为如此，有些声频线缆公司推出了专门为便携应用而设计的连接件，图 9–8 所示的就是一种为便携式声频设备而设计的以太网型连接件。

图 9–7　CAT5 型插头和插座

图 9–8　一种为便携式声频设备而设计的以太网型连接件

六、扩声应用扬声器箱的 Spcakon 连接件

由 Neutrik 公司开发的、被称为 Speakon 的连接件已经成为大部分扬声器箱生产厂家实际执行的标准。图 9–9 所示的 Speakon 连接件是一种很理想的扬声器箱连接件。它是一种可承受高电流的旋转锁定式连接件，不可能从插座上脱落。它可自洁，以保持触点的清洁。其组装简便，由坚韧、质量轻的塑料制成。另外，与承受高电流的金属连接件相比，它的价格较为便宜。

图 9–9　Neutrik 的 Speakon 扬声器箱连接件

第二节　数字声频传输格式及其信号传输

随着数字声频技术的不断发展，专业的数字产品日益普及。由于声频信号在经过 A/D 变换及其编码之后，其频带宽度大大提高，所以这种信号的传输必须采用专用的数字声频传输线缆进行长距离的信号传输，只有这样才能保证接收端接收到的数字声频信号的质量，避免产生过大的高频衰减和信号抖动。尤其是现今，为了进一步提高数字声频信号的音质，人们不断地提高采样频率和量化比特数，因而更加提高了信号的传输带宽。

为了使数字声频接口标准化，国际上一些专业组织机构，以及一些公司提出了各自的数字声频接口格式。经过多年的实践和市场应用，目前在专业和准专业数字声频领域中应用得较为普遍的数字声频接口有：针对双通道数字声频传输的接口格式 AES/EBU（专业应用）和 S/PDIF（民用或准专业应用），以及多通道数字声频传输的接口格式 MADI 格式。

一、AES3（AES/EBU）专业接口格式

AES 已经建立了通常被称为 AES3 或 AES/EBU 数字接口的互联标准。它是用于线性数字声频数据串行传输的格式。它允许在专业声频设备间传送双通道的数字声频信息，其中包括声频或非声频数据。另外，它具备为专门应用定义标准的灵活性。该格式已经编纂为 AES3–1992 标准，它是原来的 AES3–1985 标准的修订版。

AES3 格式建立了利用单根双纽线传送、被周期采样和均匀量化的双通道声频信号的标准。该格式意为不采用均衡，而将数据传送到相距 100 米以上的地方，再远的距离则需要使用均衡。左、右声频通道被复用，并且通道能够自锁定和自同步。由于采样频率的独立性，格式可以用于任何的采样频率。具有代表性的采样频率是 32kHz、44.1kHz 和 48kHz，这些采样频率是 AES 针对 PCM 应用而在标准文件 AES5–1984 中推荐的。格式中规定，在一个采样周期内传送 64 比特；对于 44.1kHz 的采样频率，其周期为 22.7μs。AES3 减小了通道间的极性偏移、通道间的不平衡、绝对极性反转、增益漂移，以及模拟传输中的哼声、噪声和高频衰减等问题造成的影响。更进一步来看，AES3 数据流可以携带单声道 / 立体声（预加重的使用）和信号的采样频率等信息。

在许多方面，实际使用的 AES3 信号几乎可以当成视频信号来对待。相关电气参量遵守由国际电讯联盟（ITU）的国际电报和电话咨询委员会（CCITT）在 V.1.1 建议书中定义的有关平衡电压数字电路的规定。用于 RS–422 通讯的驱动器和接收器芯片符合电子工业委员会（EIA）的定义，并成为典型应用；EBU 技术要求使用变压器。线路驱动器输出为平衡方式，其从 0.1~6.0MHz 的内阻为 110Ω。类似的是，互联线缆的特性阻抗从 0.1~6.0MHz 的内阻也为 110Ω。传输电路采用对称差动信号源和双纽线线缆。线缆一般有屏蔽层且工作长度为 100m，当使用相应的均衡时，其工作的长度可达 500m。波形振幅（可用 110Ω 电阻跨接到断开的线路间测得）的峰的峰值应在 2~7V 之间，信号符合 RS–422 规定。AES3 的抖动容限可以相对于单位间隔（UI）来确定，UI 是编码方法中最短标称的时间间隔；一个采样帧有 128 个 UI。一台 AES3 发送设备被测得的抖动峰的峰值在经抖动高通加权滤波器处理后应小于 0.04UI。AES3 接收机所要求的抖动容限在 8kHz 以上的高频时为 0.25UI（峰 – 峰），而当频率低于 200Hz 时增加到 10UI。有些制造厂家采用不平衡的 75Ω 同轴线缆和 BNC 接插件形式的接口（比如 5C2V 型），其信号的峰的峰值为 1V。该形式的接口更适合用切换器来切换和分配数字声频信号，或者需要长线缆（长达 1km）传输数字声频信号的、以视频为主体的工作环境。

接收机应具备良好的共模干扰和直流抑制能力，这可以利用变压器或电容来实现。接收机在 0.1~6.0MHz 的频率范围上对线缆所呈现的标称阻抗为 110Ω。如果在线路上使用多台接收设备，则可能会引起传输误差，这时接收设备必须设计锁相环路来减小抖动。另外，接收设备还必须与低抖动的精确参考时钟信号同步，其容限在 AES11 标准中会进一

步加以定义。输入（插座）和输出（插头）采用的是 XLR 型插接件，其中针 1 为信号地，针 2 和针 3 传送的是非极化信号。

二、AES10（MADI）多通道数字声频接口格式

多通道数字声频接口（Multichannel Audio Digital Interface, MADI）将 AES3 协议进行了延伸，提出了多通道数字声频设备间的互联方法，即 MADI，也称为 AES10 标准。它可以在 50m 的距离内通过一根带 BNC 端口的线缆串行传输 56 个通道的线性量化声频数据。声频采样的量化比特数可以为 24 比特。另外，AES3 的有效标志比特、用户比特、通道状态比特和奇偶校验比特也能全部传送。采用这种互联方法，可以对原始的声频信号只进行一次模数变换，就能在数字域内依次通过录音调音台、多通道录音机和缩混录音机进行所有的处理了。虽然利用 AES3 标准也可以在调音台和多通道录音机间进行互联，但每两个声频通道需要两根线缆（用于信号送出和返回），而用 MADI 进行互连只要求用两根声频线缆（再加一个主同步信号）就可以传送 56 个声频通道。MADI 协议在 AES10–1991 和 ANSI S4.43–1991 标准中有所说明。

虽然 AES3 可以用双绞线以 3Mbps 的速率传输数据，但是 MADI 必须采用同轴线缆进行 100Mbps 的数据传输。发射机至接收机的连接设计为单点到单点的互联；对于调音台与录音机的互联需要用于送出和返回信号的两条线缆。MADI 指定采用 75Ω 视频同轴线缆和 BNC 接口连接件；发射机的输出电压峰的峰值应为 0.3~0.6V。另外，也可以使用光纤缆，例如 FDDI 接口可以用于长达 2km 的连接；也可以采用同步光纤网络（SONET）。需要指出的是，所有互联的发射机和接收机必须使用分配的主同步信号。由于 MADI 是异步工作的，所以发射机和接收机要采用缓存器，以便数据从缓存器输出时能重新锁定主同步信号。

声频数据采样频率的范围可为 32~48kHz, 并容许有 ±12% 的偏差。利用较低的传输率可以支持较高的采样频率，并且可利用两个相连的 MADI 的通道来取得想要的采样率。

三、S/PDIF 民用数字声频接口

民用应用一般采用 S/PDIF（Song/Philips Digital Interface）格式。IEC–958 民用格式（称为 II 型）实际上是与之一样的标准；在有些民用应用中采用 EIAJ CP–340 type II 格式。这些民用标准与 AES3 标准非常相似，而在有些情况下，专业设备与民用设备可以直接连接。但是并不推荐这样使用，因为两种标准在电气指标和通道状态比特上存在很大的差异，如果直接连接可能会导致一些无法预知的事情发生。

民用接口并不需要像专业标准那样的低阻平衡线，取而代之的是采用单端 75Ω 同轴线缆，其信号的峰的峰值为 0.5V，最大的连接距离为 10m。要想保证传输带宽，推荐采

用视频线缆。另外一种方法是，有些民用设备采用光学 Toslink 接口和塑封光纤线缆，其传输距离不低于 15m。对于距离 1km 以上的传送，可以采用玻璃纤维线缆和相应的编 / 解码电路。

第三节　数字声频线缆及其连接方法

尽管数字声频技术已经问世多年，但是这一技术还没有占领绝大多数的声频市场。近年来这一情形正在发生改变，数字声频的使用正在全面盖过模拟声频。正是出于这一现状，满足数字传输要求的数字信号传输线缆至关重要。在制定相关标准上，声频工程师协会（Audio Engineering Society，AES）和欧广联（European Broadcast Union，EBU）已经为数字声频线缆制定了标准。表 9–1 给出了常用的采样率和等效带宽数据。

表 9–1　采样率与等效带宽的关系

采样率 kHz	带宽 MHz	采样率 kHz	带宽 MHz
32.0	4.096	48.0	6.144
38.0	4.864	96.0	12.228
44.1	5.6448	192.0	24.576

一、数字声频绞线对线缆

保持线路阻抗的一致性，以消除信号损伤以至于无法恢复原信号的反射的影响是非常重要的。标准的模拟线缆可以用于 15m 以内距离的数字信号传输，但是超出这一范围之后，信号的可靠性会下降。模拟线缆的阻抗和电容分别为 40~70Ω 和 20~50 pF/ft，当以 78% 的传播速度工作时，数字线缆的阻抗和电容分别是 110Ω 和 13pF/ft。线缆应有正确的阻抗匹配和低电容，只有这样才能保证方波信号不失真，不产生反射或衰减。

对于永久固定安装的广播用线缆，通常大部分为 #24（7 x 32）镀锡铜导线，总体绞线长度较短，采用低损耗泡沫绝缘，100% 铝聚酯膜屏蔽。在便携应用时也可使用编织屏蔽。如果需要的话，可以使用 #22~#26 的导线。数字声频线缆也开始流行使用多线对的形式，其中每个线对单独屏蔽，而且常常加有线套管，这样可以使每个线对及其屏蔽与其他线对完全独立，每个线对能够传输两个通道的数字声频信号。线缆可以采用 XLR 连接件来连接，也可以插入或焊接在跳线盘上。

二、数字声频同轴线缆

数字声频要求的带宽要比模拟的宽得多。如果采样率加倍，则带宽也会随之加倍，如

表 9-1 所示。以同轴线缆来传输数字声频要比采用绞线传输得更远。同轴线缆具有 75Ω 的阻抗，实心铜导线应居中，屏蔽层的覆盖不能少于 90%。除非设备包含 AES/EBU 非平衡同轴输入和输出，否则当采用非平衡的同轴线缆传输声频信号时，可能要使用 balun（平衡 - 非平衡转换器）来实现平衡与非平衡之间的转换。balun 可以将阻抗由平衡时的 110Ω 转变到非平衡时的 75Ω，或反过来转换。

三、数字声频光纤缆

光纤缆应用于电话行业已经几十年了，并且其自身已证明它可作为通信的传输媒介来使用。历史表明，声频的发展是跟随电话行业的发展前进的，故光纤技术也将成为声频行业的中坚力量。

采用光纤构成硬线系统至少有三个优点。其一就是传输上表现出来的出色性能，它具有极宽的带宽和低的损耗，能将长距离传输应用中对信号前置放大的依赖程度降至最低。数字数据可以很容易地以 100 Mb/s 或更高的速率进行传输，从而表现出更强的信息处理能力和更高的效率。由于光纤是采用非金属材料（比如玻璃、塑料等）制成的，所以它不会受到电磁干扰（EMI）和射频干扰（RFI）。另外，它也消除了串扰的问题（这是非常好的优势）。利用光纤，人们便不再顾及阻抗匹配、电气接地或短路的问题，地环路也不存在了。其二是安全性，因为断裂的线缆不会产生火花，因而也就不会产生电击或在危险的环境中引发爆炸。其三是质量轻，它所占用的空间也比金属导线小，这对于在穿管中传输信号而言尤为有益。如今光纤的生产成本也比相应的铜导线的制造成本低。

用于光纤通信的物理连接件有许多类型，这里只给出在声频中常用的两种类型。

1. OpticalCon®

最新的市场产品是由 Neutrik AG 于 2006 年开发并推向市场的 OpticalCon® 连接件。OpticalCon® 光纤连接系统由强化的全金属防尘、防污外壳，以及线缆连接件构成，以此提高其可靠性。系统是基于标准的光学 LC-Duple 连接，然而 OpticalCon® 改进了这一原始的设计，以确保连接的安全性和坚固性。为了与普通的 LC 连接件相兼容，它可以选择更划算的 LC 连接件进行永久性连接，也可以选择 Neutrik 的强化型 OpticalCon® 线缆连接件用来进行机动性应用，如图 9-10 所示。

图 9-10　OpticalCon® 连接件

2. Toslink

Toslink 连接件是 1983 年由日本的 Toshiba 公司开发并进行商标注册的。该连接件最初是为直径 1mm 的塑料光纤设计的。实用的连接件 / 适配器为方形结构，并采用了新型的保护性翻盖，这样可以在不与插头配接时将连接件适配器盖上。另外，这种连接件的单工类型指的是 JIS FO5（JIS C5974–1993 FO5），双工规格指的是 JIS FO7，如图 9–11 所示。

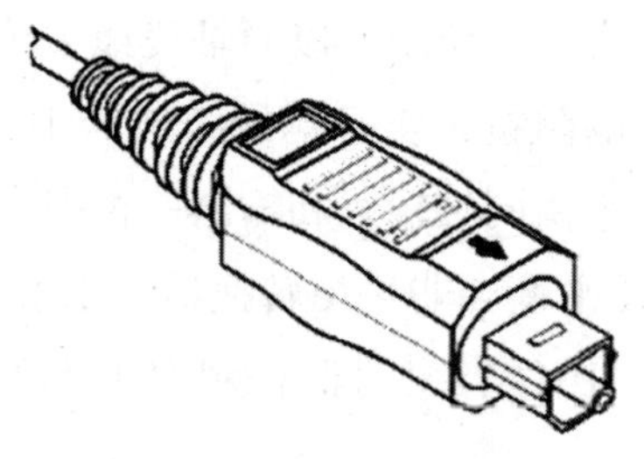

图 9–11　Toslink 连接件

四、IEEE 1394 或火线串行数字

火线（FireWire）或 IEEE 1394 常常用来上载 DV 或数字视频，以及格式化信号至计算机等。DV, 有时被称为 DV25，它是 25 Mbps 的串行数字格式信号。IEEE 1394 最高支持 400 Mbps。其技术规范定义了 3 种信号数据率：S100（98.304 Mbps）、S200（196.608 Mbps）、S400（393.216 Mbps）。

IEEE 1394 可以互联多达 63 台对等配置的设备，因此声频和视频可以从一台设备传输至另一台设备，而无须计算机、D/A 或 A/D 转换。当设备开启时，IEEE 1394 是不可以热插拔的。

IEEE 1394 系统采用了 2 组带屏蔽的双绞线对和两条单独的导线，所有这些均被封装在保护套中，如图 9–12 所示。每组线对将被衬箔 100% 包裹，再进行最低 60% 的编织缠裹。外层的屏蔽是 100% 的衬箔包裹，再进行最低 90% 的编织缠裹。每组绞线对采用铝箔屏蔽，它相当于或优于 60% 的编织屏蔽。绞线对处理不同的数据和选通脉冲（辅助时钟再生），同时两个单独的绞线可对远处的设备对提供电源和接地。信号电平为 265mV，差分输入至 110Ω 负载。

IEEE 1394 技术规格中给出的最大线缆长度为 4.5 m。当数据率低于 100 Mbps 的水平时，有些应用可以在更长的距离下工作。典型的线缆为 #28 标号的双绞线对铜线，#22 标号的导线用来供电和接地。

图 9–13 所示的是专业声频设备上安装的一种实际 IEEE 1394 接口（插座）。

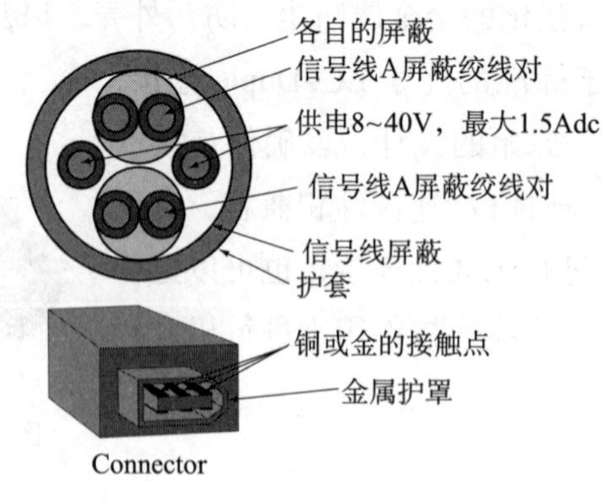

图 9–12　IEEE 1394 线缆与接口

图 9-13　专业声频设备上安装的一种实际 IEEE 1394 接口（插座）

五、USB

虽然USB（universal serial bus，通用串行总线）是为计算机周边设备的连接而开发的，但是也可用于数字声频设备间数字声频数据的传输。USB 1.1 限制的通信速率为 12Mbps，而 USB 2.0 则支持高达 480Mbps 的通信，USB3.0 的最大传输速率高达 640MB/s。USB 线缆是由一个用于数据传输的绞线对和两个为下游数据流应用供电的非绞线导线组成的。图 9-14 所示的是一种用于专业声频设备上的 USB 连接件接口。

全速线缆包括一个 #28 标号的绞线对，以及一个标号在 #28 至 #20 之间的非绞线对的供电导线，所有这些均被封闭在带加蔽线的铝化聚酯屏蔽内。数据线对的标称阻抗为 90Ω。最大的线缆长度是由信号传输延时决定的，其端到端的传输延时必须小于 26ns。

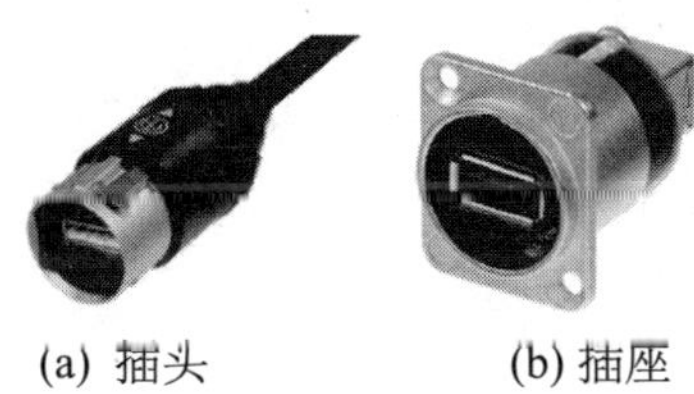

(a) 插头　　(b) 插座

图 9-14　专业声频设备中使用的一种 USB 连接件接口

思考题

1. 常见的声频信号传输连接件有哪些？其针脚是如何指定的？
2. 常见的数字声频传输格式有哪些？其对传输线缆的特性要求有哪些？
3. 常用的数字声频传输线缆有哪些？其各自的传输特性如何？

Chapter 10

第十章　网络音频技术

本章要点

OSI模型的基本构成与作用

AES67标准的作用

Dante和Ravenna网络音频协议的特点

第一节　网络音频技术概述

网络音频技术是指数字音频信号通过网络进行传输的技术。常用的网络音频技术包括以太网音频技术、IP 语音技术、IP 音频技术等。网络音频技术为专业音频应用提供了全新的架构，广泛应用于大型体育场馆、剧场、机场、会议中心、演播室、录音棚和舞台演出中。

一、以太网音频技术

以太网音频技术（Audio over Ethernet，AOE），是一种基于以太网技术实时分发数字音频信号的传输技术。以太网音频技术旨在传输高保真、低延迟的数字音频信号。通常情况下，传统的以太网音频技术不使用音频数据压缩。

狭义上的以太网音频技术指基于“第一、二层”网络（详见本章第二节，网络音频技术基础中的 OSI 模型）的音频协议。常见的以太网音频技术（标准）有 CobraNet、Aviom 公司的 A-Net、Behringer 公司的 Ultranet、Digigram 公司的 Ethersound、Waves 公司的 Soundgrid、AVB、AES50 等。

广义上的以太网音频技术在此基础上还包含后文中的 IP 语音、IP 音频等技术。

二、IP 语音技术

IP 语音技术也称为互联网协议语音技术（Voice over Internet Protocol，VOIP），也称为 IP 电话。IP 语音技术将语言信号转化为 IP 数据包，部分或全部通过 IP 网络进行传输。

三、IP 音频技术

IP 音频技术（Audio over IP，AOIP），是一种使用标准 IP 协议的高质量、低延迟、多通道音频传输技术。常见的 IP 音频传输协议（标准）有 Audinate 公司的 DANTE 协议、Telos 公司的 Livewire、QSC 公司的 Q-LAN 以及 Wheatstone 的 WheatNet-IP、ALC NetworX 的 Ravenna，以及 AES 的 AES67 等。

第二节　网络音频技术基础

网络音频技术是近年来兴起的全新技术体系，其对传统音频工作者来说是全新的知识体系。本章力求将网络音频技术相关知识浓缩成一章内容，其中涉及诸多数字音频技术基础、网络专用术语，难以面面俱到，建议阅读过程中结合搜索引擎和相关书籍，以便更加准确、深入地了解相关内容。

一、OSI 模型

网络诞生初期，只有同一家厂商生产的设备才能够进行彼此通信，20 世纪 70 年代，国际标准化组织（International Organization for Standardization，ISO）制定了开放式系统互联通信参考模型（Open System Interconnection Reference Model，OSI）。OSI 模型的愿景是帮助不同生产厂商的设备能够互联互通。OSI 模型是一种网络架构模型，共分为七层，分别是物理层、数据链路层、网络层、传输层、会话层、表示层及应用层，如图 10–1 所示。

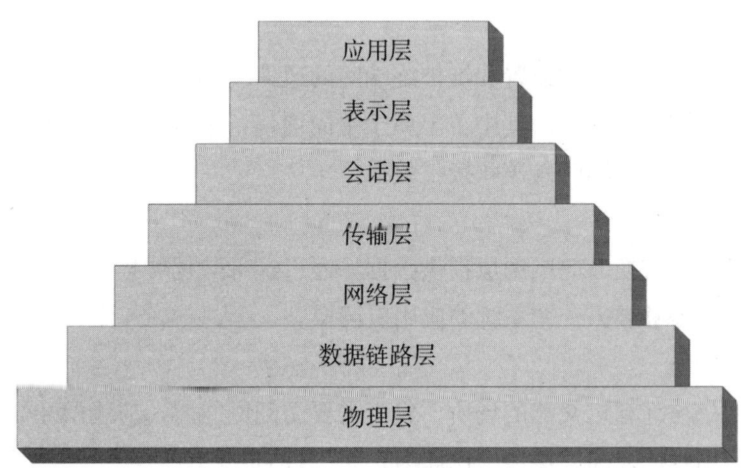

图 10–1　OSI 模型

1. 物理层

物理层为 OSI 模型的最底层，其作用为发送和接收比特数据。OSI 模型以标准的形式定义了物理层的连接件和物理拓扑，令不同的系统彼此通信成为可能。物理层一般包括线缆、接口、电压规范、集线器、网卡、主机适配器等。

2. 数据链路层

数据链路层负责数据物理层面的传输，并处理错误、网络拓扑和流量控制。数据链路层将来自网络层的报文（massage，即网络中交换与传输的数据单元，包含了将要发送的完整数据信息）转换为比特数据，并将其封装为数据帧，在其中添加包含目标硬件地址和源硬件地址的报头文件，以保证数据能够传输至指定位置。

数据链路层分为两个子层，分别是逻辑链路控制子层（logical link control，LLC）及介质访问控制子层（media access control，MAC）。逻辑链路控制子层负责识别网络层协议并进行封装，接收主机根据 LLC 报头文件可确定如何对数据进行分组处理。介质访问控制子层定义了物理地址和逻辑拓扑（信号在物理拓扑中的传输路径）。

3. 网络层

网络层管理设备编制、追踪设备在网络中的位置并确定最优传输路径。路由器就是位于网络层，在网络中提供路由选择服务的设备。

路由器接收信号后，首先检查信号的目标 IP 地址，如地址不是该路由器，则在路由选择表中查找目标 IP 地址，经封装后在本地网络中传输。如路由选择表中并无该地址，则路由器将此信息丢弃。

4. 传输层

传输层将数据进行分段并重组为数据流。传输层协议提供了端到端的数据传输服务，比如 TCP 和 UDP 协议。

5. 会话层

会话层负责在数据传输中设置和维护终端间的通信连接。会话层提供了三种不同的工作模式。单工、半双工和双工。其中单工属于单向通信；半双工为双向通信，但无法同时双向传输数据；全双工可同时发送和接收数据。

6. 表示层

表示层负责数据转换，向应用层提供数据。通过这种数据转换，表示层确保来自一个系统应用层的数据能够被另一个系统的应用层读取。

7. 应用层

应用层是用户与计算机交流的场所，仅当需要访问网络时，应用层才会发挥作用。应用层实质上是应用程序之间的接口，比如 HTTP、HTTPS、FTP 等。

二、TCP/IP 模型

TCP/IP 协议于 20 世纪 70 年代面世，最初由传输控制协议（Transmission Control Protocol，TCP）和网际协议（Internet Protocol，IP）构成。今天的 TCP/IP 协议不仅仅指 TCP 和 IP 两个协议，而是指一个由 FTP、SMTP、TCP、UDP、IP 等协议构成的协议簇，只是因为在 TCP/IP 协议中，TCP 协议和 IP 协议最具代表性，所以被称为 TCP/IP 协议。

TCP/IP 模型由斯坦福大学在 DARPA 项目中提出，TCP/IP 模型是包含链路层、网络层、传输层及应用层的四层结构，如图 10–2 所示。

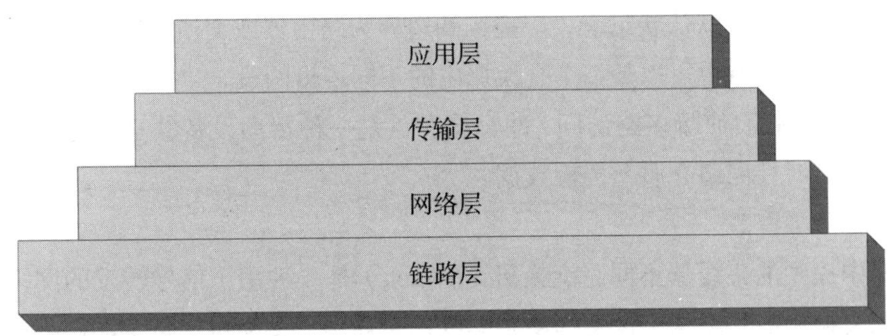

图 10-2　TCP/IP 模型

1. 链路层（网络接入层）

处于链路的底层，对应于 OSI 模型中的物理层及数据链路层。

2. 网络层

对应于 OSI 模型中的网络层，它是指定通过整个网络对信号进行逻辑传输相关的协议。

3. 传输层

对应于 OSI 模型中的传输层，与 OSI 模型的传输层功能一致。

4. 应用层

对应于 OSI 模型中的上三层协议，即应用层、表示层和会话层，定义了用于结点间应用程序通信的协议、用户界面等。常见的应用层协议有：Telnet、SSH、FTP、TFTP、SNMP、HTTP、HTTPS、NTP、DNS、DHCP 等。

三、组网基础

以太网是一种基于争用的介质访问方法，网络中的所有主机能够共享有限的链路带宽。以太网使用了数据链路层规范及物理层规范，接下来介绍的是有关组网及排除故障的基础知识。

1. 冲突域、广播域、CSMA/CD

冲突域是以太网术语，即网络上的一台设备发送信息时，该网段的所有设备都必须侦听。同一个网段中的两台设备同时传输数据将引发冲突，导致信息必须重传。与集线器（Hub，集线器的主要功能是对接收到的信号进行再生放大，以扩大网络的传输距离，同时把所有节点集中在以它为中心的节点上）相连的所有设备都属于同一冲突域。如果所有设备通过一台集线器连接在一起，那么它们属于一个冲突域，在一个冲突域下每次只能有一台设备进行数据传输。

广播域指网络中的某一设备同时向网络中的其他设备发送数据，该数据能够传达到的范围即为一个广播域。默认状态下，广播域的边界为路由器或交换机等物理介质。在合理的规划设计下，广播域也可以是一个交换机内的不同逻辑网段。

CSMA/CD 即载波侦听多路访问 / 冲突检测，是一种帮助设备共享带宽的协议，可以避免两台设备同时在网络介质上传输数据。

2. 交换机与路由器

与前文中提到的集线器不同，交换机（Switch）是一种用于信号转发的网络设备，其可以为接入交换机的任意两个设备提供独享的信号通路。交换机的每个端口都是一个独立的冲突域。同时，交换机在默认状态下不分割广播域，因此整个交换机网络在未经设置的情况下，只有一个广播域。

路由器（Router）是连接两个或多个网络的硬件设备，在网络间起到网关（Gateway，又称网间连接器、协议转换器。网关在网络层以上实现网络互联，它是复杂的网络互联设备，仅用于两个不同的网络之间互联。网关既可以用于广域网互联，也可以用于局域网互联。网关是一种充当转换重任的计算机系统或设备。）的作用。路由器在网络间起网关的作用，是读取每一个数据包中的地址，然后决定如何传送的、专用智能性的网络设备。如图 10–3 所示的是一个由路由器和交换机组成的简单网络，其中包含 2 个广播域及 8 个冲突域。

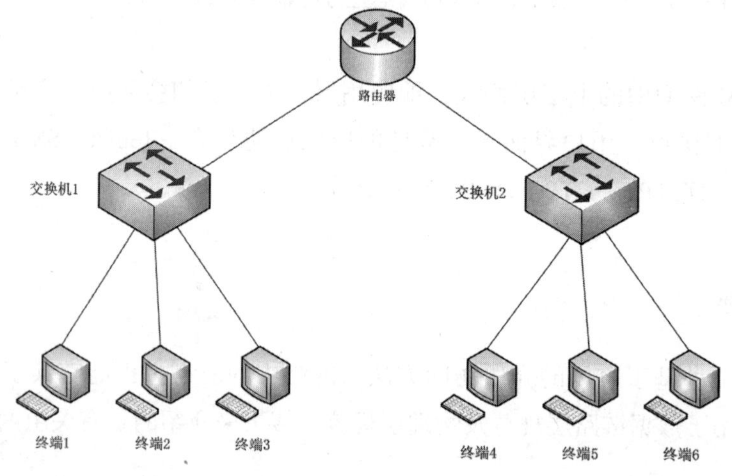

图 10–3　简单网络示意图

3. IP 地址与 MAC 地址

IP 地址的全称为互联网协议地址（Internet Protocol Address），IP 地址由 32 位二进制数组成，通常被分为 4 组，每组为 8 个二进制数，用 4 个十进制数来表示，如 11000000.10101000.00000001.00000001 表示为 192.168.1.1。

MAC 地址的全称为媒体访问控制地址（Media Access Control Assress），也称物理地址。MAC 地址由 48 个二进制数组成，通常用 12 个十六进制数字表示，如 f4∶5c∶89∶c3∶20∶7f 为一组 MAC 地址，前 6 位数字代表了硬件制造商编号，后 6 位数字代表了该硬件的唯一编号。MAC 地址是具有唯一性的地址，可以等同于硬件设备的“身份证”。

四、UDP 协议与 TCP 协议

用户数据报协议（User Datagram Protocol，UDP）与传输控制协议（TCP）是传输层的两个重要协议。

1. 用户数据报协议（UDP）

用户数据报协议是一种面向报文且不需要建立连接就可以直接发送数据的传输层协议。UDP 协议不保证可靠交付，也不使用任何拥塞控制（拥塞现象即网络中某一节点信息量过大，使得该部分网络短时间内无法及时处理信息数据，而产生的网络性能下降现象，类似公路网络中的交通拥堵）。UDP 协议支持一对一和一对多的交互通信。因此，UDP 协议传输效率很高，适合多媒体实时通信。

2. 传输控制协议（TCP）

传输控制协议是一种面向连接的传输层协议，与 UDP 协议不同，每一条 TCP 连接只能有两个端点。

TCP 协议的数据封装结构比 UDP 更为复杂。它具备连接管理、重传机制、流量和拥塞控制等功能。与 UDP 相比，TCP 的传输效率较低，但可靠性更高。

五、单播、组播和广播

在 IP 网络中，数据包有三种主要传输方式：广播（Broadcast）、单播（Unicast）和组播（Multicast）。

1. 广播

广播是指一台主机发送数据包时，与发送主机在同一广播域的所有主机都会收到该数据包的传输方式。在使用广播发送时，数据包需要使用本网络的广播地址作为目的 IP 地址。由于所在广播域内的设备有义务读取所有的广播信息，因此过多的广播内容会导致无效信息增多，从而降低网络效率，增大拥塞现象出现的可能性。

2. 单播

单播是指数据包只能点对点地从一台主机发送给另一台主机。单播是 IP 网络中最常用的数据包传输方式。在使用单播的情况下，如果一台主机要将数据包发送给多个目的主机，则这台主机需要向每一台主机发送一次数据。在音频系统中，典型的应用场景是 1 个通道话筒信号需要同时馈送至主播出调音台、备份播出调音台、扩声调音台、监听调音台、主分轨录音系统、备份轨录音系统。如果使用单播方式发送，则发送主机共计要向 6 个通道发送该话筒信号，故占用较多发送带宽。

3. 组播

组播是指将数据包发送至特定的组，只要是该组内的主机，都会收到该数据包。使用组播发送时，发送的数据包必须使用组播地址作为目的 IP 地址，组播可以跨网络传输，启用了组播路由协议的路由器可转发组播数据包。上文提及的场景如使用组播发送方式将话筒信号馈送至各个节点，则只会占用 1 个发送通道，能够节省大量发送带宽。这对 IP 组网的意义重大，以 DANTE（一种广泛应用的 AoIP 协议）为例，一般条件下，使用布鲁克林二代或三代芯片的 DANTE 设备发送通道限制为 64 通道，在规模稍大的演出系统中，64 通道的发送通道数量就显得捉襟见肘，如使用大量通道发送相同的信号，则会浪费大量珍贵的音频通道。通过组播发送的方式可有效解决此问题，在此时压力会转嫁到交换机中，而交换机的背板带宽一般能够支持庞大数量的音频通道转发。

此外，组播地址在不同的协议中有不同的规定，在应用时须特别注意组播地址的一致性问题，比如 DANTE 协议接收组播地址范围仅为其中一网段（默认为 239.69.x.x，可在控制软件中手动更改）。在进行不同协议 / 标准互联互通时要特别注意网段的一致性问题，如发送端组播地址与接收端可接收的地址网段不同，则无法实现设备间信号的互通。

如上文所述，组播利用支持组播协议功能的交换机复制转发组播数据，能够有效减少发送主机的数据发送量。但是，如果交换机网络中没有组播组成员主机，交换机仍继续复制或转发组播数据，这样就会浪费资源及网络带宽。为了解决上述问题，就需要一套组播管理协议，这便是互联网组播管理协议（Internet Group Management Protocol，IGMP）。

IGMP 的作用是使交换机或路由器得知其所连接的网络中组播成员的信息，以使用最小的代价将组播信息传送给所有组成员。IGMP 有 v1、v2、v3 三个版本。IGMPv1 只有查询（Query）和报告（Report）两种报文，当有成员离开组时，不会通知其他组成员，只有在下一次查询时才会得知成员变更信息。IGMPv2 增加了离开（Leave）报文，当有成员离开组播组时，其他成员会得知消息。IGMPv3 在此基础上增强了查询功能，同时增加了源过滤（Source Filtering）功能，主机可以指定不接收来自某些成员的组播包。此外，IGMPv3 取消了离开报文，离开报文被并入报告报文中。

六、传输线缆（直通、交叉、反转）、光纤

网络线缆在 AoIP 领域的地位十分重要，线缆使用不当往往会导致系统出现严重问题。

1. 线缆类型

双绞线是常用的网络传输介质，可分为屏蔽双绞线（Shielded Twisted Pair，STP）和非屏蔽双绞线（Unshielded Twisted Pair，UIP），如图 10–4 所示。其中非屏蔽双绞线应用最为广泛，双绞线中的 8 根导线两两相互扭绞在一起，外层被护套包裹。双绞结构可以抵消彼此的电磁干扰。在非屏蔽双绞线的基础上，在绞线和护套之间增加了一层金属屏蔽

层，用于屏蔽来自外界的电磁干扰。

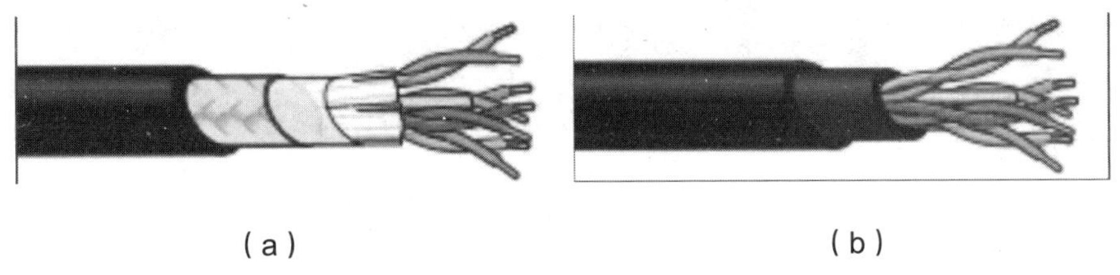

图 10–4 （a）屏蔽双绞线；（b）与非屏蔽双绞线

双绞线根据缠绕密度、数据传送频带及传输速度的不同，又分为五类、超五类、六类等，如表 10–1 所示。

表 10–1　常见网线对比

线缆类型	传输速率	传输距离
五类	100Mbps	100 米
超五类	1000Mbps	100 米
六类	1000Mbps	100 米

在实际使用过程中，由于受到线缆及连接件质量、铺设方式、具体使用条件等诸多因素影响，故通常无法达到理想的最大传输距离。根据笔者的工作经验，70~80 米的网线长度在大多数情况下能保证网络音频系统的正常运行。

线缆类型的选择在音频工作中也至关重要，错误的线缆类型选择可能导致音频系统出现诸多问题。如 DANTE 协议规定使用线缆类型应为超五类以上，而另一协议 Soundgrid 则规定应使用六类网线进行连接。

光纤传输是网络音频实现长距离传输的主要方式，其具有传输距离长、抗干扰能力强的特点。在传输过程中，发送端使用电 – 光转换器将电信号转换为光信号；接收端通过光 – 电转换器将光信号还原为电信号。在传输过程中，基于光学的全反射定律，光信号在光纤内通过折射进行传播。

光纤分为多模光纤和单模光纤，多模光纤的传输距离一般为 2000 以下，单模光纤的传输距离可达数十千米。

2. 线序

直通电缆常用于连接一般网络设备，该线缆两端的 1~8 号针脚平行连接，如图 10–5 所示，这是在实际应用中最常见的网线类型。

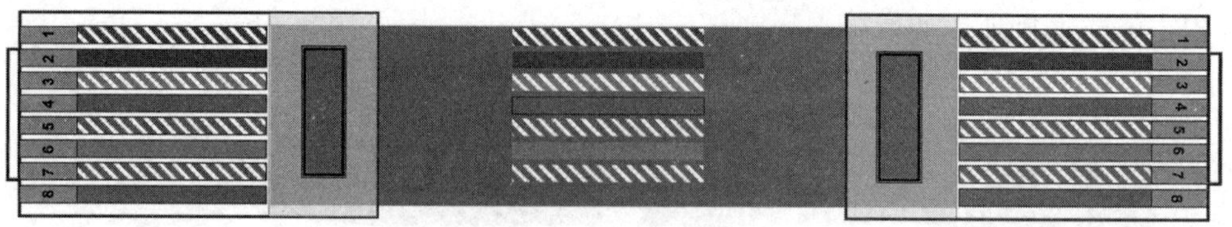

图 10–5　直通线缆线序图

交叉线缆常用于连接同类型设备，比如交换机到交换机、主机到主机等，交叉线的线序与直通电缆不同，常常将 1、2 针脚与 3、6 针脚交叉连接，如图 10–6 所示。

图 10–6　交叉线缆线序图

反转线缆是将 1~8 号线缆反转连接，如图 10–7 所示。此种连接方式不用于组建以太网，但可使用反转电缆连接计算机和部分交换机。

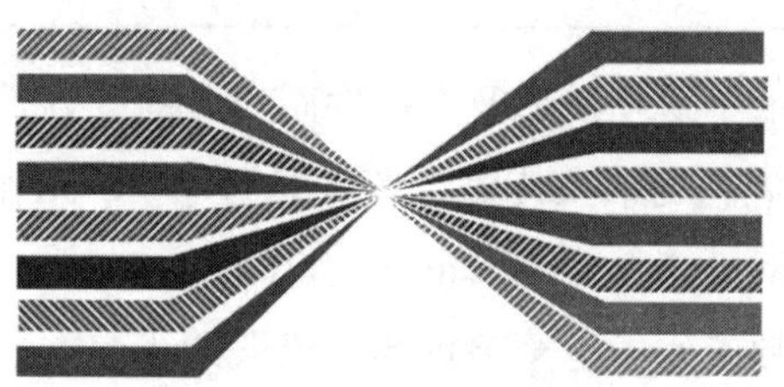

图 10–7　反转线缆线序图

3. 线缆连接件

RJ45 连接件是以太网连接最常用的连接件，其针脚定义如图 10–8 所示。在这里需要注意视角问题，插头和插座的线序应一一对应，但是由于视角不同，插头和插座的线序标称可能是相反的，在制作线缆时要特别留意不要将线序颠倒。

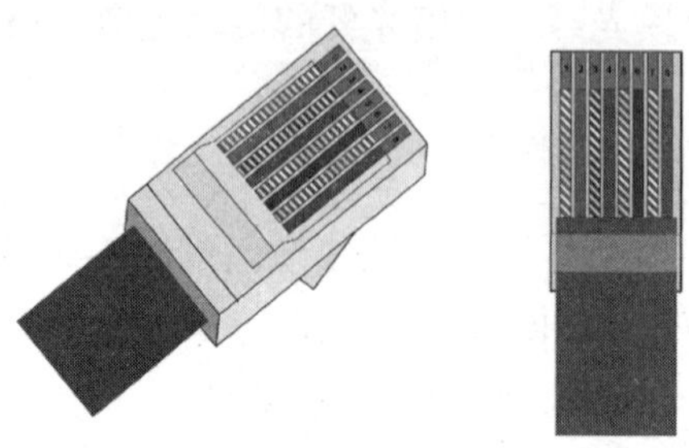

图 10–8　RJ45 连接件示意图

第三节　网络音频中的时钟

一、数字音频时钟

在由多个设备组成的数字音频系统中，所有设备都应以统一的“口令”为基准，统一“步调”，从相同的时间点开始处理数据。这种同步方式在今天的数字音频系统中被称作“字时钟”同步方式。

字时钟是一种方波参考信号，它具有精准稳定的采样频率，以此来控制数字音频系统中数据传输的速度和相位。对于不同的音频设备，虽然它们采样率相同，比如都是 48kHz，但是实际上不同设备的采样频率可能存在细微的差异（比如 48.001kHz 或 47.999kHz），随着时间的累积，细微的差异会逐渐增大到影响音质的程度，因此数字音频系统拥有一个统一、稳定的时钟信号是非常必要的。

字时钟信号可以由音频设备本身生成，也可以从外部获得。在拥有多台设备的数字系统中，字时钟的连接方式可以是星形连接，如图 10–9 所示，或菊链连接方式，如图 10-10 所示。其中星形连接往往需要多接口的专用时钟设备作为系统主时钟；菊链连接方式需要音频设备同时具备时钟输入及输出接口。

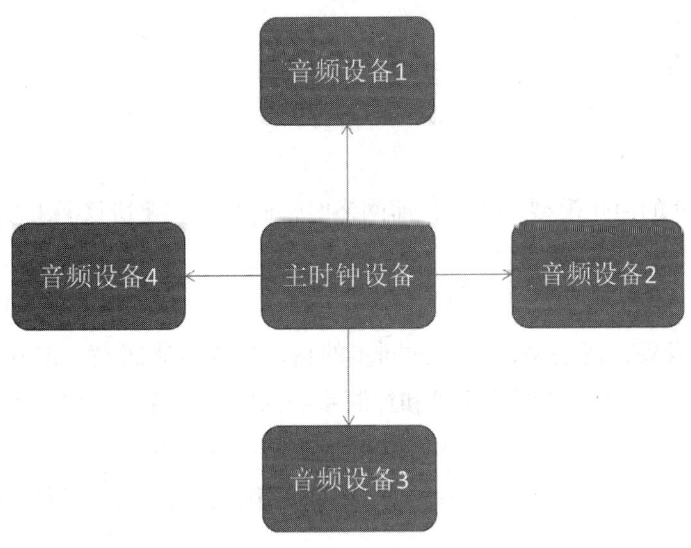

图 10–9　时钟信号的星形连接方式

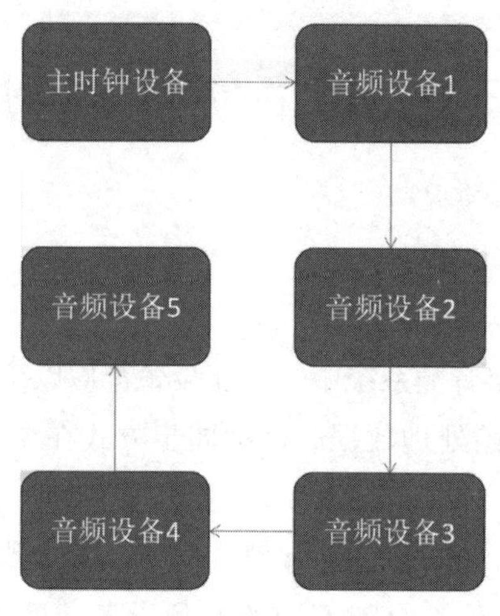

图 10–10　时钟信号的菊链连接方式

二、AoIP 时钟同步

网络音频系统需要严格的时间同步，而前文提到的字时钟信号无法应用于网络音频。目前常见的网络同步技术有网络时间协议（NTP）、简单网络时间协议（SNTP）和精确时钟同步协议（PTP）。

1. NTP 与 SNTP

NTP 用于网络中的客户端与其他客户端或服务器之间的时钟同步，它是一种广泛应用的网络授时技术。NTP 可使客户端和时钟源进行同步，该同步方式的误差往往在几毫秒到几十毫秒之间。

SNTP 是 NTP 的简化模型，它是目前网络时钟同步的主要协议。SNTP 协议的误差在广域网中将近 100ms，在局域网内的误差一般为 0.5~2ms。

2. PTP

随着技术的发展，网络系统对时钟同步的精度要求越来越高，IEEE 于 2002 年提出了 1588 标准，该协议规定了网络测量和控制系统的精确时钟同步协议（PTP）。2008 年，IEEE 在此基础上推出了 1588v2 标准。PTP 协议主要用于设备之间的高精度时钟同步。PTPv1 及 PTPv2 在部分功能上有些差异，在这里不做赘述，如无特殊说明，本节所提到的 PTP 均指 PTPv2.

由于网络音频一般采用 48kHz 或更高的采样率，其对同步的精度要求高于毫秒级，显然 NTP 协议是无法满足如此高精度的同步要求，因此网络音频一般采用 PTP 方式来实现时钟同步。

PTP 系统是分布式网络系统，其中可以包含 PTP 设备，也可以包含非 PTP 设备。PTP

设备可分为普通时钟、边界时钟和透明时钟。路由器、打印机等不产生或解析 PTP 的设备统称为非 PTP 设备。

PTP 通过主从节点之间的报文交换实现时间的同步。它通过在各个时钟节点之间进行同步信息的传递，利用各个时钟节点运行最佳主时钟算法确定节点时钟端口的主从状态，从而建立主从关系。各个节点对消息的发送和接收时间进行记录，并对每一条消息包加盖时间戳（一种使用数字签名技术产生的数据。签名的对象包括了原始文件信息、签名参数、签名时间等信息）。根据时间戳，从时钟即可计算出其与主时钟的时间差以及网络中的传输延时，从而进行时钟的校准、同步，如图 10–11 所示。为了实现该功能，PTP 定义了最佳时钟算法（BMC）和本地时钟同步算法两个核心算法。

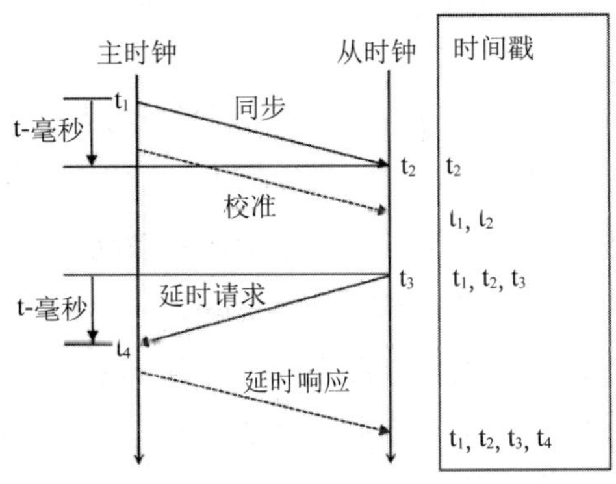

图 10–11　PTP 同步基本原理图

PTP 运行的逻辑范围被称为域（Domain），域中的 PTP 设备采用主从方式进行同步。域由一个或多个 PTP 设备组成，同一域内的所有设备的实时时钟组成主从同步端口，一个设备可以有多个端口，对上游设备而言它是从端口，对下游设备而言它则是主端口。每个域内有一个最高级主时钟（GM）。最高级主时钟决定了系统内的时间与时钟频率，如图 10–12 所示。

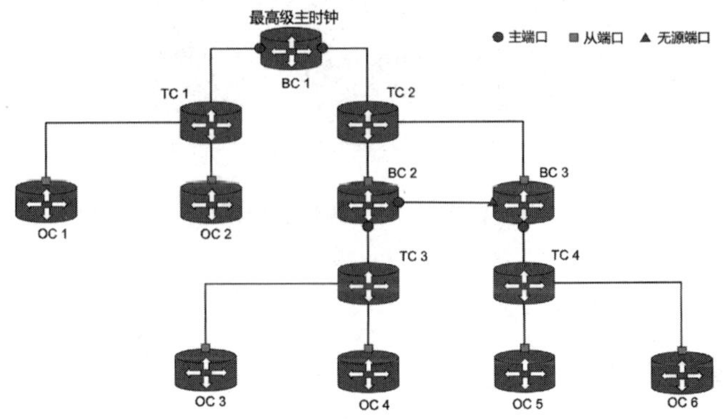

图 10–12　PTP 系统模型

第五节 网络音频系统架构

一、系统架构

网络音频系统从下而上可分为传输介质、服务质量、时钟同步、音频编码、音频传输、会话描述、连接管理、发现与注册、设备控制与监测、冗余备份十个层级，如图 10–13 所示。

传输介质层对应于 IP 网络的物理层、数据链路层和网络层功能，负责端到端的数据传输服务。服务质量主要在 IP 网络中为网络音频业务提供传输服务质量，确保网络中的网络音频和时钟数据能够得到较高的传输优先级。时钟同步部分主要通过 PTP 等时钟同步协议，确保各个网络音频设备能够在统一的时钟下进行工作。音频编码部分的主要任务是确定音频信号的采样率及编码方式。音频传输是指对音频编码数据进行 IP 层面的 UDP 封装和传输。连接管理指的是使用组播管理协议（IGMP）等建立和维护发送端到接收端的逻辑关系。发现与注册指的是可以利用 HTTP 等对网络中的设备进行远程控制和运行状态监测。冗余备份可在单点设备失效或者链路中断的情况下，保证业务的无中断服务。

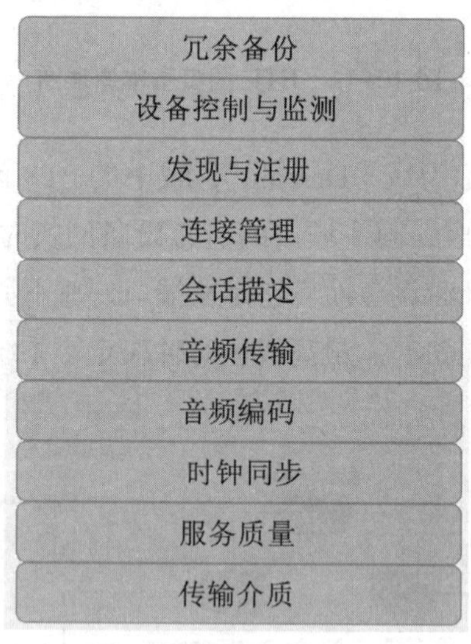

图 10–13 网络音频系统架构

二、基本 AoIP 网络

基本 AoIP 网络系统一般由音频发送端、IP 路由交换网络、音频接收端和时钟同步系统四部分组成。音频发送端可以是支持 AoIP 的传声器（比如 Shure UD 和 AD 系列、Sennheiser 的 6000 系列等）、音频工作站（比如安装了虚拟声卡的任意音频工作站、Merging 网络设备或具备 Dante 接口的音频接口等）、调音台（比如 Avid S6L 系列、Yamaha CL 系列、SSL Live 系列）等设备；音频接收端可以是支持 AoIP 的扬声器系统（比如搭配了 powersoft 功放的 EAW 扬声器系统、搭配支持 Dante 输入功放的 D&B、JBL 扬声器系统等）、耳机（比如 Merging 的 Anubis、Focusrite 的 AM2 等）、录音工作站、调音台等；IP 路由交换网络由符合以太网和 IPv4 或 IPv6 标准的通用交换路由设备组成；时钟同步系统指的是符合 PTP 标准的网络时钟同步系统，主要由主时钟设备和边界时钟设备组成，如图 10–14 所示。

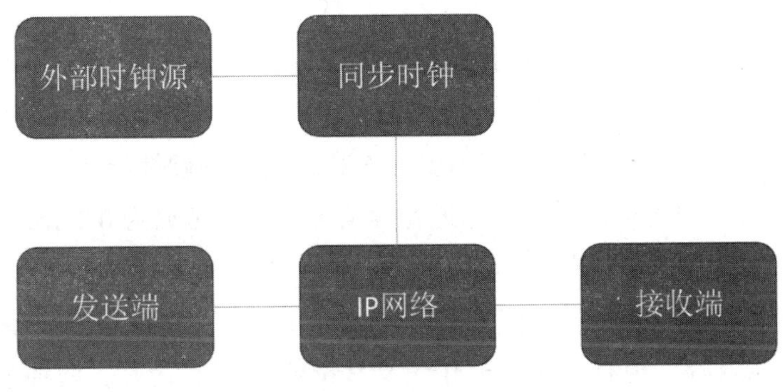

图 10–14　基本 AoIP 网络

第六节　网络音频协议（标准）

一、Dante

1. Dante 协议简介

Dante 协议是 Audinate 公司开发的网络音频协议，该公司进行协议核心部分的研发并销售核心模块、芯片及授权给客户。迄今位置已有数百个音频厂商的产品支持 Dante 协议，Dante 协议广泛应用于专业音频的各个领域。由于采用 Dante 技术的产品均采用 Audinate 公司生产或授权的芯片及实体 IO 卡，因此不同品牌的 Dante 设备兼容性较好。

图 10–15　Dante 标识

Dante 协议基于千兆网络，最高可传输 192kHz，32bit 的无损音频流，在千兆网络条件下每两个设备之间最多可传输 512x512 通道。此外，该协议还提供了极低的网络延迟（低至 0.15ms），因此 Dante 协议广泛应用于现场扩声领域。在这里需要注意，上述所列指标均为 Dante 最高性能指标，同一应用场景往往不能达到所有的最高性能指标。比如高采样条件下往往会牺牲对应的通道数，如 48kHz 采样率条件下可传输 64 通道的设备，在 96kHz 采样率条件下仅能传输 32 通道。

此外，近年来 Dante 也开发了 DanteAV 系统，在传输音频信号的基础上，也具备一定的视频信号传输能力。

2. Dante 硬件

Ultimo-X 是 Dante 规模最小的硬体芯片，支持 4x0 或 2x2 或 0x4 的输入输出，最低延迟为 1ms。该款芯片功耗低、尺寸小，适用于有源扬声器、功率放大器或墙面接口盒等。这也是 Dante 中唯一仅支持百兆网口但不支持 AES67 协议的硬件产品。

Broadway 芯片最多可处理 16x16 通道音频信号，最低延迟为 0.25ms，该款芯片适用于多通道功放及小型数字音频处理器。

Brooklyn 芯片为 64x64 通道规模，延迟 0.25ms，是大量主流音频设备尤其是调音台和音频接口的首选芯片。现有 Brooklyn II 代及 Brooklyn III 代芯片，两种芯片用户端体验相似。

PCIe-R 卡为针对专业录音解决方案的产品，最多可支持 128x128 音频通道，是杜比沉浸声系统渲染器的首选音频接口，常见的生产厂商有 Focusrite 等。

Dante HC 芯片是专为大型音频矩阵路由设备及大型调音台设计的高通道数处理芯片，最多可支持 512x512 通道。

IP Core 是针对 FPGA 产品的解决方案，其性能和容量都优于 Dante HC 芯片。FPGA（Field Programmable Gate Array）是在 PAL（可编程阵列逻辑）、GAL（通用阵列逻辑）等可编程器件的基础上进一步发展的产物。它是作为专用集成电路（ASIC）领域中的一种半定制电路而出现的，既解决了定制电路的不足，又克服了原有可编程器件门电路数有限的缺点。目前 FPGA 设备还未成为音频设备的主流，但其强大的处理能力、小巧的体积、低延时、低成本的特点，具有不可忽视的优势。

DanteAV 芯片可传输 1 通道视频信号及 8 通道音频信号，目前正逐步应用于安防、监控、教育等领域。

3. Dante 软件

Dante 虚拟声卡（Dante Virtual Soundcard，DVS），软件界面如图 10–16 所示。它是一款价格相对低廉的网络音频解决方案，只需在操作系统中安装对应的驱动程序，就可以将特定网卡设定为 64x64 通道的 Dante 声卡。DVS 可支持 44.1kHz 到 192kHz 的采样频率（高采样可能需要硬体支持），其延迟最低可达 4ms。该软件能够很方便地将现场演出分轨进行录制，或进行多通道音频信号的重放。由于延迟相对较高，作为 LP2（Live Professor 2）等实时音频处理软件的音频接口时，可能会干扰现场演出的正常进行或导致梳状滤波器效应的产生。使用实时音频处理软件时，建议使用硬体 Dante 接口。此外，DVS 只能作为系统中的从时钟，故在使用 DVS 时，系统中必须要有其他能作为主时钟的音频设备。

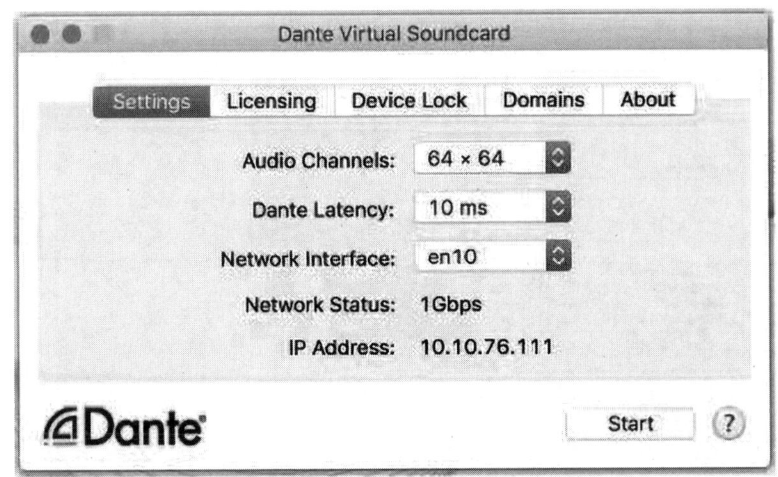

图 10–16　DVS 软件界面

Dante Via 是另一种将计算机的物理接口或应用软件直接映射到 Dante 网络的技术，图 10–17 为其软件界面。如果使用 DVS，由于 DVS 只能被一个应用程序调用，但是通过 Dante Via 可将多个应用程序同 Dante 网络建立联系。如我们可通过 Dante Via 连接到 Dante 调音台，同时将另一个 Dante Via 通道发送至另一台 Dante Via 电脑中播放音乐。此外，Dante Via 可作为网络主时钟。

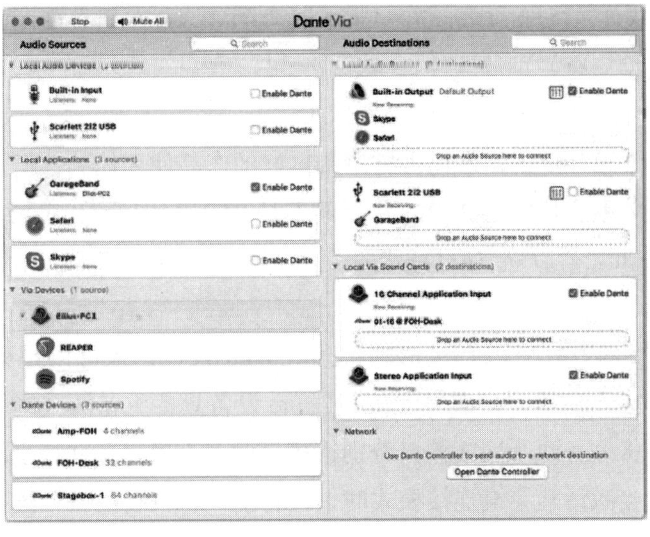

图 10–17　Dante Via 软件界面

Dante Controller（DC）是实现 Dante 网络控制的软件，其软件界面如图 10–18 所示，通过 DC 软件可对 Dante 网络中的通道路由进行设定，此外还可以通过软件实现时钟管理与监控、音频流管理等诸多功能。

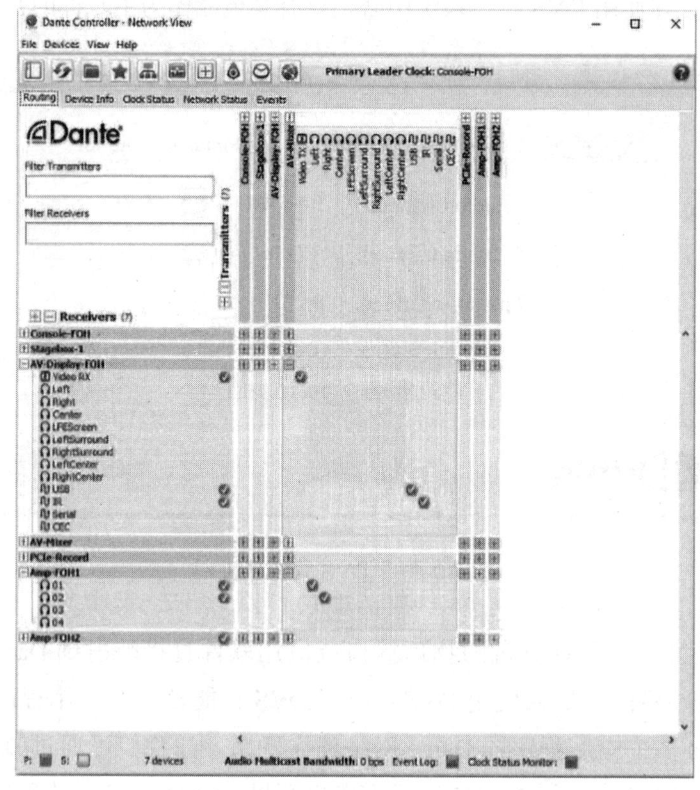

图 10–18 Dante Controller 软件界面

Dante 域管理软件（Dante Domain Manager，DDM）是在超大型网络应用条件下，进行跨子网运行及网络安全管理的软件。

4. Dante 与其他 AoIP 系统的区别

虽然 Dante 协议拥有较高的市场占有率和良好的产品使用体验，但是它是一个相对封闭的私有网络音频体系。其使用 PTPv1 协议而不是 PTPv2 协议，由于两者不兼容，因此在进行跨协议互联互通时，往往要通过特殊的设置来解决 PTPv1 和 PTPv2 协议的兼容性问题。

5. Dante 系统的连接形式

Dante 系统的组网方式可以是星形连接（Redundancy），也可以是菊花链（Switched）连接方式，如图 10–19 所示。一般情况下，Dante 设备具备主备两个网络接口，当激活星形连接模式时，可将主备两个网络接口分别连接至两台交换机，并特别注意两台交换机之间不应互联互通。当激活菊花链连接模式时，应将前一台设备的备口连接至下一台设备的主接口，依此类推形成菊花链式的结构。要特别注意，不要将最后一台设备的备接口连接至第一台设备的主接口。如使用 DC 软件进行控制，则可将控制计算机连接在第一台设备的主接口或最后一台设备的备接口。

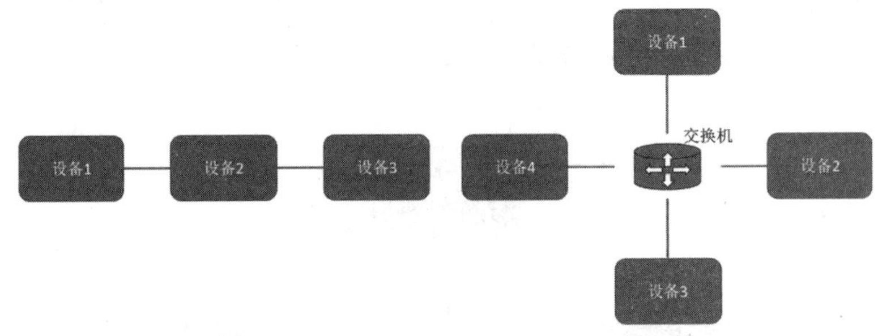

图 10-19　菊链连接（左）与星形连接（右）示意图

二、Ravenna

1. Ravenna 协议简介

Ravenna 是由 ALC NetworkX 公司于 2010 年发布。Ravenna 也是一个基于 IP 网络的专业音频数据实时传输协议。它主要专注于广电行业的应用，包括演播室内数据的分发、室内外传输、现场同期录音等。

图 10-20　Ravenna 标识

2. Ravenna 产品

与上一部分介绍的 Dante 网络音频协议不同，Ravenna 是一种开放的技术标准，没有授权机制。目前支持 Ravenna 的设备厂家有 LAWO、Neumann、Directout、Genelec 及 Merging 等（支持 Ravenna 并不意味着该厂商所有产品均支持 Ravenna）。

此外，Ravenna 也具备虚拟声卡软件（RAVENNA VIRTUAL SOUND CARD），通过安装该软件可通过计算机网卡与 Ravenna 设备进行多通道互联。RAVENNA-2-SAP AES67 CONNECTION MANAGEMENT CONVERTER 软件可管理 Ravenna 设备与其他网络音频协议设备（比如 Dante、Livewire 及 Q-LAN）的连接。

3. Ravenna 与其他 AoIP 协议区别

Ravenna 协议对用户开放了更多权限，使得其具备相对灵活强大的功能与扩展性。同时这也意味着更多的用户可调参数设置，协议使用门槛较高，操作较为复杂。

4. Ravenna 系统连接形式

Ravenna 系统与其他 AoIP 系统一样，也需要合理规划的 IP 网络、主时钟设备及若干支持 Ravenna 的结点设备。其中，主时钟设备可以是网络内任意一台 Ravenna 设备，也可以是 GPS 时钟。Ravenna 基本系统连接形式如图 10–21 所示。

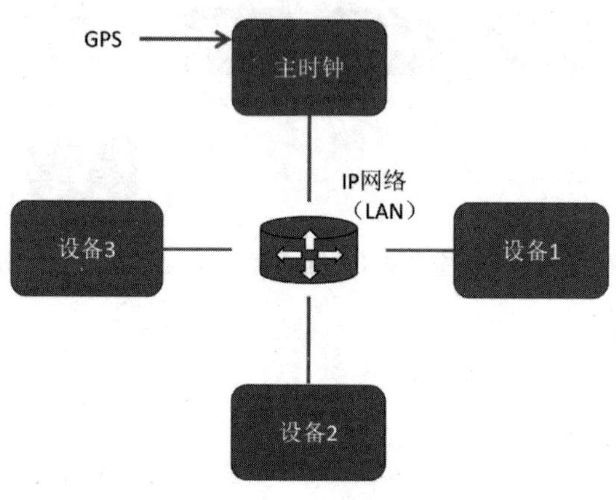

图 10–21　Ravenna 基本系统连接形式图

三、AES67 与 AES70

1. AES

AES 即国际音频工程协会（Audio Engineering Society），成立于 1948 年，成员主要为音频工程师、音频相关领域科学家、音频产品开发者与音频制作从业者等音频领域的权威人士。多年来 AES 致力于通过学术期刊、学术交流、标准体系建立等方式推动音频行业的有序发展。接下来介绍的 AES67、AES70 标准即 AES 标准体系中关于网络音频的标准。

2. AES67

前文中提到了 Dante、Ravenna 等多种网络音频协议，每种音频协议均可以在支持本协议的设备间相对灵活地交换多通道音频信号。由于每种音频协议的内容有所不同，多年以来音频工程师无法将两种不同的网络音频协议直接进行互联互通。两种不同网络音频协议之间的互通均需要经过模拟或传统数字信号的转换，成本高昂，效率较低。AES 在 2013 年推出了 AES67 标准，该标准旨在解决不同协议间音频信号的互联互通问题。如 Dante 采用激活“AES67 模式”对该协议进行支持，激活“AES67 模式”后即可向音频网络中发送 AES67 流文件，符合要求的 AES67 流即可被其他支持 AES67 的设备发现。

3. AES70

AES70 是由开放控制架构联盟（OCA）首先发起，最终由 AES 提出的设备控制标准，旨在为专业音视频网络系统建立开放的公共控制标准，现已更新至 AES70-2023 版本。不同协议间可通过 AES70 标准，通过统一的平台实现信号路由设置、信号监控等功能。

四、SMPTE ST 2110

1. SMPTE

SMPTE 即电影与电视工程师学会（Society of Motion Picture and Television Engineers），成立于 1916 年，是由全球电影、电视专业技术人员组成的学术团体。SMPTE 学会通过标准体系、学术会议、期刊等方式，推动行业技术发展。

2. ST2110

ST2110 是 SMPTE 提出的关于音视频传输的一系列标准，包括 ST2110-10 : 2017：基本结构与时序、ST2110-20 : 2017：未压缩的视频流、ST2110-30 : 2017：PCM 数字音频、ST2110-31 : 2018：AES3 信号透传等。ST2110 系列标准是广播电视领域的重要参考标准。

3. NMOS

NMOS 即网络媒体开放规范（Networked Media Open Specification），在 2110 标准规范的基础上补充了控制与管理层规范。通过 NMOS 可使遵循 ST2110 标准的设备与控制系统进行交互，完成设备发现、连接管理、远程控制等功能。

网络音频技术近年来飞速发展，各类协议、标准更新频繁。彻底掌握网络音频技术并非易事，大量相关知识难以在一个章节内面面俱到，本章节旨在使读者基本了解网络音频技术发展现状。如有兴趣进行深入学习，应系统学习数字音频技术、网络技术基础（路由与交换部分），并仔细研读各个网络音频协议白皮书与相关行业标准。

思考题

1. 简述 OSI 模型的基本构成与作用。
2. 简述 TCP/IP 模型与 OSI 模型的区别。
3. 简述交换机与路由器的区别。
4. 简述 TCP 与 UDP 协议的区别。
5. Dante 网络音频协议的特点有哪些？
6. Ravenna 网络音频协议的特点有哪些？
7. 简述 AES67 标准的作用。

参考文献

胡泽 . 数字音频工作站［M］. 北京：中国广播电视出版社，2003.

黄翰，王宏民 . 现代传播系列丛书：录音与调音［M］. 北京：中国广播电视出版社，2002.

姜秀华 . 数字电视原理与应用［M］. 北京：人民邮电出版社，2003.

王鑫，唐舒岩 . 数字多声道环绕声技术［M］. 北京：人民邮电出版社，2008.

王泽祥 . 广播播控与电声技术［M］. 北京：中国广播电视出版社，1997.

杨耀清，朱伟 . 数字声频与播控设备 • 声频技术卷（下）［M］. 北京：中国广播电视出版社，1997.

俞锫、李俊梅 . 拾音技术［M］. 北京：中国广播电视出版社 ，2003.

占瑞申 . 电平的调整［J］. 音响技术，2004（2）.

张绍高 . 数字声频技术［M］. 北京：国防工业出版社，2000.

张绍高，邵昌耀 . 广播电视技术手册 • 广播中心技术系统［M］. 北京：国防工业出版社，1994.

朱伟、陈辉 . 数字声频测量技术［M］. 北京：人民邮电出版社，2008.

朱伟、胡泽、王鑫 . 扩声技术概论［M］. 北京：中国传媒大学出版社，2010.

朱伟 . SACD［J］. 广播电视与制作，2003（2）.

朱伟 . 环绕声时代的声音记录格式——Super Audio CD（SACD）［J］. 世界专业音响与灯光技术 . 2004（2）.

朱伟 . 数字声频接口格式与数字声频系统的同步［J］. 北京广播学院学报（自然科学版）. 2000（2）.

朱伟 . 录音技术［M］. 中国广播电视出版社，2002.

塞尔夫 . 声频工程导读［M］. 朱伟，译，北京：人民邮电出版社，2013.

布里克森 . 声频信号的仪表计量［M］. 朱伟，译，北京：人民邮电出版社，2012.

钱岳林、邓纶晖 . AoIP 原理与实践 . 北京：中国传媒大学出版社，2020.

Todd Lammle. CCNA Routing and Switching Study Guide，California：Sybex，2013.

TCP/IP 相关协议及其应用．万方．2019

Information Sciences Institute. DoD standard internet protocol[J]. Internet engineering note,1979

RUMSEY F. Spatial audio, London：Focal Press, 2001.

BALLOU G. Handbook for sound engineers，Fourth Edition, London：Focal Press, 2008.

POHLMANN K C . Principles of digital audio, New York：TAB Books Inc, 2010.

POHLMANN K C. Principles of digital audio,Fourth Edition, London：Mc Graw Hill，2000.

TALBOT–SMITH, Audio engineer’s reference book, London：Focal Press, 1999.

ALTEN S R. Audio in media, 10th Revised edition，San Francisco：Wadsworth Publishing Co Inc，2013.